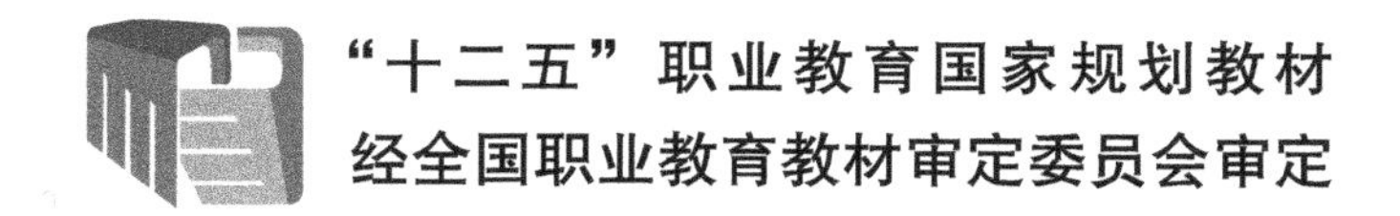

数据库应用
（SQL Server 2008）

赵增敏　吴　浩　李伟伟　主　编

姜红梅　段丽霞　李　娴　副主编

電子工業出版社

Publishing House of Electronics Industry

北京·BEIJING

内 容 简 介

本书根据教育部颁发的《中等职业学校专业教学标准（试行）信息技术类（第一辑）》中的相关教学内容和要求编写。

本书采用项目引领和任务驱动的教学方法，通过一系列项目和任务详细地讲解了 SQL Server 的基本操作和应用技巧。全书共分为 9 个项目，从培养学习者的实践动手能力出发，循序渐进、由浅入深地讲述了 SQL Server 使用基础、创建和管理数据库、创建和管理表、操作数据库数据、检索数据库数据、创建索引和视图、Transact-SQL 程序设计、创建存储过程和触发器、管理数据安全。

本书坚持以就业为导向、以能力为本位的原则，突出实用性、适用性和先进性，结构合理、论述准确、内容翔实、步骤清晰，注意知识的层次性和技能培养的渐进性，遵循难点分散的原则合理安排各章的内容，降低学生的学习难度，采用项目引领和任务驱动的教学方法，通过丰富的实例引导学习者学习，每个项目后面均配有项目思考和项目实训。

本书是软件与信息服务专业核心课程教材，除可供中等职业学校软件与信息服务专业使用外，也可作为数据库管理人员和数据库开发人员的参考书。

本书配有教学指南、电子教案和案例素材，详见前言。

图书在版编目（CIP）数据

数据库应用. SQL Server 2008 / 赵增敏，吴浩，李伟伟主编. —北京：电子工业出版社，2016.3

ISBN 978-7-121-24895-5

Ⅰ. ①数… Ⅱ. ①赵… ②吴… ③李… Ⅲ. ①关系数据库系统—中等专业学校—教材 Ⅳ. ①TP311.138

中国版本图书馆 CIP 数据核字（2014）第 274962 号

策划编辑：关雅莉
责任编辑：郝黎明
印　　刷：北京虎彩文化传播有限公司
装　　订：北京虎彩文化传播有限公司
出版发行：电子工业出版社
　　　　　北京市海淀区万寿路 173 信箱　邮编　100036
开　　本：787×1 092　1/16　印张：19.75　字数：505.6 千字
版　　次：2016 年 3 月第 1 版
印　　次：2021 年11月第 7 次印刷
定　　价：39.80 元

凡所购买电子工业出版社图书有缺损问题，请向购买书店调换。若书店售缺，请与本社发行部联系，联系及邮购电话：（010）88254888。

质量投诉请发邮件至 zlts@phei.com.cn，盗版侵权举报请发邮件至 dbqq@phei.com.cn。

服务热线：（010）88258888。

编审委员会名单

序 | PROLOGUE

当今是一个信息技术主宰的时代，以计算机应用为核心的信息技术已经渗透到人类活动的各个领域，彻底改变着人类传统的生产、工作、学习、交往、生活和思维方式。和语言和数学等能力一样，信息技术应用能力也已成为人们必须掌握的、最为重要的基本能力。职业教育作为国民教育体系和人力资源开发的重要组成部分，信息技术应用能力和计算机相关专业领域专项应用能力的培养，始终是职业教育培养多样化人才，传承技术技能，促进就业创业的重要载体和主要内容。

信息技术的发展，特别是数字媒体、互联网、移动通信等技术的普及应用，使信息技术的应用形态和领域都发生了重大的变化。第一，计算机技术的使用扩展至前所未有的程度，桌面电脑和移动终端（智能手机、平板电脑等）的普及，网络和移动通信技术的发展，使信息的获取、呈现与处理无处不在，人类社会生产、生活的诸多领域已无法脱离信息技术的支持而独立进行。第二，信息媒体处理的数字化衍生出新的信息技术应用领域，如数字影像、计算机平面设计、计算机动漫游戏、虚拟现实等；第三，信息技术与其他业务的应用有机地结合，如与商业、金融、交通、物流、加工制造、工业设计、广告传媒、影视娱乐等结合，形成了一些独立的生态体系，综合信息处理、数据分析、智能控制、媒体创意、网络传播等日益成为当前信息技术的主要应用领域，并诞生了云计算、物联网、大数据、3D 打印等指引未来信息技术应用的发展方向。

信息技术的不断推陈出新及应用领域的综合化和普及化，直接影响着技术、技能型人才的信息技术能力的培养定位，并引领着职业教育领域信息技术或计算机相关专业与课程改革、配套教材的建设，使之不断推陈出新、与时俱进。

2009 年，教育部颁布了《中等职业学校计算机应用基础大纲》，2014 年，教育部在 2010 年新修订的专业目录基础上，相继颁布了“计算机应用、数字媒体技术应用、计算机平面设计、计算机动漫与游戏制作、计算机网络技术、网站建设与管理、软件与信息服务、客户信息服务、计算机速录”等 9 个信息技术类相关专业的教学标准，确定了教学实施及核心课程内容的指导意见。本套教材就是以此为依据，结合当前最新的信息技术发展趋势和企业应用案例组织开发和编写的。

本套系列教材的主要特色

● **对计算机专业类相关课程的教学内容进行重新整合**

本套教材面向学生的基础应用能力，设定了系统操作、文档编辑、网络使用、数据分析、媒体处理、信息交互、外设与移动设备应用、系统维护维修、综合业务运用等内容；针对专业应用能力，根据专业和职业能力方向的不同，结合企业的具体应用业务规划了教材内容。

● **以岗位工作过程来确定学习任务和目标，综合提升学生的专业能力、过程能力和职位差异能力**

本套教材通过工作过程为导向的教学模式和模块化的知识能力整合结构，体现产业需求与专业设置、职业标准与课程内容、生产过程与教学过程、职业资格证书与学历证书、终身学习与职业教育的“五对接”。从学习目标到内容的设计上，本套教材不再仅仅是专业理论内容的复制，而是经由职业岗位实践——工作过程与岗位能力分析——技能知识学习应用内化的学习实训导引和案例。借助知识的重组与技能的强化，达到企业岗位情境和教学内容要求相贯通的课程融合目标。

● **以项目教学和任务案例实训作为主线**

本套教材通过项目教学，构建了工作业务的完整流程和岗位能力需求体系。项目的确定应遵循三个基本目标：核心能力的熟练程度，技术更新与延伸的再学习能力，不同业务情境应用的适应性。教材借助以校企合作为基础的实训任务，以应用能力为核心、以案例为线索，通过设立情境、任务解析、引导示范、基础练习、难点解析与知识延伸、能力提升训练和总结评价等环节引领学者在任务的完成过程中积累技能、学习知识，并迁移到不同业务情境的任务解决过程中，使学者在未来可以从容面对不同应用场景的工作岗位。

当前，全国职业教育领域都在深入贯彻全国工作会议精神，学习领会中央领导对职业教育的重要批示，全力加快推进现代职业教育。国务院出台的《加快发展现代职业教育的决定》明确提出要“形成适应发展需求、产教深度融合、中职高职衔接、职业教育与普通教育相互沟通，体现终身教育理念，具有中国特色、世界水平的现代职业教育体系”。现代职业教育体系的建立将带来人才培养模式、教育教学方式和办学体制机制的巨大变革，这无疑给职业院校信息技术应用人才培养提出了新的目标。计算机类相关专业的教学必须要适应改革，始终把握技术发展和技术技能人才培养的最新动向，坚持产教融合、校企合作、工学结合、知行合一，为培养出更多适应产业升级转型和经济发展的高素质职业人才做出更大贡献！

2014 年 11 月于大连

前言 | PREFACE

为建立健全教育质量保障体系，提高职业教育质量，教育部于 2014 年颁布了中等职业学校专业教学标准（以下简称专业教学标准）。专业教学标准是指导和管理中等职业学校教学工作的主要依据，是保证教育教学质量和人才培养规格的纲领性教学文件。在“教育部办公厅关于公布首批《中等职业学校专业教学标准（试行）》目录的通知”（教职成厅[2014]11 号文）中，强调“专业教学标准是开展专业教学的基本文件，是明确培养目标和规格、组织实施教学、规范教学管理、加强专业建设、开发教材和学习资源的基本依据，是评估教育教学质量的主要标尺，同时也是社会用人单位选用中等职业学校毕业生的重要参考。”

本书特色

本书根据教育部颁发的《中等职业学校专业教学标准（试行）信息技术类（第一辑）》中的相关教学内容和要求编写。

本教程共分为 9 个项目。项目 1 介绍使用 SQL Server 2008 所需要的一些基础知识，主要包括数据库基础知识、SQL Server 2008 概述、SQL Server 2008 主要组件以及 SQL Server 服务器管理；项目 2 介绍如何创建和管理数据库，主要包括数据库概述、创建数据库、修改数据库、备份和还原数据库；项目 3 讲述表的创建和管理，主要包括表的设计、SQL Server 数据类型、创建和修改表；项目 4 讨论如何操作数据库数据，主要包括向表中插入新数据、更新表中已有数据、从表中删除数据、导入和导出数据；项目 5 介绍数据库数据的检索，以 SELECT 语句为主线讨论如何通过选择查询从数据库中检索数据；项目 6 讲述索引和视图的使用，主要包括索引概述、设计索引、实现索引、视图概述、实现视图、管理和应用视图；项目 7 讲述 Transact-SQL 程序设计，主要包括 Transact-SQL 概述、流程控制语句、函数、游标以及事务处理；项目 8 讲述存储过程和触发器的创建和应用；项目 9 介绍 SQL Server 2008 安全性管理，主要包括身份验证、固定服务器角色管理、数据库用户管理、架构管理、数据库角色管理以及权限管理。

本教程紧密结合职业教育的特点，借鉴近年来职业教育课程改革和教材建设的成功经验，在基本教学内容编排上采用了项目引领和任务驱动的设计方式，符合学生心理特征和认知、技能养成规律。本教程每个项目包含若干个任务，每个任务设有任务描述、任务分析、任务实现相关知识等环节，每个项目后面附有项目思考和项目实训，便于教师教学和学生自学。

本教程以一个“学生成绩”数据库作为主线贯穿始终，涵盖了从设计数据库、创建数据库、创建和管理数据表、操作数据以及查询数据等基本操作技能，到 Transact-SQL 程序设计、存储过程、触发器、事务处理以及管理数据安全等。

本书作者

本书由赵增敏、吴浩、李伟伟主编，姜红梅、段丽霞、李娴副主编，参加本教程编写、资料搜集、文字录入和脚本测试的还有朱粹丹、赵朱曦、郭宏、王永烈、王静、李强、朱永天等。

由于作者水平有限，书中疏漏和错误之处，殷切希望广大师生批评指正。

教学资源

为了提高学习效率和教学效果，方便教师教学，作者为本书配备包括电子教案、教学指南、素材文件、微课，以及习题参考答案等配套的教学资源。请有此需要的读者登录华信教育资源网（http://www.hxedu.com.cn）免费注册后进行下载，有问题时请在网站留言板留言或与电子工业出版社联系（E-mail:hxedu@phei.com.cn）。

编　者

CONTENTS | 目录

初识 SQL Server 2008

SQL Server 是 Microsoft 公司推出的一款数据库服务器产品。SQL Server 2008 是该产品的一个重要版本，它推出了许多新特性和关键改进，从而成为一个可信赖的、高效率的、智能化的企业级数据管理与分析平台。在本项目中将通过 5 个任务来了解使用 SQL Server 2008 所需要的一些基本知识，主要包括数据库基础知识、SQL Server 2008 概述、SQL Server 2008 的主要组件以及服务器管理等。

任务 1　了解数据库

任务描述

数据库系统是由数据库及其管理软件组成的系统，它通过使用数据库管理软件动态地存储和组织大量相关数据，对数据进行有效维护和管理。通过本任务将了解与数据库相关的一些概念，包括数据库、关系数据库、数据库管理系统以及 SQL 语言等。

相关知识

一、数据库

数据库是为特定目的而组织和表示的信息、表以及其他对象的集合，数据库存储在一个或多个文件中。数据库中的数据是结构化的，没有不必要的冗余，并且可以为多种应用提供服务；数据的存储独立于使用数据的应用程序；对数据库插入新数据，修改和检索原有数据都能够按照一种可控制的方式进行；数据库可以用于搜索、排序以及重新组合数据等目的。

数据库中的数据分为系统数据和用户数据两类。数据库可以包含各种各样的对象。例如，在 SQL Server 数据库中，不仅包含表、视图、存储过程和函数，也包含触发器和程序集、规则、类型和默认值，此外还包含用户、角色以及架构等。

二、关系数据库

从数据处理的角度看，现实世界中任何可区分、可识别的事物都是实体。实体可以指人（如教师、学生等），也可以指物（如书、仓库等）；既可以指能触及的客观对象，也可以指抽象的事件（如演出、足球赛等），还可以指事物与事物之间的联系（如学生选课、客户订货等）。

为了反映事物本身以及事物之间的联系，存储在数据库中的数据必须具有一定的结构，这种结构可用数据模型来表示。数据模型是表示实体与实体之间联系的模型。数据库支持的数据模型主要分为 3 种类型，即层次模型、网状模型和关系模型。目前以关系模型应用最为广泛。在层次模型和网状模型中，文件中存放的是实体本身的数据，各个文件之间的联系通过指针来实现。在关系模型中，用表格数据来表示实体之间的联系，文件中存放两类数据，即实体本身的数据和实体之间的联系。

建立在关系模型基础上的数据库称为关系数据库。关系数据库在表中以行和列的形式存储信息，并通过使用一个表的指定列中的数据在另一个表中查找其他数据来执行搜索。在关系数据库中，数据行和数据列组成了表；一组表连同其他对象一起组成了数据库。在关系数据库中，数据可以存储在不同的表中。每个表包含某个特定主题的数据。表中的一列通常也称为字段，每个字段用于存储某种特性的数据。表中的一行通常也称为一条记录，每条记录包含表中一项的相关信息。

例如，在 SQL Server 2008 示例数据库 AdventureWorks 中，架构 Production 之下有一个名为 Product 的表，其中包含的部分数据如图 1.1 所示。在这个数据表中，标题行中显示出各列的名称，例如 ProductID（产品标识）、Name（名称）以及 ProductNumber（产品编号）等。在标题行的下方，每一行都表示一条产品记录。

列（字段）

ProductID	Name	ProductNumber	MakeFlag	FinishedGoodsFlag	Color	SafetyStockLevel	ReorderPoint
1	Adjustable Race	AR-5381	0	0	NULL	1000	750
2	Bearing Ball	BA-8327	0	0	NULL	1000	750
3	BB Ball Bearing	BE-2349	1	0	NULL	800	600
4	Headset Ball Bearings	BE-2908	0	0	NULL	800	600
316	Blade	BL-2036	1	0	NULL	800	600
317	LL Crankarm	CA-5965	0	0	Black	500	375
318	ML Crankarm	CA-6738	0	0	Black	500	375

行（记录）

图 1.1　数据库中的表

在关系数据库中，通过在表之间创建关系数据项联系起来可将某个表中的列链接到另一个表中的列，以防止出现数据冗余。此外，还可以通过结构化查询语言（SQL）来检索和更新数据库中的数据。查询是用于检索和处理指定数据库中行和列的专用语句。

三、数据库管理系统

数据库管理系统是对数据库进行管理的软件系统，它提供了用户与数据库之间的软件界面，可以用于创建、管理和维护数据库。数据库管理系统通常具有以下功能。

（1）数据库定义功能。数据库管理系统提供了数据描述语言（DDL），可用于定义数据库的结构，例如创建数据库、创建表以及定义约束等。

（2）数据库操作功能。数据库管理系统提供了数据操作语言（DML），可用于检索、插入、修改和删除数据库中的数据。

（3）数据控制功能。数据库管理系统对数据库的控制功能包括以下 4 个方面。

- 数据安全控制：防止数据库中的数据被未经授权的用户访问，以免这些用户对数据库造成破坏性的更改。
- 数据完整性控制：保证添加到数据库中数据语义的正确性和有效性，以免任何操作对数据造成违反语义的更改。
- 数据库恢复：在数据库被破坏或数据不正确时，能够把数据库恢复到正确状态。
- 数据库并发控制：实现数据共享，正确处理多用户、多任务环境下的并发操作。

目前，商品化的数据库管理系统大多数都采用关系型数据模型。除了 SQL Server 以外，常见的关系数据库管理系统还有 Oracle、Sybase、DB2、MySQL 以及 Informix 等。

大型数据库管理系统需要有专门的人员来管理和维护。数据库管理人员专门负责整个数据库系统的建立、维护和协调工作。

四、SQL 语言

SQL 是英文 Structured Query Language 的缩写，即结构化查询语言。它可用于检索、插入、修改和删除关系数据库中的数据，也可用于定义和管理数据库中的对象。

SQL 是一种关系数据库语言，它具有数据查询、数据定义、数据操作和数据控制功能。这些核心功能可用以下 SQL 关键字来实现。

（1）数据查询：SELECT。

（2）数据定义：CREATE、DROP。

（3）数据操作：INSERT、UPDATE、DELETE。

（4）数据控制：CRANT、REVOKE。

例如，要从 books 表中查询名为“SQL Server 2008 项目教程”的书籍，可用以下 SQL 语句来实现。

```
SELECT * FROM books
WHERE title='SQL Server 2008 项目教程'
```

SQL 是最重要的关系数据库操作语言，其影响已经超出数据库领域，在其他领域也被重视和采用，例如人工智能领域的数据检索，第四代软件开发工具中嵌入 SQL 的语言等。

美国国家标准局（ANSI）1986 年 10 月通过 SQL 的美国标准，接着国际标准化组织（ISO）颁布了 SQL 的正式国际标准。1989 年 4 月，ISO 提出了具有完整性特征的 SQL89 标准，1992 年 11 月又公布了 SQL92 标准。在 SQL Server 中，使用一种称为 Transact-SQL（简写为 T-SQL）的 SQL 语言。

任务 2　了解 SQL Server 2008

任务描述

SQL Server 2008 达成了 SQL Server 以前版本所一直努力要达到的目标，最终让 SQL Server 成为数据平台的理念变成了现实。通过本任务将了解 SQL Server 2008 的各种版本，以及 SQL Server 2008 的各项新增功能。

相关知识

一、SQL Server 2008 的版本

SQL Server 2008 提供了不同的版本，以满足单位和个人独特的性能、运行时以及价格要求。至于安装哪个版本取决于具体的应用需要，而且还必须符合计算机硬件和软件方面的必备条件。

SQL Server 2008 提供了以下几个版本。

（1）企业版。一个全面的数据管理和商业智能平台，提供企业级的可扩展性、高可用性和高安全性以运行企业关键业务应用，其使用场景是：大规模联机事务处理、大规模报表、先进的分析以及数据仓库。

（2）标准版。一个完整的数据管理和商业智能平台，提供最好的易用性和可管理性来运行部门级应用，其使用场景是：部门级应用、中小型规模联机事务处理、报表和分析。

（3）工作组版。一个可信赖的数据管理和报表平台，提供各分支应用程序以及安全性的远程同步和管理功能。该版本是运行分支位置数据库的理想选择，其使用场景是：分支数据存储、分支报表以及远程同步。

（4）网络版。借助于面向 Web 服务环境的高度可用的 Internet，为客户提供低成本、大规模、高度可用的 Web 应用程序或主机解决方案。对于为从小规模至大规模 Web 资产提供可扩展性和可管理性功能的 Web 宿主和网站来说，网络版是一项总拥有成本较低的选择。

（5）移动版。一个免费的嵌入式 SQL Server 数据库，可创建移动设备、桌面端和 Web 端独立运行的和偶尔连接的应用程序。该版本的使用场景是：独立嵌入式开发和断开式连接客户端。

（6）学习版。提供学习和创建桌面应用程序和小型应用程序并可被独立软件厂商重新发布的免费版本。该版本可用于替换 Microsoft Desktop Engine（MSDE），可与 Visual Studio 开发环境集成，使开发人员可轻松开发功能丰富、存储安全且部署快速的数据驱动应用程序。该版本的使用场景是：入门级学习、免费的独立软件厂商重发以及富桌面端应用。

二、SQL Server 2008 的新增功能

SQL Server 2008 推出许多新的功能特性和关键功能的改进，这些新增功能可归纳为以下 3 个方面。

（1）可信赖：提供了最高级别的可靠性和伸缩性，使得公司可以安全地运行最关键任务的应用程序。

（2）高效率：减少了开发和管理应用程序的时间和成本，使得公司可以快速创建和部署数据驱动的解决方案，从而抓住当今风云变幻的商业机会。

（3）智能化：提供了全面的数据平台，可在用户需要的时候提供发送信息。

任务 3　安装 SQL Server 2008

任务描述

要使用 SQL Server 2008，首先就要把它安装到计算机上。使用 SQL Server 2008 安装向导可以基于 Windows Installer 来安装所有 SQL Server 组件。在本任务中将在 Windows 7 平台上

安装 SQL Server 2008 R2 标准版。

任务实现

在正式进行安装之前，首先要获取 SQL Server 2008 R2 安装光盘。整个安装过程在安装向导的帮助下进行，具体操作步骤如下：

（1）将 SQL Server 2008 R2 安装光盘放入 DVD 驱动器中，当出现“SQL Server 安装中心”窗口时，单击左侧的“安装”，然后单击“全新安装或向现有安装添加功能”链接，如图 1.2 所示。

此时将对安装程序的支持规则进行检查，通过此项检查后单击“确定”按钮。

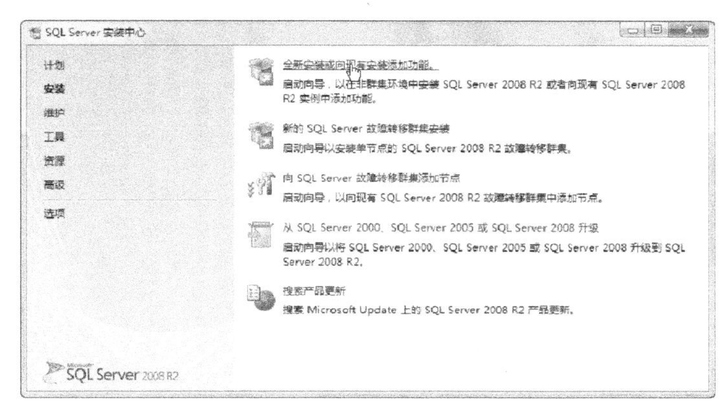

图 1.2 “SQL Server 安装中心”窗口

（2）在“安装程序支持文件”对话框中，单击“安装”按钮；当出现“产品密钥”对话框时，输入产品密钥，然后单击“下一步”按钮；当出现“许可条款”对话框时，选择“我接受许可条款”复选框，然后单击“下一步”按钮，如图 1.3 所示。

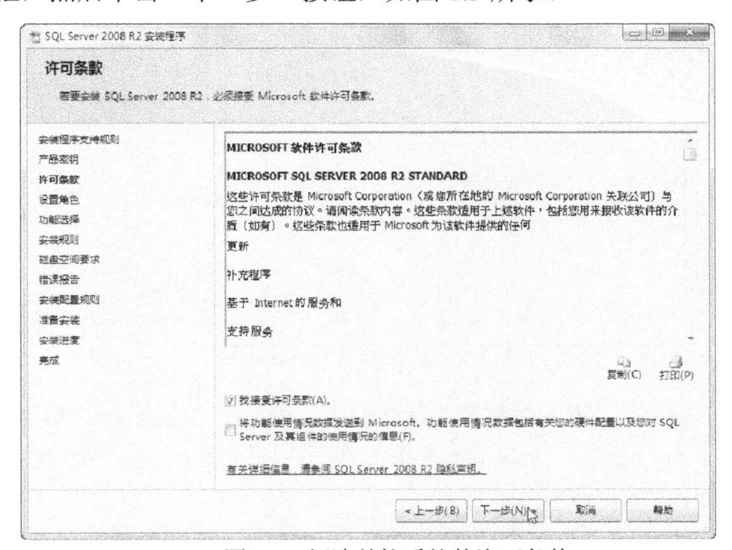

图 1.3 阅读并接受软件许可条款

（3）当出现如图 1.4 所示的“功能选择”对话框时，根据应用需要，从“功能”列表中选择所需的功能，然后单击“下一步”按钮。

（4）在如图 1.5 所示的“实例配置”对话框中，指定 SQL Server 实例的名称和实例 ID。首次安装时可选择默认实例或命名实例，若已安装默认实例，则只能选择命名实例并指定实例的名称和 ID。

在这里选择了默认实例，然后单击“下一步”按钮。当出现“磁盘空间要求”对话框时，单击“下一步”按钮。

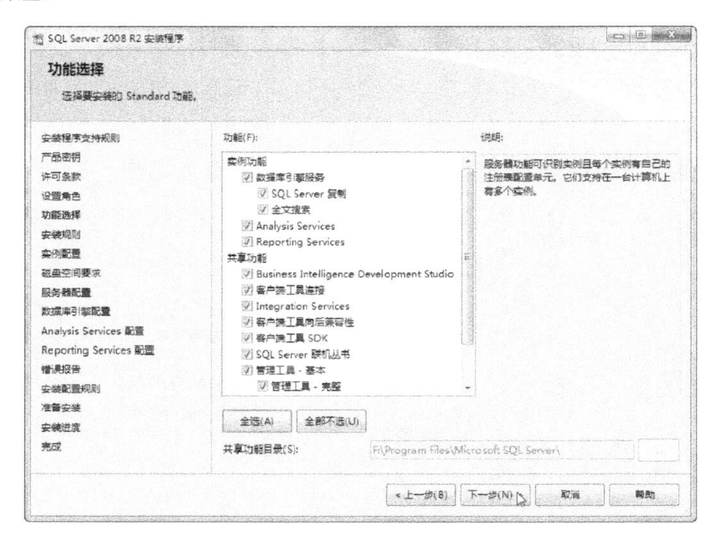

图 1.4　选择要安装的功能

图 1.5　配置 SQL Server 实例

（5）在如图 1.6 所示的“服务器配置”对话框中，对每个 SQL Server 服务（包括 SQL Server 代理、数据库引擎、分析服务、报表服务和集成服务）设置账户名、密码和启动类型（手动或自动），然后单击“下一步”按钮。

（6）在如图 1.7 所示的“数据库引擎配置”对话框中，选择身份验证模式（包括 Windows 身份验证模式和混合模式），并指定 SQL Server 管理员。在这里，选择了“Windows 身份验证模式”，并指定当前用户作为 SQL Server 管理员，然后单击“下一步”按钮。

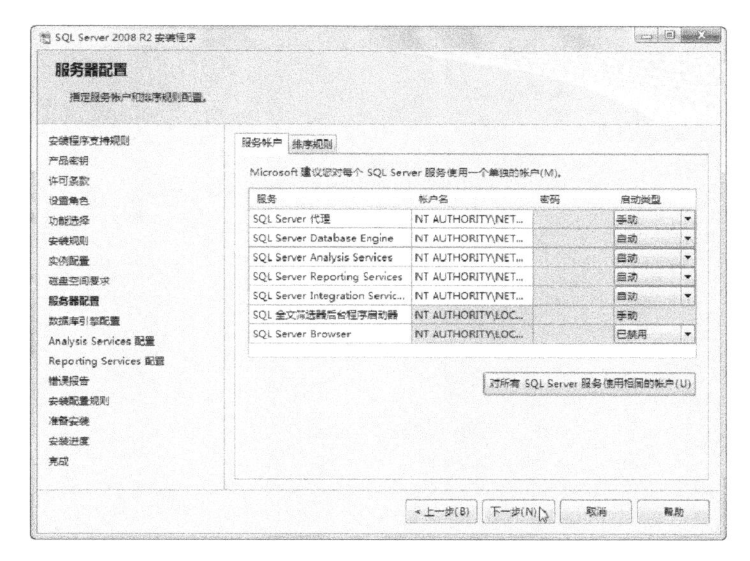

图 1.6　配置 SQL Server 服务账户

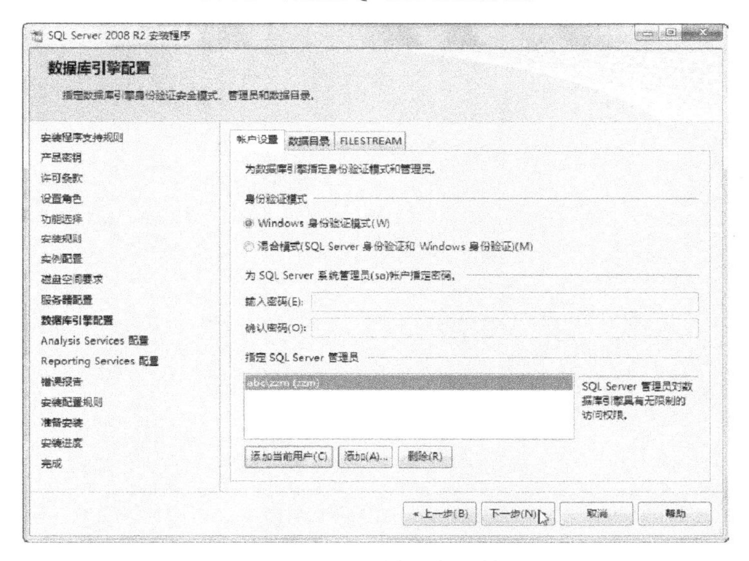

图 1.7　配置数据库引擎

（7）在如图 1.8 所示的“Analysis Services 配置”对话框中，指定当前用户对分析服务具有管理权限，然后单击“下一步”按钮。

（8）在如图 1.9 所示的“Reporting Services 配置”对话框中，指定报表服务的配置模式，有 3 种配置模式可供选择：安装本机模式默认配置、安装 SharePoint 集成模式默认配置以及安装但不配置报表服务器。在这里选择了“安装本机模式默认配置”，然后单击“下一步”按钮。接着将出现“错误和使用情况报告”对话框，可直接单击“下一步”按钮。

（9）当出现如图 1.10 所示的“准备安装”对话框时，对要安装的 SQL Server 2008 R2 功能进行检查，如果没有什么问题，可单击“下一步”按钮。若要对安装选项进行修改，可单击“上一步”按钮。

（10）当“安装进度”对话框中显示“安装过程已完成”信息时，单击“下一步”按钮。当完成安装时将会出现如图 1.11 所示的“完成”对话框，单击“关闭”按钮，结束 SQL Server 2008 R2 的安装过程。

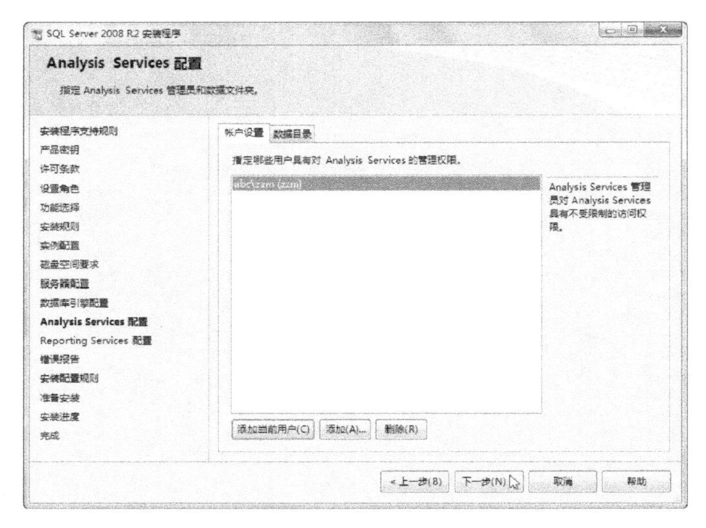

图 1.8　分析服务配置

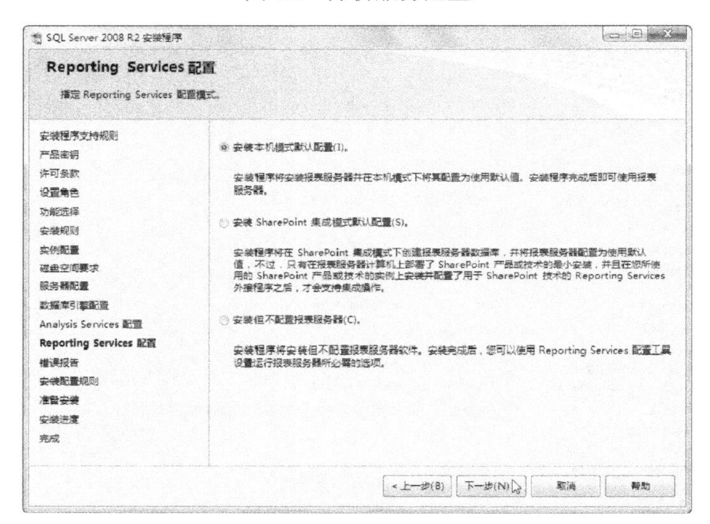

图 1.9　报表服务配置

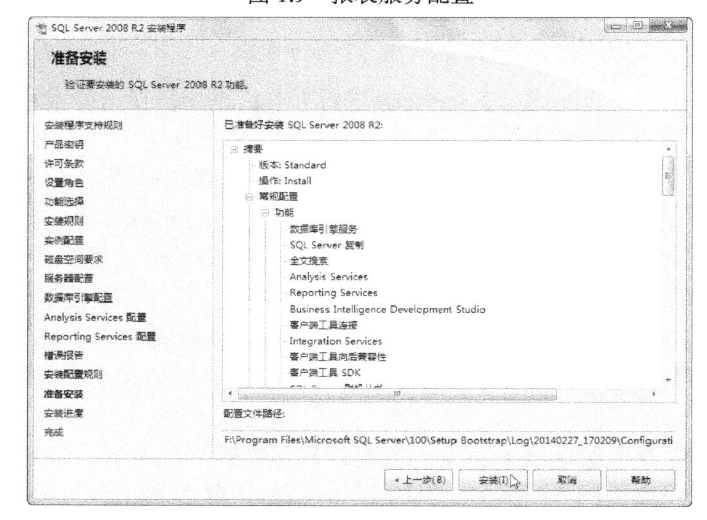

图 1.10　检查要安装的 SQL Server 2008 功能

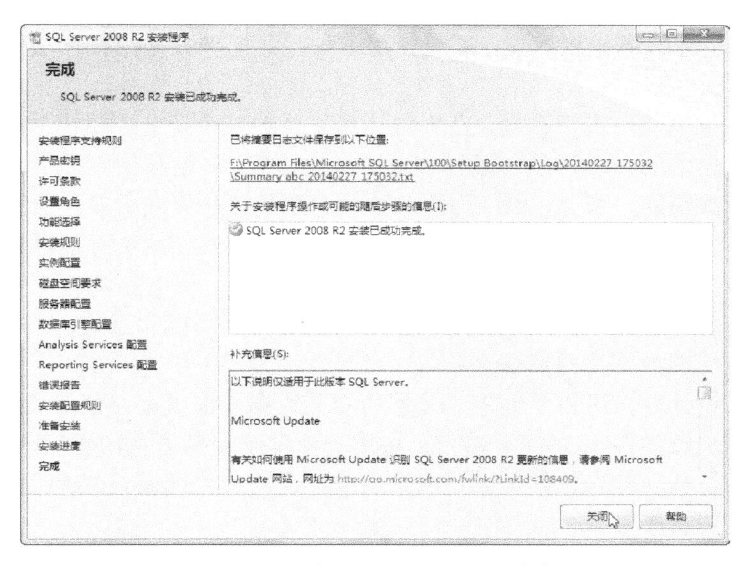

图 1.11　完成 SQL Server 2008 安装

完成 SQL Server 2008 R2 安装后，建议下载并安装该产品的补丁 SP1 和 SP2，以及示例数据库 AdventureWorks 等。

任务 4　认识 SQL Server 2008 服务和管理工具

任务描述

SQL Server 2008 是一个企业级的数据管理和分析平台，它不仅提供了数据库引擎，而且还提供了各种服务和管理工具。通过本任务将了解 SQL Server 2008 提供的服务器组件和管理工具。

相关知识

一、SQL Server 服务器组件

SQL Server 服务器组件包括数据库引擎、分析服务、报表服务以及集成服务 4 个部分。

1. 数据库引擎

数据库引擎是用于存储、处理和保护数据的核心服务。利用数据库引擎可控制访问权限并快速处理事务，从而满足企业内大多数需要处理大量数据的应用程序的要求。数据库引擎本身是一个复杂的系统，它包括许多功能组件，例如 Service Broker、复制、全文搜索以及通知服务等。

使用数据库引擎可创建用于联机事务处理或联机分析处理数据的关系数据库，这包括创建用于存储数据的表和用于查看、管理和保护数据安全的数据库对象，例如索引、视图和存储过程等。这些数据库对象可以使用 SQL Server Management Studio 来进行管理。

2. 分析服务

分析服务可以用于设计、创建和管理多维数据，从而实现对联机分析处理（OLAP）的支

持；还可以设计和创建数据挖掘模型，通过使用多种行业标准数据挖掘算法基于其他数据源来构造这些挖掘模型。

通过分析服务可以使用多维数据，在内置计算支持的单个统一逻辑模型中设计、创建和管理包含来自多个数据源的详细信息和聚合数据的多维结构。多维数据可提供对此统一数据模型上生成的大量数据的快速、直观、由上而下分析，这些数据是可以用多种语言和货币发送给用户的；多维数据可使用数据仓库、数据集市、生产数据库和操作数据存储区，从而可支持历史数据分析和实时数据分析。

分析服务还包含创建复杂数据挖掘解决方案所需的以下功能和工具。

（1）一组行业标准数据挖掘算法。

（2）数据挖掘设计器，可用于创建、管理和浏览数据挖掘模型并使用这些模型创建预测。

（3）数据挖掘扩展插件（DMX）语言，可用于管理挖掘模型和创建复杂的预测查询。

通过组合使用这些功能和工具可以发现数据中存在的趋势和模式，然后使用这些趋势和模式对业务难题作出明智决策。

3. 报表服务

报表服务是基于服务器的报表平台，为各种数据源提供了完善的报表功能。报表服务包含一整套可用于创建、管理和传送报表的工具以及允许开发人员在自定义应用程序中集成或扩展数据和报表处理的 API。报表服务工具在 Visual Studio 开发环境中工作，并与 SQL Server 工具和组件完全集成。

使用报表服务可以从关系数据源、多维数据源和基于 XML 的数据源创建交互式、表格式、图形式或自由格式的报表，也可以按需发布报表、计划报表处理或者评估报表。报表服务允许用户基于预定义模型创建即席报表，还允许通过交互方式浏览模型中的数据，可以选择多种查看格式，也可以将报表导出到其他应用程序以及订阅已发布的报表。所创建的报表可以通过基于 Web 的连接进行查看，或者作为 Windows 应用程序或 SharePoint 站点的一部分进行查看。报表服务为获取业务数据提供了一把钥匙。

4. 集成服务

集成服务是一组图形工具和可编程对象，用于移动、复制和转换数据。集成服务是用于生成企业级数据集成和数据转换解决方案的平台。使用集成服务可解决复杂的业务问题，包括复制或下载文件，发送电子邮件以响应事件，更新数据仓库，清除和挖掘数据以及管理 SQL Server 对象和数据。这些包可以独立使用，也可以与其他包一起使用以满足复杂的业务需求。集成服务可以提取和转换来自多种源（如 XML 数据文件、平面文件和关系数据源）的数据，然后将这些数据加载到一个或多个目标。

集成服务包含一组丰富的内置任务和转换、用于构造包的工具以及用于运行和管理包的服务。使用集成服务图形工具可以创建解决方案，而无须编写一行代码；也可以对各种集成服务对象模型进行编程，通过编程方式创建包并编写自定义任务以及其他包对象的代码。

二、SQL Server Management Studio

SQL Server Management Studio（SSMS）是一个集成环境，用于访问、配置、管理和开发 SQL Server 的组件。通过 SSMS，各种技术水平的开发人员和管理员都可以方便地使用 SQL Server。SSMS 将早期版本的 SQL Server 中所包含的企业管理器、查询分析器和 Analysis Manager 功能整合到单一的环境中。此外，SSMS 还可以和 SQL Server 的所有组件协同工作，例如 Reporting Services、Integration Services 和 SQL Server Compact。

若要访问 SQL Server Management Studio，可执行以下操作。

（1）单击“开始”按钮，然后选择“所有程序”→“Microsoft SQL Server 2008 R2”→“SQL Server Management Studio”。

（2）当出现如图 1.12 所示的“连接到服务器”对话框时，从“服务器类型”列表中选择要连接到的服务器的类型：数据库引擎、Analysis Services、Reporting Services、SQL Server Compact 或 Integration Services。对话框的其余部分只显示适用于所选服务器类型的选项。

图 1.12 “连接到服务器”对话框

当连接到数据库引擎的实例时，后续操作步骤如下。

（3）在“服务器名称”列表中选择要连接到的服务器实例。

（4）从“身份验证”列表中选择以下身份验证模式之一。

- Windows 身份验证模式：通过 Windows 用户账户进行连接。为了安全起见，应尽可能使用 Windows 身份验证。
- SQL Server 身份验证：当用户使用指定的登录名和密码从不可信连接进行连接时，SQL Server 将通过检查是否已设置 SQL Server 登录账户以及指定的密码是否与以前记录的密码匹配，自行进行身份验证。

  如果未设置 SQL Server 登录账户，身份验证则会失败，并且用户会收到一条错误消息。

（5）单击“连接”按钮，进入 SQL Server Management Studio 集成环境，如图 1.13 所示。

图 1.13 SQL Server Management Studio 集成环境用户界面

SQL Server Management Studio 为在 SQL Server 中管理和开发查询提供了一个功能丰富的环境。该环境主要由已注册的服务器、对象资源管理器、查询编辑器、模板资源管理器、解决方案资源管理器以及属性窗口等工具组成。从“查看”菜单中选择所需的命令，可以打开或隐藏相应的窗口。有一些窗口可能会占用相应的屏幕空间（如“已注册的服务器”窗口和“对象资源管理器”窗口），此时可以通过单击选项卡在不同窗口之间切换。

SQL Server Management Studio 提供了一套管理工具，用于管理从属于 SQL Server 的组件。

在这个集成环境中，可以在一个界面内执行各种任务，例如，备份数据、编辑查询和自动执行常见函数。SQL Server Management Studio 提供了以下工具。

（1）代码编辑器，用于编写和编辑脚本，是一种功能丰富的脚本编辑器。代码编辑器取代了 SQL Server 早期版本中包含的查询分析器。SQL Server Management Studio 提供了 4 种版本的代码编辑器：SQL 查询编辑器、MDX 查询编辑器、XML 查询编辑器和 SQL Server Compact 3.5 SP1 查询编辑器。

（2）对象资源管理器，用于查找、修改、编写脚本或运行从属于 SQL Server 实例的对象。

（3）模板资源管理器，用于查找模板以及为模板编写脚本。

（4）解决方案资源管理器，用于将相关脚本组织并存储为项目的一部分。

（5）属性窗口，用于显示当前选定对象的属性。

SQL Server Management Studio 通过提供下列项目支持有效的工作过程：

（1）断开连接的访问。可以编写和编辑脚本，而不用与 SQL Server 实例连接。

（2）在任意对话框中编写脚本。可以在任意对话框中创建脚本，以便在创建脚本之后读取、修改、存储和重用脚本。

（3）无模式对话框。在访问某个 UI 对话框时，可以浏览 SQL Server Management Studio 中的其他资源而不用关闭该对话框。

三、SQL Server 配置管理器

SQL Server 配置管理器用于管理与 SQL Server 相关联的服务，配置 SQL Server 使用的网络协议以及从 SQL Server 客户端计算机管理网络连接配置。

若要访问 SQL Server 配置管理器，可单击“开始”按钮，并选择“所有程序”→“Microsoft SQL Server 2008 R2”→“配置工具”→“SQL Server 配置管理器”。

在 SQL Server 配置管理器窗口中选择“SQL Server 服务器”结点，可看到 SQL Server 2008 所有服务的名称、状态、启动模式、登录身份、进程 ID 以及服务类型，如图 1.14 所示。

图 1.14　SQL Server 配置管理器

SQL Server 配置管理器使用 Windows Management Instrumentation（WMI）来查看和更改某些服务器设置。WMI 提供了一种统一的方式，用于与管理 SQL Server 工具所请求注册表操作的 API 调用进行连接，并可对 SQL Server 配置管理器管理单元组件选定的 SQL 服务提供增强的控制和操作。

（1）管理服务。在 SQL Server 配置管理器中选择一个 SQL Server 服务，并从“操作”菜单中选择所需的命令或在工具栏上单击所需的按钮，可以启动、暂停、恢复或停止该服务，还可以查看或更改该服务的属性。

（2）更改服务使用的账户。使用 SQL Server 配置管理器可以更改 SQL Server 或 SQL Server 代理服务使用的账户，或更改账户的密码，还可以执行其他配置，例如在 Windows 注册表中设置权限，以使新的账户可以读取 SQL Server 设置。使用 SQL Server 配置管理器更改密码后，无需重新启动服务便可立即生效。

（3）管理服务器和客户端网络协议。使用 SQL Server 配置管理器可以配置服务器和客户端网络协议以及连接选项，其中包括强制协议加密、查看别名属性或启用/禁用协议等功能。启用正确协议后，通常不需要更改服务器网络连接。但是，如果需要重新配置服务器连接，以使 SQL Server 侦听特定的网络协议、端口或管道，则可以使用 SQL Server 配置管理器。

四、SQL Server Profiler

SQL Server Profiler 是用于从服务器捕获 SQL Server 事件的工具。事件保存在一个跟踪文件中，可在以后对该文件进行分析，也可以在试图诊断某个问题时，用它来重播某一系列的步骤。SQL Server Profiler 提供了一个图形用户界面，用于监视数据库引擎实例或 Analysis Services 实例。

若要访问 SQL Server Profiler，可单击“开始”按钮，选择“所有程序”→“Microsoft SQL Server 2008 R2”→“性能工具”→“SQL Server Profiler”，以打开 SQL Server Profiler 窗口。

启动 SQL Server Profiler 后，从“文件”菜单中选择“新建跟踪”命令并连接到所需的服务器类型，则可对该服务器实例进行跟踪监视，如图 1.15 所示。

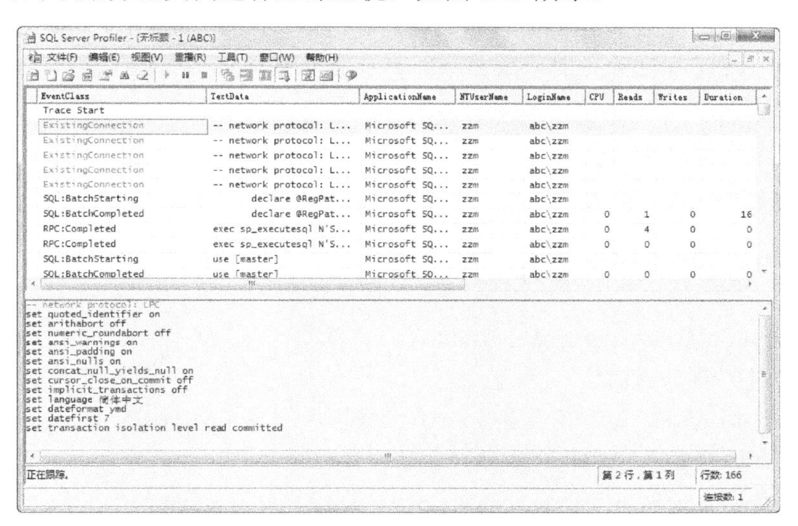

图 1.15　SQL Server Profiler 窗口

使用 SQL Server Profiler 可以执行以下任务。

（1）监视 SQL Server 数据库引擎、分析服务器或集成服务器的实例的性能。

（2）调试 Transact-SQL 语句和存储过程。

（3）通过标识低速执行的查询来分析性能。

（4）通过重播跟踪来执行负载测试和质量保证。

（5）重播一个或多个用户的跟踪。

（6）通过保存显示计划的结果来执行查询分析。

（7）在项目开发阶段，通过单步执行语句来测试 Transact-SQL 语句和存储过程，以确保代码按预期方式运行。

（8）通过捕获生产系统中的事件并在测试系统中重播这些事件来解决 SQL Server 中的问题。这对测试和调试很有用，并使得用户可以不受干扰地继续使用生产系统。

（9）审核和检查在 SQL Server 实例中发生的活动。这使得安全管理员可以检查任何审核事件，包括登录尝试的成功与失败，以及访问语句和对象的权限的成功与失败。

（10）将跟踪结果保存在 XML 中，以提供一个标准化的层次结构来跟踪结果。这样，就可以修改现有跟踪或手动创建跟踪，然后对其进行重播。

（11）聚合跟踪结果以允许对相似事件类进行分组和分析。

（12）允许非管理员用户创建跟踪。

（13）将性能计数器与跟踪关联以诊断性能问题。

（14）配置可用于以后跟踪的跟踪模板。

任务 5　管理 SQL Server 服务器

任务描述

在 SQL Server Management Studio 中，可以使用“已注册的服务器”窗口来组织经常访问的服务器，既可以注册服务器并连接到已注册的服务器，也可以创建服务器组或导入/导出已注册的服务器组。通过本任务可以了解对服务器和服务器组进行管理的方法。

相关知识

一、管理服务器

要管理和使用服务器，首先就要注册服务器。若要注册 SQL Server 数据库引擎服务器，可执行以下操作。

（1）启动 SQL Server Management Studio，从“查看”菜单中选择“已注册的服务器”，以打开“已注册的服务器”窗口。

（2）在“已注册的服务器”工具栏上单击“数据库引擎”图标，右击“本地服务器组”并选择“新建服务器注册”，如图 1.16 所示。

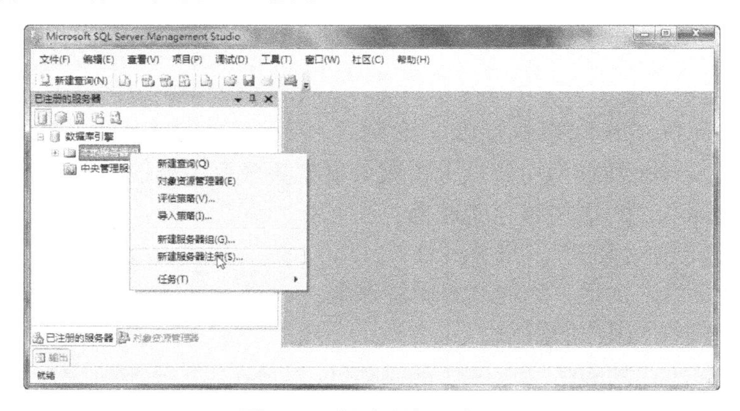

图 1.16　新建服务器注册

（3）在如图 1.17 所示的“新建服务器注册”对话框中，在“服务器名称”框中输入或选择要注册的服务器名称，从“身份验证”列表框中选择一种身份验证方式，对于 SQL Server 验证还要进一步指定用户名和密码。

（4）选择“连接属性”选项卡，设置要连接的数据库、网络协议以及连接超时等参数，如图 1.18 所示。

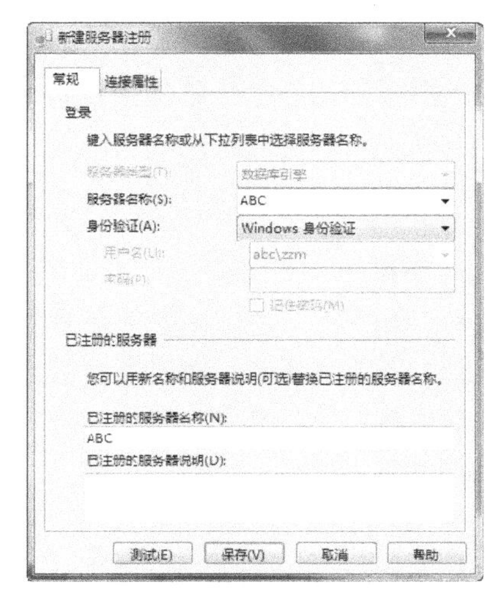

图 1.17　设置服务器名称和身份验证

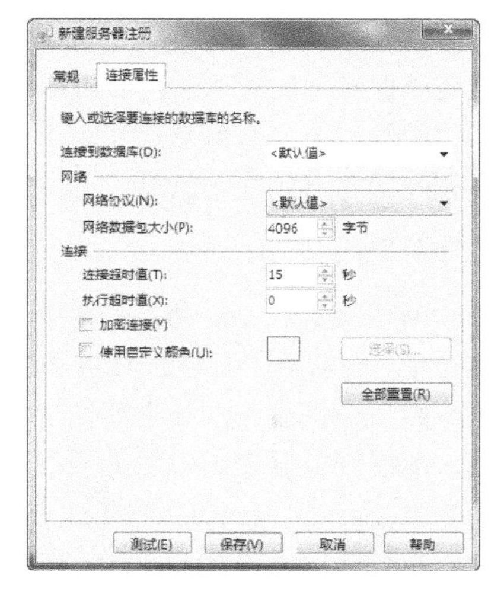

图 1.18　设置默认数据库和连接属性

（5）在“新建服务器注册”对话框中单击“测试”按钮，对服务器连接进行测试。若出现了如图 1.19 所示的消息框，则表示当前设置的服务器连接设置是正确的。

图 1.19　测试服务器连接

（6）单击“保存”按钮，以保存对该服务器的设置。此时所注册的服务器出现在“本地服务器组”的下方，如图 1.20 所示。

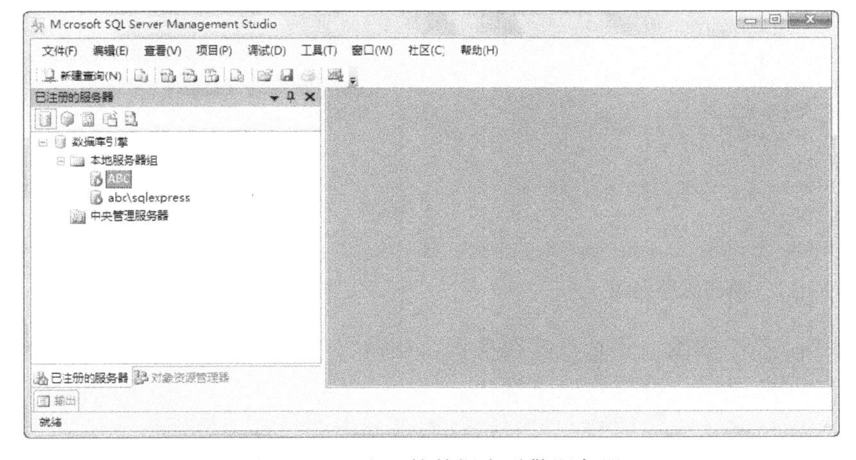

图 1.20　已注册的数据库引擎服务器

对于已注册的服务器，可执行以下操作。

（1）若要基于服务器创建查询，可右击服务器并选择“新建查询”命令。

（2）若要将对象资源管理器连接到服务器，右击服务器并选择“对象资源管理器”命令。

（3）若要编辑服务器的注册信息，可右击服务器并选择“属性”命令。

（4）若要将已注册的服务器信息导出到文件（.regsrvr），可右击服务器并选择“任务”→“导入”命令。

（5）若要更改服务器的状态，可右击服务器并在“服务控制”子菜单中选择“启动”、“停止”、“暂停”、“继续”或“重新启动”命令。

（6）若要删除服务器的注册信息，可右击服务器并选择“删除”命令。

二、管理服务器组

在 SQL Server Management Studio 中可以管理多个服务器。通过创建服务器组并将服务器放置在服务器组中，可以在“已注册的服务器”窗口中组织服务器。在已注册的服务器中可以创建服务器组，然后在该服务器组中添加注册服务器或将已注册服务器移到该组中。

若要在已注册的服务器中创建服务器组，可执行以下操作。

（1）启动 SQL Server Management Studio，在“已注册的服务器”窗口的工具栏上单击服务器类型，可以是数据库引擎、Analysis Services、Reporting Services、SQL Server Compact 或 Integration Services。

（2）右击某服务器或服务器组并选择“新建服务器组”，如图 1.21 所示。

（3）在“新建服务器组属性”对话框的“组名”列表框中，输入服务器组的唯一名称，例如 WebServers，如图 1.22 所示。

（4）在“组说明”列表框中，选择性地输入一个描述服务器组的友好名称，例如“网站后台数据库服务器组”。

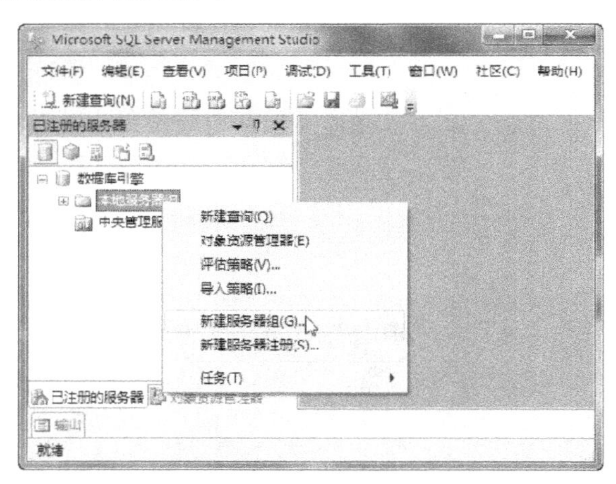

图 1.21　新建服务器组

图 1.22　设置新建服务器属性

（5）单击“确定”按钮。此时，新服务器组出现在“已注册的服务器”树中。

对于现有的服务器组，可执行以下操作。

（1）若要编辑服务器组的属性，可右击该服务器组并选择“属性”。

（2）若要在服务器组中注册新服务器，可右击该服务器组并选择“新建服务器注册”。

（3）若要将注册服务器移动到服务器组中，可右击该服务器组并选择“任务”→“移到”命令，然后在“移动服务器注册”对话框中选择此服务器组，再单击“确定”按钮。

（4）若要向服务器组中导入注册服务器，可右击该服务器组并选择“任务”→“导入”命令，在“导入已注册的服务器”对话框中选择以前导出的文件，选择该服务器组，然后单击“确定”按钮。

（5）若要删除某个服务器组，可右击该服务器组并选择“删除”命令。

项目思考

一、填空题

1．数据库是为特定目的而组织和表示的_____、____和________的集合。
2．关系数据库在____中以________和________的形式存储信息。
3．SQL Server 数据库引擎是用于_____、_____和_____数据的核心服务。
4．SQL Server Profiler 是用于从服务器捕获_______________的工具。
5．数据库引擎优化顾问可以协助用户分析__________并提出创建___________的建议。

二、选择题

1．在下列各项中，（　　）不属于 SQL Server 服务器组件。
　A．数据库引擎　B．分析服务　C．报表服务　D．邮件服务
2．在下列各项中，（　　）不属于关系型数据库。
　A．MySQL　B．Excel　C．Access　D．SQL Server
3．在 SQL 语言中，关键字（　　）用于实现数据查询功能。
　A．SELECT　B．CREATE、DROP
　C．INSERT、UPDATE、DELETE　D．CRANT、REVOKE

三、简答题

1．数据库管理系统有哪些方面的功能？
2．SQL Server 2008 有哪些版本？
3．SQL Server 2008 的新增功能包括哪些方面？
4．SQL Server 数据库引擎有哪两种身份验证模式？
5．SQL Server Management Studio 集成环境主要包括哪些工具？
6．SQL Server 配置管理器的功能是什么？

项目实训

1．安装 SQL Server 2008 R2。
2．安装 SQL Server 2008 R2 的补丁 SP1 和 SP2。
3．上网搜索和下载 SQL Server 2008 R2 示例数据库。

4．在 SQL Server 配置管理器找到 SQL Server Integration Services 服务，然后通过以下操作来更改该服务的状态：启动服务，暂停服务，停止服务，重新启动服务。

5．启动 SQL Server Management Studio 并连接到 SQL Server 数据库引擎，然后执行以下操作：

（1）通过“对象资源管理器”窗口查看 AdventureWorks 示例数据库的组成，并查看 HumanResources. Employee 表中的数据；

（2）通过选择“查看”菜单的命令，打开已注册的服务器、模板资源管理器和属性窗口。

创建和管理数据库

数据库是存放数据库对象的容器，是数据库管理系统的核心，也是使用数据库系统时首先要创建的对象。在 SQL Server 2008 中，使用数据库引擎可以创建数据库，然后创建用于存储数据的表和用于查看、管理和保护数据安全的各种数据库对象。在本项目中，将通过 14 个任务来创建和管理 SQL Server 数据库，主要内容包括了解 SQL Server 数据库、创建数据库、修改数据库以及备份和还原数据库等。

任务 1　认识 SQL Server 数据库

任务描述

在 SQL Server 服务器上，数据存储在数据库中。数据库本身按物理方式在磁盘上作为两个或更多文件实现，数据则被组织到用户可以看见的逻辑组件中。使用数据库时使用的主要是逻辑组件，例如架构、表、视图、过程、用户以及角色等。文件的物理实现在很大程度上是透明的，通常只有数据库管理员需要处理物理实现。通过本任务将对 SQL Server 数据库的基本概念和文件组成有一个初步了解。

相关知识

一、数据库基本概念

SQL Server 数据库由一个表集合组成。这些表包含数据以及为支持对数据执行的活动而定义的其他对象，如视图、索引、存储过程、用户定义函数和触发器。存储在数据库中的数据通常与特定的主题或过程相关，例如员工的个人信息或产品的库存信息等。表中包含行（也称为记录或元组）和列（也称为字段或属性）的集合。表中的每一列都用于存储某种类型的信息，例如日期、名称、金额以及数字等。

表上有几种类型的控制，例如约束、触发器、默认值和自定义用户数据类型，用于保证数据的有效性。通过向表上添加声明性引用完整性约束，可以确保不同表中的相关数据保持一致。表上可以有索引（与书中的索引相似），利用索引能够快速找到行。

数据库还可以包含使用 Transact-SQL 或.NET Framework 程序代码的过程对数据库中的数据执行操作。这些操作包括创建用于提供对表数据的自定义访问的视图，或创建用于对部分行执行复杂计算的用户定义函数。

例如，创建一个“学生管理”数据库来管理学生数据。在该数据库中，创建一个名为“学生”的表来存储有关每位学生的信息，在该表中添加“学号”、“姓名”、“性别”、“出生日期”和“班级”等列。为了确保不存在两个学生使用同一个学生编号的情况，并确保“班级”列仅包含学校中的有效班级编号，必须向该表添加一些约束。

由于需要根据学号或姓名快速查找学生的相关数据，因此可以定义一些索引。必须向“学生”表中针对每位学生添加一行数据记录，还必须创建一个名为 AddStudent 的存储过程。此过程的功能为接收新生数据值，并执行向“学生”表中添加行的操作。可能会需要学生的部门摘要。在这种情况下，需要定义一个名为“班级学生”的视图，用于合并“班级”表和“学生”表中的数据并产生输出。所创建的“学生管理”数据库的各个部分如图 2.1 所示。

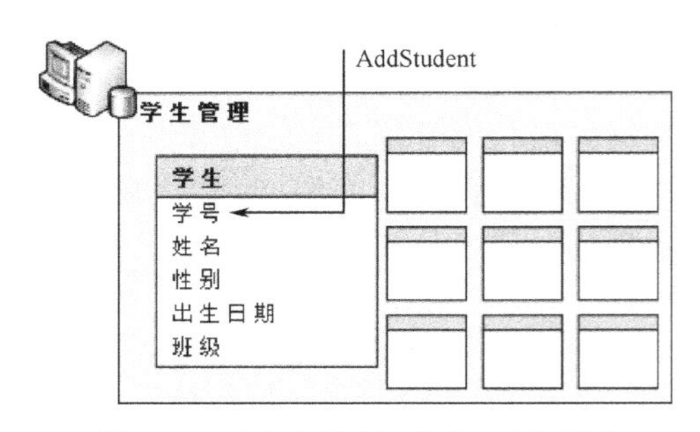

图 2.1　“学生管理”数据库示意图

一个 SQL Server 服务器实例可以支持多个数据库。每个数据库可以存储来自其他数据库的相关数据或不相关数据。例如，SQL Server 服务器实例上可以有一个数据库用于存储员工数据，另一个数据库则用于存储与产品相关的数据。

在 SQL Server 中，数据库分为系统数据库和用户数据库。系统数据库用于存储 SQL Server 服务器的系统级信息，例如系统配置、数据库、登录账户、数据库文件、数据库备份、警报以及作业等，SQL Server 使用系统数据库来管理和控制整个数据库服务器。用户数据库是由用户根据自己的需要而创建的，用于存储用户数据。SQL Server 2008 提供了一些示例数据库，这些数据库就属于用户数据库。

在默认情况下安装 SQL Server 2008 时并不会自动安装这些示例数据库，用户可以根据自己的需要从微软公司的网站下载并加以安装。

二、文件与文件组

每个 SQL Server 数据库至少具有两个操作系统文件：一个数据文件和一个日志文件。数据文件包含数据和对象，例如表、索引、存储过程和视图。日志文件包含恢复数据库中的所有事务所需的信息。为了便于分配和管理，可以将数据文件集合起来并放到文件组中。

1．数据库文件

SQL Server 数据库所对应的操作系统文件可以分为 3 种类型，即主要数据库文件、次要数据库文件和事务日志文件。

主要数据文件包含数据库的启动信息，并指向数据库中的其他文件。用户数据和对象可以存储在此文件中，也可以存储在次要数据文件中。每个数据库有一个主要数据文件，主要数据文件的建议文件扩展名是.mdf。

次要数据文件是可选的，由用户定义并存储用户数据。次要数据文件的建议文件扩展名是.ndf。通过将每个文件放在不同的磁盘驱动器上，次要文件可用于将数据分散到多个磁盘上。另外，如果数据库超过了单个 Windows 文件的最大规格，可以使用次要数据文件，这样数据库就能继续增长。

事务日志文件保存用于恢复数据库的日志信息。每个数据库必须至少有一个日志文件。事务日志的建议文件扩展名是.ldf。

例如，可以创建一个名为“销售”的简单数据库，其中包括一个包含所有数据和对象的主要文件和一个包含事务日志信息的日志文件。也可以创建一个名为“订单”的复杂数据库，其中包括一个主要文件和 5 个次要文件。数据库中的数据和对象分散在所有 6 个文件中，而 4 个日志文件包含事务日志信息。

默认情况下，将数据和事务日志放在同一个驱动器上的同一个路径下。这是为处理单磁盘系统而采用的方法，但是，在生产环境中，这可能不是最佳方案。建议将数据和日志文件放在不同的磁盘上。

在操作系统中，数据库是作为数据文件和日志文件存储在磁盘上的，这些文件都具有自己的路径和文件名。但是，在 SQL Server 中，如果要使用 Transact-SQL 语句对数据库文件进行操作，由于文件路径和名称比较长，使用起来会有诸多不便。因此，对于每个数据库文件（包括数据文件和日志文件），还要在物理名称之外指定一个逻辑名称。在 Transact-SQL 语句中，可以使用数据库文件的逻辑名称进行相关操作。

2. 文件组

每个数据库有一个主要文件组。此文件组包含主要数据文件和未放入其他文件组的所有次要文件，所有系统表也都被分配到主要文件组中。也可以创建用户定义的文件组，用于将数据文件集合起来，以便于管理、数据分配和放置。

例如，可以分别在 3 个磁盘驱动器上创建 3 个文件 Data1.ndf、Data2.ndf 和 Data3.ndf，然后将它们分配给文件组 fgroup1，可以明确地在文件组 fgroup1 上创建一个表。对表中数据的查询将分散到 3 个磁盘上，从而提高了性能。

如果在数据库中创建对象时没有指定对象所属的文件组，则对象将被分配给默认文件组。无论何时，只能将一个文件组指定为默认文件组。默认文件组中的文件必须足够大，能够容纳未分配给其他文件组的所有新对象。PRIMARY 文件组是默认文件组，除非使用 ALTER DATABASE 语句进行了更改。不过，系统对象和表仍然分配给 PRIMARY 文件组，而不是新的默认文件组。

使用文件和文件组时，需要考虑以下因素：一个文件或文件夹只能用于一个数据库；一个文件只能是一个文件组的成员；数据库的数据信息和日志信息不能包含在同一个文件或文件组中；日志文件不能是任何文件组的成员。

在 SQL Server 中，数据存储的基本单位是页，每页的大小是 8KB。每页的开始部分是 96 个字节的页首，用于存储系统信息，如页的类型、页的可用空间量、拥有页的对象的对象标识符等。扩展盘区是一种由 8 个邻接的页（64KB）所组成的基本单元，可以将其中的空间分配给表和索引。在 SQL Server 数据库中每兆字节有 128 页，分为 16 个扩展盘区。

三、事务日志

每个 SQL Server 2008 数据库都具有事务日志，用于记录所有事务以及每个事务对数据库

所做的修改。事务日志是数据库的重要组件，如果系统出现故障，则可能需要使用事务日志将数据库恢复到一致状态。删除或移动事务日志以前，必须完全了解此操作带来的后果。

SQL Server 数据库引擎事务日志具有以下特征。

（1）事务日志是作为数据库中单独的文件或一组文件实现的。日志缓存与数据页的缓冲区高速缓存是分开管理的，因此可在数据库引擎中生成简单、快速和功能强大的代码。

（2）日志记录和页的格式不必遵守数据页的格式。

（3）事务日志可以在几个文件上实现。通过设置日志的 FILEGROWTH 值可以将这些文件定义为自动扩展。这样可减少事务日志内空间不足的可能性，同时减少管理开销。

（4）重用日志文件中空间的机制速度快且对事务吞吐量影响最小。

事务日志支持以下操作。

（1）恢复个别的事务。如果应用程序发出 ROLLBACK 语句，或者数据库引擎检测到错误（例如失去与客户端的通信），就使用日志记录回滚未完成的事务所做的修改。

（2）SQL Server 启动时恢复所有未完成的事务。当运行 SQL Server 的服务器发生故障时，数据库可能处于这样的状态：还没有将某些修改从缓存写入数据文件，在数据文件内有未完成的事务所做的修改。当启动 SQL Server 实例时，它对每个数据库执行恢复操作。前滚日志中记录的、可能尚未写入数据文件的每个修改。在事务日志中找到的每个未完成的事务都将回滚，以确保数据库的完整性。

（3）将还原的数据库、文件、文件组或页前滚到故障点。在硬件丢失或磁盘故障影响到数据库文件后，可以将数据库还原到故障点。先还原上次完整数据库备份和上次差异数据库备份，然后将后续的事务日志备份序列还原到故障点。当还原每个日志备份时，数据库引擎重新应用日志中记录的所有修改，以前滚所有事务。当最后的日志备份还原后，数据库引擎将使用日志信息回滚到该点未完成的所有事务。

（4）支持事务复制。日志读取器代理程序监视已为事务复制配置的每个数据库的事务日志，并将已设复制标记的事务从事务日志复制到分发数据库中。

（5）支持备份服务器解决方案。备用服务器解决方案、数据库镜像和日志传送，极大程度地依赖于事务日志。在日志传送方案中，主服务器将主数据库的活动事务日志发送到一个或多个目标服务器。每个辅助服务器将该日志还原为其本地的辅助数据库。

在数据库镜像方案中，数据库（主体数据库）的每次更新都在独立的、完整的数据库（镜像数据库）副本中立即重新生成。主体服务器实例立即将每个日志记录发送到镜像服务器实例，镜像服务器实例将传入的日志记录应用于镜像数据库，从而将其继续前滚。

任务 2　了解 SQL Server 系统数据库

任务描述

在 SQL Server 2008 中，系统数据库包括 master、model、msdb、Resource 和 tempdb。SQL Server 不支持用户直接更新系统对象（如系统表、系统存储过程和目录视图）中的信息。实际上，SQL Server 2008 提供了一整套管理工具，用户可以使用这些工具充分管理他们的系统以及数据库中的所有用户和对象。通过本任务将对各个系统数据库有一个基本了解。

相关知识

SQL Server 2008 提供了以下系统数据库。

一、master 数据库

master 数据库用于记录 SQL Server 系统的所有系统级信息，包括实例范围的元数据（例如登录账户）、端点、链接服务器和系统配置设置。此外，master 数据库还记录了所有其他数据库的存在、数据库文件的位置以及 SQL Server 的初始化信息。因此，如果 master 数据库不可用，则 SQL Server 无法启动。在 SQL Server 2008 中，系统对象不再存储在 master 数据库中，而是存储在 Resource 数据库中。

master 系统数据库的物理属性如下：主数据文件的逻辑名称为 master，物理名称为 master.mdf，以 10%的速度自动增长到磁盘充满为止；事务日志文件的逻辑名称为 mastlog，物理名称为 mastlog.ldf，而且以 10%的速度自动增长到最大 2TB。

不能在 master 数据库中执行下列操作：添加文件或文件组；更改排序规则（默认排序规则为服务器排序规则）；更改数据库所有者（master 归 dbo 所有）；创建全文目录或全文索引；在数据库的系统表上创建触发器；删除数据库；从数据库中删除 guest 用户；启用变更数据捕获；参与数据库镜像；删除主文件组、主数据文件或日志文件；重命名数据库或主文件组；将数据库设置为 OFFLINE（离线）；将数据库或主文件组设置为 READ_ONLY（只读）。

二、model 数据库

model 数据库用作在 SQL Server 服务器实例上创建的所有数据库的模板。因为每次启动 SQL Server 时都会创建 tempdb，所以 model 数据库必须始终存在于 SQL Server 系统中。

当创建数据库时，将通过复制 model 数据库中的内容来创建数据库的第一部分，然后用空页填充新数据库的剩余部分。如果修改 model 数据库，则以后创建的所有数据库都将继承这些修改。例如，可以设置权限或数据库选项或者添加对象，如表、函数或存储过程。

model 系统数据库的物理属性如下：主数据文件的逻辑名称为 modeldev，物理名称为 model.mdf，而且将以 10%的速度自动增长到磁盘充满为止；日志文件的逻辑名称为 modellog，物理名称为 modellog.ldf，而且以 10%的速度自动增长到最大 2TB。

不能在 model 数据库中执行下列操作：添加文件或文件组；更改排序规则（默认排序规则为服务器排序规则）；更改数据库所有者（model 归 dbo 所有）；删除数据库；从数据库中删除 guest 用户；启用变更数据捕获；参与数据库镜像；删除主文件组、主数据文件或日志文件；重命名数据库或主文件组；将数据库设置为 OFFLINE（离线）；将数据库或主文件组设置为 READ_ONLY（只读）；使用 WITH ENCRYPTION 选项创建过程、视图或触发器。

三、msdb 数据库

msdb 数据库由 SQL Server 代理用于计划警报和作业，也可以由其他功能（如 Service Broker 和数据库邮件）使用。

msdb 系统数据库的物理属性如下：主数据文件的逻辑名称为 MSDBData，物理名称为 MSDBData.mdf，而且以 256KB 的速度自动增长到磁盘充满为止；日志文件的逻辑名称为 MSDBLog，物理名称为 MSDBLog.ldf，而且以 256KB 的速度自动增长到最大 2TB。

四、Resource 数据库

Resource 数据库为只读数据库，它包含 SQL Server 中的所有系统对象。SQL Server 系统对象（如 sys.objects）在物理上保留在 Resource 数据库中，但在逻辑上却显示在每个数据库的 sys 架构中。Resource 数据库不包含用户数据或用户元数据。

Resource 数据库可以比较轻松快捷地升级到新的 SQL Server 版本。在早期版本的 SQL Server 中，进行升级时需要删除和创建系统对象。由于 Resource 数据库文件包含所有系统对象，因此，现在仅通过将单个 Resource 数据库文件复制到本地服务器便可完成升级。同样，要回滚 Service Pack 中的系统对象更改，只需要使用早期版本覆盖 Resource 数据库的当前版本即可。

Resource 数据库的物理文件名为 mssqlsystemresource.mdf 和 mssqlsystemresource.ldf。默认情况下，这些文件位于<驱动器>:\Program Files\Microsoft SQL Server\MSSQL10.<实例名>\Binn\中。在每个 SQL Server 实例中，都具有唯一的一个关联的 mssqlsystemresource.mdf 文件，并且实例间不共享此文件。

Resource 数据库仅应由 Microsoft 客户支持服务部门的专家修改或在其指导下进行修改。唯一支持的用户操作是移动 Resource 数据库。

五、tempdb 数据库

tempdb 系统数据库是一个全局资源，可供连接到 SQL Server 实例的所有用户使用，并可用于保存下列各项：显式创建的临时用户对象，例如全局或局部临时表、临时存储过程、表变量或游标；SQL Server 数据库引擎创建的内部对象，例如，用于存储假脱机或排序的中间结果的工作表；由使用已提交读（使用行版本控制隔离或快照隔离事务）的数据库中数据修改事务生成的行版本；由数据修改事务为实现联机索引操作、多个活动的结果集（MARS）以及 AFTER 触发器等功能而生成的行版本。

tempdb 中的操作是最小日志记录操作。这将使事务产生回滚。每次启动 SQL Server 时都会重新创建 tempdb，从而在系统启动时总是保持一个干净的数据库副本。在断开连接时会自动删除临时表和存储过程，并且在系统关闭后没有活动连接。因此 tempdb 中不会有什么内容从一个 SQL Server 会话保存到另一个会话。不允许对 tempdb 进行备份和还原操作。

tempdb 系统数据库的物理属性如下：其主数据文件的逻辑名称为 tempdev，物理名称为 tempdb.mdf，而且将以 10%的速度自动增长直到磁盘充满；日志文件的逻辑名称为 templog，物理名称为 templog.ldf，而且以 10%的速度自动增长到最大 2TB

tempdb 的大小可以影响系统性能。如果 tempdb 太小，则每次启动 SQL Server 时，系统处理可能忙于数据库的自动增长，而不能支持工作负荷要求。在这种情况下，可以通过增加 tempdb 的规格来避免此开销。

不能对 tempdb 数据库执行以下操作：添加文件组；备份或还原数据库；更改排序规则（默认排序规则为服务器排序规则）；更改数据库所有者（tempdb 的所有者是 dbo）；创建数据库快照；删除数据库；从数据库中删除 guest 用户；启用变更数据捕获；参与数据库镜像；删除主文件组、主数据文件或日志文件；重命名数据库或主文件组；运行 DBCC CHECKALLOC；运行 DBCC CHECKCATALOG；将数据库设置为 OFFLINE（离线）；将数据库或主文件组设置为 READ_ONLY（只读）。

任务 3 认识数据库状态和文件状态

任务描述

SQL Server 数据库是存储在文件中的。数据库和文件总是处于特定的状态中，而且文件的状态独立于数据库的状态。通过本任务将对数据库状态和文件状态有一个基本的了解。

相关知识

一、数据库状态

数据库总是处于一个特定的状态中，例如 ONLINE 或 OFFLINE 等。若要确认数据库的当前状态，可选择 sys.databases 目录视图中的 state_desc 列或 DATABASEPROPERTYEX 函数中的 Status 属性。

下面列出各种数据库状态的定义。

（1）ONLINE：在线状态或联机状态，可以对数据库进行访问。即使可能尚未完成恢复的撤消阶段，主文件组仍处于在线状态。

（2）OFFLINE：离线状态或脱机状态，数据库无法使用。数据库由于显式的用户操作而处于离线状态，并保持离线状态直至执行了其他的用户操作。例如，可能会让数据库离线以便将文件移至新的磁盘。在完成移动操作后，使数据库恢复到在线状态。

（3）RESTORING：恢复状态，正在还原主文件组的一个或多个文件，或正在脱机还原一个或多个辅助文件。数据库不可用。

（4）RECOVERING：还原状态，正在恢复数据库。恢复进程是一个暂时性状态，恢复成功后数据库将自动处于在线状态。若恢复失败，则数据库将处于可疑状态。数据库不可用。

（5）RECOVERY PENDING：恢复未完成状态，SQL Server 在恢复过程中遇到了与资源相关的错误。数据库未损坏，但是可能缺少文件，或系统资源限制可能导致无法启动数据库。数据库不可用，需要用户另外执行操作来解决问题，并让恢复进程完成。

（6）SUSPECT：可疑状态，至少主文件组可疑或可能已损坏。在 SQL Server 启动过程中无法恢复数据库。数据库不可用，需要用户另外执行操作来解决问题。

（7）EMERGENCY：紧急状态，用户更改了数据库，并将其状态设置为 EMERGENCY。数据库处于单用户模式，可以修复或还原。数据库标记为 READ_ONLY，禁用日志记录，并且仅限 sysadmin 固定服务器角色的成员访问。EMERGENCY 主要用于故障排除，例如，可以将标记为“可疑”的数据库设置为 EMERGENCY 状态。这样可以允许系统管理员对数据库进行只读访问。只有 sysadmin 固定服务器角色的成员才可以将数据库设置为 EMERGENCY 状态。

二、文件状态

在 SQL Server 中，数据库文件的状态独立于数据库的状态。文件始终处于一个特定状态，例如 ONLINE 或 OFFLINE。如果要查看数据库文件的当前状态，可以使用 sys.master_files 或 sys.database_files 目录视图。如果数据库处于离线状态，则可以从 sys.master_files 目录视图中查看文件的状态。

文件组中的文件的状态确定了整个文件组的可用性。文件组中的所有文件都必须联机，文件组才可用。若要查看文件组的当前状态，可使用 sys.filegroups 目录视图。如果文件组处于离线状态，而尝试使用 Transact-SQL 语句访问该文件组，则操作将失败并显示一条错误。当查询优化器生成 SELECT 语句的查询计划时，它将避免使用位于离线文件组中的非聚集索引和索引视图，从而使这些语句成功。

下面列出各种文件状态的定义。

（1）ONLINE：在线状态，文件可用于所有操作。如果数据库本身处于在线状态，则主文件组中的文件始终处于在线状态。如果主文件组中的文件处于离线状态，则数据库将处于离线状态，并且辅助文件的状态未定义。

（2）OFFLINE：离线状态，文件不可访问，并且可能不显示在磁盘中。文件通过显式用户操作变为离线，并在执行其他用户操作之前保持离线状态。

（3）RESTORING：还原状态，正在还原文件。文件处于还原状态（因为还原命令会影响整个文件，而不仅是页还原），并且在还原完成及文件恢复之前，一直保持此状态。

（4）RECOVERY PENDING：恢复未完成状态，文件恢复被推迟。由于在段落还原过程中未还原和恢复文件，因此文件将自动进入此状态。需要用户执行其他操作来解决该错误，并允许完成恢复过程。

（5）SUSPECT：可疑状态，联机还原过程中恢复文件失败。如果文件位于主文件组，则数据库还将标记为可疑；否则仅文件处于可疑状态，而数据库仍处于在线状态。

任务 4　创建数据库

任务描述

在本任务中，首先使用 SQL Server Management Studio 按默认设置创建一个名为 DB01 的数据库，然后通过执行 CREATE DATABASE 语句按默认设置创建一个名为 DB02 的数据库，最后通过执行 CREATE DATABASE 语句按指定要求创建一个名为 DB03 的数据库。

任务分析

创建数据库，就是确定数据库的名称、所有者、大小、增长方式以及存储该数据库的文件和文件组等信息的过程。在 SQL Server 2008 中，创建数据库主要有两种方法：一种方法是使用可视化的图形工具 SQL Server Management Studio，另一种方法则是使用 CREATE DATABASE 语句。

任务实现

一、使用 SQL Server Management Studio 创建数据库

操作要求：使用 SQL Server Management Studio 按默认设置创建一个名为 DB01 的数据库。

实现步骤如下：

（1）在对象资源管理器中，连接到 SQL Server 数据库引擎实例，然后展开该实例。

（2）右击“数据库”，然后选择“新建数据库”命令，如图 2.2 所示。

（3）在如图 2.3 所示的“新建数据库”对话框中，输入数据库的名称 DB01。指定数据库名称时必须遵循标识符命名规则。

数据库和数据库对象的名称即为其标识符。标识符命名规则如下：第一个字符必须是 Unicode 标准 3.2 中所定义的字母、下画线（_）、“at”符号（@）或数字符号（#）（某些位于标识符开头位置的符号具有特殊意义），后续字符可以包括字母、数字、@符号、$符号、数字符号或下画线；标识符不能是 Transact-SQL 保留字，也不允许嵌入空格或其他特殊字符。常规标识符最多可以包含 128 个字符。

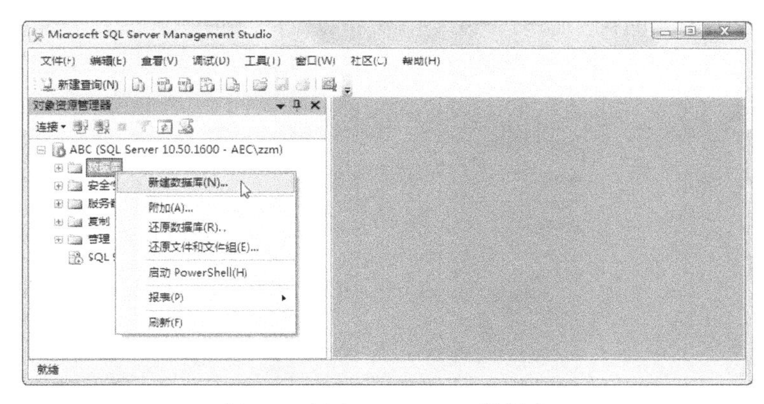

图 2.2　创建 SQL Server 数据库

图 2.3　“新建数据库”对话框

（4）若要通过接收所有默认值来创建数据库，可单击“确定”按钮；若要对默认值进行修改并创建数据库，请继续执行后面的可选步骤。

数据库的数据文件和日志文件按服务器属性中指定的默认数据库位置来存储，数据文件的默认大小为 3MB，以 1MB 的增量自动增长；日志文件的默认大小为 1MB，以 10%的增量自动增长。若要更改数据库默认位置，可在对象资源管理器中右击数据库引擎并选择“属性”命令，然后在服务器属性对话框中选择“数据库设置页”，并对数据文件和日志文件的默认位置进行设置。

（5）若要更改所有者名称，可单击[...]按钮并选择其他所有者。

（6）若要启用数据库的全文搜索，可选中“全文索引”复选框。

（7）若要更改主数据文件和事务日志文件的初始大小，可在“数据库文件”网格中单击相应的单元并输入新值。若要更改这些文件的自动增长设置，可单击[...]按钮并在随后出现的对话框中设置是否启用自动增长、自动增长时的增量以及是否限制文件的最大值。

（8）若要更改数据库的排序选项、恢复模式和数据库选项，可选择“选项”页（如图 2.4 所示），然后执行以下操作。

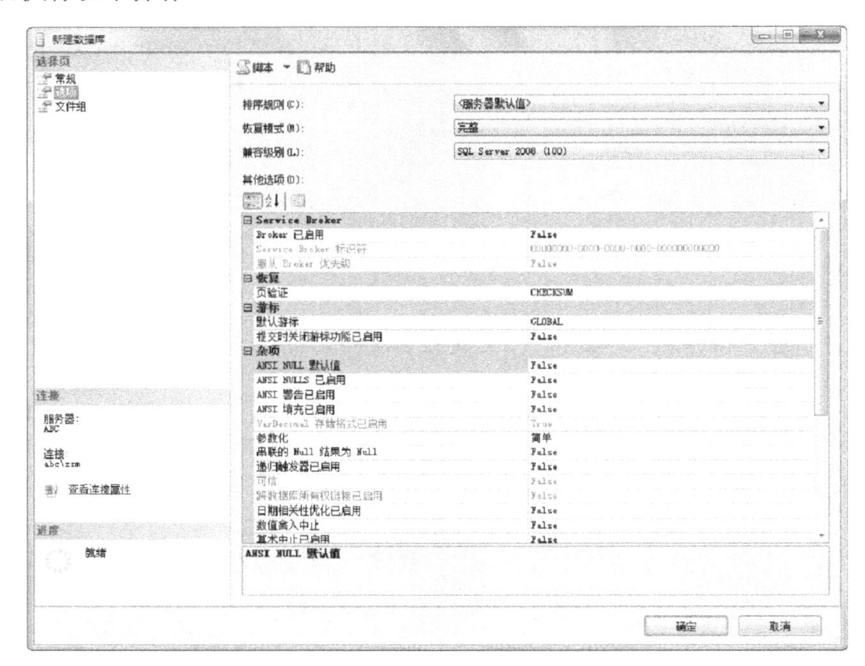

图 2.4　设置数据库的排序规则、恢复模式以及其他选项

- 通过从“排序规则”列表中进行选择来指定数据库的排序规则。排序规则根据特定语言和区域设置的标准指定对字符串数据进行排序和比较的规则。
- 通过从“恢复模式”列表中进行选择来指定数据库的恢复模式，可以是“完整”、“大容量日志”或“简单”模式。恢复模式旨在控制事务日志维护。
- 通过从“兼容级别”列表中进行选择来指定数据库支持的最新 SQL Server 版本，可供选择的值有 SQL Server 2008、SQL Server 2005 和 SQL Server 2000。默认值是 SQL Server 2008。
- 若要更改其他数据库选项，可以在“其他选项”列表中选择数据库选项并对其值进行设置。数据库选项决定了数据库的特征，这些选项对于每个数据库都是唯一的，而且不会对其他数据库产生影响。

（9）若要在数据库中添加新文件组，可以单击“文件组”页，然后单击“添加”并设置文件组的属性值。

（10）完成设置后，单击“确定”按钮，此时新建的数据库 DB01 出现在对象资源管理器的“数据库”结点的下方，如图 2.5 所示。

二、使用 CREATE DATABASE 语句按默认设置创建数据库

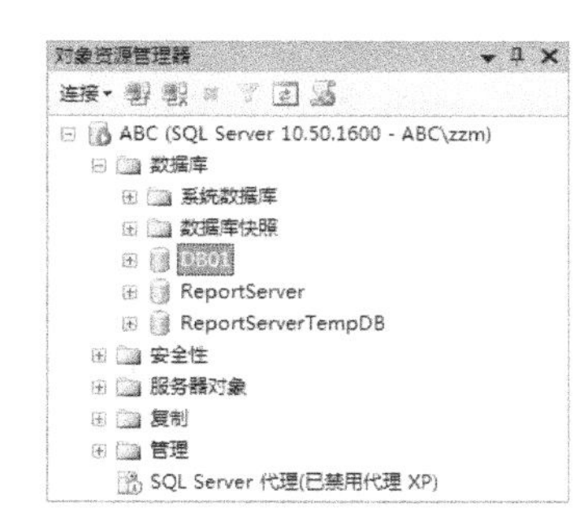

图 2.5 对象资源管理器

操作要求：使用 CREATE DATABASE 语句按默认路径、默认大小以及默认增量创建一个名为 DB02 的数据库。

实现步骤如下：

（1）启动 SQL Server Management Studio，连接到 SQL Server 数据库引擎。

（2）在工具栏上单击“新建查询”按钮，以打开查询编辑器窗口，然后在该窗口中输入以下 SQL 语句。

```
USE master;
GO
IF DB_ID('DB02') IS NOT NULL
DROP DATABASE DB02;
GO
CREATE DATABASE DB02;
GO
EXECUTE sp_helpdb DB02;
GO
```

【语句说明】

使用 USE 语句可将数据库上下文更改为指定数据库，这里为系统数据库 master。

GO 命令向 SQL Server 发出一批 Transact-SQL 语句结束的信号。

IF 语句指定 Transact-SQL 语句的执行条件；DB_ID 为元数据函数，返回数据库标识号，该函数的参数为数据库名称，其返回值是一个整数，如果不存在指定的数据库，则返回一个 NULL 值。DROP DATABASE 语句用于删除指定的数据库。在任务中，用 IF 语句测试 DB02 数据库是否存在，如果已经存在，则将其删除。

EXECUTE 语句用于执行用户定义函数、系统过程、用户定义存储过程或扩展存储过程；sp_helpdb 为系统存储过程，用于报告有关指定数据库或所有数据库的信息。

（3）从“文件”菜单中选择“保存”命令，将脚本文件保存为 SQLQuery2-01.sql。

（4）从“查询”菜单中选择“查询”命令，以执行 SQL 脚本，执行情况如图 2.6 所示。

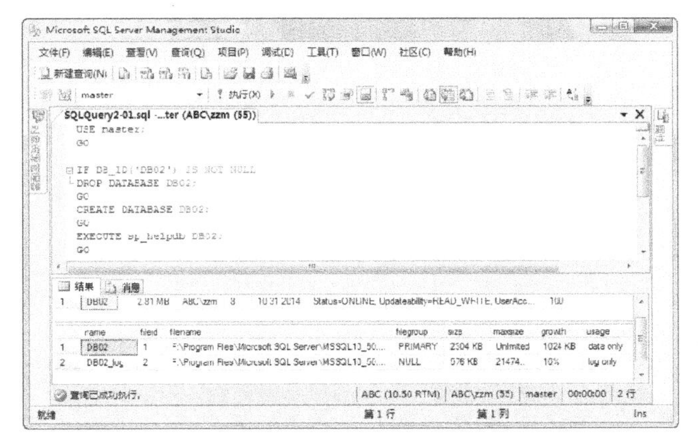

图 2.6 使用 CREATE DATABASE 语句创建数据库

三、使用 CREATE DATABASE 语句按指定要求创建数据库

操作要求：使用 CREATE DATABASE 语句在 D:\MSSQL 文件夹中创建一个 SQL Server 数据库，数据库名称为 goods，包含一个数据文件和一个事务日志文件。数据文件为主要文件，其逻辑文件名为 goods_data，物理文件名为 goods.mdf，初始容量为 3MB，最大容量为 50MB，自动增长时的递增量为 1MB。事务日志文件的逻辑文件名为 goods_log，物理文件名为 goods.ldf，初始容量为 1MB，最大容量为 25MB，自动增长时的递增量为 5%。

实现步骤如下：

（1）在 D 驱动器的根文件夹中创建一个文件夹并命名为 MSSQL。

（2）启动 SQL Server Management Studio。

（3）在对象资源管理器中连接到 SQL Server 数据库引擎。

（4）创建一个查询，然后在查询编辑器中输入以下语句：

```
USE master;
GO
IF DB_ID('goods') IS NOT NULL
DROP DATABASE goods;
GO
CREATE DATABASE goods
ON PRIMARY(
   NAME=goods_data,
   FILENAME='d:\mssql\goods.mdf',
   SIZE=3MB,
   MAXSIZE=50MB,
   FILEGROWTH=1MB)
LOG ON(
   NAME=goods_log,
   FILENAME='d:\mssql\goods.ldf',
   SIZE=1MB,
   MAXSIZE=25MB,
   FILEGROWTH=5%);
EXECUTE sp_helpdb goods;
GO
```

（5）按 Ctrl+S 组合键，将脚本文件保存为 SQLQuery2-02.sql。

（6）按 F5 键执行脚本，运行结果如图 2.7 所示。

相关知识

一个 SQL Server 数据库可以看成是包含表、视图、存储过程以及触发器等数据库对象的容器，每个数据库对应于操作系统中的两个或更多文件，在数据库中建立的各种数据库对象都保存在这些文件中。

在 SQL Server 2008 中，可以使用 CREATE DATABASE 语句创建一个新的 SQL Server 数

据库及存储该数据库的文件，其语法格式如下：

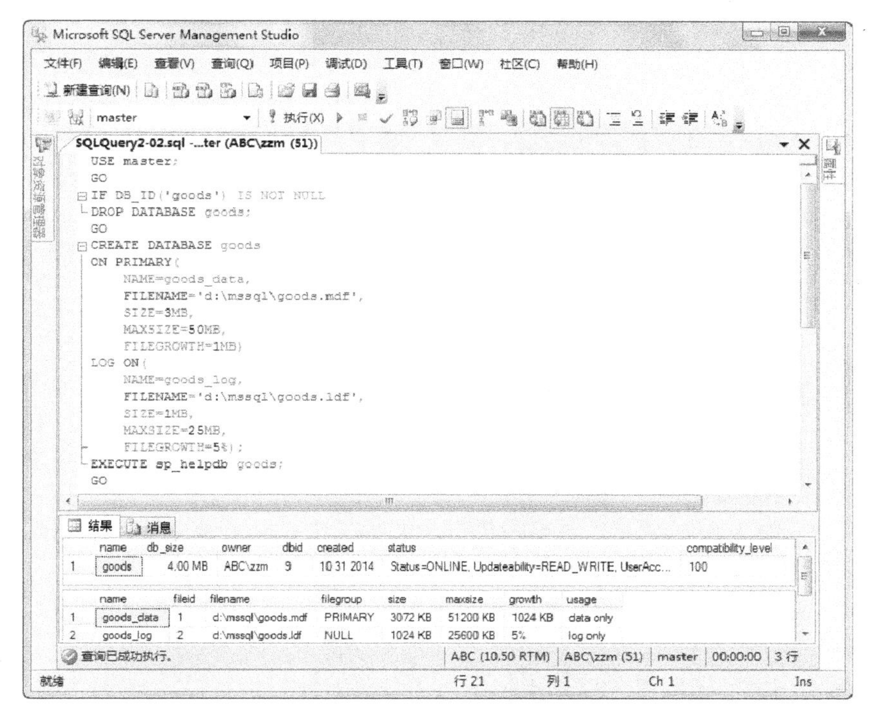

图 2.7　在指定位置创建 SQL Server 数据库

```
CREATE DATABASE database_name
    [ON
        [PRIMARY][<filespec>[,...n]
        [,<filegroup>[,...n]]
    [LOG ON {<filespec>[,...n]}]
    ]
    [COLLATE collation_name]
][;]

<filespec>::=
{
(
    NAME=logical_file_name,
        FILENAME={'os_file_name'}
        [,SIZE=size [KB|MB|GB|TB]]
        [,MAXSIZE={max_size [KB|MB|GB|TB]|UNLIMITED}]
        [,FILEGROWTH=growth_increment [KB|MB|GB|TB|%]]
)[,...n]
}

<filegroup>::=
```

```
{
FILEGROUP filegroup_name [DEFAULT]
   <filespec>[,...n]
}
```

使用 CREATE DATABASE 语句之前，需要了解以下 Transact-SQL 的语法约定。

（1）大写表示 Transact-SQL 关键字。

（2）斜体表示用户提供的 Transact-SQL 语法的参数。

（3）粗体表示数据库名、表名、列名、索引名、存储过程、实用工具、数据类型名以及必须按所显示的原样输入的文本。

（4）竖线（|）用于分隔括号或大括号中的语法项，只能使用其中一项。

（5）方括号（[]）表示可选语法项，不要输入方括号。

（6）花括号（{}）表示必选语法项，不要输入花括号；

（7）[,...*n*]指示前面的项可以重复 *n* 次，各项之间以逗号分隔。

（8）[...*n*]指示前面的项可以重复 *n* 次，各项以空格分隔。

（9）分号（;）为 Transact-SQL 语句终止符，虽然在 SQL Server 中大部分语句不需要分号，但将来的版本需要分号。

（10）<label> ::=表示语法块的名称，此约定用于对可在语句中的多个位置使用的过长语法段或语法单元进行分组和标记。

（11）可以使用语法块的每个位置由括在尖括号内的标签指示。

在 CREATE DATABASE 语句中，参数 *database_name* 指定新数据库的名称。数据库名称在 SQL Server 的实例中必须唯一，并且必须符合标识符规则。除非没有为日志文件指定逻辑名称，否则 *database_name* 最多可以包含 128 个字符。如果未指定逻辑日志文件名称，则 SQL Server 将通过向 *database_name* 追加后缀来为日志生成 *logical_file_name* 和 *os_file_name*。这会将 *database_name* 限制为 123 个字符，从而使所生成的逻辑文件名称不超过 128 个字符。如果未指定数据文件的名称，则 SQL Server 会使用 *database_name* 作为 *logical_file_name* 和 *os_file_name*。

ON 指定显式定义用来存储数据库数据部分的磁盘文件（数据文件）。当后面是以逗号分隔的、用以定义主文件组的数据文件的<filespec>项列表时，需要使用 ON。主文件组的文件列表可后跟以逗号分隔的、用以定义用户文件组及其文件的<filegroup>项列表（可选）。

PRIMARY 指定关联的<filespec>列表定义主文件。在主文件组的<filespec>项中指定的第一个文件将成为主文件。一个数据库只能有一个主文件。

LOG ON 指定显式定义用来存储数据库日志的磁盘文件（日志文件）。LOG ON 后跟以逗号分隔的用以定义日志文件的<filespec>项列表。如果没有指定 LOG ON，将自动创建一个日志文件，其大小为该数据库的所有数据文件大小总和的 25%或 512 KB，取两者之中的较大者。此文件放置于默认的日志文件位置。

COLLATE *collation_name* 指定数据库的默认排序规则。排序规则名称既可以是 Windows 排序规则名称，也可以是 SQL 排序规则名称。如果没有指定排序规则，则将 SQL Server 实例的默认排序规则分配为数据库的排序规则。

<filespec>用于控制文件属性。

NAME *logical_file_name* 指定文件的逻辑名称。指定 FILENAME 时，需要使用 NAME。*logical_file_name* 引用文件在 SQL Server 中使用的逻辑名称。*logical_file_name* 在数据库中必须

是唯一的，必须符合标识符规则。名称可以是字符或 Unicode 常量，也可以是常规标识符或分隔标识符。

FILENAME { '*os_file_name*' }指定操作系统（物理）文件名称。'*os_file_name*'是创建文件时由操作系统使用的路径和文件名。执行 CREATE DATABASE 语句前，指定路径必须存在。

SIZE *size* 指定文件的大小。*size* 表示文件的初始大小。如果没有为主文件提供 *size*，则数据库引擎将使用 model 数据库中的主文件的大小。如果指定了辅助数据文件或日志文件，但未指定该文件的 *size*，则数据库引擎将以 1MB 作为该文件的大小。为主文件指定的大小至少应与 model 数据库的主文件大小相同，可以使用 KB、MB、GB 或 TB 后缀来指定单位，默认值为 MB，应指定整数，不要包括小数。*size* 是整数值，对于大于 2 147 483 647 的值，使用更大的单位。

MAXSIZE *max_size* 指定文件可增大到的最大规格。*max_size* 表示最大的文件大小，可以使用 KB、MB、GB 和 TB 后缀来指定单位，默认值为 MB，应指定一个整数，不包含小数位。如果不指定 *max_size*，则文件将不断增长直至磁盘被占满。*max_size* 是整数值，对于大于 2 147 483 647 的值，使用更大的单位。

UNLIMITED 指定文件将增长到磁盘充满。在 SQL Server 中，指定为不限制增长的日志文件的最大范围为 2TB，而数据文件的最大范围为 16TB。

FILEGROWTH *growth_increment* 指定文件的自动增量。文件的 FILEGROWTH 设置不能超过 MAXSIZE 设置。*growth_increment* 表示每次需要新空间时为文件添加的空间量。该值可以用 MB、KB、GB、TB 或百分比（%）为单位来指定。如果未在数量后面指定 MB、KB 或%，则默认值为 MB；如果指定%，则增量大小为发生增长时文件大小的指定百分比，指定的大小舍入为最接近的 64KB 的倍数。值为 0 时表明自动增长被设置为关闭，不允许增加空间。如果未指定 FILEGROWTH，则数据文件的默认值为 1MB，日志文件的默认增长比例为 10%，并且最小值为 64 KB。

<filegroup>用于控制文件组属性。

FILEGROUP *filegroup_name* 指定文件组的逻辑名称。*filegroup_name* 必须在数据库中唯一，不能是系统提供的名称 PRIMARY 和 PRIMARY_LOG。DEFAULT 指定命名文件组为数据库中的默认文件组。

在一个 SQL Server 实例中，最多可以创建 32 767 个数据库。

创建数据库时，model 数据库中的所有用户定义对象都将复制到所有新创建的数据库中。也可以向 model 数据库中添加对象，例如表、视图、存储过程和数据类型等，以将这些对象包含到所有新创建的数据库中。创建数据库的用户将成为该数据库的所有者。

创建数据库时，必须拥有创建数据库的权限。此外，在 SQL Server 中，对各个数据库的数据和日志文件设置了某些权限。如果这些文件位于具有打开权限的目录中，则以上权限可以防止文件被意外篡改。

任务 5　设置数据库为脱机状态

任务描述

启动 SQL Server 服务器实例之后，默认情况下由该实例管理的所有数据库均处于联机

（ONLINE）状态，此时数据库已打开并且可用，但不能对相应的数据文件和日志文件进行复制或移动操作。若进行此类操作，系统会提示文件正在使用中，操作无法完成。若要对数据文件和日志文件进行复制或移动操作，则必须先将数据库设置为脱机状态，等完成文件操作之后，可以再将数据库设置为联机状态，以便正常使用数据库。在本任务中，要求将数据库 DB02 设置为脱机（OFFLINE）状态。

任务实现

实现步骤如下：

（1）启动 SQL Server Management Studio。

（2）在对象资源管理器中连接到 SQL Server 数据库引擎。

（3）新建一个查询，然后在查询编辑器中输入以下语句：

```
USE master;
GO
ALTER DATABASE DB01
SET OFFLINE;
GO
```

（3）将脚本文件保存为 SQLQuery2-03.sql。

（4）按 F5 键执行脚本，命令执行成功后，在对象资源管理器中可看到 DB01 数据库图标上出现了脱机标记，如图 2.8 所示。

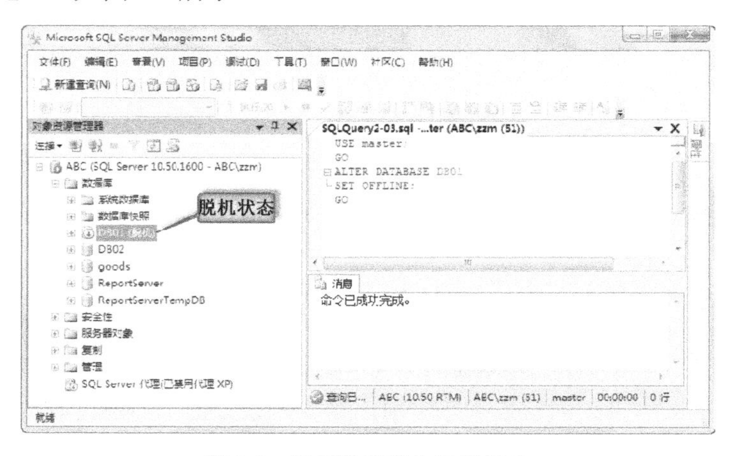

图 2.8　设置数据库为脱机状态

如果此时看不到脱机标记，可在对象资源管理器中单击“数据库”结点并按 F5 键，或右击“数据库”结点并选择“刷新”命令。

若要将一个数据库设置脱机状态，也可以在对象资源管理器中右击该数据库选择“任务”→“脱机”命令。对于脱机数据库，使用 SET ONLINE 命令可将其恢复为联机状态。

相关知识

在 SQL Server 中，可以为每个数据库都设置若干个决定数据库特征的数据库级选项，这些选项对于每个数据库都是唯一的，而且不影响其他数据库。当创建数据库时这些数据库选项设置为默认值。大多数数据库选项可以使用 SQL Server Management Studio 来设置，也可以使用 ALTER DATABASE 语句来设置，还可以使用 sp_configure 系统存储过程更改当前服务器的全局配置设置，或者使用 SET 语句来更改特定信息的当前会话处理。本任务中使用 SET 语句来更改数据库状态。

数据库选项主要包括以下几种类型。

（1）自动选项：控制某些自动行为，如使用 AUTO_CLOSE 选项可以设置数据库在最后一个用户退出后是否自动关闭。使用 AUTO_SHRINK 选项可以设置是否自动收缩具有可用空间的数据库。

（2）游标选项：控制游标的行为和范围。使用 CURSOR_CLOSE_ON_COMMIT 选项可以设置所有打开的游标都将在提交或回滚事务时是否关闭；使用 CURSOR_DEFAULT 选项可以设置游标的作用域。

（3）数据库可用性选项：控制数据库是联机还是脱机，何人可以连接到数据库，以及数据库是否处于只读模式。例如，使用 OFFLINE 和 ONLINE 选项可以控制数据库是联机或脱机；使用 READ_ONLY|READ_WRITE 可指定数据库是只读或允许读写操作；使用 SINGLE_USER 选项可将数据库设置为单用户模式，MULTI_USER 选项则允许所有具有相应权限的用户连接到数据库。

（4）外部访问选项：控制是否允许外部资源（如另一个数据库中的对象）访问数据库。使用 DB_CHAINING 选项可以指定数据库能否参与跨数据库的所有权链接；使用 TRUSTWORTHY 选项则可以设置在模拟上下文中能否访问数据库以外的资源。

（5）参数化选项 PARAMETERIZATION：控制参数化选项。当指定为 SIMPLE（默认值）时，将根据数据库的默认行为参数化查询；当指定为 FORCED 时，SQL Server 将参数化数据库中所有的查询。

（6）恢复选项：控制数据库的恢复模式。例如，若将 RECOVERY 选项设置为 FULL（默认值）时，将使用事务日志备份在发生媒体故障后进行完全恢复，如果数据文件损坏，媒体恢复可以还原所有已提交的事务；若设置为 BULK_LOGGED，则综合某些大规模或大容量操作的最佳性能和日志空间的最少占用量，在发生媒体故障后进行恢复；若设置为 SIMPLE，则提供占用最小日志空间的简单备份策略。

（7）快照隔离选项，确定事务隔离级别。

（8）SQL 选项，用于控制 ANSI 相容性选项。例如，使用 ANSI_PADDING 选项可以设置是否剪裁插入 varchar 或 nvarchar 列中的字符值的尾随空格。

若要更改所有新创建数据库的任意数据库选项的默认值，可以更改 model 系统数据库中相应的数据库选项。例如，对于随后创建的任何新数据库，如果希望 AUTO_SHRINK 数据库选项的默认设置均为 ON，可将 model 数据库的 AUTO_SHRINK 选项设置为 ON。设置了数据库选项之后，将自动产生一个检查点，它会使修改立即生效。

任务 6　扩展数据库

任务描述

在本任务中对数据库 DB02 进行扩展，将其主数据文件增加为 5MB，并为其添加一个次要数据文件，其逻辑名称为 DBData，初始大小为 3MB，存储在 d:\mssql 文件夹中。

任务分析

在 ALTER DATABASE 语句中不能同时使用 MODIFY FILE 和 ADD FILE 子句，所以需要执行两次 ALTER DATABASE 语句来完成操作：第一次使用 MODIFY FILE 子句对原有数据文件的大小进行修改，第二次使用 ADD FILE 子句添加新的数据文件，而且所添加的新数据文件存储在与主数据文件不同的位置上。

任务实现

实现步骤如下：

（1）在对象资源管理器中连接到 SQL Server 数据库引擎。

（2）新建一个查询，然后在查询编辑器中输入以下语句：

```
USE master;
GO
ALTER DATABASE DB02
MODIFY FILE(
   NAME=DB02,
   SIZE=5MB);
GO
ALTER DATABASE DB02
ADD FILE(
   NAME=DBData,
   FILENAME='d:\mssql\MyDBData.ldf',
   SIZE=3MB,
   MAXSIZE=10MB,
   FILEGROWTH=10%);
GO
EXECUTE sp_helpdb DB02;
GO
```

（3）将脚本文件保存为 SQLQuery2-04.sql，按 F5 键执行脚本，结果如图 2.9 所示。

相关知识

默认情况下，SQL Server 根据创建数据库时指定的增长参数自动扩展数据库。通过为现有数据库文件分配更多的空间或再创建新文件，也可以通过手动方式来扩展数据库。如果现有的文件已满，则可能需要扩展数据或事务日志的空间。如果数据库已经用完分配给它的空间且不能自动增长，则出现错误。

在 SQL Server 2008 中，可以使用 SQL Server Management Studio 或者 ALTER DATABASE 语句来增加数据库的规模。

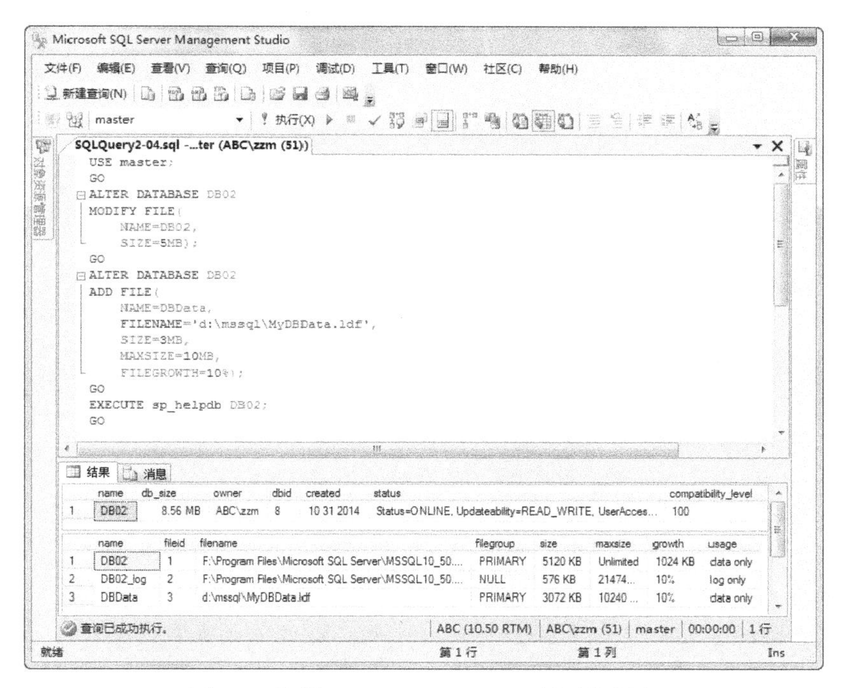

图 2.9　使用 ALTER DATABASE 扩展数据库

ALTER DATABASE 语句用于修改与数据库关联的文件和文件组，可以在数据库中添加或删除文件和文件组、更改数据库或其文件和文件组的属性，语法格式如下：

```
ALTER DATABASE database_name
{
    <add_or_modify_files>|<add_or_modify_filegroups>
}[;]

<add_or_modify_files>::=
{
    ADD FILE <filespec>[,...n][TO FILEGROUP {filegroup_name}]
        |ADD LOG FILE <filespec>[,...n]
        |REMOVE FILE logical_file_name
        |MODIFY FILE <filespec>
}

<filespec>::=
(
    NAME=logical_file_name
    [,NEWNAME=new_logical_name]
    [,FILENAME={'os_file_name'}]
    [,SIZE=size [KB|MB|GB|TB]]
    [,MAXSIZE={max_size [KB|MB|GB|TB]|UNLIMITED}]
    [,FILEGROWTH=growth_increment [KB|MB|GB|TB|%]]
```

```
        [,OFFLINE]
    )

    <add_or_modify_filegroups>::=
    {
        |ADD FILEGROUP filegroup_name
        |REMOVE FILEGROUP filegroup_name
        |MODIFY FILEGROUP filegroup_name
            {DEFAULT|NAME=new_filegroup_name}
    }
```

其中参数 *database_name* 指定要修改的数据库的名称。

<add_or_modify_files>::=指定要添加、删除或修改的文件。

ADD FILE 表示向数据库中添加文件。

TO FILEGROUP {*filegroup_name*}表示要将指定文件添加到的文件组。

ADD LOG FILE 表示要将指定的日志文件添加到数据库。

REMOVE FILE *logical_file_name* 表示从 SQL Server 实例中删除逻辑文件名称并删除相应的物理文件。*logical_file_name* 指定在 SQL Server 中引用文件时所用的逻辑名称。除非文件为空，否则无法删除文件。

MODIFY FILE 表示应修改的文件。一次只能更改一个<filespec>属性。必须在<filespec>中指定 NAME，以标识要修改的文件。如果指定了 SIZE，则新规模必须比文件当前规模要大。如果要修改数据文件或日志文件的逻辑名称，可以在 NAME 子句中指定要重命名的逻辑文件名称，并在 NEWNAME 子句中指定文件的新逻辑名称。如果要将数据文件或日志文件移至新位置，可以在 NAME 子句中指定当前的逻辑文件名称，并在 FILENAME 子句中指定新路径和操作系统文件名称。

<filespec>::=用于控制文件属性。其中各参数的意义请参阅 CREATE DATABASE 语句。

<add_or_modify_filegroups>::=指定在数据库中添加、修改或删除文件组。

ADD FILEGROUP *filegroup_name* 表示向数据库中添加文件组。

REMOVE FILEGROUP *filegroup_name* 表示从数据库中删除文件组。除非文件组为空，否则无法将其删除。如果一个文件组包含文件，则应当先从文件组中删除所有文件，然后才能删除该文件夹组。

MODIFY FILEGROUP *filegroup_name* {DEFAULT|NAME=*new_filegroup_name*}表示通过将文件组设置为数据库的默认文件组或者更改文件组名称来修改文件组。DEFAULT 表示将默认数据库文件组改为 *filegroup_name*，在数据库中只能有一个文件组作为默认文件组。NAME=*new_filegroup_name* 表示将文件组名称更改为 *new_filegroup_name*。

任务 7　收缩数据库

任务描述

在本任务中，首先使用 SQL Server Management Studio 来收缩数据库 DB02，然后通过从数据库中删除文件来收缩该数据库。

任务实现

一、使用 SQL Server Management Studio 收缩数据文件

操作要求：将 DB02 数据库中的数据文件 DB02 从 5MB 收缩到 3MB。

实现步骤如下：

（1）在对象资源管理器中连接到 SQL Server 数据库引擎实例。

（2）在“数据库”结点中右击要收缩的 goods 数据库，选择“任务”→“收缩”→“文件”命令，以打开“收缩文件”对话框。

（3）从“文件类型”列表中选择“数据”，从“文件名”列表中选择数据文件 DB02，如图 2.10 所示。

图 2.10　收缩文件对话框

（4）根据需要，选中“在释放未使用的空间前重新组织页”选项。选中此选项后，将为操作系统释放文件中所有未使用的空间，并尝试将行重新定位到未分配页。

（5）在“将文件收缩到”框中输入“3”。

（6）完成设置后，单击“确定”按钮。

二、从数据库中删除数据文件

操作要求：在 ALTER DATABASE 语句中使用 REMOVE FILE 子句从数据库 DB02 中删除数据文件 DBData。

实现步骤如下：

（1）在对象资源管理器中连接到 SQL Server 数据库引擎。

（2）新建一个查询，然后在查询编辑器中输入以下语句：

```
USE master;
GO
ALTER DATABASE DB02
REMOVE FILE DBData;
GO
EXECUTE sp_helpdb DB02;
GO
```

（3）将脚本文件保存为 SQLQuery2-05.sql，按 F5 键执行脚本，结果如图 2.11 所示。

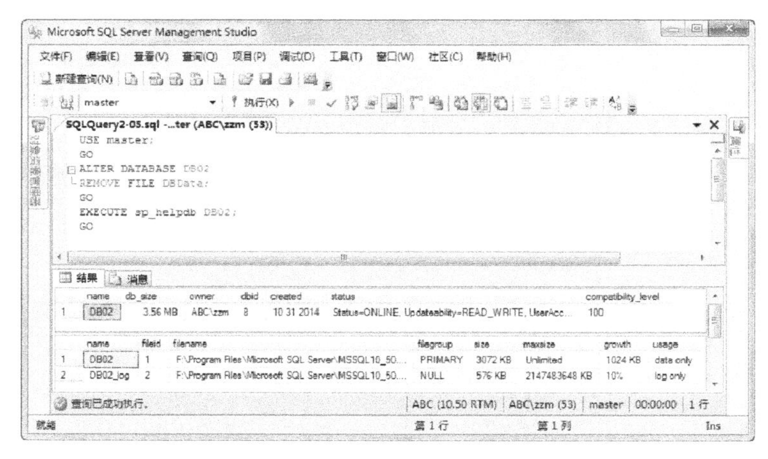

图 2.11　从数据库中删除文件

相关知识

一、自动收缩数据库

在 SQL Server 中，数据库中的每个文件都可以通过删除未使用页的方法来减小。数据和事务日志文件都可以减小（收缩）。既可以成组或单独地手动收缩数据库文件，也可以通过设置数据库来使其按照指定的间隔自动收缩。

在 SQL Server 中，数据库引擎会定期检查每个数据库的空间使用情况。如果某个数据库的 AUTO_SHRINK 选项设置为 ON，则数据库引擎将自动收缩该数据库的可用空间，以减少数据库中文件的规模。这项活动在后台进行，不影响数据库内的用户操作。

使用 ALTER DATABASE 语句可以设置数据库的 AUTO_SHRINK 选项：

```
ALTER DATABASE database_name
SET AUTO_SHRINK ON;
```

二、使用 DBCC SHRINKDATABASE 收缩数据库

DBCC SHRINKDATABASE 语句用于收缩特定数据库的所有数据文件和日志文件，基本语法格式如下：

```
DBCC SHRINKDATABASE
```

```
(database_name|database_id|0,target_percent)
```

其中，参数 *database_name* 表示要收缩的数据库的名称，*database_id* 表示该数据库的标识号（ID）（可用 DB_ID 函数来获取），0 表示当前数据库。*target_percent* 指定数据库收缩后的数据库文件中可用空间的百分比。

下面的语句用于减小 MyDB 用户数据库中的文件，使数据库中的文件有 10%的可用空间。

```
DBCC SHRINKDATABASE(MyDB,10);
```

若要将当前数据库压缩到未使用空间占数据库大小的 10%，可以使用以下语句：

```
DBCC SHRINKDATABASE(0,10);
```

当收缩数据库时，可以使用 NOTRUNCATE 或 TRUNCATEONLY 关键字，但两者不能同时使用。NOTRUNCATE 表示将文件中的数据移动到前面的数据页，但不把未用空间释放给操作系统；TRUNCATEONLY 表示将文件末尾的未分配空间全部释放给操作系统，但不在文件内部移动数据。

三、使用 DBCC SHRINKFILE 收缩数据库

DBCC SHRINKFILE 语句用于收缩相关数据库的指定数据文件或日志文件的大小，基本语法格式如下：

```
DBCC SHRINKFILE
({file_name|file_id},target_size)
```

file_name 表示要收缩的文件的逻辑名称，*file_id* 表示要收缩的文件的标识号（ID）。若要获取文件 ID，可使用 FILE_ID 函数或在当前数据库中搜索 sys.database_files。*target_size* 指定文件的大小，用整数表示，以 MB 为单位。

DBCC SHRINKFILE 适用于当前数据库中的文件。使用时，需要先将上下文切换到数据库，然后发出引用该特定数据库中文件的 DBCC SHRINKFILE 语句。

任务 8 扩展事务日志

任务描述

在本任务中首先使用默认设置创建一个名称为 library 的数据库，然后将其现有事务日志文件 library_log 的大小扩充到 10MB，并添加一个事务日志文件 library_log2，要求将新的事务日志文件存储在 d:\mssql 文件夹中。

任务分析

在 SQL Server 2008 中，可以使用 SQL Server Management Studio 或 ALTER DATABASE 语句对事务日志进行扩展，扩展的方式可以是增加现有事务日志文件的大小，也可以是添加新的事务日志文件。在本任务中使用 ALTER DATABASE 语句对事务日志进行扩展。

任务实现

实现步骤如下：

（1）在对象资源管理器中连接到 SQL Server 数据库引擎。

（2）新建一个查询，然后在查询编辑器中输入以下语句：

```
USE master;
GO
CREATE DATABASE library;
GO
ALTER DATABASE library
ADD LOG FILE(
   NAME='library_log2',
   FILENAME='d:\mssql\library_log2.ldf',
   SIZE=5MB, MAXSIZE=10MB, FILEGROWTH=10%);
GO
ALTER DATABASE library
MODIFY FILE(NAME='library_log', SIZE=10MB);
GO
EXECUTE sp_helpdb library;
GO
```

（3）将脚本文件保存为 SQLQuery2-06.sql，按 F5 键执行脚本，结果如图 2.12 所示。

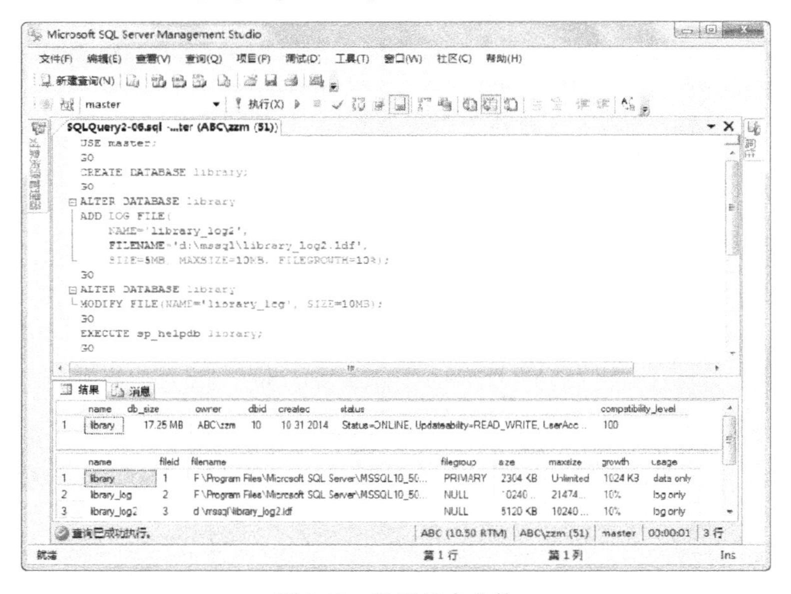

图 2.12　扩展日志文件

相关知识

当一个数据库增长或数据库修改活动增加时，可能需要对事务日志进行扩展。如果事务日志使用完了空间，SQL Server 便不能记录事务，也不允许对数据进行修改。

任务 9 创建文件组

任务描述

在本任务中，向数据库 library 中添加一个文件组 library_fg，并向该文件组中添加两个 5MB 的数据文件，其逻辑文件名和实际文件名分别为 library_data2 和 library_data2.ndf、library_data3 和 library_data3.ndf，初始容量、最大容量及递增量分别为 10MB、20MB 和 1MB，然后将 library_fg 文件组设置为默认文件组。

任务分析

在 SQL Server 2008 中，可以使用 SQL Server Management Studio 工具或通过执行 ALTER DATABASE 语句来创建文件组。向数据库中添加文件组、向文件组中添加数据文件以及将文件组设置为默认文件组，则可通过在 ALTER DATABASE 语句中使用 ADD FILEGROUP、ADD FILE 和 MODIFY FILEGROUP 子句来实现。

任务实现

实现步骤如下：

（1）在对象资源管理器中连接到 SQL Server 数据库引擎。

（2）新建一个查询，然后在查询编辑器中输入以下语句：

```
USE master;
GO
ALTER DATABASE library
ADD FILEGROUP library_fg
GO
ALTER DATABASE library
ADD FILE
   (NAME=library_data2,
    FILENAME='d:\mssql\library_data3.ndf',
    SIZE=10MB,
    MAXSIZE=20MB,
    FILEGROWTH=1MB),
   (NAME=library_data3,
    FILENAME='d:\mssql\library_data4.ndf',
    SIZE=10MB,
    MAXSIZE=20MB,
    FILEGROWTH=1MB)
TO FILEGROUP library_fg
GO
```

```
ALTER DATABASE library
MODIFY FILEGROUP library_fg DEFAULT
GO
EXECUTE sp_helpdb library;
GO
```

（3）将脚本文件保存为 SQLQuery2-07.sql，按 F5 键执行脚本，结果如图 2.13 所示。

图 2.13 创建文件组并添加文件

相关知识

文件组是在数据库中对文件进行分组的一种管理机制。文件组不能独立于数据库文件创建。首次创建数据库或者以后将更多文件添加到数据库时，都可以创建文件组。一旦将文件添加到数据库中，就不可能再将这些文件移到其他文件组。一个文件不能是多个文件组的成员。文件组只能包含数据文件。事务日志文件不能是文件组的一部分。

任务 10 分离和附加数据库

任务描述

在本任务中，首先创建一个名为 Test 的数据库并要求将其数据文件和日志文件存放在

d:\mssql 文件夹中，然后从 SQL Server 实例中分离该数据库，最后再将该数据库重新附加到同一 SQL Server 实例中。

任务实现

实现步骤如下：

（1）在对象资源管理器中连接到 SQL Server 数据库引擎。

（2）新建一个查询，然后在查询编辑器中输入以下语句：

```
USE master;
GO

CREATE DATABASE Test
ON PRIMARY(
   NAME=Test,
   FILENAME='d:\mssql\test.mdf')
LOG ON(
   NAME=Test_Log,
   FILENAME='d:\mssql\test.ldf')
GO
EXEC sp_detach_db Test;
GO
CREATE DATABASE Test
ON
(FILENAME='d:\mssql\test.mdf')
   FOR ATTACH;
GO
```

（3）将脚本文件保存为 SQLQuery2-08.sql，按 F5 键执行脚本。

相关知识

如果要将数据库更改到同一计算机的不同 SQL Server 实例，或在不同计算机之间移动数据库，可先分离数据库的数据和事务日志文件，然后将它们重新附加到同一或其他 SQL Server 实例。

一、分离数据库

分离数据库是指将数据库从 SQL Server 实例中删除，但使数据库在其数据文件和事务日志文件中保持不变。此后可以使用这些文件将数据库附加到任何 SQL Server 实例，包括分离该数据库的服务器。分离数据库既可以使用 SQL Server Management Studio 工具来实现，也可以通过执行 sp_detach_db 系统存储过程来实现。

在 SQL Server Management Studio 中分离数据库的操作步骤如下。

（1）在对象资源管理器中，连接到 SQL Server 数据库引擎的实例上，再展开该实例。

（2）展开“数据库”，并选择要分离的用户数据库的名称。

（3）分离数据库需要对数据库具有独占访问权限。如果数据库正在使用，则限制为只允许单个用户进行访问。

（4）右击数据库名称，选择“任务”→“分离”命令。

（5）在如图 2.14 所示的“分离数据库”对话框中，执行以下操作。

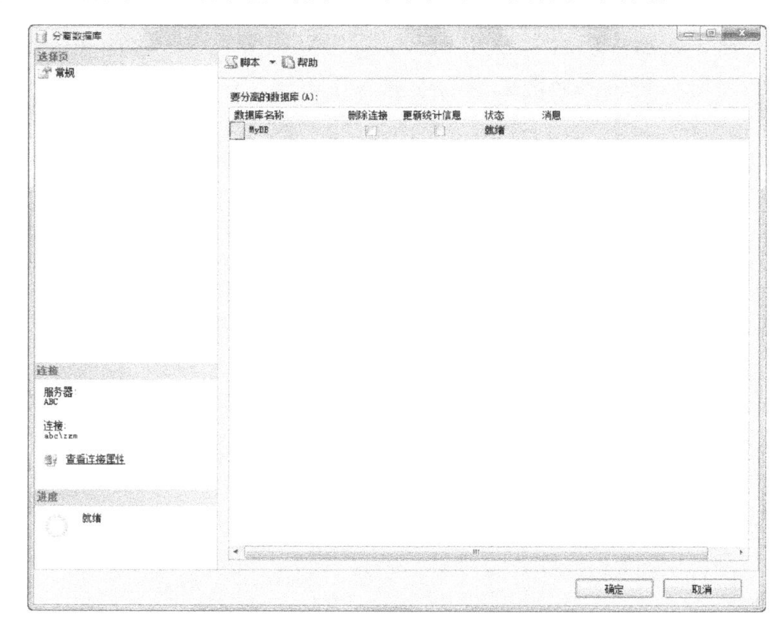

图 2.14 “分离数据库”对话框

- “要分离的数据库”：“数据库名称”列中显示所选数据库的名称。验证这是否为要分离的数据库。
- 默认情况下，分离操作将在分离数据库时保留过期的优化统计信息；若要更新现有的优化统计信息，请选中“更新统计信息”复选框。
- 默认情况下，分离操作保留所有与数据库关联的全文目录。若要删除全文目录，请清除“保留全文目录”复选框。
- “状态”列将显示当前数据库状态（“就绪”或“未就绪”）。如果状态是“未就绪”，则“消息”列将显示有关数据库的超链接信息。若要获取相关的详细信息，请单击超链接。
- 分离数据库准备就绪后，请单击“确定”按钮。

也可以使用 sp_detach_db 系统存储过程从服务器分离数据库，基本语法格式如下：

```
sp_detach_db 'dbname'
```

其中参数 *dbname* 指定要分离的数据库的名称。

如果符合下列任一条件，则无法分离数据库：如果进行复制，则数据库必须是未发布的；如果数据库中存在数据库快照，必须首先删除所有数据库快照，然后才能分离数据库；该数据库正在某个数据库镜像会话中进行镜像；该数据库是系统数据库；在 SQL Server 2008 中，无法分离可疑数据库。

若要在分离前对所有表运行 UPDATE STATISTICS（更新表和一个或多个索引的统计信息），可以在调用 sp_detach_db 时使用 skipchecks 参数，该参数值是一个字符串：若要跳过 UPDATE

STATISTICS，可指定为 “true”；若要显式运行 UPDATE STATISTICS，可指定为“false”。

例如，若要从 SQL Server 实例中分离 UserDB 用户数据库并跳过统计信息更新，可以使用下面的语句：

```
EXEC sp_detach_db 'UserDB','true';
```

二、附加数据库

若要将分离后的数据库重新附加到 SQL Server 实例中，可以使用 SQL Server Management Studio 来实现，也可以通过在 CREATE DATABASE 语句中使用 FOR ATTACH 子句来实现。

在 SQL Server Management Studio 中附加数据库的操作步骤如下。

（1）在对象资源管理器中，连接到 SQL Server 数据库引擎实例，然后展开该实例。

（2）右击“数据库”，然后单击“附加”命令。

（3）在如图 2.15 所示的“附加数据库”对话框中指定要附加的数据库，单击“添加”按钮，然后在“定位数据库文件”对话框中选择数据库所在的磁盘驱动器并展开目录树，以查找并选择数据库的.mdf 文件。

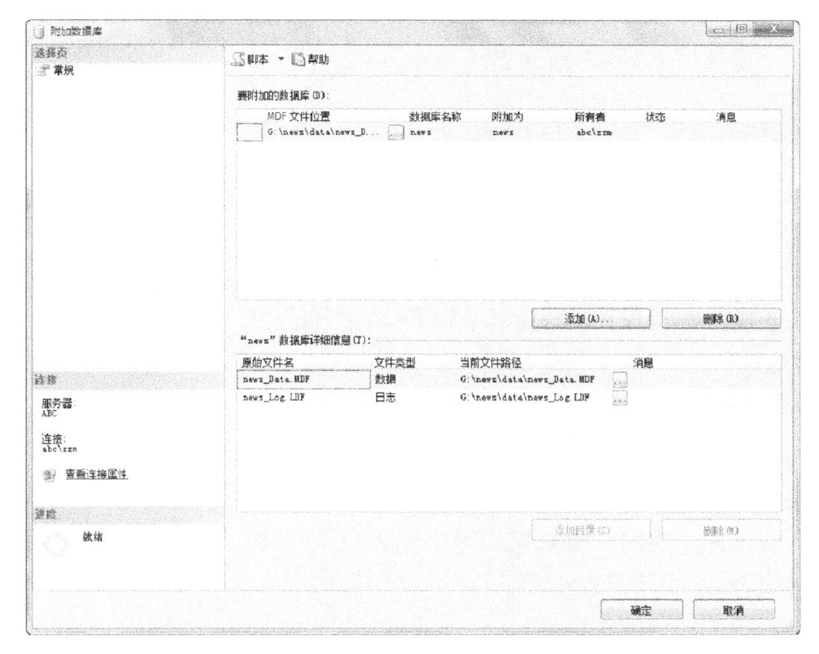

图 2.15　“附加数据库”对话框

（4）若要为附加的数据库指定不同的名称，可在“附加数据库”对话框的“附加为”列中输入名称。

（5）通过在“所有者”列中选择其他项来更改数据库的所有者。

（6）准备好附加数据库后，单击“确定”按钮。

新附加的数据库在视图刷新后才会显示在对象资源管理器的“数据库”结点中。若随时刷新视图，可从“查看”菜单中选择“刷新”命令。

使用 CREATE DATABASE 语句附加数据库时，使用以下语法格式：

```
CREATE DATABASE database_name
    ON <filespec>[,...n]
```

```
    FOR {ATTACH|ATTACH_REBUILD_LOG}
```

FOR ATTACH 指定通过附加一组现有的操作系统文件来创建数据库。必须有一个指定主文件的<filespec>项。至于其他<filespec>项，只需要指定与第一次创建数据库或上一次附加数据库时路径不同的文件的那些项即可。

FOR ATTACH_REBUILD_LOG 指定通过附加一组现有的操作系统文件来创建数据库。该选项只限于读/写数据库。如果缺少一个或多个事务日志文件，将重新生成日志文件。必须有一个指定主文件的<filespec>项。

附加数据库时可将数据库重置为分离时的状态。附加数据库时，要求所有文件都是可用的，如果没有日志文件，SQL Server 将自动创建一个新的日志文件。

任务 11　重命名数据库

任务描述

在本任务中，将数据库 DB01 重命名为 Demo。

任务分析

在 SQL Server 中，可以更改数据库的名称。在重命名数据库之前，应该确保没有人使用该数据库，而且该数据库设置为单用户模式。要将 DB01 数据库重命名为 Demo，可以分为 3 步：第 1 步将数据库设置为单用户模式；第 2 步重命名数据库；第 3 步将重命名后的数据库设置为多用户模式。这些操作都是使用 ALTER DATABASE 语句完成的。

任务实现

实现步骤如下：

（1）在对象资源管理器中连接到 SQL Server 数据库引擎。

（2）新建一个查询，然后在查询编辑器中输入以下语句：

```
USE master;
GO
ALTER DATABASE DB01
SET SINGLE_USER;
GO
ALTER DATABASE DB01
MODIFY NAME=Demo;
GO
ALTER DATABASE Demo
SET MULTI_USER;
GO
```

（3）将脚本文件保存为 SQLQuery2-09.sql，然后按 F5 键执行脚本。

相关知识

若要重命名数据库，可以使用 SQL Server Management Studio 来实现，操作方法是：在对象资源管理器中右击数据库并选择“重命名”命令，然后输入新的数据库名称。此外，也可以通过在 ALTER DATABASE 语句中使用 MODIFY NAME=*new_database_name* 子句来实现数据库的重命名。数据库名称可以包含任何符合标识符规则的字符。

任务 12　更改数据库所有者

任务描述

在本任务中，首先在 Windows 中创建一个名为 Jack 的用户，然后将该用户设置为 Test 数据库的所有者。

任务实现

实现步骤如下：

（1）在 Windows 中打开控制面板，打开“管理工具”。

（2）在“管理工具”窗口中，打开“计算机管理”。

（3）在“计算机管理”窗口，展开“本地用户和组”，然后右击“用户”，选择“新用户”命令。

（4）在“新用户”对话框中，指定用户名为“Jack”。

（5）设置新用户的密码和相关选项。

（6）单击“创建”按钮。

（7）启动 SQL Server Management Studio。

（8）在对象资源管理器中连接到 SQL Server 数据库引擎。

（9）新建一个查询，然后在查询编辑器中输入以下语句：

```
USE master;
GO
ALTER AUTHORIZATION
ON DATABASE::library
TO [ABC\Jack];
GO
```

（10）将脚本文件保存为 SQLQuery2-10.sql，然后按 F5 键执行脚本。

相关知识

在 SQL Server 中，可以更改当前数据库的所有者。任何拥有连接到 SQL Server 的访问权限的用户（SQL Server 登录账户或 Windows 用户）均可以成为数据库的所有者。无法更改系统数据库的所有权。

在 SQL Server 2008 中，更改数据库的所有者可以使用 SQL Server Management Studio 工具

来实现，操作方法如下：

（1）在对象资源管理器右击数据库，然后选择“属性”命令。

（2）在“选择页”下方单击“文件”，单击“所有者”文本框旁边的...按钮，然后在“选择所有者”对话框中选择一个登录名。

（3）单击“确定”按钮。

也可以使用 ALTER AUTHORIZATION 语句来更改数据库的所有者，语法格式如下：

```
ALTER AUTHORIZATION
    ON DATABASE::database_name
    TO principal_name;
```

其中，参数 *database_name* 指定要更改所有者的数据库名称，*principal_name* 指定将拥有数据库所有者的 SQL Server 登录账户或 Windows 用户。对于 SQL Server 登录账户，可直接用登录名来表示；对于 Windows 用户，则可使用“[域名\用户名]”形式来表示。

任务 13　删除数据库

任务描述

在本任务中，从 SQL Server 实例中删除 DB02 和 Demo 数据库。

任务实现

操作要求：从当前 SQL Server 实例中删除 DB02 数据库。

实现步骤如下：

（1）启动 SQL Server Management Studio，连接到 SQL Server 数据库引擎。

（2）新建一个查询，然后在查询编辑器中输入以下语句：

```
DROP DATABASE DB02, Demo
```

（3）在对象资源管理器中刷新显示，以确认这两个数据库被删除。

相关知识

当不再需要用户定义的数据库，或者已将其移到其他数据库或服务器上时，即可删除该数据库。数据库删除之后，文件及其数据都从服务器上的磁盘中删除。一旦删除数据库，它即被永久删除，并且不能进行检索，除非使用以前的备份。

一个数据库不管处于何种状态，均可从 SQL Server 实例中删除库。这些状态包括脱机、只读和可疑。若要显示数据库的当前状态，可使用 sys.databases 目录视图。但是，不能删除系统数据库。

删除数据库后，应备份 master 数据库，因为删除数据库将更新 master 数据库中的信息。如果必须还原 master，自上次备份 master 以来删除的任何数据库仍将引用这些不存在的数据库，这可能导致产生错误消息。

必须满足下列条件才能删除数据库：如果数据库涉及日志传送操作，可在删除数据库之前取消日志传送操作；若要删除为事务复制发布的数据库，或删除为合并复制发布或订阅的数据库，必须首先从数据库中删除复制；必须首先删除数据库上存在的数据库快照。

若要删除某个数据库，可在 SQL Server Management Studio 对象资源管理器中右击该数据库，选择“删除”，出现“删除对象”对话框时单击“确定”按钮。

也可以使用 DROP DATABASE 来删除数据库，语法格式如下：

```
DROP DATABASE database_name[,...n]
```

其中，database_name 指定要删除的数据库的名称。

例如，下面的语句删除所列出的两个数据库。

```
DROP DATABASE Sales, NewSales;
```

任务 14 备份数据库

任务描述

在本任务中要求对 AdventureWorks 数据库进行完整备份。对数据库进行备份之前，需要先用 sp_addumpdevice 系统存储过程创建一个逻辑备份设备，然后使用 BACKUP DATABASE 语句将数据库备份到该设备上。

任务实现

实现步骤如下：

（1）在对象资源管理器中，连接到 SQL Server 数据库引擎。

（2）创建一个新查询，然后在查询编辑器窗口中输入以下语句：

```
USE master;
GO
EXEC sp_addumpdevice 'disk','AdvWorksData',
'd:\mssql\backup\AdvWorksData.bak';
BACKUP DATABASE AdventureWorks TO AdvWorksData;
GO
```

（3）将脚本文件保存为 SQLQuery2-11.sql，按 F5 键执行 SQL 脚本，如图 2.16 所示。

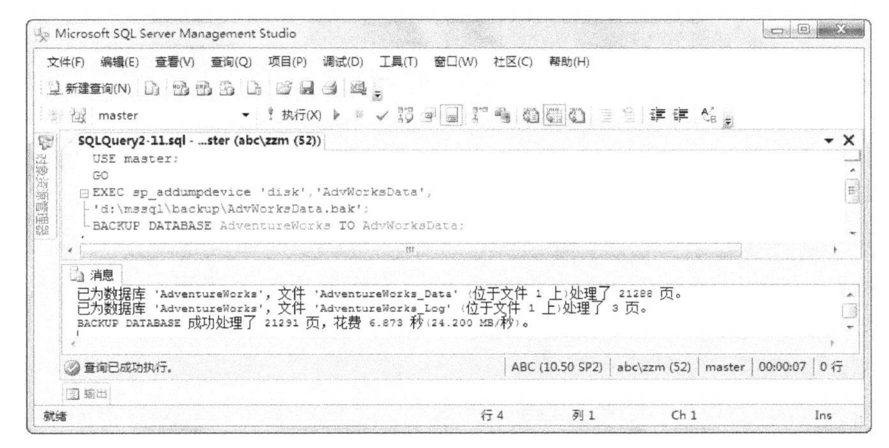

图 2.16 用 BACKUP DATABASE 语句备份数据库

相关知识

一、备份概述

备份是数据的副本，可用于在系统发生故障后还原和恢复数据。使用备份可以在发生故障后还原数据。通过适当的备份可以从多种故障中恢复，包括媒体故障、用户错误（例如误删除了某个表）、硬件故障（例如磁盘驱动器损坏或服务器报废）以及自然灾难等。此外，数据库备份对于例行的工作也很有用，例如，将数据库从一台服务器复制到另一台服务器、设置数据库镜像、政府机构文件归档和灾难恢复。

SQL Server 备份创建在备份设备上，如磁盘或磁带媒体。使用 SQL Server 可以决定如何在备份设备上创建备份。例如，可以覆盖过时的备份，也可以将新备份追加到备份媒体。执行备份操作对运行中的事务影响很小，因此可以在正常操作过程中执行备份操作。

备份可以分为 3 种类型：数据备份、差异备份以及在完整和大容量日志恢复模式下的事务日志备份。

数据备份是指包含一个或多个数据文件的完整映像的任何备份，数据备份会备份所有数据和足够的日志，以便恢复数据；可以对全部或部分数据库，一个或多个文件进行数据备份。

差异备份基于之前进行的数据备份称为差异的“基准备份”，每种主要的数据备份类型都有相应的差异备份。基准备份是差异备份所对应的最近完整或部分备份，差异备份仅包含基准备份之后更改的数据区；在还原差异备份之前，必须先还原其基准备份。

事务日志备份也称为“日志备份”，其中包括了在前一个日志备份中没有备份的所有日志记录；只有在完整恢复模式和大容量日志恢复模式下才会有事务日志备份。

如果在进行备份操作时尝试创建或删除数据库文件，则创建或删除将失败。如果正创建或删除数据库文件时尝试启动备份操作，则备份操作将等待，直到创建或删除操作完成或者备份超时。

二、使用 SQL Server Management Studio 备份数据库

使用 SQL Server Management Studio 创建数据库备份的操作步骤如下。

（1）在对象资源管理器中，连接到数据库引擎实例，然后展开该实例。

（2）右击要备份的数据库，选择“任务”→“备份”命令。

（3）当出现如图 2.17 所示的备份数据库对话框时，从“备份类型”列表中选择要对指定数据库执行的备份的类型，可以选择下列类型之一。

- 完整：备份数据库、文件和文件组。对于 master 数据库，只能执行完整备份。在简单恢复模式下，文件和文件组备份只适用于只读文件组。
- 差异：备份数据库、文件和文件组。在简单恢复模式下，文件和文件组备份只适用于只读文件组。
- 事务日志：仅备份事务日志。事务日志备份不适用于简单恢复模式。

（4）选择要备份的数据库组件。如果在“备份类型”列表中选择了“事务日志”，则此选项将不可用。可以在下面两个选项按钮中任选一个。

- 数据库：备份整个数据库。
- 文件和文件组：打开“选择文件和文件组”对话框，从中选择要备份的文件组或文件。

（5）在“名称”框中指定备份集名称，并在“说明”框中输入备份集的说明信息。

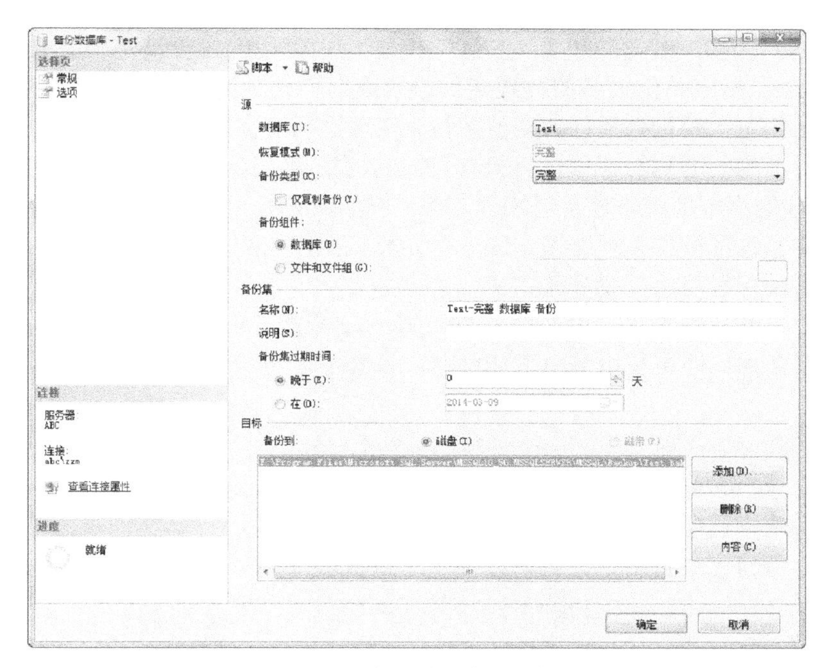

图 2.17 备份数据库对话框

（6）对于“备份集过期时间”，可选择下列过期选项之一。

- 晚于：指定在多少天后此备份集才会过期，从而可被覆盖。此值范围为 0～99999 天；0 天表示备份集将永不过期。
- 日期：指定备份集过期从而可被覆盖的具体日期。

（7）选择以下类型媒体之一作为要备份到的目标。

- 磁盘：备份到磁盘。这可能是一个为该数据库创建的系统文件或磁盘备份设备。当前所选的磁盘将显示在“备份到”列表中。
- 磁带：备份到磁带。这可能是一个为该数据库创建的本地磁带机或磁带备份设备。当前所选的磁带将显示在“备份到”列表中。如果服务器没有相连的磁带设备，此选项将停用。所选择的磁带将列在“备份到”列表中。

（8）通过单击“添加”将设备添加到“备份到”列表中。可以同时备份到 64 个设备。

（9）若要从“备份到”列表中删除一个或多个当前所选的设备，可以单击“删除”按钮。

（10）若要对数据库备份选项进行设置，可在数据库备份对话框中选择“选项”页，然后对相关选项进行设置。

（11）单击“确定”按钮，开始创建指定数据库的备份。

三、使用 BACKUP DATABASE 语句备份数据库

也可以使用 BACKUP DATABASE 语句来备份整个数据库、事务日志，或者备份一个或多个文件或文件组。执行 BACKUP DATABASE 语句之前，需要先使用 sp_addumpdevice 系统存储过程来创建一个备份设备，语法格式如下：

```
sp_addumpdevice 'device_type','logical_name','physical_name'
```

其中 *device_type* 表示备份设备的类型，可以是 disk（硬盘文件作为备份设备）或 tape（Windows 支持的任何磁带设备）。

logical_name 指定在 BACKUP 和 RESTORE 语句中使用的备份设备的逻辑名称。

physical_name 指定备份设备的物理名称。物理名称必须遵从操作系统文件名规则或网络设备的通用命名约定，并且必须包含完整路径。在远程网络位置上创建备份设备时，应确保启动数据库引擎时所用的名称对远程计算机有相应的写权限。如果要添加磁带设备，则该参数必须是 Windows 分配给本地磁带设备的物理名称，例如，使用 \\.\TAPE0 作为计算机上的第一个磁带设备的名称。磁带设备必须连接到服务器计算机上，不能远程使用。如果名称包含非字母数字的字符，可使用引号将其括起来。

若要删除已有的备份设备，可使用 sp_dropdevice 系统存储过程。

创建备份设备后，即可使用 BACKUP DATABASE 语句来备份整个数据库，基本语法格式如下：

```
BACKUP DATABASE database_name TO backup_device[,...n]
```

其中，参数 *database_name* 表示备份时所用的源数据库，*backup_device* 指定用于备份操作的逻辑备份设备或物理备份设备。

如果仅对事务日志进行备份，则可以使用 BACKUP LOG 语句，语法格式如下：

```
BACKUP LOG database_name TO backup_device[,...n]
```

任务 15　还原数据库

任务描述

在本任务中，要求从任务 13 的备份设备 AdvWorksData 中还原完整数据库备份。

任务实现

操作步骤：

（1）启动 SQL Server Management Studio，连接到 SQL Server 数据库引擎。

（2）新建一个查询，然后在查询编辑器中输入以下语句：

```
RESTORE DATABASE AdventureWorks FROM AdvWorksData;
```

（3）按 F5 键，执行上述 SQL 语句。

相关知识

一、使用 SQL Server Management Studio 还原数据库

在 SQL Server 2008 中，可以使用 SQL Server Management Studio 来还原数据库，具体操作步骤如下。

（1）在对象资源管理器中，连接到数据库引擎，然后展开该实例。

（2）右击“数据库”，然后选择“还原数据库”命令。

（3）当出现如图 2.18 所示的“还原数据库”对话框时，在“目标数据库”框中输入新的数据库或从下拉列表中选择现有的数据库。

（4）“目标时间点”列表显示将数据库还原到备份的最近可用时间，默认为“最近状态”。若要指定特定的时间点，可以单击“浏览”按钮 ... 。

（5）指定用于还原的备份集的源和位置，可以选择下列选项之一。

- 源数据库：从该列表框中选择要还原的数据库。此列表仅包含已根据 msdb 备份历史记录进行备份的数据库。
- 源设备：选择一个或者多个磁带或磁盘作为备份集的源。单击“浏览”按钮[...]可以选择一个或多个设备；设备名称将在“源设备”列表中显示为只读值。

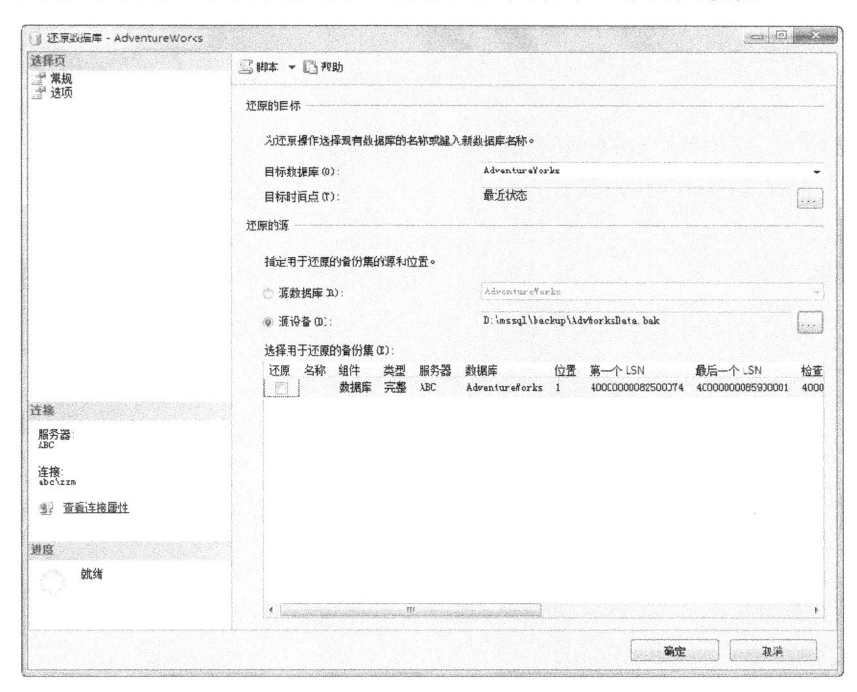

图 2.18 “还原数据库”对话框

（6）在“选择用于还原的备份集”网格中选择所用的数据库备份。

（7）单击“确定”按钮，开始执行数据库还原操作。

二、使用 RESTORE 语句还原数据库

也可以使用 RESTORE 语句来完成还原数据库备份的任务。若要还原整个数据库，则可以使用以下语法格式的 RESTORE 语句：

```
RESTORE DATABASE database_name FROM backup_device
```

其中，参数 database_name 指定目标数据库，backup_device 指定备份设备。

如果只打算还原事务日志，则可以使用以下语法格式的 RESTORE 语句：

```
RESTORE LOG database_name FROM backup_device
```

项目思考

一、填空题

1．在 SQL Server 中，数据库分为__________和__________。

2．每个 SQL Server 数据库至少具有两个操作系统文件：一个__________和一

个__________。

3．SQL Server 数据库所对应的操作系统文件分为 3 种类型：__________、__________和__________。

4．在 SQL Server 中，数据存储的基本单位是_______，其大小是_______。

5．在 SQL Server 中，可以使用____________________语句来创建数据库。

6．在 CREATE DATABASE 语句中，FILENAME 指定创建文件时由操作系统使用的_________，SIZE 和 MAXSIZE 指定文件的_________和__________，FILEGROWTH 指定_______________。

7. 若要使用 ALTER DATABASE 语句从数据库中删除文件，应使用______________子句。

8．数据库备份分为 3 种类型：______________________、_____________________和____________________。

二、选择题

1．关于数据库文件和文件组的叙述中，（　　）是错误的。

A．一个文件或文件夹只能用于一个数据库

B．一个文件只能是一个文件组的成员

C．数据库的数据信息和日志信息不能包含在同一个文件或文件组中

D．日志文件可以是文件组的成员

2．在下列各项中，（　　）不是 SQL Server 2008 的系统数据库。

A．master　　B．msdb　　C．model　　D．MyResource

3．使用 CREATE DATABASE 语句时，（　　）不能用作文件大小的单位。

A．KB　　B．Byte　　C．MB　　D．TB

三、简答题

1．在 SQL Server 2008 中，创建数据库有哪些方法？

2．扩展数据库有哪几种方式？

3．收缩数据库有哪几种方式？

4．分离和附加数据库有何用途？如何分离和附加数据库？

5．如何重命名数据库？如何更改数据库的所有者？

6．使用 SQL 语句备份数据库包括哪些步骤？

项目实训

1．使用 CREATE DATABASE 语句创建一个数据库，其名称为 MyDatabase。

2．在对象资源管理器中，查看 MyDatabase 数据库的相关信息（文件的逻辑名称、物理名称、初始大小和自动增长特性）以及数据库选项的默认设置，并将其恢复模式设置为简单模式。

提示

在对象资源管理器中右击数据库并选择“属性”，打开数据库属性对话框，选择“常规”、“文件”以及“选项”页，分类查看数据库的相关信息，并进行有关设置。

3．在对象资源管理器中对 MyDatabase 数据库进行修改，添加两个数据文件，其逻辑名称分别为 MyDatabase_data1 和 MyDatabase_data2，物理文件名分别为 MyDatabase_data1.ndf 和 MyDatabase.ndf，初始大小均为 5MB，自动递增量为 1MB，增长无上限；添加一个事务日志文件，其逻辑名称为 test_log1，物理文件名为 test_log1.ldf，初始容量为 512KB，自动递增量为 10%，增长无上限。

在对象资源管理器中右击数据库并选择“属性”，打开数据库属性对话框，选择“文件”页，然后添加新的数据文件和事务日志文件。

4．在对象资源管理器中对 MyDatabase 数据库进行修改，添加一个文件组，名称为 fg，该组中包含一个数据文件，其逻辑名称为 MyDatabase_data3，物理文件名为 MyDatabase_data3.ndf，初始容量为 5MB，自动递增量为 2MB，增长无上限。

在对象资源管理器中右击数据库并选择“属性”，打开数据库属性对话框，首先选择“文件组”页以添加新的文件组，然后选择“文件”页，添加新的数据文件并指定其文件组为 fg。

5．在对象资源管理器中，将 MyDatabase 数据库从 SQL Server 实例中分离，然后将其数据文件和事务日志文件分别移动到不同的文件夹中，再把分离的 MyDatabase 数据附加到 SQL Server 实例中。

由于分离数据库后文件的位置发生了变化，因此附加数据库时应指定每个组成文件的位置。

6．使用 SQL 语句将 MyDatabase 数据库重命名为 Example。

对数据库的重命名操作分为 3 步，即首先将数据库更改到单用户模式，然后对数据库进行重命名，最后将数据库改回多用户模式。

7．使用 BACKUP DATABASE 对 Example 进行完整备份。

8．在对象资源管理器中，还原 Example 数据库备份。

9．使用 DROP DATABASE 语句删除 Example 数据库。

创建和管理表

表是数据库中最重要的基础对象，它包含数据库中的所有数据，其他数据库对象（例如索引和视图等）都是依赖于表而存在的。若要使用数据库来存储和组织数据，首先就需要创建表。在本项目中将通过 15 个任务来创建和管理表，主要内容包括表的设计、理解 SQL Server 2008 中的数据类型，以及创建和修改表等。

任务 1　表的设计

任务描述

在本任务中，设计一个用于管理学生成绩的数据库，要求使用 Office Visio 软件画出如图 3.1 所示的数据库模型图。

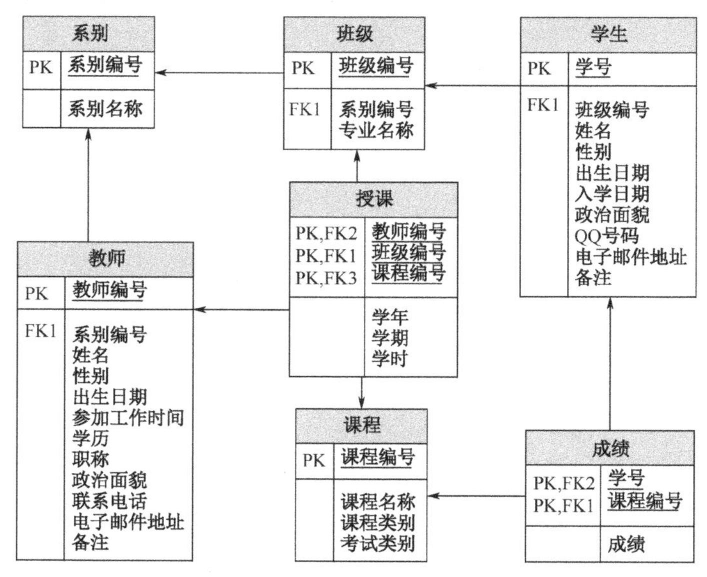

图 3.1　数据库模型图

任务实现

实现步骤如下：

（1）对相关部门进行调查，在此基础上进行需求分析，确定“学生成绩”数据库中包含 7 个表，分别用于存储系别、班级、学生、教师、授课、课程和成绩信息。

（2）确定每个表中包含的哪些列、每个列是何种数据类型以及在哪个列建立主键。

（3）使用 Office Visio 软件绘制出如图 3.1 所示的数据库模型图。

在如图 3.1 所示的数据库模型图中，一共包含 7 个实体，分别是系别、班级、学生、教师、授课、课程和成绩，每个实体对于一个表。每个实体都包含一组属性，每个属性对应于表中的一列。在数据库模型图中，每个实体用一个表格来表示，表格的第一行列出表的名称，第二行列出表的主键列及其数据类型（主键也可以由多个列组成，从而占用多行），其他各行分别列出剩余各列的名称。根据需要也可以在数据库模型图包含各列的数据类型。

在数据库模型图中，PK 表示相应列是表的主键。例如，“学号”列是“学生”表中的主键，“学号”和“课程编号”列组成了“成绩”表中的主键，“教师编号”、“班级编号”和“课程编号”3 个列共同组成了“授课”表的主键。FK 表示相应列是表中的外键。例如，在“学生”表中将“班级编号”列标记为 FK1，该列是学生表中的外键，它指向“班级”表中的主键，亦即“班级编号”列；在“成绩”表中，“学号”和“课程编号”列组成了主键，这两个列同时又是外键，它们分别指向“学生”表和“成绩”表中的候选键。

如果两个表之间存在着关系，则它们会通过一个带有箭头的线段连接起来，箭头指向的表称为父表（即主键所在的表），线段另一端所连接的表称为子表（即外键所在的表）。

在本书后面的项目和任务中，将按照如图 3.1 所示的数据库模型图来实现一个用于学生成绩管理的数据库，然后在该数据库中创建各个表以及其他数据库对象。

相关知识

数据库设计是数据库应用程序开发的一个重要环节，数据库设计的核心就是表的设计。表是包含 SQL Server 数据库中的所有数据的对象。表是由一些列组成的集合。数据在表中的组织方式与电子表格相似，都是按行和列的格式组织的，行和列是表的两个主要组件。此外，通常还需要在表中创建各种约束，以确保数据的完整性。

一、制订表规划

设计数据库时，必须先确定数据库所需要的所有表、每个表中数据的类型以及可访问每个表的用户。合理的表结构可提高数据查询效率。如果在实现表之后再做大的修改，将会耗费大量的时间。在创建表及其对象之前，最好先制订出规划并确定表的下列特征。

1. 表要存储什么对象

由表建模的对象可以是一个有形实体，例如一个人或一个产品；也可以是一个无形项目，例如某项业务、公司中的某个部门。通常会有少数主对象，标识它们后将显示相关项。主对象及其相关项分别对应于数据库中的各个表。表中每一行是一条唯一的记录，代表由表建模的对象的一个单独实例。每一列代表记录中的一个字段，代表由表建模的对象的某个属性。

2. 表中每一列的数据类型和长度

由表建模的对象的各个属性分别通过不同的列来存储，设计表时应确定每一列使用何种数

据类型。例如，姓名列应该使用字符串类型；出生日期列应使用日期时间数据类型；成绩列应使用数字数据类型，可以带 1 位小数或不带小数。

3. 表中哪些列允许空值

在数据库中，空值用 NULL 来表示，这是一个特殊值，表示未知值的概念。NULL 不同于空字符或 0。实际上，空字符是一个有效的字符，0 是一个有效的数字。NULL 仅表示此值未知这一事实。使用 NOT NULL 约束可以指定列不接受空值。

4. 是否要使用以及在何处使用约束、默认值和规则

约束定义关于列中允许值的规则，是强制实施完整性的标准机制。约束分为列级约束和表级约束，前者应用于单列，后者应用于多列。SQL Server 2008 支持下列约束。

（1）CHECK 约束：定义列中哪些数据值是可接受的。可以将 CHECK 约束应用于多列，也可以为一列应用多个 CHECK 约束。当删除表时，将同时删除 CHECK 约束。

（2）DEFAULT 约束：为表列定义的属性，指定要用作该列的默认值的常量。如果插入或更新数据时为该列指定了 NULL 值，或者没有为该列指定值，则会把在 DEFAULT 约束中定义的常量值放置在该列中。

（3）UNIQUE 约束：基于非主键强制实体完整性的约束。UNIQUE 约束可以确保不输入重复的值，并确保创建索引来增强性能。

默认值和规则都是数据库对象，默认值是在用户未指定值的情况下系统自动分配的数据值，规则是绑定到列或用户定义数据类型并指定列中可接受哪些数据值的数据库对象。

5. 使用何种索引以及在何处使用索引

索引是关系数据库中的一种对象，它可以基于键值快速访问表中的数据，也可以强制表中行的唯一性。SQL Server 支持聚集索引和非聚集索引。在全文搜索中，全文索引存储有关重要词及其在给定列中位置的信息。设计表时，应考虑在哪些列上使用索引，是使用聚集索引、非聚集索引还是全文索引。

6. 哪些列是主键或外键

主键（PK）是表中的一列或一组列，可以用来唯一地标识表中的行。外键（FK）是表中的一列或列组合，其值与同一个表或另一个表中的主键或唯一键相匹配，也称为引用键。主键和外键分别通过 PRIMARY KEY 和 FOREIGN KEY 约束来实现。

（1）PRIMARY KEY 约束：标识具有唯一标识表中行的值的列或列集。在一个表中，不能有两行具有相同的主键值。不能为主键中的任何列输入 NULL 值。建议使用一个小的整数列作为主键。每个表都应有一个主键，表的主键将自动创建索引。限定为主键值的列或列组合称为候选键。尽管不要求表必须有主键，但最好定义主键。

（2）FOREIGN KEY 约束：标识并强制实施表之间的关系。一个表的外键指向另一个表的候选键。

创建表的最有效的方法是同时定义表中所需要的所有内容，这些内容包括表的数据限制和其他组件。在创建和操作表后，将对表进行更为细致的设计。

创建表的有用方法是：创建一个基表并向其中添加一些数据，然后使用这个基表一段时间。这种方法可以在添加各种约束、索引、默认设置、规则和其他对象形成最终设计之前，发现哪些事务最常用，哪些数据经常输入。

完成所有表的设计后，可以使用 Microsoft Office Visio 将设计结果绘制成一张数据库模型图，用来描述数据库的结构，表示数据库中包含哪些表，每个表中包含哪些列，每个列使用什

么数据类型，哪些表之间通过主键和外键约束建立了关系。

二、规范化逻辑设计

数据库的逻辑设计（包括各种表和表间关系）是优化关系型数据库的核心。设计好逻辑数据库，可以为优化数据库和应用程序性能打下基础。逻辑数据库设计不好，会影响整个系统的性能。

规范化逻辑数据库设计包括使用正规的方法来将数据分为多个相关的表。拥有几个具有较少列的窄表是规范化数据库的特征，而拥有少量具有较多列的宽表是非规范化数据库的特征。一般而言，合理的规范化会提高性能。如果包含有用的索引，则 SQL Server 查询优化器可以有效地在表之间选择快速、有效的连接。

规范化具有以下好处：使排序和创建索引更加迅速；聚集索引的数目更大；索引更窄、更紧凑；每个表的索引更少，这样将提高 INSERT、UPDATE 和 DELETE 语句的性能；空值更少，出现不一致的机会更少，从而增加数据库的紧凑性。

随着规范化的不断提高，检索数据所需的连接数和复杂性也将不断增加。表间的关系连接太多、太复杂可能会影响性能。通常很少包括经常性执行且所用连接涉及 4 个以上表的查询。

在某些情况下，逻辑数据库设计已经固定，全部进行重新设计是不现实的。但是，尽管如此，将大表有选择性地进行规范化处理，分为几个更小的表还是可能的。如果通过存储过程对数据库进行访问，则在不影响应用程序的情况下架构可能发生更改。如果不是这种情况，那么可以创建一个视图，以便向应用程序隐藏架构的更改。

在关系数据库设计理论中，规范化规则指出了在设计良好的数据库中必须出现或不出现的某些属性。关于规范化规则的完整讨论超出了本书的范畴。下面仅给出获得合理的数据库设计的一些规则。

（1）表应该有一个标识符。数据库设计理论的基本原理是：每个表都应有一个唯一的行标识符，可以使用列或列集将任何单个记录与表中的所有其他记录区别开来。每个表都应有一个 ID 列，任何两个记录都不能共享与一 ID 值。作为表的唯一行标识符的列是表的主键，例如，在“学生”表中可使用“学号”列作为表的主键，但很少使用“姓名”列作为表的主键，因为在同名同姓的现象在一个学校甚至一个班都是屡见不鲜的。

（2）表应只存储单一类型实体的数据。试图在表中存储过多的信息会影响对表中的数据进行有效、可靠的管理。在 AdventureWorks 示例数据库中，销售订单和客户信息存储在不同的表中。虽然可以在一个表中创建包含有关销售订单和客户信息的列，但是这样设计会导致出现一些问题。必须在每个销售订单中另外添加和存储客户信息、客户姓名和地址，这将使用数据库中的其他存储空间。如果客户地址发生变化，必须更改每个销售订单。另外，如果从 Sales.SalesOrderHeader 表中删除了客户最近的销售订单，则该客户的信息将会丢失。

（3）表应避免可为空的列。表中的列可定义为允许空值。虽然在某些情况下，允许空值可能是有用的，但是应尽量少用。这是因为需要对它们进行特殊处理，从而会增加数据操作的复杂性。如果某一表中有几个可为空值的列，并且列中有几行包含空值，则应考虑将这些列置于链接到主表的另一表中。通过将数据存储在两个不同的表中，主表的设计会非常简单，而且仍能够满足存储此信息的临时需要。

（4）表不应有重复的值或列。数据库中某一项目的表不应包含有关特定信息的一些值。例如，AdventureWorks 示例数据库中的某产品可能是从多个供应商处购买的，如果 Production.Product 表有一列为供应商名称，就会产生问题。一个解决方案是将所有供应商名称存储在该列中。但是，这使得列出各个供应商变得非常困难。另一个解决方案是更改表的结构来为另一个供应商名称再添加一列。但是，这只允许有两个供应商。此外，如果一个产品有 3 个供应商，则必须再添加一列。如果发现需要在单个列中存储多个值，或者一类数据（例如 PhoneNumber1 和 PhoneNumber2）对应于多列，则应考虑将重复数据置于链接到主表的另一个表中。例如，在 AdventureWorks 示例数据库中，Production.Product 表用于存储产品信息，Purchasing.Vendor 表用于存储供应商信息，此外还有第三个表 Purchasing.ProductVendor。第三个表只存储产品的 ID 值和产品供应商的 ID 值。这种设计允许产品有任意多个供应商，既不需要修改表的定义，也不需要为单个供应商的产品分配未使用的存储空间。

任务 2　认识 SQL Server 数据类型

任务描述

在本任务中，首先创建一个名为“学生成绩”的数据库，然后在该数据库中创建 4 个用户定义数据类型，如图 3.2 所示。

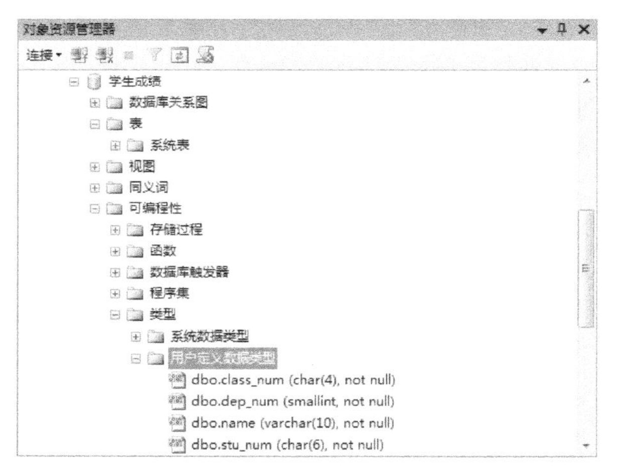

图 3.2　在数据库中创建用户定义数据类型

任务实现

一、使用 SQL Server Management Studio 创建用户定义数据类型

操作要求：创建一个名为“学生成绩”的数据库，然后使用 SQL Server Management Studio 在该数据库中创建一个名为 dep_num 的用户定义数据类型（可用于定义“系别编号”列），该数据类型基于系统数据类型 smallint，不允许取空值。

实现步骤如下：

（1）启动 SQL Server Management Studio，连接到 SQL Server 数据库引擎。

（2）创建一个名为“学生成绩”的数据库。

（3）展开“学生成绩”数据库，依次展开“可编程性”和“类型”，右键单击“用户定义数据类型”，然后选择“新建用户定义数据类型”，如图所示 3.2 所示。

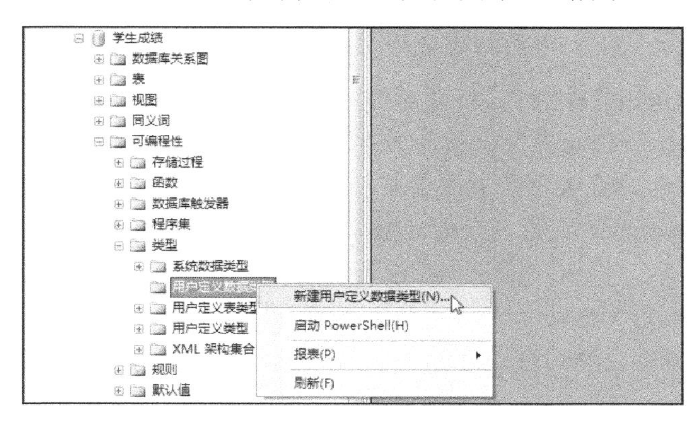

图 3.2 创建用户定义数据类型

（4）当出现如图 3.3 所示的“新建用户定义数据类型”对话框时，从包含当前用户的所有可用架构的“架构”列表中选择一个架构，默认选择是当前用户的默认架构（例如 dbo）。

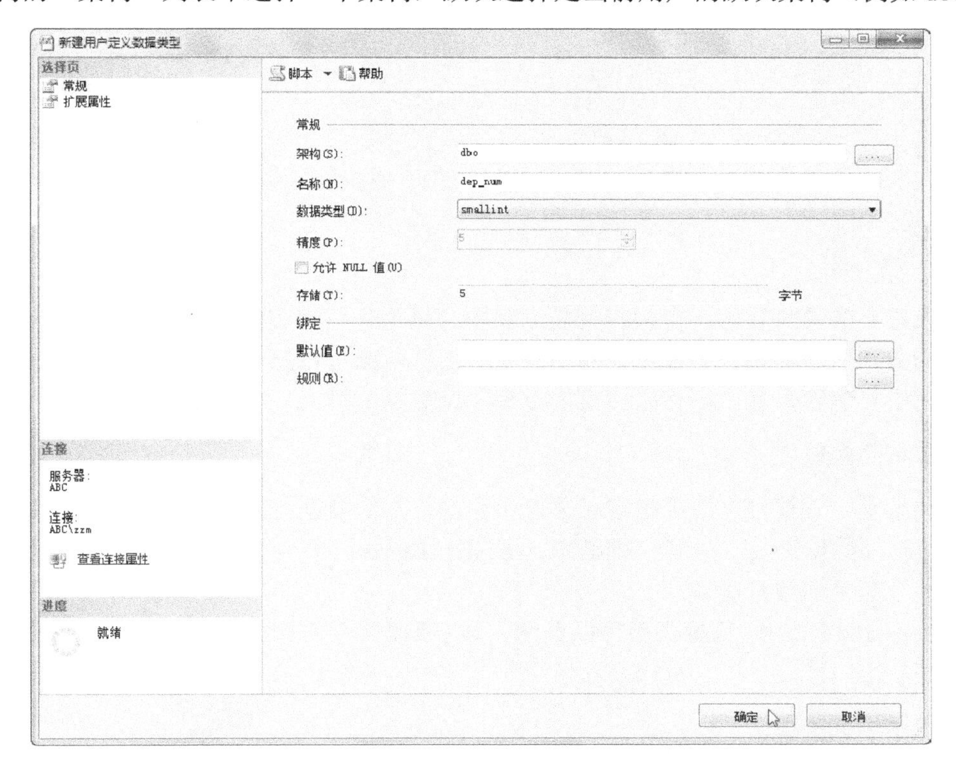

图 3.3 “新建用户定义数据类型”对话框

（5）在“名称”框中输入用于在整个数据库中标识 UDDT 的唯一名称，在本任务中数据类型名称为 dep_num。该名称的最大字符数必须符合 sysname 系统数据类型的要求。

（6）从“数据类型”下拉列表框中选择一种基本数据类型，在本任务中选择了 smallint 类型。该列表框列出了除 timestamp 数据类型之外的所有数据类型。

（7）按需要选取或不选取“允许空值”复选框，以指定 UDDT 是否可以接受 NULL 值。

在本任务中未选取该复选框，意即不允许空值。

（9）单击“确定”按钮，完成UDDT的创建。

二、使用CREATE TYPE语句创建用户定义数据类型

操作要求：使用CREATE TYPE语句创建以下用户定义数据类型。

（1）class_num：基于char类型，长度为4，非空，可用于定义班级编号列。

（2）stu_num：基于char类型，长度为6，非空，可用于定义学号列。

（3）name：基于varchar类型，长度为10，非空，可用于定义姓名列。

实现步骤如下：

（1）启动SQL Server Management Studio，连接到SQL Server数据库引擎。

（2）创建一个新查询，然后在查询编辑窗口中输入以下语句。

```
USE 学生成绩;
GO
CREATE TYPE class_num FROM char(4) NOT NULL;
GO
CREATE TYPE stu_num FROM char(6) NOT NULL;
GO
CREATE TYPE name FROM varchar(10) NOT NULL;
GO
```

（3）将脚本文件保存为SQLQuery3-01.sql，按F5键执行SQL脚本。

相关知识

设计表时首先要执行的一个操作就是为表中的每个列指定数据类型。数据类型定义了各列允许使用的数据值。例如，如果希望列中只含有名称，则可以将一种字符数据类型指定给列；如果希望列中只包含数字，则可以指定一种数字型数据类型。

一、数据类型概述

数据类型是一种属性，用于指定对象可保存的数据的类型：整数数据、字符数据、货币数据、日期和时间数据以及二进制字符串等。在SQL Server中，每个列、局部变量、表达式和参数都具有一个相关的数据类型。

SQL Server 2008中的数据类型可以归纳为数字数据、字符串、日期和时间以及其他数据类型4个类别。

二、数字数据类型

属于数字数据类型的数字可以参与各种数学运算。数字数据类型可以分为整数类型和小数类型；小数类型又分为近似数字类型和精确数字类型。

1. 整数类型

整数类型包括bigint、int、smallint、tinyint和bit。

bigint数据类型用于存储从-2^{63}（-9 223 372 036 854 775 808）到$2^{63}-1$（9 223 372 036 854 775 807）的整数，占用8个字节。

bit 数据类型用于存储整数，但只能取 0、1 或 NULL。若表中的列为 8 bit 或更少，则这些列作为 1 个字节存储。若列为 9 到 16 bit，则这些列作为 2 个字节存储，以此类推。字符串值 TRUE 和 FALSE 可以转换为以下 bit 值：TRUE 转换为 1，FALSE 转换为 0。

int 数据类型用于存储从 -2^{31}（−2 147 483 648）到 $2^{31}-1$（2 147 483 647）的整数，占用 4 个字节。

smallint 数据类型用于存储从 -2^{15}（−32 768）到 $2^{15}-1$（32 767）的整数，占 2 个字节。

tinyint 数据用于存储从 0 到 255 的整数，占用 1 个字节。

2. 小数类型

小数类型包括近似数字类型 float(*n*)和 real、精确数字类型 decimal(p, s)和 numeric(p, s)以及货币数字类型 money 和 smallmoney。

float(*n*) 数据类型用于存储从−1.79E+308 到 1.79E+308 之间的浮点数。*n* 为用于存储科学记数法浮点数尾数的位数，同时指示其精度和存储大小。*n* 必须为从 1 到 53 之间的值。当 *n* 介于 1 和 24 之间时，精度为 7 位有效数字，占用 4 个字节；当 *n* 介于 25 和 53 之间时，精度为 15 位有效数字，占用 8 个字节。

real 数据类型相当于 float(24)，用于存储−3.40E−38～3.40E−38 之间的浮点数，占用 4 个字节。

decimal(p, s) 和 numeric(p, s) 数据类型用于存储带小数点且数值确定的数据，可把它们视为相同的数据类型。p 表示数值的全部位数，取值范围为 1～38，其中包含小数部分的位数，但不包括小数点在内，p 值称为该数值的精度（precision）；s 表示小数的位数（scale）。整数部分的位数等于 p 减去 s。例如，decimal(10, 5)表示数值中共有 5 位整数，其余 5 位是小数部分，该列的精度为 10 位。将一个列指定为 decimal 类型时，如果没有指定精度 p，则默认精度为 18 位；如果没有指定小数位数，则默认小数位数为 0。

在 decimal 和 numeric 数据类型中，p 不仅表示数值精度，也指定了数据占用存储空间的大小。当 p 介于 1 和 9 之间时，数据占用 5 个字节；当 p 介于 10 和 19 之间时，数据占用 9 个字节；当 p 介于 20 和 28 之间时，数据占用 13 个字节；当 p 介于 29 和 38 之间时，数据占用 17 个字节。

money 和 smallmoney 数据类型用于存储货币数据，这些类型的数据实际上都是带有 4 位小数的 decimal 类型数据。在 money 或 smallmoney 类型的列中输入货币数据时，必须在数值前面加上一个货币符号。输入负值时，应当在货币数据后面加一个负号。在输入过程中，不需要每 3 位数字加一个逗号来分隔，但在打印过程中系统会自动添加逗号。在数据库中创建表时，如果将一个列指定为 money 数据类型，则这个列的取值范围为 -2^{63}（−922 337 203 685 477.5808）～$2^{63}-1$（+922 337 203 685 477.5807），这样一个列在内存中占用 8 个字节，前面 4 个字节表示货币值的整数部分，后面 4 个字节表示货币值的小数部分。smallmoney 的取值范围从−214 748.3648 到+214 748.3647，占用 4 个字节，前面两个字节表示货币值的整数部分，后面两个字节表示小数部分。

三、字符串数据类型

SQL Server 2008 提供了 9 种字符串数据类型，可以分为 3 类，即普通字符串、Unicode 字符串和二进制字符串。

1. 普通字符串

普通字符串类型包括固定长度字符串类型 char(n)、可变长度字符串类型 varchar(n)和文本类型 text。

char(n) 是一种固定长度的非 Unicode 的字符数据，其长度为 *n* 个字节的，*n* 必须是一个介于 1 和 8 000 之间的数值，数据的存储大小为 *n* 个字节。如果没有在数据定义或变量声明语句中指定 *n*，则默认长度为 1。当一个列中包含字符串数据且每个数据项具有相同的固固定长度度时，使用 char 数据类型是一个好的选择。对于一个 char 列，不论用户输入的字符串有多长，都将固定占用 *n* 个字节的存储空间。当输入字符串的长度小于 *n* 时，如果该列不允许 NULL 值，则不足部分用空格填充；如果该列允许 NULL 值，则不足部分不再用空格填充。如果输入字符串的长度大于 *n*，则多余部分会被截断。

varchar(*n*|max) 是一种可变长度的非 Unicode 的字符数据，其长度为 *n* 个字节，*n* 必须是一个介于 1 和 8 000 之间的数值，max 指示最大存储大小是 $2^{31}-1$ 个字节。存储大小是输入数据的实际长度加 2 个字节。所输入数据的长度可以为 0 个字符。如果没有在数据定义或变量声明语句中指定 *n*，则默认长度为 1。如果一个 varchar 数据类型的列中包含有尾随空格，则这些空格会被自动删除。这是使用 varchar 数据类型的一个优点。但在使用 varchar 数据类型时，由于数据项长度可以变化，在处理速度上往往不及固定长度的 char 数据类型。

对于如何选用 char 和 varchar 有以下建议：如果列数据项的大小一致，则使用 char；如果列数据项的大小差异相当大，则使用 varchar；如果列数据项大小相差很大，而且大小可能超过 8 000 字节，可使用 varchar(max)；此外，如果要支持多种语言，可考虑使用 Unicode nchar 或 nvarchar 数据类型，以最大限度地消除字符转换问题。

text 是一种服务器代码页中长度可变的非 Unicode 数据，最大长度为 $2^{31}-1$（2 147 483 647）个字符。当服务器代码页使用双字节字符时，存储量仍是 2 147 483 647 字节。存储大小可能小于 2 147 483 647 字节（取决于字符串）。实际上，在 text 类型列中仅存储一个指针，它指向由若干个以 8KB 为单位的数据页所组成的连接表，系统经由这种连接表来存取所有的文本数据。Microsoft 建议，应尽量避免使用 text 数据类型，而应该使用 varchar(max)来存储大文本数据。

2. Unicode 字符串

Unicode 字符串类型包括固定长度字符串类型 nchar(*n*)、可变长度字符串类型 nvarchar(*n*)和文本类型 ntext。支持国际化客户端的数据库应始终使用 Unicode 数据。

nchar(*n*) 是一种长度固定的 Unicode 字符数据，其中包含 *n* 个字符的，*n* 的值必须介于 1 与 4 000 之间。数据的存储大小为 n 字节的两倍。如果没有在数据定义或变量声明语句中指定 *n*，则默认长度为 1。对一个 nchar 列指定了 *n* 的数值以后，不论用户在输入多少个字符，该列都将占用 2n 个字节的存储空间。当输入字符串长度小于 *n* 时，不论该列是否允许空值，不足部分都会用空格来填充。

nvarchar(n|max) 是一种可变长度的 Unicode 字符数据，其中包含 *n* 个字符，*n* 的值必须介于 1 与 4 000 之间。max 指示最大的存储大小为 $2^{31}-1$ 字节。数据的存储字节数是所输入字符个数的 2 倍。所输入的数据字符长度可以为零。如果没有在数据定义或变量声明语句中指定 *n*，则默认长度为 1。如果一个 nvarchar 数据类型的列中包含有尾随空格，则这些空格会被自动删除。

如果列数据项的大小可能相同，可使用 nchar。如果列数据项的大小可能差异很大，可使用 nvarchar。sysname 是系统提供的用户定义数据类型，除了不以为零外，它在功能上与

nvarchar(128)相同。sysname 用于引用数据库对象名。

ntext 是一种长度可变的 Unicode 数据，其最大长度为 $2^{30}-1$（1 073 741 823）个字符。存储字节数是所输入字符个数的 2。ntext 应该使用 nvarchar(max)来代替。

3. 二进制数据类型

二进制数据类型包括固定长度二进制数据类型 binary(*n*)、可变长度二进制数据类型 varbinary(*n*) 和大量二进制数据类型 image。

binary(*n*) 是 *n* 个字节的固定长度二进制数据。*n* 的取值范围为必须 1～8 000。不论输入数据的实际长度如何，存储空间大小均为 *n* 个字节。如果输入数据超长，则多余部分会被截掉。例如，如果将表中的一个列的数据类型指定为 binary(1)，则可以存储 0x00～0xFF 范围内的数据；如果指定为 binary(2)，则可以存储 0x0000～0xFFFF 范围内的数据。

varbinary(n|max) 是 *n* 个字节的可变长度二进制数据。*n* 的取值范围为从 1～8 000。max 指示最大的存储大小为 $2^{31}-1$ 字节。存储空间大小为实际输入数据长度+2 个字节，而不是 *n* 个字节。输入的数据长度可能为 0 字节。与 binary 数据类型不同的是，使用 varbinary 数据类型时系统会将数据尾部的 00 删除掉。

image 是一种可变长度的二进制数据类型，用于存储图片数据。一个 image 数据类型的列最多可以存储 $2^{31}-1$（2 147 483 647）个字节，约为 2GB。

若列数据项的大小一致，则使用 binary；若列数据项的大小差异相当大，则使用 varbinary；当列数据条目超出 8 000 字节时，可使用 varbinary(max)。image 应使用 varbinary(max)来代替。

四、日期和时间数据类型

在 SQL Server 2008 中，提供了多种日期和时间数据类型，包括 date、datetime、datetime2、datetimeoffset、smalldatetime 以及 time。对于新的工作，建议使用 time、date、datetime2 和 datetimeoffset 数据类型，因为这些类型符合 SQL 标准，而且更易于移植。time、datetime2 和 datetimeoffset 提供更高精度的秒数，datetimeoffset 可为全局部署的应用程序提供时区支持。

1. date 数据类型

date 数据类型用于存储日期数据，存储范围为公元元年 1 月 1 日到公元 9999 年 12 月 31 日，存储空间大小为 3 个字节。

对于 date 数据类型，用于客户端的默认字符串文字格式为 YYYY-MM-DD，其中 YYYY 是表示年份的 4 位数字，范围为从 0001 到 9999；MM 是表示指定年份中的月份的两位数字，范围为从 01 到 12；DD 是表示指定月份中的某一天的两位数字，范围为从 01 到 31（最高值取决于具体月份）。默认值为 1900-01-01。

2. datetime 数据类型

datetime 数据类型用于定义一个与采用 24 小时制并带有秒小数部分的一日内时间相组合的日期，存储的日期范围为 1753 年 1 月 1 日到 9999 年 12 月 31 日，时间范围为 00:00:00 到 23:59:59.997，存储空间大小为 8 个字节。

对于 datetime 数据类型，系统的存储格式为 YYYY-MM-DD hh:mm:ss[.n*]，其中 YYYY 是表示年份的 4 位数字，范围为 1753 到 9999；MM 是表示指定年份中的月份的两位数字，范围为 01 到 12；DD 是表示指定月份中的某一天的两位数字，范围为 01 到 31（最高值取决于相应月份）；其中 hh 是表示小时的两位数字，范围为 00 到 23；mm 是表示分钟的两位数字，范围为 00 到 59；ss 是表示秒钟的两位数字，范围为 00 到 59；n*为一个 0 到 3 位的数字，范围为 0 到 999，表示秒的小数部分。datetime 数据类型的默认值为 1900-01-01 00:00:00。可以使用 SET DATEFORMAT 语句更改日期顺序。

3. datetime2 数据类型

datetime2 数据类型定义结合了 24 小时制时间的日期，可将其视作 datetime 类型的扩展，但其数据范围更大，默认的小数精度更高，并具有可选的用户定义的精度。

datetime2 存储的日期范围为 0001-01-01 到 9999-12-31，即公元元年 1 月 1 日到公元 9999 年 12 月 31 日，时间范围为 00:00:00 到 23:59:59.9999999，用于客户端默认的字符串文字格式为 YYYY-MM-DD hh:mm:ss[.n*]，其中 YYYY 是一个 4 位数，范围从 0001 到 9999，表示年份；MM 是一个两位数，范围从 01 到 12，表示指定年份中的月份；DD 是一个两位数，范围为 01 到 31（具体取决于月份），表示指定月份中的某一天；hh 是一个两位数，范围从 00 到 23，表示小时；mm 是一个两位数，范围从 00 到 59，表示分钟；ss 是一个两位数，范围从 00 到 59，表示秒钟；n*代表 0 到 7 位数字，范围从 0 到 9999999，表示秒的小数部分。当精度小于 3 时存储空间大小为 6 个字节；当精度为 4 和 5 时为存储空间大小为 7 个字节；所有其他精度则需要 8 个字节。

4. datetimeoffset 数据类型

datetimeoffset 数据类型用于定义一个与采用 24 小时制并可识别时区的一日内时间相组合的日期，存储的日期范围为公元元年 1 月 1 日到公元 9999 年 12 月 31 日，时间范围为 00:00:00 到 23:59:59.9999999，时区偏移量范围为−14:00 到+14:00。存储空间大小为 10 个字节，默认值为 1900-01-01 00:00:00 00:00。

对于 datetimeoffset 数据类型而言，用于客户端的默认字符串文字格式为 YYYY-MM-DD hh:mm:ss[.nnnnnnn] [{+|−}hh:mm]，其中 YYYY 是表示年份的 4 位数字，范围为 0001 到 9999；MM 是表示指定年份中的月份的两位数字，范围为 01 到 12；DD 是表示指定月份中的某一天的两位数字，范围为 01 到 31（最高值取决于相应月份）；hh 是表示小时的两位数字，范围为 00 到 23；mm 是表示分钟的两位数字，范围为 00 到 59；ss 是表示秒钟的两位数字，范围为 00 到 59；n*是 0 到 7 位数字，范围为 0 到 9999999，表示秒的小数部分；第二个方括号内给出相对于 UTC 时间的时区偏移量，其中 hh 是两位数，范围为−14 到+14，表示时区偏移量中的小时数；mm 是两位数，范围为 00 到 59，表示时区偏移量中的额外分钟数。时区偏移量中必须包含+（加）或−（减）号，这两个符号表示是在 UTC 时间的基础上加上还是从中减去时区偏移量以得出本地时间。时区偏移量的有效范围为−14:00 到+14:00。

5. smalldatetime 数据类型

smalldatetime 数据类型定义结合了一天中的时间的日期，此时间为 24 小时制，秒始终为零（:00），并且不带秒小数部分。

smalldatetime 数据类型存储的日期范围为 1900 年 1 月 1 日到 2079 年 6 月 6 日，时间范围为 00:00:00 到 23:59:59。系统的存储格式为 YYYY-MM-DD hh:mm:ss，其中 YYYY 是表示年份的 4 位数字，范围为 1900 到 2079，MM 是表示指定年份中的月份的两位数字，范围为 01 到 12；DD 是表示指定月份中的某一天的两位数字，范围为 01 到 31（最高值取决于相应月份）；hh 是表示小时的两位数字，范围为 00 到 23；mm 是表示分钟的两位数字，范围为 00 到 59；ss 是表示秒钟的两位数字，范围为 00 到 59。存储空间的大小为 4 个字节。

6. time 数据类型

time 数据类型定义一天中的某个时间，此时间不能感知时区且基于 24 小时制。存储的时间范围为 00:00:00.0000000 到 23:59:59.9999999。

对于 time 数据类型，用于客户端默认的字符串文字格式为 hh:mm:ss[.nnnnnnn]，其中 hh 是表示小时的两位数字，范围为 0 到 23；mm 是表示分钟的两位数字，范围为 0 到 59；ss 是表示秒的两位数字，范围为 0 到 59；n*是 0 到 7 位数字，范围为 0 到 9999999，表示秒的小数部分。

五、其他数据类型

在 SQL Server 2008 中，还提供了几种比较特殊的数据类型，包括 cursor、hierarchyid、sql_variant、table、timestamp、uniqueidetifier 以及 xml。使用这些数据类型可以完成特殊数据对象的定义和存储。

1. cursor 数据类型

这是变量或存储过程 OUTPUT 参数的一种数据类型，这些参数包含对游标的引用。使用 cursor 数据类型创建的变量可以为空。在 Transact-SQL 语句中，有些操作可以引用那些带有 cursor 数据类型的变量和参数。但要特别注意，对于 CREATE TABLE 语句中的列，是不能使用 cursor 数据类型的。

2. hierarchyid 数据类型

hierarchyid 数据类型是一种长度可变的系统数据类型。使用 hierarchyid 可以表示层次结构中的位置。类型为 hierarchyid 的列不会自动表示树。由应用程序来生成和分配 hierarchyid 值，使行与行之间的所需关系反映在这些值中。hierarchyid 的值具有以下属性：非常紧凑；按深度优先顺序进行比较；支持任意插入和删除。

3. sql_variant 数据类型

这种数据类型用于存储 SQL Server 支持的各种数据类型的值，但 text、ntext、image、timestamp 和 sql_variant 除外。sql_variant 数据类型可以用在列、参数和变量中并返回用户定义函数的值。sql_variant 允许这些数据库对象支持其他数据类型的值。sql_variant 数据类型的最大长度可达 8 016 字节。

4. table 数据类型

这是一种特殊的数据类型，用于存储结果集以供后续处理。该数据类型主要用于临时存储一组记录，这些记录将作为表值函数的结果集返回。

5. timestamp 数据类型

这是公开数据库中自动生成的唯一二进制数字的数据类型。timestamp 通常用作给表行加版本戳的机制，存储大小为 8 个字节。当把表中的一个列指定为 timestamp 数据类型时，如果设置该列不允许空值，则它等价于定长二进制数据类型 binary(8)；如果允许空值，则等价于定长二进制数据类型 varbinary(8)。timestamp 列的数值格式类似于 0x000000000000025A。一个表中只能有一个 timestamp 类型的列。一旦将表中的一个列指定为 timestamp 数据类型，该列的值就不用设置了，它会随着表中记录内容的修改而自动更新，而且在整个数据库范围都是唯一的。

使用某一行中的 timestamp 列可以很容易地确定该行中的任何值自上次读取以后是否发生了更改。如果对行进行了更改，就会更新该时间戳值。如果没有对行进行更改，则该时间戳值将与以前读取该行时的时间戳值一致。如果要获取数据库的当前时间戳值，可以使用@@DBTS 函数。

6. uniqueidetifier 数据类型

uniqueidentifier 即数据类型全局性唯一标识数据类型，用于存储一个由 16 个字节组成的二进制数字，其数值格式类似于 BA9B4EF2-8F8B-4B42-8D0A-E0994AABD7FC，该识别码称为全局性唯一标识符（GUID，Globally Unique Identifier）。

若要对一个 uniqueidentifier 列或局部变量进行初始化，通常使用以下两种方法。

- 使用 NEWID 函数产生 GUID。
- 将一个“xxxxxxxx-xxxx-xxxx-xxxx-xxxxxxxxxxxx”形式的字符串常量转换为 GUDI，其中 x 是一个 16 进制数字，取值范围为 0～9、a～f。

具有更新订阅的合并复制和事务复制使用 uniqueidentifier 列来确保在表的多个副本中唯一地标识行。

7. xml 数据类型

这是一种存储 XML 数据的数据类型。使用 xml 数据类型可以在 SQL Server 数据库中存储 XML 文档和片段。XML 片段是缺少单个顶级元素的 XML 实例。可以创建 xml 类型的列和变量，并在其中存储 XML 实例。xml 数据类型实例的存储表示形式不能超过 2GB。

六、别名数据类型

别名数据类型类型是基于 SQL Server 中的系统数据类型创建的一种用户定义数据类型（UDDT）。当多个表必须在一个列中存储相同类型的数据，而且必须确保这些列具有相同的数据类型、长度和为空性时，可以使用别名类型。例如，如果在学生信息管理数据库的几个表中都包含班级编号列，则可以基于 char 数据类型创建一个名为 class_number 的别名类型。自 SQL Server 2005 起，表变量中开始支持没有规则和附加的默认定义的别名类型。在 SQL Server 2005 之前，SQL Server 不支持表变量中的别名类型。

创建别名数据类型时，必须提供下列参数：名称、新数据类型基于的系统数据类型以及为空性（数据类型是否允许空值）。如果未明确定义为空性，系统将基于数据库或连接的 ANSI NULL 默认设置进行指定。

如果别名类型是在 model 系统数据库中创建的，则它将存在于所有用户定义的新数据库中。但是，如果数据类型是在用户定义的数据库中创建的，该数据类型将只存在于该用户定义的数据库中。

在 SQL Server 2008 中，可以使用 SQL Server Management Studio 工具来创建和删除别名数据类型，也可以使用 CREATE TYPE 和 DROP TYPE 语句来创建和删除别名数据类型。对于已存在的别名数据类型，可在创建和修改表的过程使用。

CREATE TYPE 语句用于创建别名数据类型，语法格式如下：

```
CREATE TYPE [schema_name.]type_name
{
    FROM base_type
    [(precision[,scale])]
    [NULL|NOT NULL]
}[;]
```

其中参数 *schema_name* 为别名数据类型或用户定义类型所属架构的名称。*type_name* 指定别名数据类型或用户定义类型的名称，该名称必须符合标识符规则。*base_type* 指定别名数据类型所基于的数据类型，由 SQL Server 提供。base_type 也可以是映射到这些系统数据类型之一的任何数据类型同义词。*precision* 和 *scale* 适用于 *base_type* 为 decimal 或 numeric 时，它们的值为非负整数，*precision* 指示可保留的十进制数字位数的最大值，包括小数点左边和右边的数字；*scale* 指示十进制数字的小数点右边最多可保留多少位，它必须小于或等于精度值。

NULL | NOT NULL 指定此类型是否可容纳空值。如果未指定，则默认值为 NULL。

若要在对象资源管理器中删除别名数据类型，可以在目录树中展开“用户定义数据类型”结点，右键单击该别名数据类型并选择“删除”。

也可以使用 DROP TYPE 语句从当前数据库中删除别名数据类型，语法格式如下：

```
DROP TYPE [schema_name.]type_name[;]
```

其中参数 *schema_name* 为别名数据类型所属的架构名。*type_name* 指定要删除的别名数据类型或用户定义的类型的名称。

任务 3　创建表

任务描述

在本任务中，首先创建一个名为“学生成绩”的数据库，然后使用 CREATE TABLE 语句在这个数据库中创建以下两个表（如图 3.4 所示）。

（1）“系别”表，包含两个列：“系别编号”列为 dep_num 类型，设为标识列，种子和增量均为 1；“系别名称”列为 varchar 类型，长度为 50，不允许为空。

（2）“班级”表，包含 3 个列：“班级编号”列为 class_num 类型；“系别编号”列为 dep_num 类型；“专业名称”列为 varchar 类型，长度为 50，不允许为空。

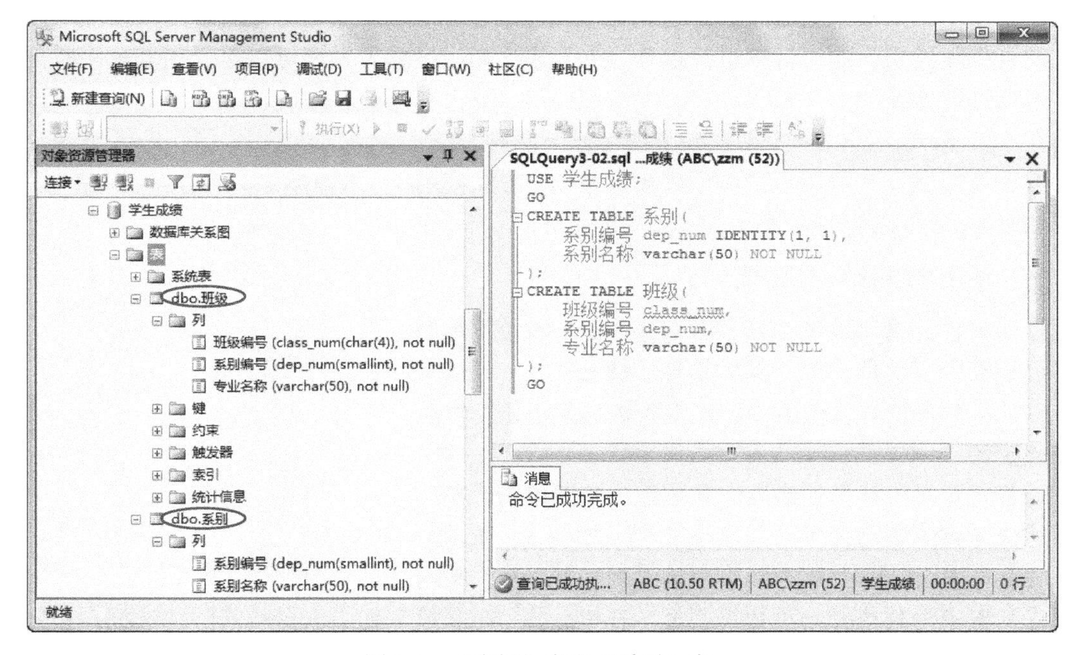

图 3.4　“班级”表和“系别”表

任务实现

实现步骤如下：

（1）在对象资源管理器中，连接到数据库引擎实例。

（2）新建一个查询，然后在查询编辑器窗口中编写以下 SQL 语句：

```
USE 学生成绩;
GO
CREATE TABLE 系别(
    系别编号 dep_num IDENTITY(1, 1),
    系别名称 varchar(50) NOT NULL
);
CREATE TABLE 班级(
    班级编号 class_num,
    系别编号 dep_num,
    专业名称 varchar(50) NOT NULL
);
GO
```

（3）将脚本文件保存为 SQLQuery3-02.sql，按 F5 键执行脚本。

（4）在对象资源管理器中，单击“数据库”，然后从“查看”菜单中选择“刷新”命令，并查看新建的数据库、用户表及其各个列。

相关知识

数据通常存储于永久表中，不过也可以根据需要来创建临时表。表存储于数据库文件中，任何拥有权限的用户均可对其进行操作。创建表之后，根据需要还可以对最初创建表时定义的许多选项进行修改。

在 SQL Server 2008 中，创建表主要有以下两种方法：一种方法使用表设计器图形工具创建表，另一种方法使用 CREATE TABLE 语句创建表。

一、使用表设计器创建表

使用表设计器可以创建新表并对该表进行命名，然后将其添加到现有数据库中。具体实现步骤如下：

（1）在对象资源管理器中，连接到数据库引擎，然后展开该实例。

（2）展开要在其中创建表的数据库，右键单击“表”，然后从快捷菜单中选择“新建表”命令，如图 3.5 所示。

图 3.5　在数据库中创建表

（3）在表设计器上部的网格中输入列名称，从“数据类型”列表中为列选择一种数据类型，在“允许 Null 值”列中选择或清除复选框，指定列是否允许空值，如图 3.6 所示。

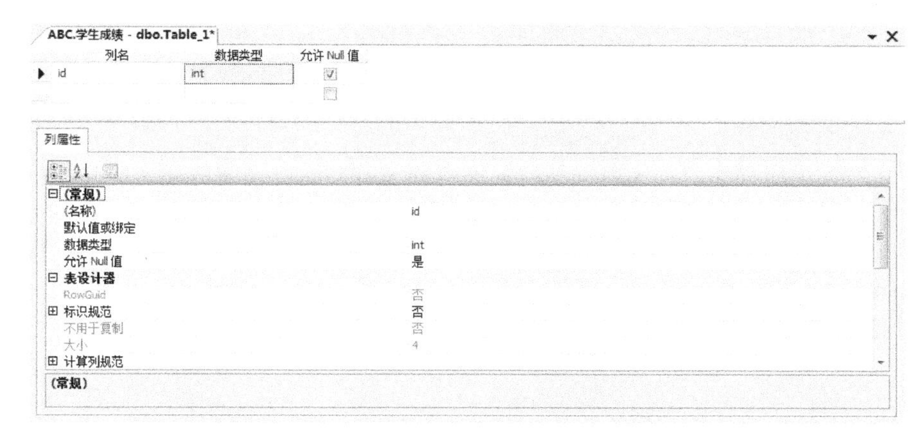

图 3.6　表设计器

（4）根据需要，在表设计下部的“列属性”列表中设置列的附加属性，例如默认值、精度、小数位数、是否标识列、标识增量和标识种子等。

（5）重复步骤（3）和（4），在表中定义更多的列。

（6）从“文件”菜单中选择“保存”命令，或在工具栏上单击“保存”按钮。

（7）在如图 3.7 所示的“选择名称”对话框中为输入表名称，然后单击“确定”按钮。

图 3.7　指定表名称

二、使用 CREATE TABLE 语句创建表

CREATE TABLE 语句用于在当前数据库或指定数据库中创建新表，基本语法格式如下：

```
CREATE TABLE
    [database_name.[schema_name].|schema_name.]table_name
        ({<column_definition>}[,...n])[;]

<column_definition>::=
column_name data_type
    [NULL|NOT NULL]
    [
        [CONSTRAINT constraint_name]DEFAULT constant_expression]
        |[IDENTITY[(seed,increment)]
    ]
    [ROWGUIDCOL][<column_constraint>[...n]]
```

其中参数 *database_name* 指定在其中创建表的数据库的名称。*database_name* 必须指定现有数据库的名称。如果未指定，则 *database_name* 默认为当前数据库。

schema_name 指定新表所属架构的名称。架构是指包含表、视图、过程等的容器。它位于数据库内部，而数据库位于服务器内部。特定架构中的每个安全对象都必须有唯一的名称。架构中安全对象的完全指定名称包括此安全对象所在的架构的名称。在 SQL Server 2005 和 SQL Server 2008 中，架构既是一个容器，又是一个命名空间。

table_name 指定新表的名称。表名必须遵循标识符规则。除了本地临时表名（以单个数字

符号#为前缀的名称）不能超过 116 个字符外，*table_name* 最多可包含 128 个字符。对于每一个架构在一个数据库内表的名称必须是唯一的，但如果为每张表指定了不同的架构，则可以创建多个具有相同名称的表。

column_name 指定表中列的名称。列名必须遵循标识符规则，并在表中唯一。*column_name* 可包含 1～128 个字符。对于使用 timestamp 数据类型创建的列，可省略 *column_name*。若未指定 *column_name*，则 timestamp 列的名称将默认为 timestamp。每个表至多可定义 1 024 列。

type_name 指定列的数据类型，数据类型可以是系统数据类型，也可以是基于系统数据类型的别名类型。

NULL | NOT NULL 确定列中是否允许使用空值。

CONSTRAINT 为可选关键字，表示 PRIMARY KEY、NOT NULL、UNIQUE、FOREIGN KEY 或 CHECK 约束定义的开始。*constraint_name* 表示约束的名称。约束名称必须在表所属的架构中唯一。

DEFAULT 指定列的默认值。若在插入记录的过程中未显式提供值，则该列将获得此默认值。DEFAULT 定义可适用于除定义为 timestamp 或带 IDENTITY 属性的列以外的任何列。*constant_expression* 是用作列的默认值的常量、NULL 或系统函数。

IDENTITY 表示新列是标识列。在表中添加新行时，数据库引擎将为该列提供一个唯一一的增量值。标识列通常与 PRIMARY KEY 约束一起用作表的唯一行标识符。可将 IDENTITY 属性分配给 tinyint、smallint、int、bigint、decimal(p,0)或 numeric(p,0)列。对于每个表，只能创建一个标识列。不能对标识列使用绑定默认值和 DEFAULT 约束。*seed* 是装入表的第一行所使用的值。*increment* 是向装载的前一行的标识值中添加的增量值。必须同时指定种子和增量，或者两者都不指定。如果二者均未指定，则取默认值(1,1)。

ROWGUIDCOL 指示新列是行 GUID 列。对于每个表，只能将其中的一个 uniqueidentifier 列指定为 ROWGUIDCOL 列。ROWGUIDCOL 属性只能分配给表中的 uniqueidentifier 列。ROWGUIDCOL 属性并不强制列中所存储值的唯一性。该属性也不会为插入到表中的新行自动生成值。<column_constraint>表示列约束。

任务 4　在表中添加列

任务描述

在本任务中，要求在“学生成绩”数据库中执行以下操作。

（1）创建一个名称为“课程”的表，在该表中定义以下两个列：“课程编号”列的数据类型为 int；“课程名称”为 varchar 类型，长度为 20，这两个列都不允许为空。

（2）创建“课程”表后向该表中添加以下两个列：“课程类别”列为 char 类型，长度为 8；“考试类别”列为 char 类型，长度为 4，这两个列都不允许为空。

任务分析

使用 CREATE TABLE 语句创建表后，可以使用 ALTER TABLE 语句向该表中添加列。要求所添加的列必须允许空值或对列创建 DEFAULT 约束。由于新创建的“课程”表目前是一个不包含任何数据行的空表，因此可以对新添加的列设置 NOT NULL。

任务实现

实现步骤如下：

（1）在对象资源管理器中，连接到数据库引擎实例。

（2）新建一个查询，然后在查询编辑器窗口中编写以下语句：

```
USE 学生成绩;
GO
CREATE TABLE 课程(
    课程编号 int NOT NULL,
    课程名称 varchar(20) NOT NULL
);
GO
ALTER TABLE 课程
ADD 课程类别 char(8) NOT NULL,
    考试类别 char(4) NOT NULL;
GO
```

（3）将脚本文件保存为 SQLQuery3-03.sql，按 F5 键执行脚本。

（4）在对象资源管理器中展开“课程”表的“列”结点，以查看列定义；或者在表设计器中查看该表的结构。

相关知识

在 SQL Server 中，如果列允许空值或对列创建 DEFAULT 约束，则可以将列添加到现有表中。将新列添加到表时，数据库引擎在该列为表中的每个现有数据行插入一个值。因此，在向表中添加列时对列添加 DEFAULT 定义会很有用。如果新列没有 DEFAULT 定义，则必须指定该列允许空值。数据库引擎将空值插入该列，如果新列不允许空值，则返回错误。也可以从现有表中删除列，但具有下列特征的列除外：用于索引；用于 CHECK、FOREIGN KEY、UNIQUE 或 PRIMARY KEY 约束；与 DEFAULT 定义关联或绑定到某一默认对象；绑定到规则；已注册支持全文；用作表的全文键。

一、使用表设计器添加或删除表列

若要在表中添加或删除列，可以使用表设计器来实现，操作步骤如下。

（1）在对象资源管理器中，右键单击要向其添加列的表，然后选择“设计”命令，如图 3.8 所示。

（2）在表设计器中打开该表后，若要向表中添加列，可执行下列操作之一：若要在表的末尾添加列，可将光标置于“列名”列的第一个空白单元格中；若要在某列前面插入一列，可用右键单击网格中表示该列的行，然后选择“插入列”，如图 3.9 所示。

（3）在“列名”列的单元格中输入列名。

（4）按 Tab 键转到“数据类型”单元格，并从下拉列表中选择所需的数据类型。

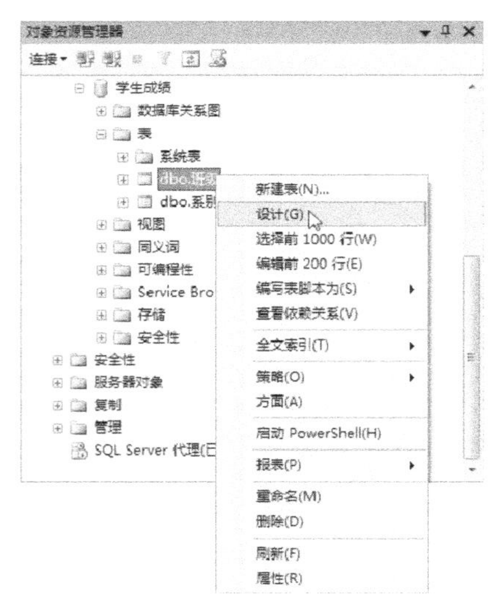

图 3.8　修改表

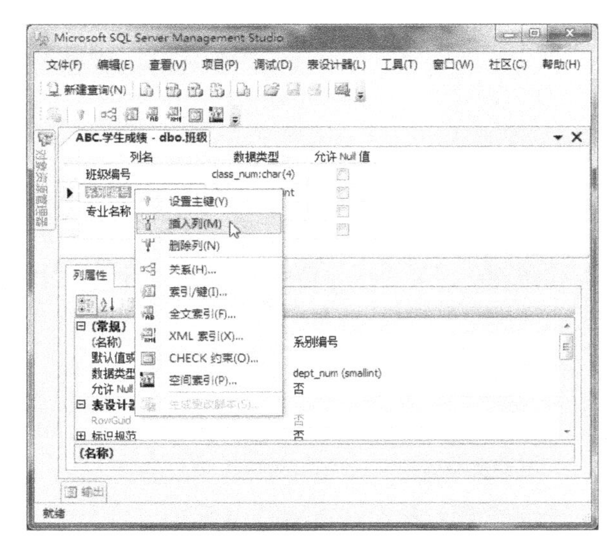

图 3.9　在表插入列

（5）在“列属性”选项卡上继续定义任何其他列属性。

（6）若要从表中删除列，可右键单击该列所在的行，然后选择“删除行”命令。

（7）单击工具栏上的“保存”按钮，保存对表所做的修改。

二、使用 ALTER TABLE 语句中添加或删除表列

也可以使用 ALTER TABLE 语句在表中添加或删除列。具体来说，在表中添加列可通过 ADD 子句实现，从表中删除列则通过 DROP COLUMN 子句实现，语法格式如下：

```
ALTER TABLE [database_name.[schema_name].|schema_name.]table_name
{
    ADD <column_definition>[,...n]
       |DROP COLUMN column_name[,...n]
}[;]
```

其中 *database_name* 指定要修改的表所在数据库的名称。*schema_name* 指定表所属架构的名称。*table_name* 指定要更改的表的名称。如果表不在当前数据库中，或者不包含在当前用户所拥有的架构中，则必须显式指定数据库和架构。

ADD 指定添加一个或多个列定义，<column_definition>表示列定义，包括列名称、数据类型以及是否为空等。

DROP COLUMN 指定从表中删除一个或多个列，*column_name* 指定待删除列的名称。

任务 5　修改列的属性

任务描述

在本任务中，要求在“学生成绩”数据库中执行以下操作。

（1）创建一个名称为 course_num，数据类型为 smallint，不允许为空。

（2）将“课程”表中“课程编号”列的数据类型更改为 course_num，并将“课程名称”列的长度增加到 50。

任务分析

使用带有 ALTER COLUMN 子句的 ALTER TABLE 语句可以对表中现有列的属性进行修改，但一次只能修改一列，因此要完成本任务需要执行两次 ALTER TABLE 语句。此外，列的为空性默认设置为允许空值，所以在修改列属性时需要包含 NOT NULL。

任务实现

实现步骤如下：

（1）在对象资源管理器中，连接到数据库引擎。

（2）新建一个查询，然后在查询编辑器窗口中编写以下语句：

```
USE 学生成绩;
GO
CREATE TYPE course_num
FROM smallint NOT NULL;
GO
ALTER TABLE 课程
ALTER COLUMN 课程编号 course_num;
GO
ALTER TABLE 课程
ALTER COLUMN 课程名称 varchar(50) NOT NULL;
GO
```

（3）将脚本文件保存为 SQLQuery3-04.sql，按 F5 键执行脚本。

（4）在对象资源管理器中展开“课程”表的“列”结点，以查看列定义。

相关知识

表中的每一列都具有一组属性，例如名称、数据类型、为空性以及数据长度等。列的所有属性构成表中列的定义。创建表时，可以对各列的属性进行设置。创建表之后，还可以根据需要对列的属性进行修改。

创建表时，对每个列都指定了数据类型。如果可以将某列中的现有数据隐式转换为新的数据类型，则可以更改该列的数据类型。

列的数据长度是否可更改，取决于列的数据类型。当为列选择数据类型时，将自动定义长度。只能增加或减少具有某些数据类型的列的长度属性，这些数据类型包括 binary、char、nchar、varbinary、varchar 以及 nvarchar。对于其他数据类型的列，其长度由数据类型确定，是无法更改的。用 PRIMARY KEY 或 FOREIGN KEY 约束定义的列的长度也是无法更改的。如果为某列指定的新长度小于原来的长度，则该列中超过新列长度的所有值将被截断，而且没有任何警告。

列的精度对于不同数据类型的列来说意义是有所不同的。数值列的精度是选定数据类型所

使用的最大位数，非数值列的精度则是指最大长度或定义的列长度。除 decimal 和 numeric 外，所有数据类型的精度都是自动定义的，数据库引擎不允许更改具有这些指定数据类型的列的精度。如果要重新定义那些具有 decimal 和 numeric 数据类型的列所使用的最大位数，则可以更改这些列的精度。

列的小数位数仅适用于具有小数数据类型的列。numeric 或 decimal 列的小数位数是指小数点右侧的最大位数。选择数据类型时，列的小数位数默认设置为 0。对于含有近似浮点数的列，因为小数点右侧的位数不固定，所以未定义小数位数。如果要重新定义小数点右侧可显示的位数，则可以更改 numeric 或 decimal 列的小数位数。

列的为空性适用于具有任何数据类型的列。创建表时，可以将列定义为允许或不允许为空值。默认情况下，列允许为空值。根据需要，可以将不允许为空值的现有列更改为允许为空值，除非为该列定义了 PRIMARY KEY 约束。仅当现有列中不存在空值且没有为该列创建索引时，才可以将该列更改为不允许为空值。若要使含有空值的现有列不允许为空值，可执行下列步骤：首先添加具有 DEFAULT 定义的新列并插入有效值而不是 NULL，然后将原有列中的数据复制到新列，最后删除原有列。

若要设置列属性，可使用表设计器或 ALTER TABLE 语句来实现。更改列属性时，应在 ALTER TABLE 语句中使用 ALTER COLUMN 子句，语法格式如下：

```
ALTER TABLE [database_name.[schema_name].|schema_name.]table_name
{
    ALTER COLUMN column_name
    {
        type_name[({precision[,scale]|max})]
        [NULL|NOT NULL]
    }
}[;]
```

其中 *database_name* 指定要修改的表所在数据库的名称。*schema_name* 指定表所属架构的名称。*table_name* 指定要更改的表的名称。

ALTER COLUMN 表示要更改命名列。*column_name* 指定要更改的列的名称。

type_name 指定更改后的列的新数据类型。*precision* 指定数据类型的精度。*scale* 指定数据类型的小数位数。max 仅应用于 varchar、nvarchar 和 varbinary 数据类型，以便存储 $2^{31}-1$ 个字节的字符、二进制数据以及 Unicode 数据。

若要查看列属性，可使用对象资源管理器或 COLUMNPROPERTY 函数来实现。

若要重命名列，可使用表设计器或 sp_rename 系统存储过程来实现。

任务 6　在表中创建标识列

任务描述

在“学生成绩”数据库中，将“课程”表中的“课程编号”列设置为该表的标识列。

任务分析

在 ALTER TABLE 语句中使用 ALTER COLUMN 子句可以对表中现有列的属性进行修改，但不能对列设置 IDENTITY 属性。要将“课程编号”列设置为标识列，可以分成两步：首先使用带有 DROP COLUMN 子句的 ALTER TABLE 语句从表中删除该列，然后使用带有 ADD 子句的 ALTER TABLE 语句添加一个新列，其名称仍然为“课程编号”，但对该列设置了 IDENTITY 属性。

任务实现

实现步骤如下：

（1）在对象资源管理器中，连接到数据库引擎。

（2）新建一个查询，然后在查询编辑器窗口中编写以下语句：

```
USE 学生成绩;
GO
ALTER TABLE 课程
DROP COLUMN 课程编号;
GO
ALTER TABLE 课程
ADD 课程编号 course_num IDENTITY(1,1);
GO
```

（3）将脚本文件保存为 SQLQuery3-05.sql，按 F5 键执行脚本。

（4）在对象资源管理器中右键单击“课程”表，然后选择“设计”命令，在表设计器中查看标识列的设置。在这里可以看到新添加的“课程编号”列现在是表中的最后一列，如果需要，也可以将该列拖到表格设计器网格中的第一行。

相关知识

通过使用 IDENTITY 属性可以实现标识列，这使得开发人员可以为表中所插入的第一行指定一个标识号（称为种子），并确定要添加到种子上的增量以确定后面的标识号。将值插入有标识列的表中之后，数据库引擎会通过向种子添加增量来自动生成下一个标识值。

当使用 IDENTITY 属性定义标识列时，应注意下列几点。

（1）一个表只能有一个使用 IDENTITY 属性定义的列，并且必须通过使用 decimal、int、numeric、smallint、bigint 或 tinyint 数据类型来定义该列。

（2）可以指定或不指定种子和增量。二者的默认值均为 1。

（3）标识列不能允许为空值，也不能包含 DEFAULT 定义或对象。

（4）在设置 IDENTITY 属性后，可以使用$IDENTITY 关键字在选择列表中引用该列，也可以通过名称引用该列。

（5）使用 OBJECTPROPERTY 函数可以确定一个表是否具有 IDENTITY 列，该函数可以用于确定 IDENTITY 列的名称。

（6）通过使值能显式插入，SET IDENTITY_INSERT 可用于禁用列的 IDENTITY 属性。

如果在经常进行删除操作的表中存在标识列，那么标识值之间可能会出现断缺。已删除的标识值不再重新使用。要避免出现这类断缺，请勿使用 IDENTITY 属性。而是可以在插入行时，以标识列中现有的值为基础创建一个用于确定新标识符值的触发器。

尽管 IDENTITY 属性可以在一个表内自动对行进行编号，但具有各自标识列的各个表可以生成相同的值。这是因为 IDENTITY 属性仅在使用它的表上保证是唯一的。如果应用程序必须生成在整个数据库或世界各地所有网络计算机的所有数据库中均为唯一的标识列，则应使用 ROWGUIDCOL 属性、uniqueidentifier 数据类型和 NEWID 函数。

使用 ROWGUIDCOL 属性定义 GUID 列时，应注意下列几点。

（1）一个表只能有一个 ROWGUIDCOL 列，且必须通过使用 uniqueidentifier 数据类型定义该列。

（2）数据库引擎不会自动为该列生成值。若要插入全局唯一值，可为该列创建 DEFAULT 定义来使用 NEWID 函数生成全局唯一值。

（3）在设置 ROWGUIDCOL 属性后，通过使用$ROWGUID 关键字可以在选择列表中引用该列。这与通过使用$IDENTITY 关键字可以引用 IDENTITY 列的方法类似。

（4）使用 OBJECTPROPERTY 函数可以用于确定一个表是否具有 ROWGUIDCOL 列，该函数可以用于确定 ROWGUIDCOL 列的名称。

（5）由于 ROWGUIDCOL 属性不强制唯一性，因此应使用 UNIQUE 约束来保证插入 ROWGUIDCOL 列中的值是唯一的。

使用表设计器创建新表或修改现有表时，都可以在表中设置标识列，方法是：在表设计上部网格中单击要用作标识符的列，然后在“列属性”选项卡中展开“标识规范”，从“(是标识)”下拉列表框中选择“是”，并设置“标识增量”和“标识种子”的值，如图 3.10 所示。

图 3.10　设置标识列

在表设计器中也可以设置全局唯一标识符，方法是：在表设计器上部网格中单击要用作标识符的列，然后在“列属性”选项卡中展开“表设计器”，并从 RowGuid 下拉列表框中选择“是”。只有当所选定的列使用 uniqueidentifier 数据类型时，才能从 RowGuid 下拉列表框中进行选择。

使用 CREATE TABLE 语句在创建表时可以创建标识列，使用 ALTER TABLE 语句则可以在现有表中创建新的标识列。在这两种情况下，都需要在列定义中添加 IDENTITY 属性，语法格式如下：

```
IDENTITY[(seed,increment)]
```

其中 *seed* 是装入表的第一行所使用的种子值，*increment* 是向装载的前一行的标识值中添加的增量值。

若要使用 ROWGUIDCOL 属性定义 GUID 列，可在列定义中添加 ROWGUIDCOL 属性，同时还可以使用 NEWID()函数为该列设置默认值，例如：

```
column1 uniqueidentifier ROWGUIDCOL DEFAULT NEWID() NOT NULL
```

使用 ALTER TABLE 也可以从表中删除标识列。若要获取有关标识列的信息，可以使用 sys.identity_columns 目录视图。

任务 7　在表中创建主键

任务描述

在本任务中，要求在“学生成绩”数据库中创建一个“教师”表，并将“教师编号”列设置为表中的标识列且为表中的主键；将“系别”表中的“系别编号”列设置为该表的主键，将“班级”表中“班级编号”列设置为该表的主键。

任务分析

使用 CREATE TABLE 语句创建新表时，若要将“教师编号”列设置为表的标识列，在该列的定义中使用 IDENTITY 关键字即可；若要将该列设置为表的主键，在该列添加 PRIMARY KEY 约束即可。IDENTITY 和 PRIMARY KEY 可以同时出现在列定义中。

由于“系别”表和“班级”表目前均已存在，要在表中设置主键列，可使用 ALTER TABLE 语句修改表，并使用 ADD 子句为表添加 PRIMARY KEY 约束（还可以指定是聚集或非聚集索引），由此添加的约束属于表级约束。

任务实现

一、创建“教师”表并设置主键

操作要求：在“学生成绩”数据库中创建一个表，其名称为“教师”，用于存储教师个人信息，表中各列的属性在表 3.1 中列出，其中“教师编号”列为表中的标识列且为主键。

表 3.1　“教师”表结构

列　名	数据类型	长　度	列　名	数据类型	长　度
教师编号	smallint		学历	varchar	6
系别编号	dep_num		职称	varchar	8
姓名	name		政治面貌	varchar	8
性别	char	2	联系电话	varchar	12
出生日期	date		电子邮件地址	varchar	30
参加工作时间	date		备注	varchar	300

实现步骤如下：

（1）在对象资源管理器中，连接到数据库引擎。

（2）新建一个查询，然后在查询编辑器窗口中编写以下语句：

```
USE 学生成绩;
GO
CREATE TABLE 教师(
    教师编号 smallint NOT NULL
        IDENTITY(1,1) PRIMARY KEY CLUSTERED,
    系别编号 dep_num,姓名 name,
    性别 char(2) NOT NULL,出生日期 date NOT NULL,
    参加工作时间 date NOT NULL,学历 varchar(6) NOT NULL,
    职称 varchar(8) NOT NULL,政治面貌 varchar(8) NOT NULL,
    联系电话 varchar(12),电子邮件地址 varchar(30),备注 varchar(30)
);
GO
```

（3）将脚本文件保存为SQLQuery3-06.sql，按F5键执行脚本。

二、在“系别”和“班级”表中设置主键

实现步骤如下：

（1）在对象资源管理器中，连接到数据库引擎。

（2）新建一个查询，然后在查询编辑器窗口中编写以下语句：

```
USE 学生成绩;
GO
ALTER TABLE 系别
ADD CONSTRAINT PK_系别 PRIMARY KEY CLUSTERED (系别编号);
GO
ALTER TABLE 班级
ADD CONSTRAINT PK_班级 PRIMARY KEY CLUSTERED (班级编号);
GO
```

（3）将脚本文件保存为SQLQuery3-07.sql，按F5键执行脚本。

相关知识

表通常具有包含唯一标识表中每一行的值的一列或一组列，这样的一列或多列称为表的主键（PRIMARY KEY，PK），主键用于强制表的实体完整性。在创建或修改表时，可以通过定义PRIMARY KEY约束来创建主键。一个表只能有一个PRIMARY KEY约束，并且PRIMARY KEY约束中的列不能接受空值。由于PRIMARY KEY约束可保证数据的唯一性，因此通常对标识列定义这种约束。

如果为表指定了PRIMARY KEY约束，则SQL Server 2008数据库引擎将通过为主键列创建唯一索引来强制数据的唯一性。当在查询中使用主键时，此索引还可以用来对数据进行快速访问。因此，所选的主键必须遵守创建唯一索引的规则。

如果对多列定义了 PRIMARY KEY 约束，则一列中的值可能会重复，但来自 PRIMARY KEY 约束定义中所有列的任何值组合必须唯一。

在创建表时可以创建单个 PRIMARY KEY 约束作为表定义的一部分。如果表已存在，并且没有 PRIMARY KEY 约束，则可以在该表中添加 PRIMARY KEY 约束。如果表中已存在 PRIMARY KEY 约束，则可以修改或删除它。例如，可以让表的 PRIMARY KEY 约束引用其他列，更改列的顺序、索引名、聚集选项或 PRIMARY KEY 约束的填充因子。但是，不能更改使用 PRIMARY KEY 约束定义的列长度。

若要修改 PRIMARY KEY 约束，必须先删除现有的 PRIMARY KEY 约束，然后再用新定义重新创建该约束。

为表中的现有列添加 PRIMARY KEY 约束时，SQL Server 2008 数据库引擎将检查现有列的数据和元数据以确保主键符合以下规则：列不允许有空值；创建表时指定的 PRIMARY KEY 约束列隐式转换为 NOT NULL；不能有重复的值。不能添加违反以上规则的 PRIMARY KEY 约束。如果为具有重复值或允许有空值的列添加 PRIMARY KEY 约束，则数据库引擎将返回一个错误并且不添加约束。

数据库引擎会自动创建唯一索引来强制实施 PRIMARY KEY 约束的唯一性要求。如果表中不存在聚集索引或未显式指定非聚集索引，则将创建唯一聚集索引以强制实施 PRIMARY KEY 约束。

如果存在以下情况，则不能删除 PRIMARY KEY 约束：如果另一个表中的 FOREIGN KEY 约束引用了 PRIMARY KEY 约束，则必须先删除 FOREIGN KEY 约束；表包含应用于自身的 PRIMARY XML 索引。

使用表设计器创建或修改表时，都可以创建 PRIMARY KEY 约束，操作方法如下。

（1）在表设计器中单击要定义为主键的列的行选择器，若要选择多个列，可在单击其他列的行选择器时按住 Ctrl 键。

（2）从“表设计器”菜单中选择“设置主键”，或单击工具栏上的“设置主键”按钮，或右键单击该列的行选择器，然后选择“设置主键”，如图 3.11 所示。此时将自动创建以“PK__<表名>__”为名称前缀的主键和索引，在对象资源管理器可以查看该主键和索引。

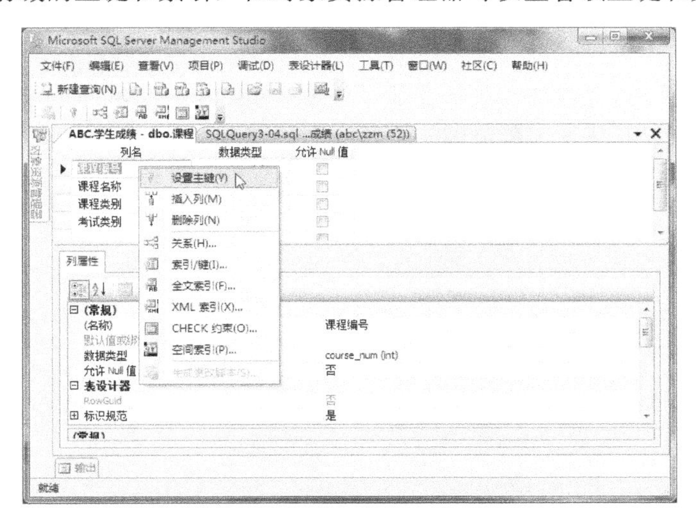

图 3.11　在表中设置主键

若要从表中删除主键，可单击主键列所在行，然后在工具栏上单击“设置主键”按钮。

若要重新定义主键，则必须首先删除与现有主键之间的任何关系，然后才能创建新主键。此时，将显示一条消息警告：作为该过程的一部分，将自动删除现有关系。

也可以使用 CREATE TABLE 语句在创建新表时设置主键，或者使用带有 ADD 子句的 ALTER TABLE 语句为现有的表设置主键，语法格式如下：

```
[CONSTRAINT constraint_name]
PRIMARY KEY [CLUSTERED|NONCLUSTERED]
[(column[,...n])]
```

其中 *constraint_name* 指定约束的名称。当使用 DROP 删除约束时需要用到这个名称。

CLUSTERED 和 NONCLUSTERED 指定为 PRIMARY KEY 约束创建聚集或非聚集索引，约束默认为 CLUSTERED。如果表中已存在聚集约束或聚集索引，则不能指定 CLUSTERED。如果表中已存在聚集约束或索引，则 PRIMARY KEY 约束默认为 NONCLUSTERED。

当 PRIMARY KEY 用作列级约束时，将 PRIMARY KEY 放在列定义中即可。当 PRIMARY KEY 用作表级约束时，需要使用括号中的 *column* 来指定新约束中使用的一个列或一组列。

若要从现有的表中删除主键，可以使用带有 DROP CONSTRAINT 子句的 ALTER TABLE 语句。

若要获取有关 PRIMARY KEY 约束的信息，可以使用 sys.key_constraints 目录视图。

任务 8　在表中创建唯一约束

任务描述

在“学生成绩”数据库中，对“课程”表的“课程编号”列创建主键约束，并对“课程名称”列创建 UNIQUE 约束。

任务分析

由于“课程”表目前已经存在，所以无论是设置主键约束还是唯一约束，都需要使用 ALTER TABLE 语句来实现，而且一次只能设置一个约束，一次设置 PRIMARY KEY 约束并指定聚集索引，另一次设置 UNIQUE 约束并指定非聚集索引。

任务实现

实现步骤如下：

（1）在对象资源管理器中，连接到数据库引擎。

（2）新建一个查询，然后在查询编辑器窗口中编写以下语句：

```
USE 学生成绩;
GO

ALTER TABLE 课程
```

```
ADD CONSTRAINT PK_课程 PRIMARY KEY CLUSTERED (课程编号);
GO
ALTER TABLE 课程
ADD CONSTRAINT UK_课程 UNIQUE NONCLUSTERED (课程名称);
GO
```

（3）将脚本文件保存为 SQLQuery3-08.sql，按 F5 键执行脚本。

相关知识

唯一约束即 UNIQUE 约束。通过创建唯一约束可以确保在非主键列中不输入重复的值。尽管 UNIQUE 约束和 PRIMARY KEY 约束都强制唯一性，但要想强制一列或多列组合（不是主键）的唯一性时就应该使用 UNIQUE 约束，而不是 PRIMARY KEY 约束。对一个表可以定义多个 UNIQUE 约束，但只能定义一个 PRIMARY KEY 约束。而且，UNIQUE 约束允许 NULL 值，这一点不同于 PRIMARY KEY 约束。不过，当与参与 UNIQUE 约束的任何值一起使用时，每列只允许一个空值。FOREIGN KEY 约束可以引用 UNIQUE 约束。

创建表时，可以创建 UNIQUE 约束作为表定义的一部分。如果表已经存在，则可以在表中添加 UNIQUE 约束（假设组成 UNIQUE 约束的列或列组合仅包含唯一的值）。一个表可含有多个 UNIQUE 约束。如果 UNIQUE 约束已经存在，可以修改或删除它。例如，可能要使表的 UNIQUE 约束引用其他列或者要更改聚集索引的类型。

默认情况下，向表中的现有列添加 UNIQUE 约束后，SQL Server 2005 数据库引擎将检查列中的现有数据，以确保所有值都是唯一的。如果向含有重复值的列添加 UNIQUE 约束，则数据库引擎将返回错误消息，并且不添加约束。数据库引擎将自动创建 UNIQUE 索引来强制执行 UNIQUE 约束的唯一性要求。因此，如果试图插入重复行，数据库引擎将返回错误消息，说明该操作违反了 UNIQUE 约束，不能将该行添加到表中。除非显式指定了聚集索引，否则，默认情况下将创建唯一的非聚集索引以强制执行 UNIQUE 约束。

若要删除对约束中所包括列或列组合输入值的唯一性要求，可删除 UNIQUE 约束。如果相关联的列被用作表的全文键，则不能删除 UNIQUE 约束。

在 SQL Server 中，可以在使用 CREATE TABLE 语句创建新表时创建 UNIQUE 约束，也可以在使用带有 ADD 子句的 ALTER TABLE 语句在现有表中创建 UNIQUE 约束。

UNIQUE 约束也分为列级约束和表级约束。使用列级约束时，可直接将 UNIQUE 约束包含在列定义中；使用表级约束时，则应将列名包含在圆括号内。语法格式如下：

```
[CONSTRAINT constraint_name]
UNIQUE [CLUSTERED|NONCLUSTERED]
[(column[,...n])]
```

其中 *constraint_name* 指定约束的名称。CLUSTERED 和 NONCLUSTERED 分别指定为约束创建聚集索引和非聚集索引，对于 UNIQUE 约束而言，默认设置为 NONCLUSTERED。圆括号内的 *column* 指定在新的表级约束中使用的列或列组合。

使用带有 DROP CONSTRAINT 子句的 ALTER TABLE，可以从表中删除 UNIQUE 约束。若要获得有关 UNIQUE 约束的信息，可以使用 sys.key_constraints 目录视图。

若要修改表中的 UNIQUE 约束，必须首先删除现有的 UNIQUE 约束，然后使用新定义重新创建。

任务 9　在表中创建检查约束

任务描述

在“学生成绩”数据库中创建一个新表，其名称为“学生”，用于存储学生信息，该表中包含的列的属性在表 3.2 中列出，要求“学号”列的值由 6 位数字组成，且为表中的主键，“性别”列的值为“男”或“女”，“政治面貌”列的值为“中共党员”或“共青团员”。

表 3.2　“学生”表结构

列　名	数据类型	长　度	列　名	数据类型	长　度
学号	stu_num		入学日期	date	
班级编号	class_num		政治面貌	char	8
姓名	name	10	QQ 号码	varchar	10
性别	char	2	电子邮件地址	varchar	30
出生日期	date		备注	varchar	300

任务分析

使用 CREATE TABLE 语句创建“学生”表时，可以通过创建 CHECK 约束来限制“学号”、“性别”和“政治面貌”列可接受的值。对于“学号”列，所用逻辑表达式为“学号 LIKE '[0-9][0-9][0-9][0-9][0-9]'”；对于“性别”列，所用逻辑表达式为“性别='男' OR 性别='女'”；对于“政治面貌”列，所有逻辑表达式为“政治面貌='中共党员' OR 政治面貌='共青团员'”。

任务实现

实现步骤如下：

（1）在对象资源管理器中，连接到数据库引擎。

（2）新建一个查询，然后在查询编辑器窗口中编写以下语句：

```
USE 学生成绩;
GO
CREATE TYPE student_num
FROM char(6) NOT NULL
GO
CREATE TABLE 学生(
    学号 stu_num PRIMARY KEY
        CHECK (学号 LIKE '[0-9][0-9][0-9][0-9][0-9][0-9]'),
    班级编号 class_num, 姓名 name,
    性别 char(2) NOT NULL CHECK (性别='男' OR 性别='女'),
```

```
    出生日期 date NOT NULL, 入学日期 date NOT NULL,
    政治面貌 char(8) CHECK(政治面貌='中共党员' OR 政治面貌='共青团员'),
    QQ 号码 varchar(10),电子邮件地址 varchar(30),备注 varchar(300)
);
GO
```

（3）将脚本文件保存为 SQLQuery3-09.sql，按 F5 键执行脚本。

相关知识

检查约束即 CHECK 约束。检查约束通过限制列可接受的值以强制域的完整性。CHECK 约束通过不基于其他列中的数据的逻辑表达式来确定有效值。可以通过任何基于逻辑运算符返回 TRUE 或 FALSE 的逻辑（布尔）表达式来创建 CHECK 约束。

也可以将多个 CHECK 约束应用于单个列，或者通过在表级创建 CHECK 约束并将其应用于多个列，这样就可以在一个位置同时检查多个条件。

创建新表时可以创建 CHECK 约束作为表定义的一部分。如果表已经存在，则可以在表中添加 CHECK 约束。表和列可以包含多个 CHECK 约束。如果 CHECK 约束已经存在，则可以修改或删除该约束。例如，可能需要修改表中某列的 CHECK 约束使用的表达式。通过删除 CHECK 约束可以取消对约束表达式所包含列中可接受数据值的限制。

在 SQL Server 2008 中，使用表设计器创建或修改表时，可以在表中创建 CHECK 约束或从表中删除 CHECK 约束，操作方法如下。

（1）在表设计器中打开将要（或已经）包含该约束的表，然后从“表设计器”菜单中选择“CHECK 约束”命令。

（2）在“CHECK 约束”对话框中，单击“添加”按钮，如图 3.12 所示。

（3）在网格内的“表达式”框中，输入 CHECK 约束的 SQL 表达式，如图 3.13 所示。例如，若要将“性别”列中的值限制为“男”或“女”，可输入“性别='男' OR 性别='女'”。

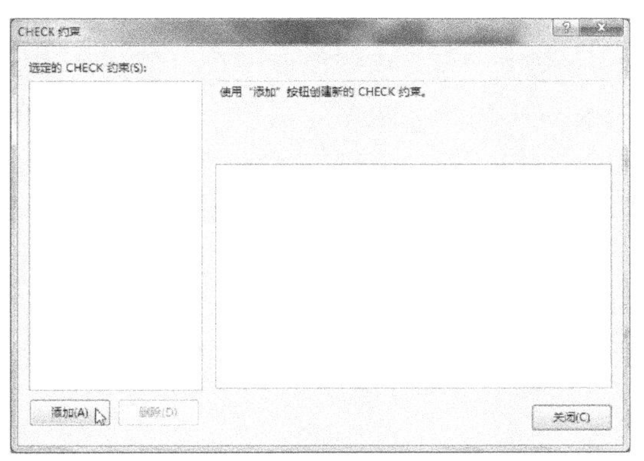

图 3.12 创建 CHECK 约束

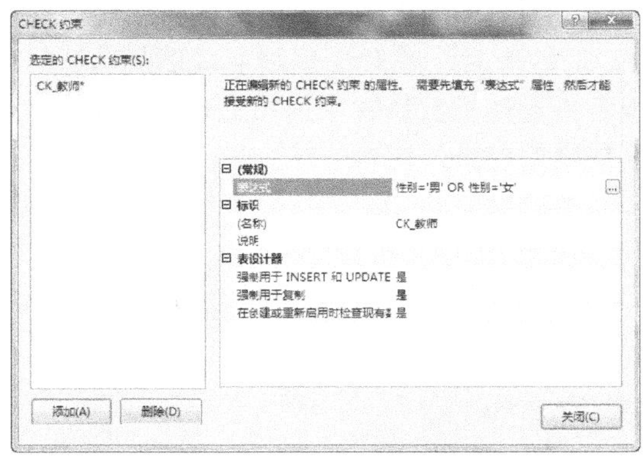

图 3.13 编辑 CHECK 约束的属性

（4）若要为约束指定一个不同的名称，可在“（名称）”框中输入名称。

（5）展开“表设计器”类别以设置在何时强制约束，根据需要执行以下操作。

- 若要每当在此表中插入或更新行时强制约束，可从“强制用于 INSERT 和 UPDATE”列表中选择“是”。

- 若要每当复制代理对此表执行插入或更新操作时强制约束，可从“强制用于复制”列表中选择“是”。
- 若要在创建约束前对现有数据测试约束，可从“在创建或重新启用时检查现有数据”列表中选择“是”。

（6）若要删除 CHECK 约束，可在“选定的 CHECK 约束”下方单击此约束，然后单击“删除”按钮。

（7）完成设置后，单击“关闭”按钮，然后保存对表所做的更改。

也可以在使用 CREATE TABLE 语句创建新表时创建 CHECK 约束，或使用带有 ADD 子句的 ALTER TABLE 语句在现有的表中创建 CHECK 约束，语法格式如下：

```
[WITH {CHECK|NOCHECK}]
[CONSTRAINT constraint_name]
CHECK [NOT FOR REPLICATION](logical_expression)
```

其中 WITH CHECK | WITH NOCHECK 指定表中的数据是否用新添加的或重新启用的 CHECK 约束进行验证。如果未指定，对于新约束，假定为 WITH CHECK，对于重新启用的约束，假定为 WITH NOCHECK。

constraint_name 指定约束的名称。CHECK 指定通过限制可输入到一列或多列中的可能值来强制域完整性的约束。NOT FOR REPLICATION 指定当复制代理执行插入、更新或删除操作时，将不会强制执行此约束。

logical_expression 表示用于 CHECK 约束的逻辑表达式，返回 TRUE 或 FALSE。与 CHECK 约束一起使用的 *logical_expression* 不能引用其他表，但可以引用同一表中同一行的其他列。该表达式不能引用别名数据类型。

使用 ALTER TABLE 语句还可以从表中删除 CHECK 约束。若要修改现有的 CHECK 约束，必须首先删除该约束，然后使用新定义重新创建。

向现有表中添加 CHECK 约束后，CHECK 约束可以仅应用于新数据，也可以应用于现有数据。默认情况下，CHECK 约束同时应用于现有数据和所有新数据。使用 ALTER TABLE 语句的 WITH NOCHECK 选项可以将新约束仅应用于新添加的数据。如果现有数据已符合新的 CHECK 约束时，或业务规则要求仅从此开始强制约束时，则可以使用此选项。但是，添加约束但不检查现有数据时应谨慎处理，因为这样会跳过 SQL Server 数据库引擎中用于强制表的完整性规则的控制。

若要获取有关 CHECK 约束的信息，可以使用 sys.check_constraints 目录视图。

任务 10　在表中创建列的默认值

任务描述

在“学生成绩”数据库中，对“教师”表进行修改，使其“学历”列的默认值为“大学”。

任务分析

使用 CREATE TABLE 语句创建新表时，可直接在列属性中设置 DEFAULT 定义。但由于“教师”表目前已经存在，故应使用 ALTER TABLE 表对表进行修改，并使用 ADD 子句为表添加 DEFAULT 定义。此定义属于表级 DEFAULT 定义。

任务实现

实现步骤如下：

（1）在对象资源管理器中，连接到数据库引擎。

（2）新建一个查询，然后在查询编辑器窗口中编写以下语句：

```
USE 学生成绩;
GO
ALTER TABLE 教师
ADD CONSTRAINT df_教师 DEFAULT ('大学') FOR 学历;
GO
```

（3）将脚本文件保存为 SQLQuery3-10.sql，按 F5 键执行脚本。

相关知识

在数据库中，记录中的每列均必须有值，即使该值是 NULL。在实际应用中可能会有这种情况：必须向表中加载一行数据但不知道某一列的值，或该值尚不存在。如果列允许空值，就可以为行加载空值。由于可能不希望有可为空的列，因此最好是为列定义 DEFAULT 定义（如果合适）。例如，通常为数值列指定零作为默认值，为字符串列指定 N/A 作为默认值。

当将某行加载到某列具有 DEFAULT 定义的表中时，即隐式指示 SQL Server 2008 数据库引擎将默认值插入到没有指定值的列中。如果列不允许空值且没有 DEFAULT 定义，就必须为该列显式指定值，否则数据库引擎会返回错误，指出该列不允许空值。

在创建表时，可以创建 DEFAULT 定义作为表定义的一部分。如果某个表已经存在，则可以为其添加 DEFAULT 定义。表中的每一列都可以包含一个 DEFAULT 定义。如果某个 DEFAULT 定义已经存在，则可以修改或删除该定义。例如，可以修改当没有值输入时列中插入的值。若要修改 DEFAULT 定义，则必须首先删除现有的 DEFAULT 定义，然后用新定义重新创建它。

在 SQL Server 2008 中，使用表设计器创建或修改表时可以很方便地指定列的默认值，方法是：在表设计器网格中选择要为其指定默认值的列，然后在“列属性”选项卡的“默认值或绑定”属性中输入新的默认值，或者从下拉列表中选择默认绑定，如图 3.14 所示。

若要输入数值默认值，可直接输入该数字。对于对象或函数，可输入其名称，函数后跟圆括号。对于字符串默认值，该字符串两边用单引号引起来。

不能为下列定义的列创建 DEFAULT 定义：timestamp 类型；IDENTITY 或 ROWGUIDCOL 属性；现有的 DEFAULT 定义或 DEFAULT 对象。默认值必须与要应用 DEFAULT 定义的列的数据类型相配。例如，int 列的默认值必须是整数，而不能是字符串。

将 DEFAULT 定义添加到表中的现有列后，默认情况下，SQL Server 2008 数据库引擎仅将新的默认值应用于添加到该表的新数据行。使用以前的 DEFAULT 定义插入的现有数据不受影响。但是，向现有表中添加新列时，可以指定数据库引擎在该表中现有行的新列中插入默认值

（由 DEFAULT 定义指定）而不是空值。若删除了 DEFAULT 定义，则当新行中的该列没有输入值时，数据库引擎将插入空值而不是默认值。但是，表中的现有数据保持不变。

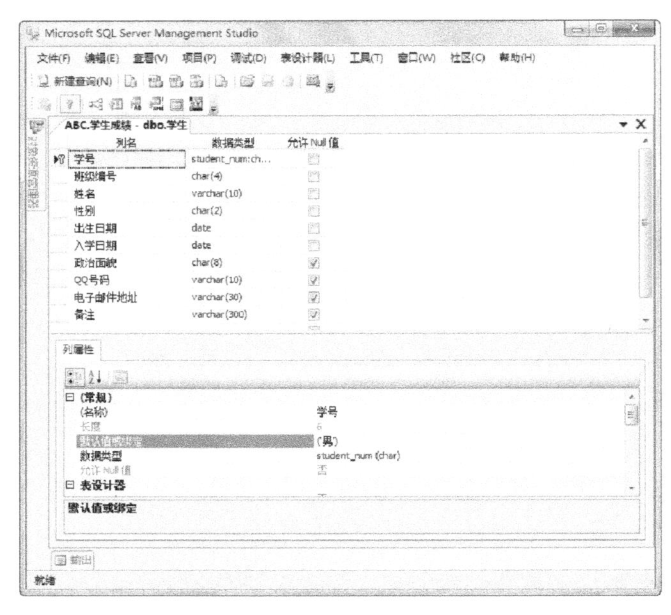

图 3.14　指定列的默认值

使用 CREATE TABLE 语句创建表时可以为列创建 DEFAULT 定义，或使用带有 ADD 子句的 ALTER TABLE 语句为现有表中的列创建 DEFAULT 定义，语法格式如下：

```
[CONSTRAINT constraint_name]
DEFAULT constant_expression [FOR column]
```

其中 *constraint_name* 指定约束的名称。DEFAULT 指定列的默认值。*constant_expression* 指定用作默认列值的文字值、NULL 或系统函数。FOR *column* 指定与表级 DEFAULT 定义相关联的列。

使用带有 DROP 子句的 ALTER TABLE 语句还可以从现有表中删除 DEFAULT 定义。若要删除 DEFAULT 对象，可使用 DROP DEFAULT 命令。

任务 11　在表中创建外键

任务描述

在“学生成绩”数据库中执行以下操作。

（1）创建“成绩”表，在该表中添加以下各列：“学号”的数据类型为 stu_num，该列是外键列，它引用“学生”表中的“学号”列；“课程编号”列的数据类型为 course_num，该列也是外键列，它引用“课程”表中的“课程编号”列；“成绩”列的数据类型为 tinyint，该列的值位于 0 到 100 之间；“学号”列和“课程编号”列共同组成了“成绩”表的主键。

（2）创建“授课”表，该表中各列的属性设置在表 3.3 中列出，要求用“教师编号”列、“班级编号”列和“课程编号”列共同组成该表的主键；创建“授课”表之后，对该表进行修改，在“教师编号”列、“班级编号”列和“课程编号”列上分别创建一个 FOREIGN KEY 约束，分别用于引用“教师”表、“班级”和“课程”表中的同名列。

表 3.3 “授课”表结构

列 名	数据类型	长 度	列 名	数据类型	长 度
教师编号	smallint		学年	char	9
班级编号	class_num		学期	char	1
课程编号	course_num		学时	tinyint	

任务分析

创建“成绩”表时要定义两个 FOREIGN KEY 约束和一个 PRIMARY KEY 约束，其中两个 FOREIGN KEY 约束为列级约束，分别在“学号”列和“课程编号”列上设置，PRIMARY KEY 约束则属于表级约束，因为“成绩”表中的主键是由“学号”列和“课程编号”列共同组成的。

创建“授课”表时要创建一个主键和 3 个外键。为了简化脚本编写，在使用 CREATE TABLE 语句创建表时仅定义主键，由于该主键由 3 个列组成，故该约束属于表级约束；至于 3 个外键的创建，则在通过使用 ALTER TABLE 语句修改表来完成，即使用 ADD 子句添加 3 个外键约束。

任务实现

一、在“成绩”表中创建外键

实现步骤如下：

（1）在对象资源管理器中，连接到数据库引擎。

（2）新建一个查询，然后在查询编辑器窗口中编写以下语句：

```
USE 学生成绩;
GO
CREATE TABLE 成绩(
    学号 stu_num FOREIGN KEY REFERENCES 学生(学号),
    课程编号 course_num FOREIGN KEY REFERENCES 课程(课程编号),
    成绩 tinyint NULL CHECK(成绩>=0 AND 成绩<=100),
    CONSTRAINT PK_成绩 PRIMARY KEY(学号,课程编号)
);
GO
```

（3）将脚本文件保存为 SQLQuery3-11.sql，按 F5 键执行脚本。

二、在“授课”表中创建外键

实现步骤如下：

（1）在对象资源管理器中，连接到数据库引擎实例。

（2）新建一个查询，然后在查询编辑器窗口中编写以下语句：

```
USE 学生成绩;
GO
```

```
CREATE TABLE 授课(
    教师编号 smallint NOT NULL,班级编号 class_num,
    课程编号 course_num,学年 char(9) NOT NULL,
    学期 char(1),学时 tinyint
    CONSTRAINT PK_授课 PRIMARY KEY(教师编号,班级编号,课程编号)
);
GO
ALTER TABLE 授课 ADD
CONSTRAINT FK_授课_教师 FOREIGN KEY(教师编号) REFERENCES 教师(教师编号),
CONSTRAINT FK_授课_班级 FOREIGN KEY(班级编号) REFERENCES 班级(班级编号),
CONSTRAINT FK_授课_课程 FOREIGN KEY(课程编号) REFERENCES 课程(课程编号);
GO
```

（3）将脚本文件保存为 SQLQuery3-12.sql，按 F5 键执行脚本。

相关知识

外键（FOREIGN KEY，FK）是用于建立和加强两个表数据之间的链接的一列或多列。在外键引用中，当 A 表的列引用作为 B 表的主键值的列时，便在两表之间创建了链接，该列就成为 A 表的外键。例如，“学生”表中的“班级编号”列引用“班级”表中的“班级编号”列，“班级编号”列在“学生”表中就是外键。

当创建或修改表时可以通过定义 FOREIGN KEY 约束来创建外键。FOREIGN KEY 约束不仅可以与另一表的 PRIMARY KEY 约束相链接，它还可以定义为引用另一表的 UNIQUE 约束。FOREIGN KEY 约束可以包含空值，但是，如果任何组合 FOREIGN KEY 约束的列包含空值，则将跳过组成 FOREIGN KEY 约束的所有值的验证。若要确保验证了组合 FOREIGN KEY 约束的所有值，可以将所有参与列指定为 NOT NULL。

创建新表时，可以创建 FOREIGN KEY 约束作为表定义的一部分。如果表已经存在，则可以添加 FOREIGN KEY 约束（假设该 FOREIGN KEY 约束被链接到了另一个或同一个表中某个现有的 PRIMARY KEY 约束或 UNIQUE 约束）。一个表可含有多个 FOREIGN KEY 约束。如果 FOREIGN KEY 约束已经存在，则可以修改或删除它。例如，可能需要使表的 FOREIGN KEY 约束引用其他列。但是，不能更改定义了 FOREIGN KEY 约束的列的长度。若要修改 FOREIGN KEY 约束，必须首先删除现有的 FOREIGN KEY 约束，然后用新定义重新创建。删除 FOREIGN KEY 约束可消除外键列与另一表中相关主键列或 UNIQUE 约束列之间的引用完整性要求。

一、使用表设计器创建外键约束

在 SQL Server 2008 中，可以使用表设计器来创建表之间的外键关系，操作方法如下。

（1）在对象资源管理器中，右键单击要位于关系外键方的表并选择“修改”命令。

（2）在表设计器中打开该表后，从“表设计器”菜单中选择“关系”命令，如图 3.15 所示。

（3）在“外键关系”对话框中，单击“添加”按钮，如图 3.16 所示。

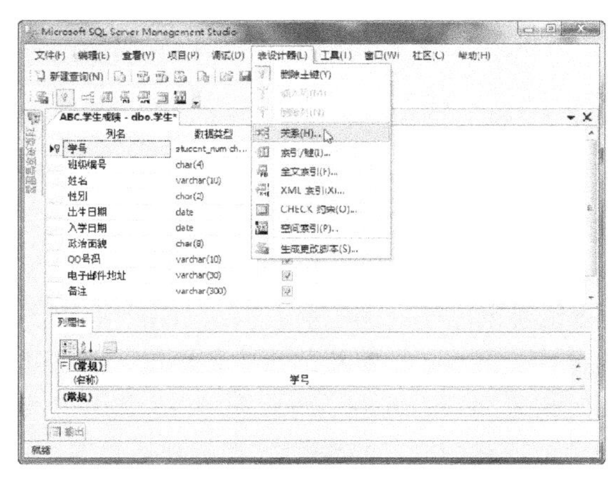

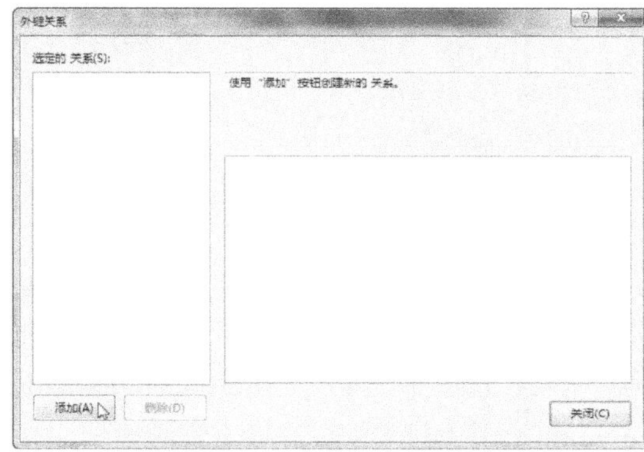

图 3.15　在表设计器中选择“关系”命令　　　　图 3.16　“外键关系”对话框

（4）此时该关系将以系统提供的名称显示在“选定的关系”列表中，名称的格式为 FK_<tablename>_<tablename>，其中 tablename 为外键表的名称；在“选定的关系”列表中单击该关系，然后单击右侧网格中的“表和列规范”，再单击该属性右侧的省略号按钮，如图 3.17 所示。

（6）在“表和列”对话框中，从“主键”下拉列表中选择要位于关系主键方的表，在下方的网格中选择要分配给表的主键的列，然后在左侧的相邻网格单元格中选择外键表的相应外键列，如图 3.18 所示。

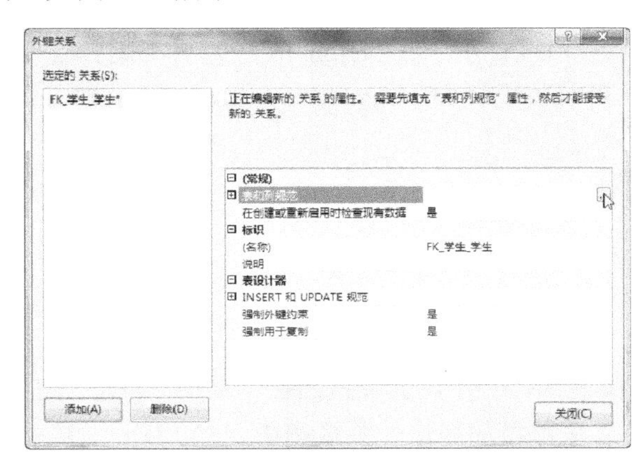

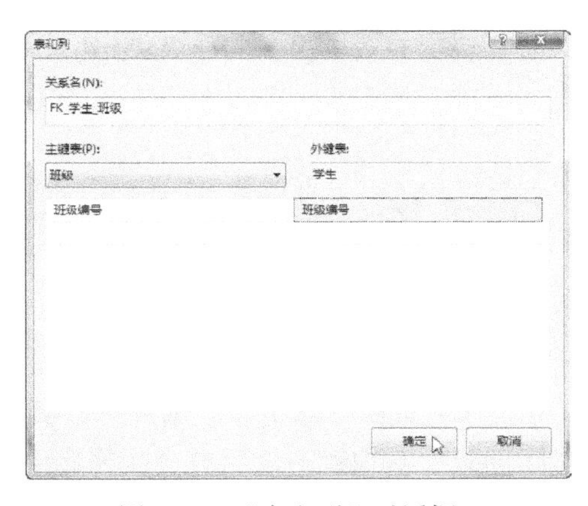

图 3.17　设置“表和列规范”属性　　　　图 3.18　“表和列”对话框

（8）表设计器会给出建议的关系名称，其格式为 FK_<tablename1>_<tablename2>，其中 tablename1 和 tablename2 分别为外键表和主键表名称。若要更改此关系名称，可编辑“关系名”文本框的内容。

（9）选择“确定”按钮，以创建外键关系。

选作外键的列必须与其对应的主键列具有相同的数据类型。每个键中列的数目必须相等。例如，如果关系主键方的表的主键由两列组成，则需要将这两列中的每一列与关系外键方的表中的列匹配。

二、使用 CREATE TABLE 语句创建外键约束

也可以在使用 CREATE TABLE 语句创建表时创建 FOREIGN KEY 约束，或者使用带有

ADD 子句的 ALTER TABLE 语句在现有表中创建 FOREIGN KEY 约束，语法格式如下：

```
[CONSTRAINT constraint_name]
FOREIGN KEY(column[,...n])
REFERENCES [schema_name.]referenced_table_name
[(ref_column)[,...n]]
```

其中 CONSTRAINT 表示约束定义开始，constraint_name 指定约束的名称。

FOREIGN KEY REFERENCES 为列中数据提供引用完整性的约束。FOREIGN KEY 约束要求列中的每个值均应存在于所引用的表的指定列中。column 指定新约束中使用的一个列或一组列，应置于圆括号内。referenced_table_name 指定 FOREIGN KEY 约束所引用的表。ref_column 指定新 FOREIGN KEY 约束引用的一个列或一组列，这些列应置于圆括号内。

使用带有 DROP 子句的 ALTER TABLE 语句还可以从表中删除 FOREIGN KEY 约束。

当向表中的现有列添加 FOREIGN KEY 约束时，默认情况下数据库引擎会检查列中的现有数据，以确保除 NULL 以外的所有值存在于被引用的 PRIMARY KEY 或 UNIQUE 约束列中。但是，通过指定 WITH NOCHECK，数据库引擎可以不针对新约束检查列数据，并添加新约束而不考虑列数据。

如果现有数据已符合新的 FOREIGN KEY 约束，或业务规则要求仅从此开始强制执行约束，则可以使用 WITH NOCHECK 选项。

添加约束而不对现有数据进行检查时应谨慎从事，因为这样会忽略数据库引擎中的用于强制表中数据完整性的控制。

若要获得有关 FOREIGN KEY 约束的信息，可以使用 sys.foreign_keys 目录视图。若要获得有关组成 FOREIGN KEY 约束的列的信息，可以使用 sys.foreign_key_columns 目录视图。

任务 12　创建数据库关系图

任务描述

在“学生成绩”数据库中创建一个数据库关系图，并使用该关系图在“系别”表与“班级”表之间创建外键约束；然后将该数据库中的所有表都添加到这个关系图中。

任务实现

实现步骤如下：

（1）在对象资源管理器中，连接到数据库引擎。

（2）展开“学生成绩”数据库，右键单击“数据库关系图”，然后选择“新建数据库关系图”，如图 3.19 所示。

（3）在“添加表”对话框中，按住 Ctrl 键依次单击“系别”表和“班级”表，单击“添加”按钮，然后单击“关闭”按钮，如图 3.20 所示。

（4）此时，选定的表将被添加到数据库关系图中。若要在“系别”表与“班级”表之间创建外键关系，可将“班级”表（主键表）的“班级编号”列（主键）拖到“学生”表（外键表）的“班级编号”列（外键）上，如图 3.21 所示。

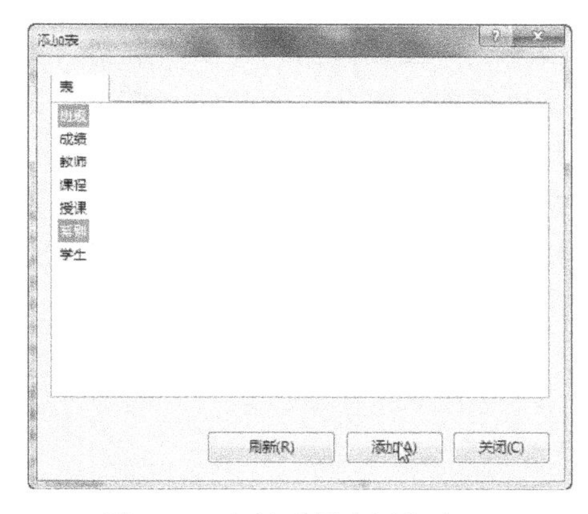

图 3.19 创建数据库关系图

图 3.20 向关系图中添加表

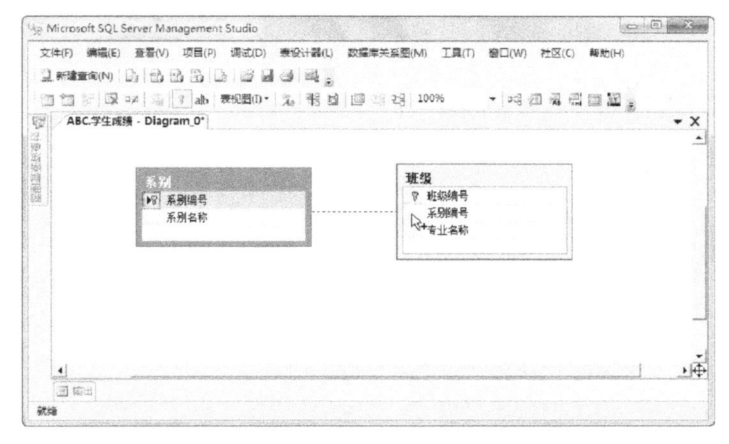

图 3.21 通过拖动主键创建表关系

（5）在如图 3.22 所示的“表和列”对话框中显示出所创建关系的名称、主键表和主键列、外键表和外键列，单击“确定”按钮，进入如图 3.23 所示的“外键关系”对话框，这里列出约束的相关信息，再次单击“确定”按钮。

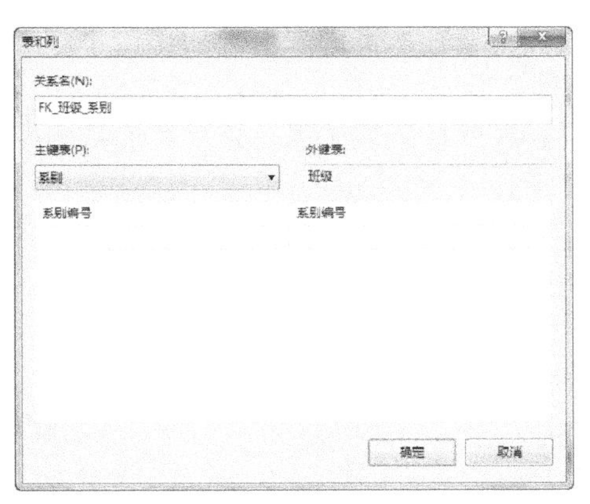

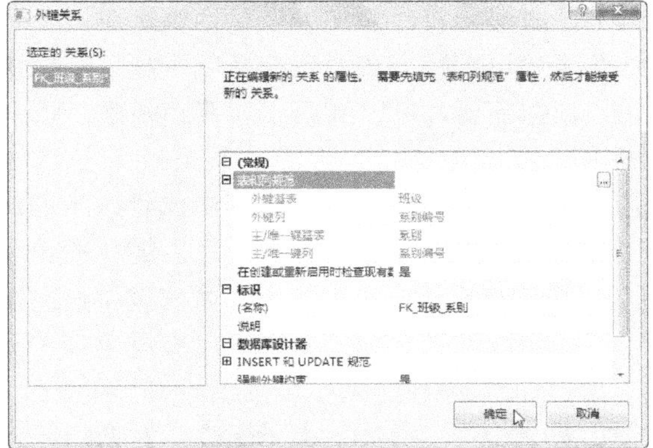

图 3.22 “表和列”对话框

图 3.23 “外键关系”对话框

（6）从“文件”菜单中选择“保存”命令，在“选择名称”对话框中将数据库关系图的名称指定为“学生成绩数据库关系图”，然后单击“确定”按钮；当出现“保存”对话框提示保存对表的修改时，单击“是”按钮。

（7）从“表设计器”菜单中选择“添加表”，然后在“添加表”对话框中选择另外 5 个表，并单击“添加”按钮，再单击“关闭”按钮。

至此，“学生成绩”数据库中的 7 个表已全部包含在数据库关系图中，其中关系线表示两个表之间存在外键关系；对于一对多关系，外键表是靠近线的无穷符号∞的那个表，主键表是靠近线的钥匙图标的那个表，如图 3.24 所示。

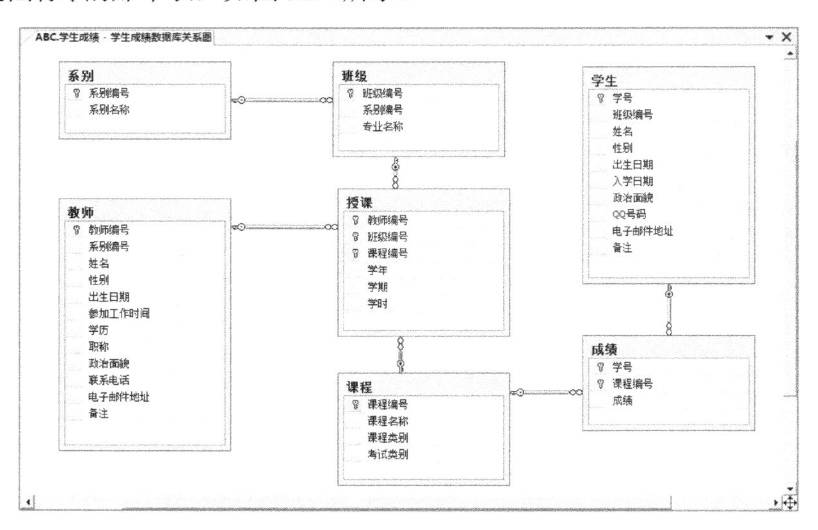

图 3.24　学生成绩数据库关系图

相关知识

数据库关系图是数据库中对象的图形表示形式。数据库关系图既可以是整个数据库结构的图片，也可以是部分数据库结构的图片，包括表、表中的列以及各个表之间的关系。使用数据库关系图可以创建和修改表、列、关系和键，也可以修改索引和约束。

若要创建数据库关系图，可执行以下操作。

（1）在对象资源管理器中，右键单击“数据库关系图”，然后选择“新建新关系图”。

（2）此时显示将“添加表”对话框，在“表”列表中选择所需的表，然后单击“添加”按钮。这些表将以图形方式显示在新的数据库关系图中。

（3）根据需要，可以继续添加或删除表，修改现有表或更改表关系，直到新的数据库关系图完成为止。

创建数据库关系图后，可在其中执行以下操作。

（1）若要从关系图中删除表，可右键单击该表并选择“从关系图中移除”。

（2）若要修改表之间的关系，可右键单击主键表或外键表并选择“关系”。

（3）若要删除表之间的关系，可右键单击关系线并选择“从数据库中删除关系”。

任务 13　查看表的定义和数据

任务描述

在本任务中，查看“学生”表的定义和数据。

任务实现

实现步骤如下：

（1）在对象资源管理器中，连接到数据库引擎实例。

（2）新建一个查询，然后在查询编辑器窗口中编写以下语句：

```
USE 学生成绩;
GO
EXEC sp_help 学生;
GO
SELECT * FROM 学生;
GO
```

（3）按 F5 键执行上述 SQL 语句。

相关知识

在数据库中创建表之后，可能需要查找有关表属性的信息，例如列的名称、数据类型或其约束的名称等，最为常见的任务是查看表中的数据。此外，还可以通过显示表的依赖关系来确定哪些对象（例如视图、存储过程和触发器）是由表决定的。在更改表时，相关的对象可能会受到影响。

在 SQL Server 2008 中，在对象资源管理器中展开一个表下方的“列”、“键”、“约束”结点，就可以查看该表的相关信息。此外，也可以使用系统存储过程、目录视图或查询语句来查看表的相关信息。

（1）若要查看表的定义，可使用 sp_help 系统存储过程。

（2）若要查看表中的数据，可使用 SELECT 语句。

（3）若要获取有关表的信息，可使用 sys.tables 目录视图。

（4）若要获取有关表列的信息，可使用 sys.columns 目录视图。

（5）若要查看表的依赖关系，可使用 sys.sql_dependencies 目录视图。

任务 14 重命名表

任务描述

在本任务中，针对示例数据库 Adventure Works 2008R2 进行操作，要求将 Sales 架构中的 SalesTerritory 表重命名为 SalesTerr。

任务实现

操作步骤如下：

（1）在对象资源管理器中，连接到数据库引擎实例。

（2）新建一个查询，然后在查询编辑器窗口中编写以下语句：

```
USE AdventureWorks2008R2;
```

```
GO
EXEC sp_rename 'Sales.SalesTerritory','SalesTerr';
GO
```

（3）按 F5 键执行上述 SQL 语句。

相关知识

若要更改表的名称，可在对象资源管理器中右键单击该表，然后选择“重命名”，输入新的名称。

也可以使用 sp_rename 系统存储过程在当前数据库中更改用户创建对象的名称，此对象可以是表、索引、列、别名数据类型。语法格式如下：

```
sp_rename 'object_name','new_name'[,'object_type']
```

其中 *object_name* 指定用户对象或数据类型的当前限定或非限定名称。如果要重命名的对象是表中的列，则 *object_name* 的格式必须是 table.column。如果要重命名的对象是索引，则 *object_name* 的格式必须是 table.index。如果提供了完全限定名称，包括数据库名称，则该数据库名称必须是当前数据库的名称。

new_name 指定对象的新名称，该名称并且必须遵循标识符的规则。

object_type 指定要重命名的对象的类型，可取下列值之一：COLUMN 表示要重命名列；DATABASE 表示要重命名用户数据库；INDEX 表示要重名用户定义索引；OBJECT 表示在 sys.objects 中跟踪的类型的项目，可以用于重命名各种约束（CHECK、FOREIGN KEY、PRIMARY/UNIQUE KEY）、用户表和规则等对象；USERDATATYPE 表示重命名用户自定义数据类型。

更改对象名的任一部分都可能破坏脚本和存储过程。一般不要使用此语句来重命名存储过程、触发器、用户定义函数或视图；而是删除该对象，然后使用新名称重新创建该对象。

任务 15　从数据库中删除表

任务描述

在本任务中，首先在 Test 数据库中创建一个名为 Test 的表，然后从 Test 数据库中删除 Test 表，再删除 Test 数据库。

任务实现

实现步骤如下：

（1）在对象资源管理器中，连接到数据库引擎实例。

（2）新建一个查询，然后在查询编辑器窗口中编写以下语句：

```
USE Test;
GO
CREATE TABLE Test(
   cola int PRIMARY KEY,
   colb char(10) NOT NULL
```

```
);
GO
DROP TABLE Test
GO
USE master;
GO
DROP DATABASE Test;
GO
```

（3）按 F5 键执行上述 SQL 语句。

相关知识

在某些情况下可能需要从数据库中删除表。例如，要在数据库中实现一个新的设计或释放空间时。删除表后，该表的结构定义、数据、全文索引、约束和索引都从数据库中永久删除；原来存储表及其索引的空间可用来存储其他表。

在 SQL Server 2008 中，可使用对象资源管理器来从数据库中删除表，操作方法是：展开数据库下方的“表”结点，右键单击要删除的表，然后选择“删除”命令，当出现“删除对象”对话框时单击“确定”按钮。

也可以使用 DROP TABLE 语句从数据库中删除表，语法格式如下：

```
DROP TABLE [database_name.[schema_name].|schema_name.]
    table_name[,...n][;]
```

其中参数 database_name 指定要从其中删除表的数据库的名称，*schema_name* 指定表所属架构的名称，*table_name* 指定要删除的表的名称。

若要删除通过 FOREIGN KEY、UNIQUE 或 PRIMARY KEY 约束相关联的表，则必须先删除具有 FOREIGN KEY 约束的表。若要删除 FOREIGN KEY 约束中引用的表但不删除整个外键表，可使用 ALTER TABLE 删除 FOREIGN KEY 约束。

如果要删除表中的所有数据但不删除表本身，则可以使用 TRUNCATE TABLE 语句来截断该表，语法格式如下：

```
TRUNCATE TABLE
    [{database_name.[schema_name].|schema_name.}]table_name
```

其中 *database_name* 指定数据库的名称，*schema_name* 指定表所属架构的名，*table_name* 指定要截断的表的名称，或要删除其全部行的表的名称。

TRUNCATE TABLE 删除表中的所有行，但表结构及其列、约束、索引等保持不变。与 DELETE TABLE 语句相比，TRUNCATE TABLE 具有以下优点：所用的事务日志空间较少；使用的锁通常较少；表中不留下任何页。

项目思考

一、填空题

1. 在数据库中，空值用__________来表示。______________约束可以指定列不接受空值。

2．字符串值 TRUE 和 FALSE 可以转换为以下 bit 值：TRUE 转换为___，FALSE 转换为___。

3．若要创建别名数据类型，可使用________________语句。

4．若要更改列的属性，可在 ALTER TABLE 语句中使用____________________子句。

5．标识符列可以使用________________属性来实现。在选择列表中可使用关键字来引用标识符列。

6．CHECK 约束通过_________________来强制域的完整性。定义“学号”列时，要求通过 CHECK 约束限制列值必须由 6 位数字组成，则所用逻辑表达式为____________________。

二、选择题

1．通过（　　）可以唯一地标识表中的行。

A．CHECK 约束　　B．DEFAULT 约束

C．PRIMARY KEY 约束　　D．FOREIGN KEY 约束

2．在下列各项中，（　　）不是 SQL Server 2005 数据库中表的类型。

A．系统表　　B．临时表　　C．文件分配表　　D．标准表

3．如果列数据项差异很大，并且要支持多种语言，则应使用（　　）数据类型。

A．char　　B．varchar　　C．nchar　　D．nvarchar

三、简答题

1．制订表规划时应确定表的哪些特征？

2．数据库模型图有什么用途？

3．合理的数据库设计有哪些规则？

4．如何选用 char 和 varchar 数据类型？

5．创建表有哪两种方法？

6．PRIMARY KEY 约束和 UNIQUE 约束有什么区别？

7．在表之间创建外键关系有哪些方法？

项目实训

1．在如图 3.1 所示的数据库模型图中，为各个表中的列分配适当的数据类型。

2．在 SQL Server 2008 服务器上创建“学生成绩”数据库，然后依据数据库模型图创建各个表。

3．在各个表中设置主键。

4．在相关表之间创建外键关系。

5．编写创建各个表的查询文件。

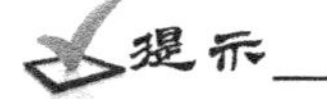

在对象资源管理器中右键单击表，然后选择“编写表脚本为”→“CREATE 到”→“新查询编辑器窗口”，可自动生成创建和修改表的脚本。

操作数据库数据

创建表之后，就可以对表中的数据进行增删改操作了，即向表中添加新数据、更新表中已有数据或从表中删除无用数据。这些增删改操作可通过可视化图形工具或 SQL 语句两种方式来实现，后一种方式在应用开发中更为常用。本项目将通过 14 个任务来演示如何使用 SQL 语句来操作数据库中的数据，包括向表中插入数据、更新表中数据和从表中删除数据，以及导入和导出数据。

任务 1　使用结果窗格插入表数据

任务描述

在 SQL Server 2008 对象资源管理器中，使用“结果”窗格向“学生成绩”数据库的“系别”表和“班级”表分别中添加一些数据。

任务实现

实现步骤如下：

（1）在对象资源管理器中连接到数据库引擎，然后展开该实例。

（2）展开“数据库”结点，展开“学生成绩”数据库下方的“表”结点。

（3）右键单击“系别”表，然后选择“编辑前 200 行”。

（4）在“结果”窗格中，定位到可用于添加新数据行的空白行（其行选择器包含星号），然后输入各列的值，按 Tab 键移到下一个单元格，如图 4.1 所示。

（5）若要转到网格中的第一个空行，可单击“结果”窗格底部导航栏的按钮。离开当前行会将其提交到数据库。

（6）使用相同的方法，向“班级”表中添加一些数据，如图 4.2 所示。

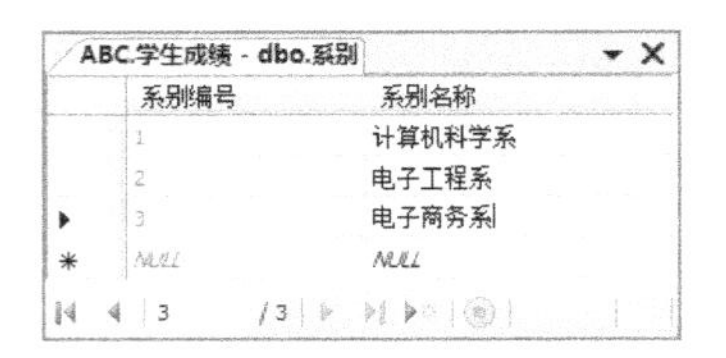

ABC.学生成绩 - dbo.系别

系别编号	系别名称
1	计算机科学系
2	电子工程系
3	电子商务系
NULL	NULL

3 /3

图 4.1　添加系别数据

ABC.学生成绩 - dbo.班级

班级编号	系别编号	专业名称
1201	1	网络技术
1202	1	网络技术
1203	1	软件技术
1204	1	软件技术
1205	2	电子技术
1206	2	电子技术
1207	2	通信技术
1208	2	通信技术
1209	3	电子商务
1210	3	电子商务
NULL	NULL	NULL

10 /10

图 4.2　添加班级数据

相关知识

创建数据库表后，可以使用查询编辑器的“结果”窗格向该表中添加数据，也可以使用 INSERT 语句向该表中添加一行数据，还可使用 BULK INSERT 语句以用户指定的格式将数据文件加载到该表中，或者使用 INSERT 和 SELECT 将来自其他表的数据添加到该表中。

“结果”窗格是查询设计器的一个组成部分，用于显示最近执行的 SELECT 查询的结果。其他查询类型的结果将在消息框中显示。若要打开“结果”窗格，可打开或创建一个查询或视图，或者返回某个表的数据。如果看不到“结果”窗格，可选择“查询设计器”→“窗格”→“结果”命令。打开“结果”窗格后，可以在该窗格中执行以下操作。

（1）在类似于电子表格的网格中查看最近执行的 SELECT 查询的结果集。

（2）对于显示单个表或视图中的数据的查询或视图，可以编辑结果集中各个列的值、添加新行以及删除现有行。

（3）使用“结果”窗格底部的导航栏可以在记录之间快速导航。导航栏中提供了多个按钮，分别用于跳转到第一个记录、最后一个记录、下一个记录、上一个记录以及某个特定记录。若要转到特定记录，可在导航栏的文本框中输入行号，然后按 Enter 键。

任务 2　使用 INSERT 语句插入表数据

任务描述

在本任务中，通过执行 INSERT 语句分别向“学生成绩”数据库的“课程”表、“教师”表以及“授课”表插入一些数据。

任务分析

使用 INSERT 语句可一次性向表中插入多行数据，每行数据都要用圆括号括起来，行内各列数据以及各行数据之间均用逗号分隔。“课程”表的“课程编号”列和“教师”表的“教师编号”列均为标识符列，在 INSERT 语句中可以不为该列提供值，因为数据库引擎会自动将下一个增量标识值分配给该列。为列提供值时，字符串与日期时间值要用单引号括起来；数字不需要使用单引号。

任务实现

实现步骤如下：

（1）在对象资源管理器中，连接到数据库引擎。

（2）新建一个查询，然后在查询编辑器窗口中编写以下语句：

```
USE 学生成绩;
--向“课程”表中添加课程信息
INSERT INTO 课程
(课程名称,课程类别,考试类别)
VALUES
('计算机应用基础','公共基础','考试'),('办公软件','公共基础','考查'),
('网页设计','专业技能','考试'),('数据库应用','专业技能','考试'),
('图像处理','专业技能','考查'),('动画制作','专业技能','考查'),
('VB 程序设计','专业技能','考试'),('动态网站设计','专业技能','考试'),
('电路分析','公共基础','考试'),('模拟电路','公共基础','考试'),
('高频电路','专业技能','考查'),('电子测量技术','专业技能','考查'),
('数字信号处理','专业技能','考试'),('通信原理','专业技能','考查'),
('会计基础','专业技能','考试'),('电子商务基础','专业技能','考试'),
('物流与配送','专业技能','考查'),('市场营销学','专业技能','考试'),
('会计电算化','专业技能','考查'),('统计学原理','专业技能','考查');
GO
--向“教师”表中添加教师信息
INSERT INTO 教师
(系别编号,姓名,性别,出生日期,参加工作时间,学历,职称,政治面貌)
VALUES
(1,'何晓明','女','1975-8-18','1999-7-12','大学','讲师','中共党员'),
(1,'江国平','男','1966-9-12','1982-6-12','大学','高级讲师','群众'),
(1,'潘雨晨','女','1978-3-22','2004-6-12','研究生','讲师','中共党员'),
(1,'张国强','男','1985-10-2','2008-7-12','大学','助理讲师','共青团员'),
(2,'李新良','男','1959-5-8','1983-3-12','大学','高级讲师','中共党员'),
(2,'彭海燕','女','1968-9-10','1993-8-12','大学','高级讲师','群众'),
(2,'唐晓芙','女','1985-3-8','2008-8-9','大学','助理讲师','共青团员'),
(2,'周国强','男','1978-8-2','2002-7-12','大学','讲师','其他'),
(3,'曹一鸣','女','1962-3-18','1986-8-16','研究生','高级讲师','中共党员'),
(3,'方宏建','男','1973-7-19','1997-7-18','大学','讲师','群众'),
(3,'李红梅','女','1985-3-22','2008-8-12','大学','助理讲师','共青团员'),
(3,'高国华','男','1971-3-3','1995-6-12','大学','高级讲师','其他');
GO
--向“授课”表中添加课程安排信息
INSERT INTO 授课
```

```
(教师编号,班级编号,课程编号,学年,学期,学时)
VALUES
(1,'1201',1,'2012-2013','1',72),(1,'1202',1,'2012-2013','1',72),
(1,'1203',1,'2012-2013','1',72),(1,'1204',1,'2012-2013','1',72),
(2,'1201',2,'2012-2013','1',72),(2,'1202',2,'2012-2013','1',72),
(2,'1203',2,'2012-2013','1',72),(2,'1204',2,'2012-2013','1',72),
(3,'1201',3,'2012-2013','2',80),(3,'1202',3,'2012-2013','2',80),
(3,'1203',3,'2012-2013','2',80),(3,'1204',3,'2012-2013','2',80),
(4,'1201',4,'2012-2013','2',72),(4,'1202',4,'2012-2013','2',72),
(4,'1203',4,'2012-2013','2',72),(4,'1204',4,'2012-2013','2',72),
(5,'1205',9,'2012-2013','1',80),(5,'1206',9,'2012-2013','1',80),
(5,'1207',9,'2012-2013','1',80),(5,'1208',9,'2012-2013','1',80),
(6,'1205',10,'2012-2013','1',72),(6,'1206',10,'2012-2013','1',72),
(6,'1207',10,'2012-2013','1',72),(6,'1208',10,'2012-2013','1',72),
(7,'1205',11,'2012-2013','2',80),(7,'1206',11,'2012-2013','2',80),
(7,'1207',11,'2012-2013','2',80),(7,'1208',11,'2012-2013','2',80),
(8,'1205',12,'2012-2013','2',72),(8,'1206',12,'2012-2013','2',72),
(8,'1207',12,'2012-2013','2',72),(8,'1208',12,'2012-2013','2',72),
(9,'1209',15,'2012-2013','1',72),(9,'1210',15,'2012-2013','1',72),
(10,'1209',16,'2012-2013','1',72),(10,'1210',16,'2012-2013','1',72),
(11,'1209',17,'2012-2013','2',80),(11,'1210',17,'2012-2013','2',80),
(12,'1209',18,'2012-2013','2',90),(12,'1210',18,'2012-2013','2',90);
GO
```

（3）将脚本文件保存为SQLQuery4-02.sql，按F5键执行脚本。

（4）依次在“结果”窗格中打开“课程”表、“教师”表和“授课”表，以查看所添加的课程、教师以及课程安排信息。如图4.3所示，是查看“教师”表中数据的情形。

ABC.学生成绩 - dbo.教师

教师编号	系别编号	姓名	性别	出生日期	参加工作...	学历	职称	政治面貌	联系电话	电子邮件地址	备注
1	1	何晓明	女	1975-08-18	1999-07-12	大学	讲师	中共党员	NULL	NULL	NULL
2	1	江国平	男	1966-09-12	1982-06-12	大学	高级讲师	群众	NULL	NULL	NULL
3	1	潘雨晨	女	1978-03-22	2004-06-12	研究生	讲师	中共党员	NULL	NULL	NULL
4	1	张国强	男	1985-10-02	2008-07-12	大学	助理讲师	共青团员	NULL	NULL	NULL
5	2	李新良	男	1959-05-08	1983-03-12	大学	高级讲师	中共党员	NULL	NULL	NULL
6	2	彭海燕	女	1968-09-10	1993-08-12	大学	高级讲师	群众	NULL	NULL	NULL
7	2	唐晓芙	女	1985-03-08	2008-08-09	大学	助理讲师	共青团员	NULL	NULL	NULL
8	2	周国强	男	1978-08-02	2002-07-12	大学	讲师	其他	NULL	NULL	NULL
9	3	曹一鸣	女	1962-03-18	1986-08-16	研究生	高级讲师	中共党员	NULL	NULL	NULL
10	3	方宏建	男	1973-07-19	1997-07-18	大学	讲师	群众	NULL	NULL	NULL
11	3	李红梅	女	1985-03-22	2008-08-12	大学	助理讲师	共青团员	NULL	NULL	NULL
12	3	高国华	男	1971-03-03	1995-06-12	大学	高级讲师	其他	NULL	NULL	NULL
NULL	NULL	NULL	NULL	NULL	NULL	NULL	NULL	NULL	NULL	NULL	NULL

1 / 12 单元格是只读的。

图4.3 “教师”表中的数据

相关知识

使用INSERT语句可以将一个或多个新行添加到表中，基本语法格式如下：

```
INSERT [INTO]
```

```
    [server_name.database_name.schema_name.
      |database_name.[schema_name].|schema_name.]table_name
{
    [(column_list)]
    VALUES(({DEFAULT|NULL|expression}[,...n])[,...n])
      |DEFAULT VALUES
}[;]
```

其中参数 table_name 指定要接收数据的表的名称，server_name 指定表所在 SQL Server 服务器的名称，database_name 指定数据库名称，schema_name 指定该表所属架构的名称。如果指定了 server_name，则必须指定 database_name 和 schema_name。

(column_list) 指定要在其中插入数据的一列或多列的列表。必须用圆括号将 column_list 括起来，且以逗号进行分隔。若某列不在 column_list 中，则数据库引擎必须能够基于该列的定义提供一个值，否则不能加载行。如果列满足以下条件，则数据库引擎将自动为列提供值。

（1）若具有 IDENTITY 属性，则使用下一个增量标识值。

（2）若指定有默认值，则使用列的默认值。

（3）若具有 timestamp 数据类型，则使用当前时间戳值。

（4）若可为空值，则使用空值。

当向标识列中插入显式值时，必须使用 column_list 和 VALUES 列表，还必须将表的 SET IDENTITY_INSERT 选项设置为 ON。

VALUES 指定引入要插入的数据值的列表。对于 column_list（如果已指定）或表中的每个列，都必须有一个数据值，必须用圆括号将值列表括起来。如果 VALUES 列表中的各值与表中各列的顺序不相同，或未包含表中各列的值，则必须使用 column_list 显式指定存储每个传入值的列。如果未指定 (column_list)，则必须使用表中的所有列来接受数据，并且值列表中的各值与表中各列的顺序相同。

使用一个 INSERT 语句可以插入的最大行数为 1000。如果要插入多行值，则 VALUES 列表的顺序必须与表中各列的顺序相同，并且此列表必须包含与表中各列或 column_list 对应的值，以便显式指定存储每个传入值的列。

DEFAULT 强制数据库引擎加载为列定义的默认值。如果某列并不存在默认值，并且该列允许空值，则插入 NULL。对于使用 timestamp 数据类型定义的列，插入下一个时间戳值。DEFAULT 对标识列无效。

expression 是一个常量、变量或表达式。表达式不能包含 SELECT 或 EXECUTE 语句。对于具有 char、varchar、nchar、nvarchar、date、time、datetime 以及 smalldatetime 等数据类型的列，相应的值要用单引号括起来。

DEFAULT VALUES 强制新行包含为每个列定义的默认值。

任务 3　使用 BULK INSERT 语句复制数据

任务描述

在本任务中，首先使用记事本程序编写一个文本文件并在其中录入学生信息，然后使用

BULK INSERT 语句将该文本文件中的数据加载到“学生成绩”数据库的“学生”表中。

任务分析

在记事本程序中录入学生信息时，每行结束时按 Enter 键，各列之间用逗号分隔，所有列值都不需要使用定界符，但这些值必须与相应列的数据类型兼容。使用 BULK INSERT 语句加载文本文件时，FIELDTERMINATOR 指定为逗号“,”，ROWTERMINATOR 指定为换行符“\n”。加载数据后，可用 SELECT 语句查看表中的数据。

任务实现

实现步骤如下：

（1）在记事本中编写以下内容：

```
120101,1201,陈伟强,男,1994-3-1,2012-8-26,中共党员,23690091,cwq@163.com,班长
120102,1201,李倩芸,女,1995-6-2,2012-8-26,共青团员,336699,lqy@msn.com,学习委员
120103,1201,王志强,男,1994-8-6,2012-8-26,共青团员,67890000,zwq@sina.com,
120104,1201,董文琦,男,1993-5-2,2012-8-26,,64567886,dwq@126.com,
120105,1201,叶小舟,男,1994-3-9,2012-8-26,,55566677,yxz@gmail.com,
120106,1201,郝颖颖,女,1995-10-6,2012-8-26,共青团员,80976189,hyy@msn.com,
120201,1202,吴天昊,男,1995-5-21,2012-8-26,中共党员,67896789,wth@sina.com,班长
120202,1202,冯岱若,女,1995-3-17,2012-8-26,共青团员,78900068,fdr@msn.com,
120203,1202,朱玉琳,女,1994-8-12,2012-8-26,,28900100,zyl@163.com,
120204,1202,张新宇,男,1993-12-22,2012-8-26,共青团员,35890126,zxy@126.com,
120205,1202,王哲楠,男,1995-4-11,2012-8-26,中共党员,67878,wzn@msn.com,学习委员
120206,1202,黄蓉蓉,女,1994-9-25,2012-8-26,,37890128,hrr@tom.com,
120301,1203,王晓燕,女,1994-5-22,2012-8-26,,34567900,wxy@msn.com,
120302,1203,李文哲,男,1994-6-19,2012-8-26,共青团员,26890129,lwz@sina.com,
120303,1203,袁菲菲,女,1995-3-3,2012-8-26,中共党员,77889900,yff@163.com,班长
120304,1203,刘春明,男,1996-8-8,2012-8-26,共青团员,66880128,lcm@gmail.com,
120305,1203,冯思薇,女,1995-7-6,2012-8-26,,33556688,fsw@163.com,
120306,1203,高明理,男,1993-12-1,2012-8-26,共青团员,67800,gml@msn.com,学习委员
120401,1204,周志强,男,1994-9-10,2012-8-26,中共党员,21178009,zzq@hotmail.com,
120402,1204,唐恒之,男,1995-8-21,2012-8-26,,68909860,thz@msn.com,
120403,1204,宋春生,男,1996-8-11,2012-8-26,,33668899,scs@163.com,
120404,1204,马妍妍,女,1995-4-16,2012-8-26,共青团员,22668800,myy@msn.com,
120405,1204,陈嘉璐,女,1996-5-9,2012-8-26,,69012680,cjl@sina.com,
120406,1204,李闻达,男,1995-9-26,2012-8-26,,3239268,lwd@tom.com,
120501,1205,张建伟,男,1994-7-1,2012-8-26,中共党员,8623145,zjw@sina.com,班长
120502,1205,王远航,男,1996-9-5,2012-8-26,共青团员,28638,wyh@tom.com,学习委员
120503,1205,田一萌,女,1995-2-22,2012-8-26,,2069382,tym@163.com,
120504,1205,章琳娜,女,1996-8-15,2012-8-26,中共党员,3001323,zln@gmail.com,
```

```
120505,1205,贺中杰,男,1994-7-21,2012-8-26,,6789258,hzj@msn.com,
120506,1205,刘之悦,男,1995-6-16,2012-8-26,共青团员,8110327,lzy@sina.com,
120601,1206,宋小荔,女,1993-3-28,2012-8-26,中共党员,6092369,sxl@126.com,班长
120602,1206,温晓雅,女,1995-11-8,2012-8-26,共青团员,66258,wxy@msn.com,学习委员
120603,1206,丁杰琼,女,1993-10-21,2012-8-26,,3388252,djq@msn.com,
120604,1206,杜龙飞,男,1995-3-12,2012-8-26,中共党员,5612375,dlf@163.com,
120605,1206,刘婷婷,女,1995-6-21,2012-8-26,共青团员,7692278,ltt@hotmail.com,
120606,1206,李智勇,男,1996-7-27,2012-8-26,,8809369,lzy@126.com,
120701,1207,陶玉琦,女,1994-9-26,2012-8-26,中共党员,1129257,tyq@gmail.com,班长
120702,1207,张晓磊,男,1993-2-17,2012-8-26,共青团员,33206,zxl@msn.com,学习委员
120703,1207,梁小明,男,1995-8-3,2012-8-26,,,lxm@163.com,
120704,1207,刘洪涛,男,1994-5-7,2012-8-26,,,lht@sina.com,
120705,1207,王唯一,男,1993-9-5,2012-8-26,共青团员,,wwy@tom.com,
120706,1207,赵丽娟,女,1995-10-10,2012-8-26,中共党员,5520219,zlj@sina.com,
120801,1208,刘文博,男,1996-4-3,2012-8-26,中共党员,8829375,lwb@gmail.com,班长
120802,1208,陈晓东,男,1995-5-18,2012-8-26,共青团员,66888,cxd@163.com,学习委员
120803,1208,苏寒星,男,1995-7-22,2012-8-26,,,shx@msn.com,
120804,1208,徐鹏飞,男,1994-9-6,2012-8-26,共青团员,8922375,xpf@msn.com,
120805,1208,曹莉娜,女,1995-12-1,2012-8-26,,,cln@tom.com,
120806,1208,高静文,女,1995-3-13,2012-8-26,,,gjw@sina.com,
120901,1209,吕云鹏,男,1994-5-21,2012-8-26,中共党员,8189258,lyp@163.com,班长
120902,1209,王喜文,男,1993-4-19,2012-8-26,中共党员,769268,wxw@126.com,学习委员
120903,1209,李秀娟,女,1995-9-10,2012-8-26,共青团员,1002898,lxj@msn.com,
120904,1209,张国强,男,1995-7-7,2012-8-26,,,zgq@126.com,
120905,1209,刘红建,男,1994-6-21,2012-8-26,,,lhj@sina.com,
120906,1209,王芳芳,女,1993-3-11,2012-8-26,共青团员,,wff@163.com,
121001,1210,郭咏麟,女,1995-8-6,2012-8-26,中共党员,8098372,gyl@msn.com,班长
121002,1210,林昆淼,男,1996-6-12,2012-8-26,共青团员,7769357,lkm@163.com,学习委员
121003,1210,薛冬娜,女,1995-12-21,2012-8-26,,,xdn@sina.com,
121004,1210,何晓燕,女,1995-9-1,2012-8-26,中共党员,8900237,hxy@msn.com,
121005,1210,王文哲,男,1994-3-3,2012-8-26,,,wwz@sina.com,
121006,1210,许丽达,女,1993-3-11,2012-8-26,,,xld@hotmail.com,
```

（2）将数据文件命名为“学生信息.txt”，保存在 d:\mssql\项目 4 文件夹中。

（3）在 SQL Server 对象资源管理器中，连接到数据库引擎。

（4）新建一个查询，然后在查询编辑窗口中编写以下语句：

```
BULK INSERT 学生成绩.dbo.学生
FROM 'd:\mssql\第 4 章\学生信息.txt'
WITH(FIELDTERMINATOR=',',ROWTERMINATOR='\n'
);
GO
```

```
SELECT * FROM 学生成绩.dbo.学生;
GO
```

（5）将脚本文件保存为 SQLQuery4-03.sql，按 F5 键执行脚本，结果如图 4.4 所示。

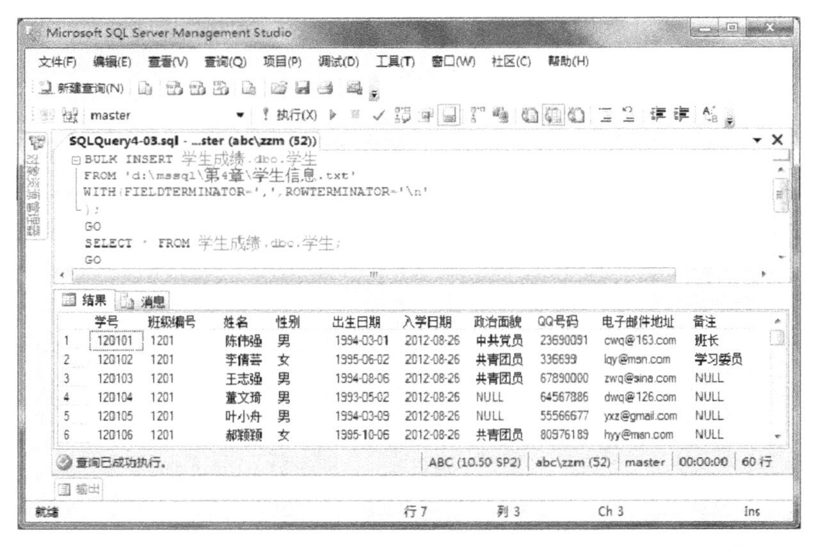

图 4.4　从数据文件向“学生”表复制数据

相关知识

使用 INSERT 语句是向表中添加数据的基本方法。此外，也可以使用 BULK INSERT 语句可以按用户指定的格式将数据文件加载到数据库表中，基本格式语法如下：

```
BULK INSERT
    [database_name.[schema_name].|schema_name.][table_name]
      FROM 'data_file'
    WITH(
      FIELDTERMINATOR='field_terminator',
      ROWTERMINATOR='row_terminator'
);
```

其中 *database_name* 为包含指定表的数据库的名称。如果未指定，则默认为当前数据库。*schema_name* 指定表架构的名称。*table_name* 指定大容量加载数据到其中的表的名称。

data_file 指定数据文件的完整路径，该数据文件包含要加载到指定表中的数据。BULK INSERT 可以从磁盘（包括网络、软盘、硬盘等）加载数据。*data_file* 必须是基于运行 SQL Server 的服务器指定的有效路径。如果 *data_file* 为远程文件，则指定通用命名约定（UNC）名称。

FIELDTERMINATOR = '*field_terminator*' 指定数据文件的字段终止符，默认的字段终止符是 \t（制表符）。ROWTERMINATOR = '*row_terminator*' 指定数据文件要使用的行终止符，默认的行终止符为 \n（换行符）。

任务 4 使用 INSERT...SELECT 语句插入表数据

任务描述

在“学生成绩”数据库中，从“学生”表中选择学号、从“授课”表中选择课程编号，并将学号和课程编号填写到“成绩”表中。

任务分析

在本任务中，通过 SELECT 子查询选择学号和课程编号并将这些数据插入到“成绩”表中。根据要求，在 INSERT 语句中应指定“成绩”表作为目标表并将“学号”和“课程编号”包含在列表中，数据则来自一个 SELECT 子查询。这个子查询以“学生”表和“授课”表作为数据来源，从“学生”表中选择“学号”、从“授课”表中选择“课程编号”；选择的条件是学号未填入“成绩”表，而且“授课”表中的班级编号与“学生”表中的班级编号相同，可用 WHERE 子句实现这个选择条件。

任务实现

实现步骤如下：

（1）在对象资源管理器中，连接到数据库引擎。

（2）新建一个查询，然后在查询编辑器窗口中编写以下语句：

```
USE 学生成绩;
INSERT INTO 成绩(学号,课程编号)
SELECT 学生.学号,授课.课程编号 FROM 学生,授课
WHERE (学生.学号 NOT IN (SELECT 学号 FROM 成绩)
    AND 授课.班级编号=学生.班级编号);
GO
SELECT * FROM 成绩;
GO
```

（3）将脚本文件保存为 SQLQuery4-04.sql，按 F5 键执行脚本，结果如图 4.5 所示。

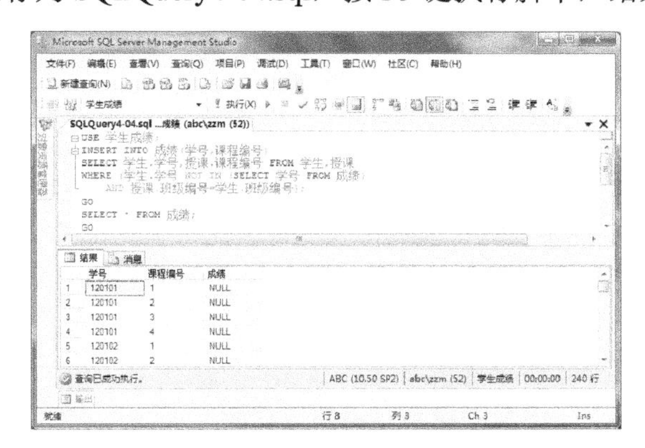

图 4.5 将现有表中的数据添加到另一个表中

相关知识

在 INSERT 语句中，可以使用 SELECT 子查询将一个或多个表或视图中的值添加到另一个表中。使用 SELECT 子查询可以同时在表中插入多行数据。

子查询的选择列表必须与 INSERT 语句的列列表匹配。如果没有指定列列表，则选择列表必须与正在其中执行插入操作的表或视图的列匹配。

任务 5　使用结果窗格编辑表数据

任务描述

使用“结果”窗格在“成绩”表中填写“成绩”列的值。

任务实现

实现步骤如下：

（1）在对象资源管理器中，连接到数据库引擎。

（2）展开“数据库”，展开“学生成绩”数据库，展开“表”结点，右键单击“成绩”表，然后选择“编辑前 200 行”。

（3）在“结果”窗格中，为“成绩”列填写值，然后按向下箭头键把光标移到下一行，如图 4.6 所示。

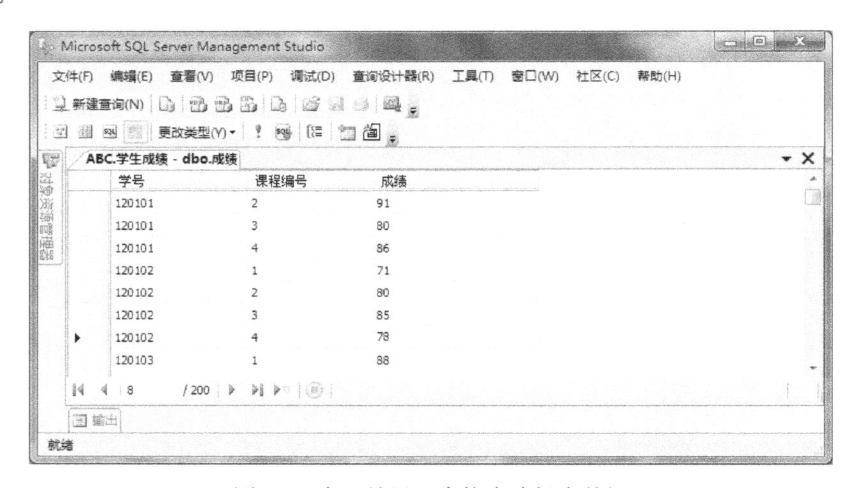

图 4.6　在“结果”窗格中编辑表数据

（4）若要显示更多的行，可选择“查询设计器”→“窗格”→“SQL”，然后在“SQL”窗格中更改 TOP 关键字后的数字（默认值为 200）并单击工具栏上的按钮！，如图 4.7 所示。若要显示表中的全部行，可删除 TOP 关键字及其后面的数字。

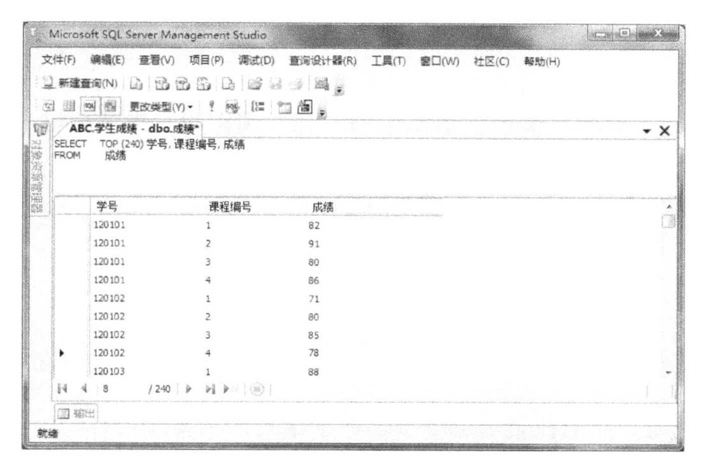

图 4.7 在“结果”窗格中显示更多的行

由于在创建“成绩”表时对“成绩”列添加了 CHECK 约束，限制该列的值必须在 0～100 之间，因此，如果输入的值超出了这个范围，则会弹出如图 4.8 所示的消息框并取消更改。

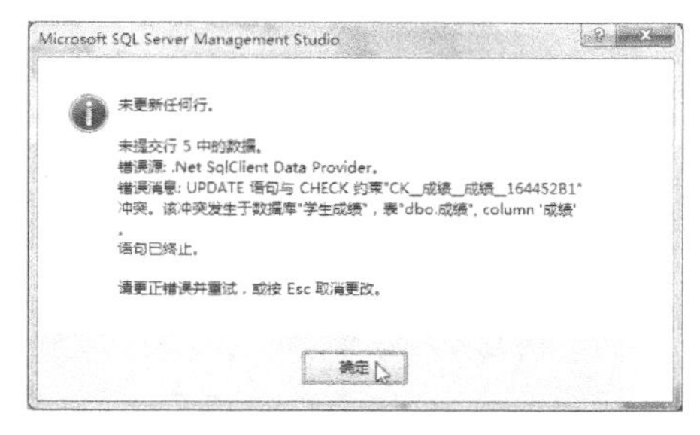

图 4.8 违反 CHECK 约束时弹出的消息框

相关知识

使用“结果”窗格或 INSERT 语句在表中添加数据记录之后，如果某些数据发生了变化，就需要对数据库表中已有的数据进行修改。在 SQL Server 2008 中，既可以使用“结果”窗格对表中数据进行编辑，也可以使用 UPDATE 语句对表中的一行或多行数据进行修改，此外还使用 FROM 子句对 UPDATE 语句进行扩展，以便从一个或多个已经存在的表中获取修改时用到的数据，或者使用 TOP 子句来限制 UPDATE 语句中修改的行数。

在许多情况下，都可以在“结果”窗格中编辑表中的数据，就像在电子表格中编辑数据一样，操作起来非常方便。若要在“结果”窗格中编辑数据，可执行以下操作。

（1）在对象资源管理器中，连接到数据库引擎。

（2）展开数据库和表，右键单击数据表，然后选择“编辑前 200 行”。

（3）此时将在“结果”窗格中显示该表中的数据，定位到要更改的数据所在的单元格，然后键入新数据。

（4）若要保存更改，将鼠标移出该行即可。

任务 6 使用 UPDATE 语句更新数据

任务描述

使用 UPDATE 语句对“成绩”表部分记录中的“成绩”列进行更新。

任务分析

在“成绩”表中，“学号”列和“课程编号”列共同组成了表的主键。若要对某个学生的某门课程的成绩进行更新，就需要在WHERE子句中同时指定“学号”和“课程编号”列的值，两个条件可使用逻辑运算符AND组合起来。

任务实现

实现步骤如下：

（1）在对象资源管理器中，连接到数据库引擎。

（2）新建一个查询，然后在查询编辑器窗口中编写以下语句：

```
USE 学生成绩;
UPDATE 成绩 SET 成绩=86 WHERE 学号='120101' AND 课程编号=1;
UPDATE 成绩 SET 成绩=92 WHERE 学号='120102' AND 课程编号=1;
UPDATE 成绩 SET 成绩=87 WHERE 学号='120103' AND 课程编号=1;
UPDATE 成绩 SET 成绩=85 WHERE 学号='120104' AND 课程编号=1;
UPDATE 成绩 SET 成绩=83 WHERE 学号='120105' AND 课程编号=1;
UPDATE 成绩 SET 成绩=79 WHERE 学号='120106' AND 课程编号=1;
UPDATE 成绩 SET 成绩=82 WHERE 学号='120101' AND 课程编号=2;
UPDATE 成绩 SET 成绩=91 WHERE 学号='120102' AND 课程编号=2;
UPDATE 成绩 SET 成绩=80 WHERE 学号='120103' AND 课程编号=2;
UPDATE 成绩 SET 成绩=85 WHERE 学号='120104' AND 课程编号=2;
UPDATE 成绩 SET 成绩=87 WHERE 学号='120105' AND 课程编号=2;
UPDATE 成绩 SET 成绩=89 WHERE 学号='120106' AND 课程编号=2;
GO
```

（3）将脚本文件保存为SQLQuery4-06.sql，按F5键执行脚本。

相关知识

UPDATE语句用于更改表或视图中单行、行组或所有行的数据值，基本语法格式如下：

```
UPDATE
    {
     [server_name.database_name.schema_name.
     |database_name.[schema_name].|schema_name.]table_or_view_name}
SET
    {column_name={expression|DEFAULT|NULL}[,...n]
    [FROM {<table_source>}[,...n]]
    [WHERE {<search_condition>}]
```

其中server_name指定表或视图所在服务器的名称，database_name指定数据库的名称，schema_name指定表或视图所属架构的名称，table_or view_name指定要更新行的表或视图的名称。如果指定了 server_name，则必须指定 database_name 和 schema_name。

SET 子句包含要更新的列和每个列的新值的列表（用逗号分隔），*column_name* 指定包含要更改的数据的列，*column_name* 必须已经存在于 *table_orview_name* 中，不能更新标识列。*expression* 指定返回单个值的变量、文字值、表达式或嵌套 SELECT 语句（加括号）。*expression* 返回的值替换 *column_name* 中的现有值。

DEFAULT 指定用为列定义的默认值替换列中的现有值。如果该列没有默认值并且定义为允许空值，则也可以使用 NULL 关键字将列更改为空值。

FROM 子句指定为 SET 子句中的表达式提供值的表或视图，以及各个源表或视图之间可选的连接条件。如果指定了 FROM 子句，则指定源表中可以为更新提供值的行。

WHERE 子句指定搜索条件，<search_condition>表示搜索条件。WHERE 子句指定要更新的行，只有满足条件的行被更新。如果没有指定 WHERE 子句，则更新表中的所有行。

任务 7　在 UPDATE 语句中使用 FROM 子句

任务描述

根据学生姓名和课程名称，使用 UPDATE 语句对“成绩”表部分记录中的“成绩”列进行更新。

任务分析

“成绩”表中不包含“姓名”和“课程名称”列，“姓名”列包含在“学生”表中，“课程名称”列则包含在“课程”表中。若要根据学生姓名和课程名称来指定要更改的记录，需要在 UPDATE 语句中使用 FROM 子句指定“学生”表和“课程”表作为来源表，同时通过 WHERE 子句指定要更新的记录所满足的条件。在这个条件中不仅需要指定具体的学生姓名和课程名称，还需要设置“学生”表和“成绩”表中的“学号”列相等以及“课程”表与“成绩”表中的“课程编号”列相等，否则无法限制要更新的行，将对所有行进行更新。

任务实现

实现步骤如下：

（1）在对象资源管理器中，连接到数据库引擎。

（2）新建一个查询，然后在查询编辑器窗口中编写以下语句：

```
USE 学生成绩;
GO

UPDATE 成绩 SET 成绩=92
FROM 学生,课程
WHERE 学生.姓名='冯岱若' AND 课程.课程名称='网页设计'
    AND 学生.学号=成绩.学号 AND 课程.课程编号=成绩.课程编号;
```

```
GO

UPDATE 成绩 SET 成绩=89
FROM 学生,课程
WHERE 学生.姓名='苏寒星' AND 课程.课程名称='电路分析'
    AND 学生.学号=成绩.学号 AND 课程.课程编号=成绩.课程编号;
GO
```

（3）将脚本文件保存为 SQLQuery4-07.sql，然后按 F5 键执行脚本。

相关知识

如果在 UPDATE 语句中使用了 FROM 子句，则可以将数据从一个或多个表或视图拉入要更新的表中。使用 FROM 子句时，UPDADE 语句的语法格式如下：

```
UPDATE table_name
SET
    {column_name={expression|DEFAULT|NULL}[,...n]
    FROM {<table_source>}[,...n]
    [WHERE {<search_condition>}]
```

其中 *table_name* 指定 UPDATE 要更新的目标表。SET 子句指定要更新的列和所使用的数据，*expression* 的值中可以同时包含目标表和 FROM 子句指定的表中的列。

FROM <table_source>指定将表、视图或派生表源用于为更新操作提供条件。

WHERE 子句执行以下功能：

指定要在目标表中更新的行；

指定源表中可以为更新提供值的行。

如果没有指定 WHERE 子句，则将更新目标表中的所有行。

任务 8　使用 TOP 限制更新的数据

任务描述

在示例数据库 AdventureWorks 中，要求为一位高级销售人员减轻销售负担，而将一些客户分配给了一位初级销售人员。在本任务中，将随机抽样的 10 个客户从一位销售人员分配给了另一位。

任务实现

实现步骤如下：

（1）在对象资源管理器中，连接到数据库引擎。

（2）新建一个查询，然后在查询编辑器窗口中编写以下语句：

```
USE AdventureWorks;
```

```
UPDATE TOP(10) Sales.Store
    SET SalesPersonID=276
    WHERE SalesPersonID=275;
GO
```

（3）按 F5 键执行上述 SQL 语句。

相关知识

在 UPDATE 语句中，可以使用 TOP 子句来限制修改的行数。当在 UPDATE 语句中使用 TOP (n) 子句时，将基于随机选择 n 行来执行更新操作，语法格式如下：

```
UPDATE table_name
[TOP(expression)[PERCENT]]
    SET
    {column_name={expression|DEFAULT|NULL}[,...n]
    FROM {<table_source>}[, ...n]
    [WHERE {<search_condition>}]
```

其中 TOP (*expression*) [PERCENT] 指定将要更新的行数或行百分比。*expression* 可以是行数或行百分比。与 INSERT、UPDATE 或 DELETE 一起使用的 TOP 表达式中被引用行将不按任何顺序排列。TOP 子句中的 *expression* 需要使用括号括起来。

任务 9　使用结果窗格删除表数据

任务描述

在本任务中将对使用结果窗格从表中删除数据的方法有所了解。

相关知识

对于不再需要的数据，应当及时从表中删除。删除数据有多种方法，既可以在“结果”窗框中删除数据，也可以使用 DELETE 语句从表中删除满足指定条件的若干行数据，还可以使用 TOP 语句限制删除的行数，或者使用 TRUNCATE TABLE 语句从表中快速删除所有行。

如果希望删除数据库中的记录，可在“结果”窗格中删除相应的行。如果希望删除所有行，则可以使用“删除”查询。若要在“结果”窗格中删除行，可执行以下操作。

（1）在对象资源管理器中，右键单击数据表，然后选择“编辑前 200 行”。

（2）在“结果”窗格中，单击待删除行左侧的选择框。若要选择多行，可按住 Ctrl 键或 Shift 键单击各行的选择框，或在这些行的选择框上拖动鼠标；若要选择全部行，可单击列标题行中的选择框。

（3）按 Delete 键。

（4）在确认消息框中单击“是”，如图 4.9 所示。

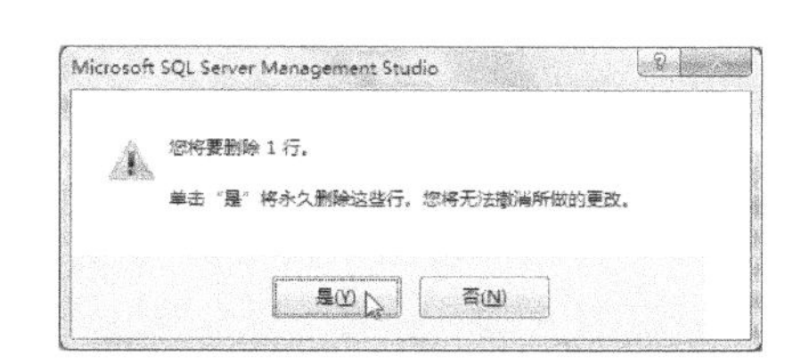

图 4.9　确认删除行

注意：以这种方式删除的行将从数据库中永久移除并且不能恢复。如果所选行中有任意行无法从数据库中删除，则这些行都不会删除，并且系统将显示消息，指示无法删除哪些行。

任务 10　使用 DELETE 语句删除数据

任务描述

从“成绩”表中删除学生刘春明的成绩记录。

任务实现

实现步骤如下：

（1）在对象资源管理器中，连接到数据库引擎。

（2）新建一个查询，然后在查询编辑器窗口中编写以下语句：

```
USE 学生成绩;
DELETE FROM 成绩
    FROM 学生
    WHERE 学生.姓名='刘春明' AND 学生.学号=成绩.学号;
```

（3）按 F5 键执行上述 SQL 语句。

相关知识

DELETE 语句用于删除表或视图中的一行或多行，语法格式如下：

```
DELETE [FROM]
{
    [server_name.database_name.schema_name.
      |database_name.[schema_name].|schema_name.]table_or_view_name
}
[FROM <table_source>[,...n]]
[WHERE <search_condition>][;]
```

其中 FROM 是可选的关键字，可以用在 DELETE 关键字与目标 *table_or_view_name* 之间。

server_name 指定表或视图所在服务器的名称，database_name 指定表或视图所在数据库的名称，schema_name 指定该表或视图所属架构的名称，table_or_view_name 指定要从其中删除行的表或视图的名称。如果指定了 server_name，则需要 database_name 和 schema_name。

FROM <table_source>指定附加的 FROM 子句。这个 FROM 子句指定可以由 WHERE 子句搜索条件中的谓词使用的其他表或视图及连接条件，以限定要从 *table_or_view_name* 中删除的行。

DELETE 只从第一个 FROM 子句内的 *table_or_view_name* 指定的表中删除行，而不会从第二个 FROM 子句指定的表中删除行。

WHERE 指定用于限制删除行数的条件。<search_condition>指定删除行的限定条件。如果没有提供 WHERE 子句，则 DELETE 删除表中的所有行。

注意

从一个表中删除所有行后，该表仍会保留在数据库中。DELETE 语句只从表中删除行，若要从数据库中删除表，可使用 DROP TABLE 语句。

任务 11　使用 TOP 限制删除的行

任务描述

在 Adventure Works 数据库中，从 PurchaseOrderDetail 表中删除到期日期早于 2002 年 7 月 1 日的 20 个随机行；在 Adventure Works 2008R2 数据库中，删除 ProductInventory 表中所有行的 2.5%（27 行）。

任务实现

实现步骤如下：

（1）在对象资源管理器中，连接到数据库引擎。

（2）新建一个查询，然后在查询编辑器窗口中编写以下语句：

```
USE AdventureWorks;
GO
DELETE TOP (20)
FROM Purchasing.PurchaseOrderDetail
WHERE DueDate<'20020701';
GO

USE AdventureWorks2008R2;
GO
DELETE TOP (2.5) PERCENT
FROM Production.ProductInventory;
GO
```

（3）按 F5 键执行上述 SQL 语句。

相关知识

在 DELETE 语句中，可以使用 TOP (*expression*) [PERCENT]子句来指定将要删除的任意行数或任意行的百分比，其中 *expression* 可以为行数或行的百分比。与 INSERT、UPDATE 或 DELETE 一起使用的 TOP 表达式中被引用行将不按任何顺序排列。

任务 12　使用 TRUNCATE TABLE 删除所有行

任务描述

在 Adventure Works 数据库中，删除 JobCandidate 表中的所有数据。

任务实现

实现步骤如下：

（1）在对象资源管理器中，连接到数据库引擎。

（2）新建一个查询，然后在查询编辑器窗口中编写以下语句：

```
USE AdventureWorks;
GO

TRUNCATE TABLE HumanResources.JobCandidate;
GO
```

（3）按 F5 键执行上述 SQL 语句。

相关知识

使用 TRUNCATE TABLE 语句可以从表中删除所有行，而不记录单个行删除操作。该语句在功能上与没有 WHERE 子句的 DELETE 语句相同；但是，TRUNCATE TABLE 速度更快，使用的系统资源和事务日志资源更少。TRUNCATE TABLE 的语法格式如下：

```
TRUNCATE TABLE
    [{database_name.[schema_name].|schema_name.}]
    table_name
[;]
```

其中 *database_name* 指定数据库的名称，*schema_name* 指定表所属架构的名称，*table_name* 指定要删除其全部行的表的名称。

任务 13　向 SQL Server 数据库中导入数据

任务描述

在 SQL Server 2008 服务器上创建一个名为 NW 的数据库，然后将 Access 示例数据库文件 Northwind.mdb 中的数据导入到 NW 数据库中。

任务分析

导入数据之前，SQL Server 目标数据库必须已经存在。在导入数据过程中可以创建 SSIS

包。若要再次运行此 SSIS 包，则需要在对象资源管理器中连接到 Integration Services。

任务实现

实现步骤如下：

（1）在对象资源管理器中，连接到数据库引擎。

（2）展开“数据库”，然后创建一个新的数据库并将其命名为 NW。

（3）右键单击 NW 数据库，然后选择“任务”→“导入数据”。

（4）在如图 4.10 所示的“SQL Server 导入和导出向导”对话框中，单击“下一步”按钮。

（5）在如图 4.11 所示的“选择数据源”对话框中，指定要复制的数据的源。从“数据源”下拉列表框中选择与源的数据存储格式相匹配的数据访问接口。根据计算机上安装的访问接口的不同，此属性的选项数也会不同。

在本任务中选择了 Microsoft Access，并通过单击“浏览”按钮来定位和选择 Access 数据库文件，然后单击“下一步”按钮。

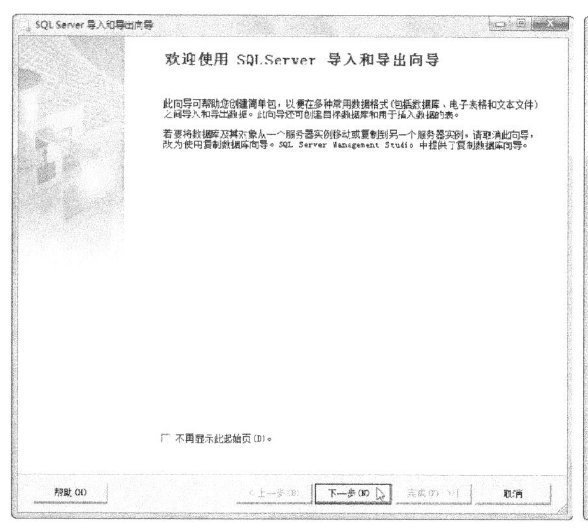

图 4.10　“SQL Server 导入和导出向导”对话框

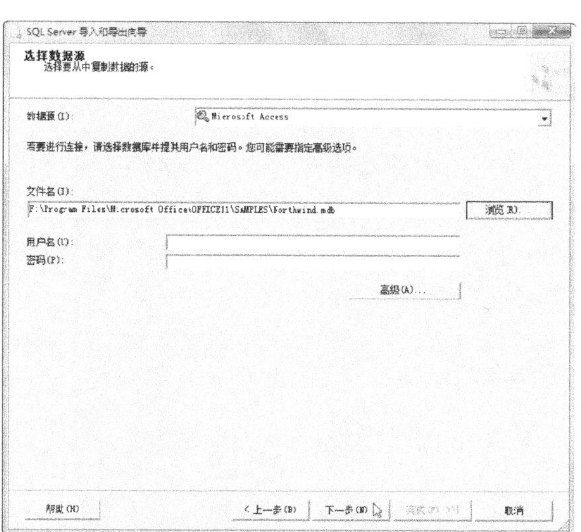

图 4.11　选择 Access 数据库作为数据源

（6）在如图 4.12 所示的“选择目标”对话框中，指定要将数据复制到何处。从“目标”下拉列表框中选择与目标的数据存储格式相匹配的数据访问接口。

在本任务中选择了 SQL Native Client，在“服务器名称”框中输入接收数据的服务器的名称，选择“使用 Windows 身份验证”选项，并指定 NW 作为接受数据的目标数据库，然后单击“下一步”按钮。

（7）在如图 4.13 所示的“指定表复制或查询”对话框中，指定如何复制数据。若要使用图形界面选择所希望复制的现有数据库对象，可选择“复制一个或多个表或视图的数据”；如果希望在复制操作中修改或限制源数据，则需要使用 Transact-SQL 创建更复杂的查询，为此可选择“编写查询以指定要传输的数据”。在本任务中选择了前者，然后单击“下一步”按钮。

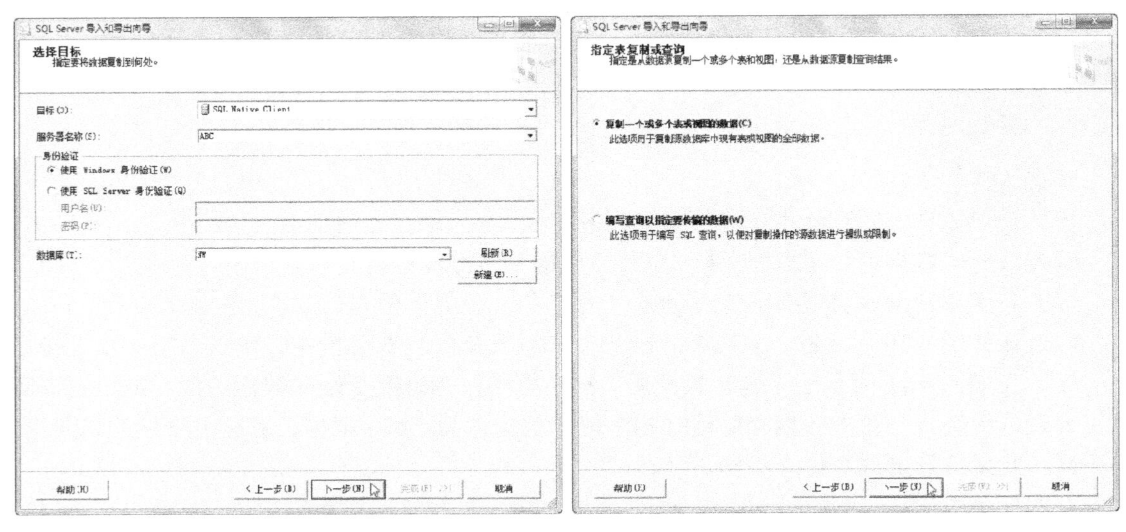

图 4.12　选择 SQL Server 数据库作为目标　　　　图 4.13　指定如何复制数据

（8）在如图 4.14 所示的“选择源表和源视图”对话框中，选中“产品”、“订单”、“订单明细”、“供应商”、“雇员”、“客户”、“类别”和“运货商”表作为要从中导入数据的源表，然后单击“下一步”按钮。

（9）在如图 4.15 所示的“保存并运行包”对话框中，设置是否保存 SSIS 包。在本任务中选中“立即运行”，并选取“保存 SSIS 包”和“SQL Server”（将包保存到 Microsoft SQL Server msdb 数据库），并从“包保护级别”列表框中选择“使用用户密钥加密敏感数据”，然后单击“下一步”按钮。

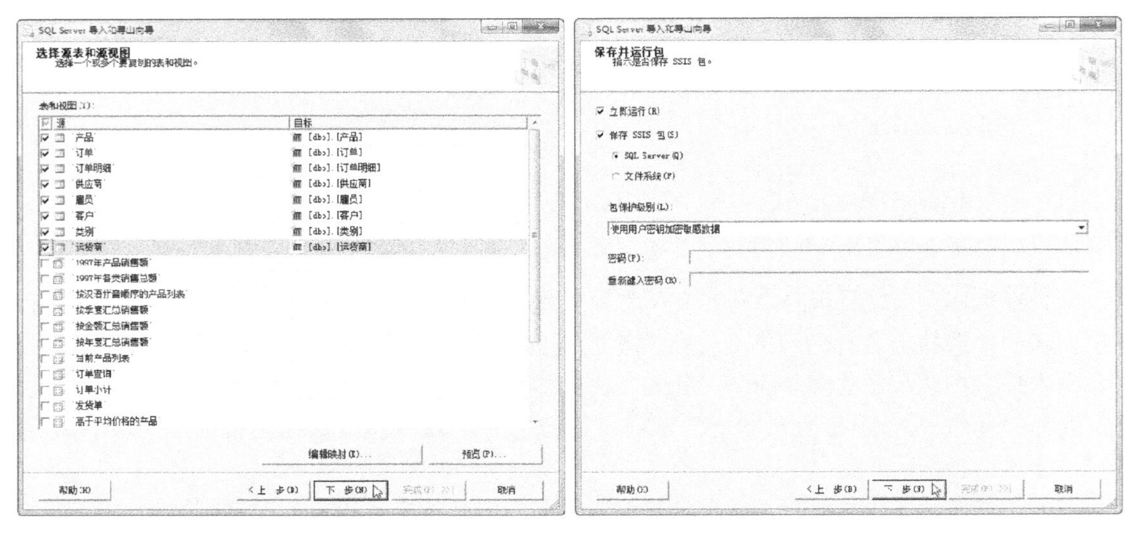

图 4.14　选择源表和源视图　　　　图 4.15　保存并执行 SSIS 包

（10）在如图 4.16 所示的“保存 SSIS 包”对话框中，将 SSIS 包命名为“导入 Access 数据库”并输入说明信息，选择 SQL Server 目标服务器的名称，再选择“使用 Windows 身份验证”，然后单击“下一步”按钮。

（11）在如图 4.17 所示的“完成该向导”对话框中，列出了要执行的数据复制操作，直接单击“完成”按钮，开始导入数据并创建 SSIS 包。

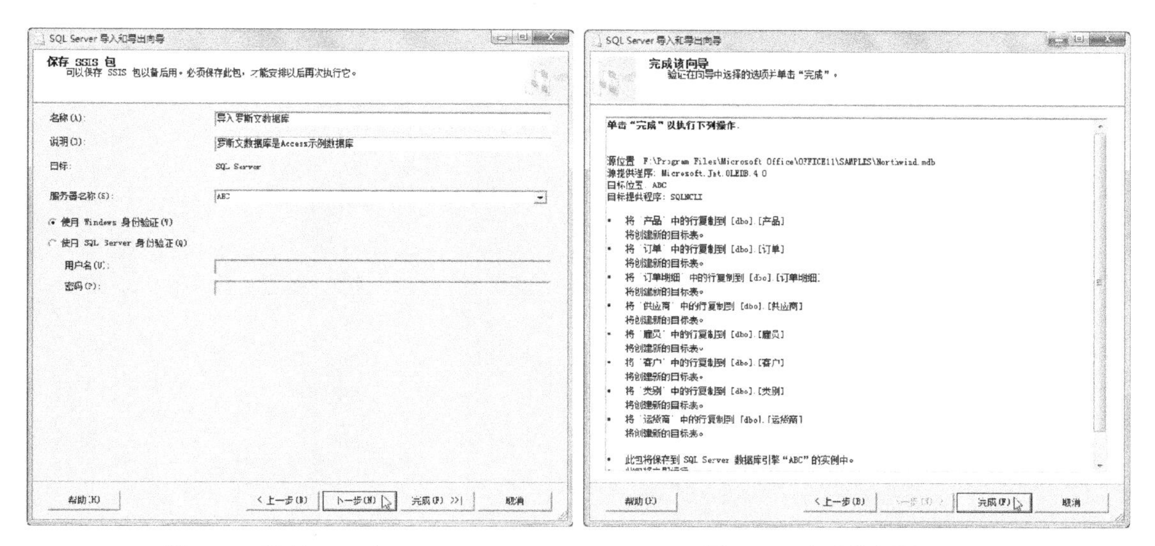

图 4.16　保存 SSIS 包　　　　图 4.17　完成数据导入

（12）在如图 4.18 所示的“执行成功”对话框中，单击“关闭”按钮，结束数据导入。

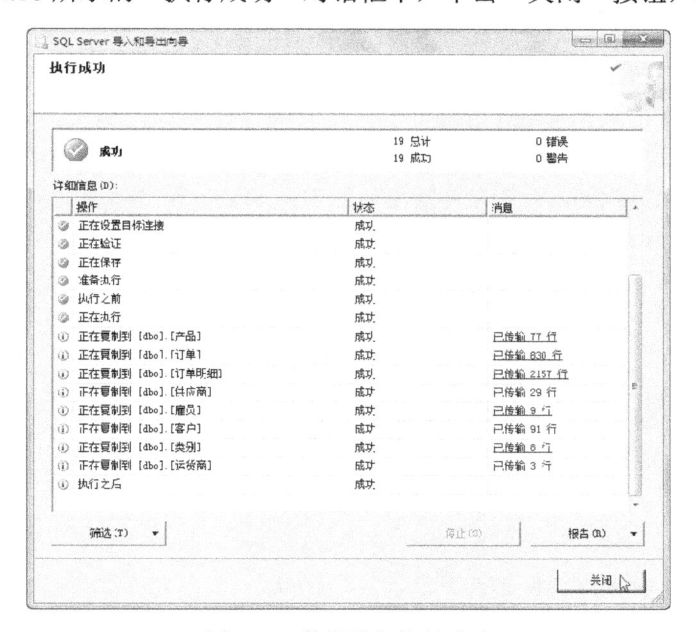

图 4.18　数据导入执行成功

（13）在对象资源管理器中刷新显示数据库，然后展开 NW 数据库的“表”结点，此时可以看到导入的数据表，如图 4.19 所示。

（14）在对象资源管理器中连接到 Integration Services，然后展开该实例。

（15）依次展开“已存储的包”和“MSDB”，此时可以看到导入数据过程中创建的 SSIS 包，如图 4.20 所示。若要运行该 SSIS 包，可右键单击该包，然后选择“运行包”命令。

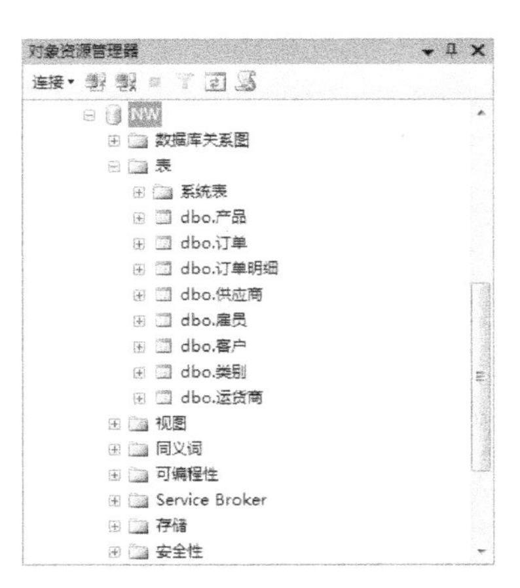

图 4.19　查看导入的数据表

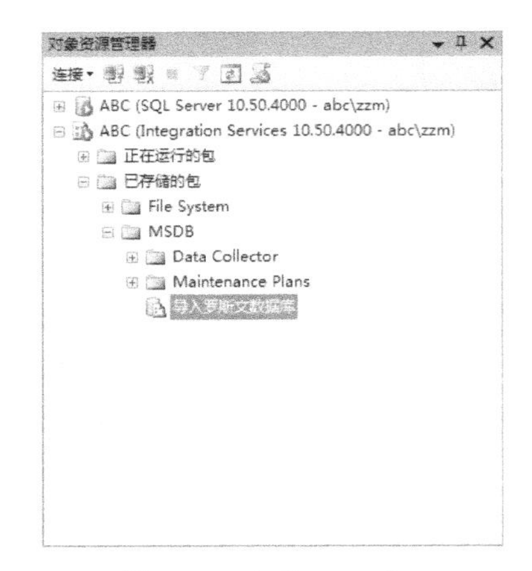

图 4.20　查看 SSIS 包

相关知识

在 SQL Server 2008 中，可以使用导入和导出向导在支持的数据源和目标之间复制和转换数据。既可以位于在相同或不同 SQL Server 服务器的数据库之间导入或导出数据，也可以在 SQL Server 数据库与其他数据库或数据格式之间转换数据。例如，利用此向导工具可以将 Access 或 FoxPro 等桌面数据库或 Excel 电子表格中的数据导入到 SQL Server 数据库，也可以将 SQL Server 数据库中的数据导出到其他数据库文件（如 Access 的 MDB 文件）。

导入数据是指将外部数据源中的数据复制到 SQL Server 数据库中。导入数据的整个过程可以在向导的提示下完成，包括选择提供数据的数据源和接受数据的 SQL Server 目标数据库、指定表复制或查询选项、选择源表和源视图以及设置是否保存 SSIS（SQL Server Integration Services）包等。

任务 14　从 SQL Server 数据库中导出数据

任务描述

创建一个 Access 数据库并保存为“学生成绩.mdb”，然后将 SQL Server 数据库“学生成绩”中的数据导入这个 Access 数据库。

任务分析

从 SQL Server 数据库中导出数据之前，用来接收数据的 Access 数据库必须已经存在，但不必在该数据库中创建表或其他数据库对象。在导出过程中，会将表和数据一并复制到目标数据库中。

任务实现

实现步骤如下：

（1）在 d:\mssql\项目 4 文件夹中，创建一个 Access 数据库文件并将其命名为“学生成绩.mdb”。

（2）启动 SQL Server Management Studio。

（3）在对象资源管理器中连接到数据库引擎并展开该实例。

（4）右键单击“学生成绩”数据库，然后选择“任务”→“导出数据”命令。

（5）在“SQL Server 导入和导出向导”对话框中，单击“下一步”按钮。

（6）在如图 4.21 所示的对话框中，指定要从中复制数据的 SQL Server 数据库。

从“数据源”下拉列表框中选择与源的数据存储格式相匹配的数据访问接口，在这里选择了 SQL server Native Client10.0。如果希望将数据导出到文本文件，则应当选择 Microsoft OLE DB Provider for SQL Server。

在“服务器名称”框中键入包含相应数据库的服务器的名称，或者从列表中选择服务器。选择“使用 Windows 身份验证”，指定包是否应使用 Microsoft Windows 身份验证登录数据库，为了实现更好的安全性，建议使用 Windows 身份验证。

在“数据库”框键入 SQL Server 数据库的名称，或从指定的 SQL Server 实例上的数据库列表中选择。这里使用当前选定的“学生成绩”数据库。完成上述设置后，单击“下一步”按钮。

（7）在如图 4.22 所示的“选择目标”对话框中，从“目标”下拉列表框中选择 Microsoft Access 作为与目标数据存储格式相匹配的数据访问接口，并在“文件名”框中输入 Access 数据库所在路径和文件名，或者通过单击“浏览”按钮来查找和选择这个目标数据库，然后单击“下一步”按钮。

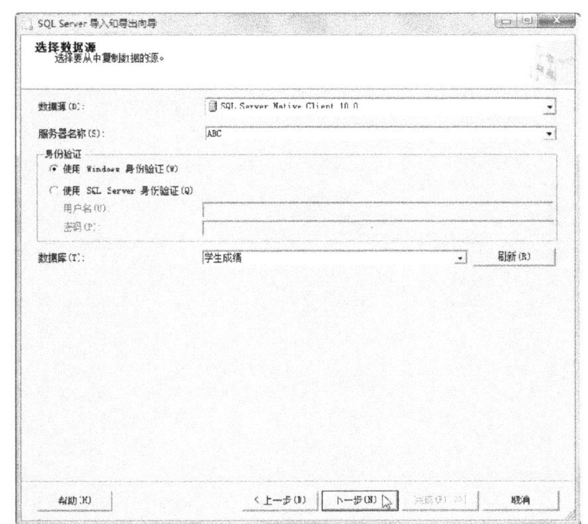

图 4.21　选择 SQL Server 数据库作为数据源图

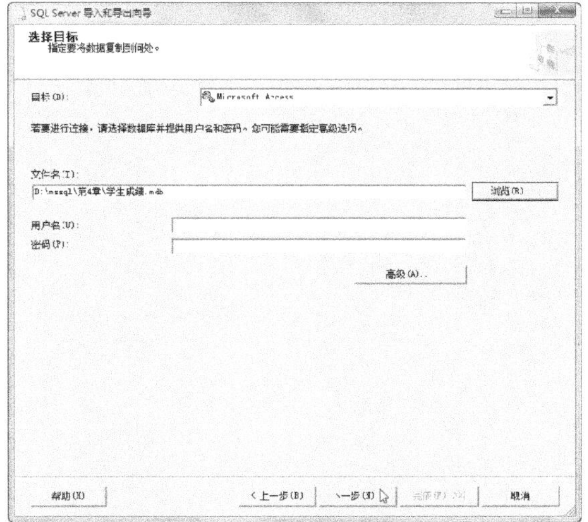

图 4.22　选择 Access 数据库作为数据复制的目标

（8）在如图 4.23 所示的“指定表复制或查询”对话框中，指定如何复制数据。在这里选择“复制一个或多个表或视图的数据”，然后单击“下一步”按钮。

（9）在如图 4.24 所示的“选择源表和源视图”对话框中，选中“学生成绩”数据库中的 7 个用户表（包括“班级”、“成绩”、“教师”、“课程”、“授课”、“系别”和“学生”），然后单击“下一步”按钮。

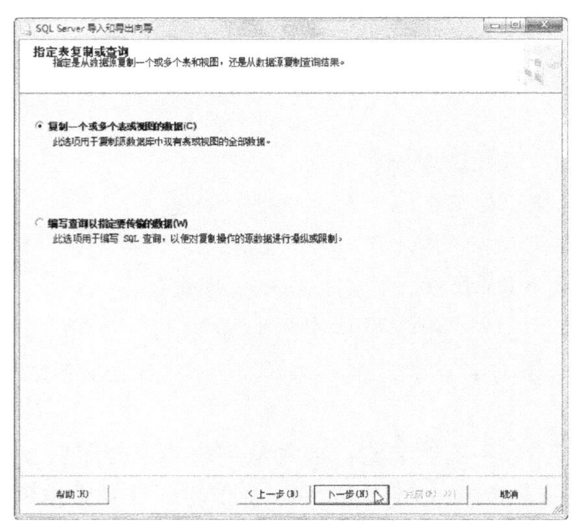

图 4.23 指定表复制或查询

图 4.24 选择源表和源视图

（9）在如图 4.25 所示的“保存并执行包”对话框中，选中“立即运行”和“保存 SSIS 包”复选框并选择“文件系统”单选按钮，从“包保护级别”列表框中选择“使用用户密钥加密敏感数据”，然后单击“下一步”按钮。

（10）在如图 4.26 所示的“保存 SSIS 包”对话框中，将 SSIS 包命名为“导入‘学生成绩’数据库”并输入说明信息，并在“文件名”框中指定用来保存包的文件名（其文件扩展名为.dtsx），该文件名与 SSIS 包的名称相同，在这里选择 F:\SQL2008\项目 4 文件夹来保存这个文件，然后单击“下一步”按钮。

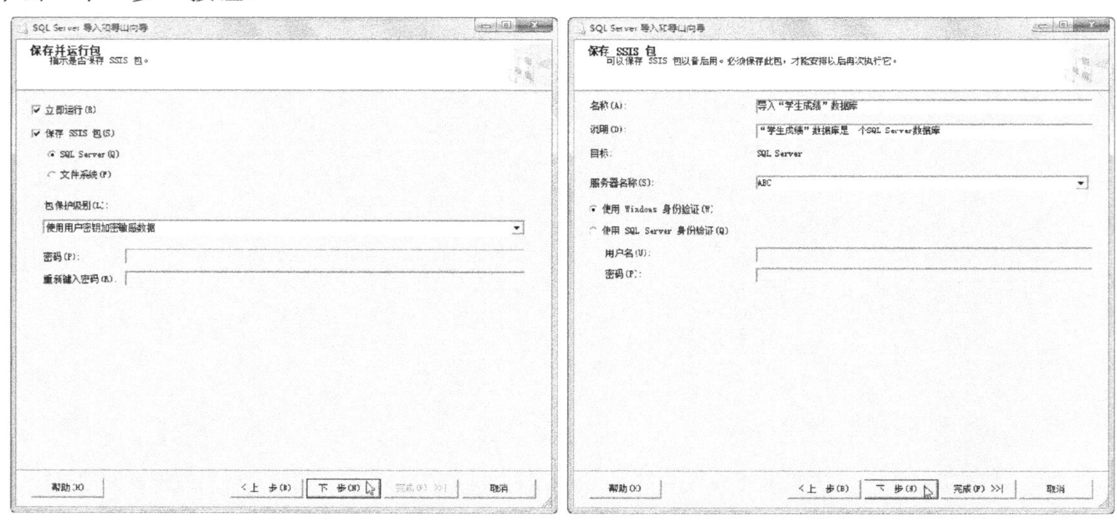

图 4.25 设置保存并执行 SSIS 包

图 4.26 保存 SSIS 包

（11）在如图 4.27 所示的“完成该向导”对话框中，列出了在导出数据过程中将创建的各个目标表，在这里直接单击“完成”按钮，开始向目标数据库中复制数据。

（12）在如图 4.28 所示的“执行成功”对话框中，列出了已复制的数据行数，单击“关闭”按钮，结束数据导出过程。

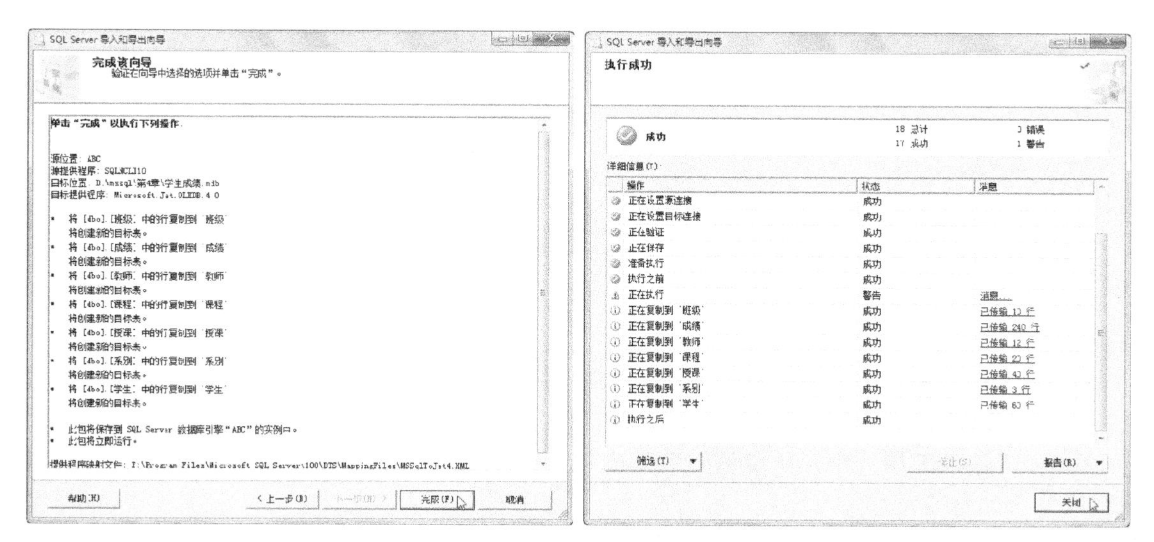

图 4.27　完成导出向导　　　　图 4.28　数据导出成功

（13）在 Windows 资源管理器中，打开位于“d:\mssql\第 4 章”文件夹中的“学生成绩.mdb”数据库文件，可以看到已创建了各个数据表，如图 4.29 所示。

（14）在对象资源管理器中连接到 Integration Services，展开该实例，依次展开“已存储的包”和 MSDB，此时可以看到导入数据过程中创建的 SSIS 包。若要运行该 SSIS 包，可右键单击该包，然后选择“运行包”。

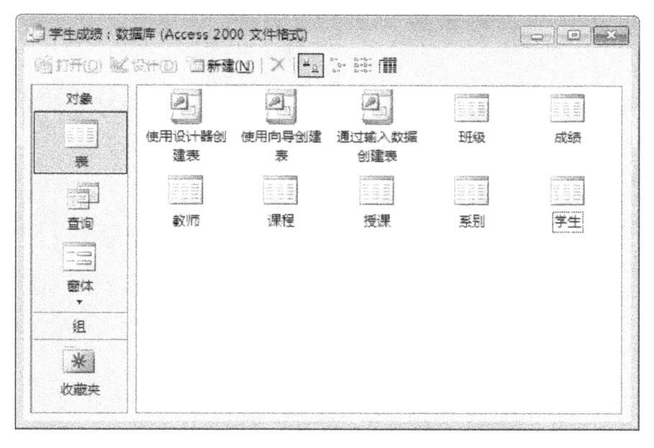

图 4.29　通过导出数据生成的 Access 数据库表

相关知识

导出数据是指将存储在 SQL Server 数据库中的数据复制到其他数据库、电子表格或文本文件中。导出数据的整个操作过程可以在向导提示下完成，主要步骤包括选择提供数据的数据源和接收数据的目标数据库或文件、指定表复制或查询选项、选择源表和源视图以及设置是否保存 SSIS 包等。

项目思考

一、填空题

1.“结果”窗格用于显示________________________的结果。

2. 在 INSERT 语句中，DEFAULT 强制数据库引擎加载为列定义的__________。

3. 若要向标识列中插入显式值时，必须将表的____________________选项设置为 ON。

4. BULK INSERT 语句以按用户指定的格式将__________加载到__________。

5. 在 BULK INSERT 语句中，默认的字段终止符为____，默认的行终止符为____。

6. 在 INSERT 语句中，可以使用 SELECT 子查询将一个或多个____或______中的值添加到另一个表中。

7. 在“结果”窗格中，应以__________形式输入空值。

8. 执行 DELETE 语句时，只从__________FROM 子句指定的表中删除行，不从______________FROM 子句指定的表中删除行。

9. TRUNCATE TABLE 语句在功能上与没有__________子句的 DELETE 语句相同。

二、选择题

1. 在执行 INSERT 语句时，当列满足（　　）条件时，数据库引擎不一定能自动为列提供值：

A．具有 IDENTITY 属性　　B．指定有默认值
C．具有 timestamp 数据类型　　D．应用了 CHECK 约束

2. 若在 UPDATE 语句中未使用 WHERE 子句，则（　　）。

A．不会更新任何一行　　B．只更新第一行
C．更新所有行　　D．只更新最后一行

3. 若要基于随机选择 *n* 行来执行更新操作，则应在 UPDATE 语句中使用（　　）子句。

A．TOP　　B．FROM　　C．WHERE　　D．SET

三、简答题

1. 向表中插入数据有哪些方法？
2. 在“结果”窗格中可以执行哪些操作？
3. 在什么情况下，可以在 INSERT 语句中省略列表？
4. 更新表中的数据有哪些方法？
5. 在 UPDATE 语句中，使用 FROM 子句有什么作用？
6. 如何在“结果”窗格中删除数据？
7. 使用导入和导出向导复制和转换数据时，主要有哪些步骤？

项目实训

1. 根据实际情况，向“学生成绩”数据库的各个表中输入一些数据。

2. 使用向导将“学生成绩”数据库中的数据导出到一个 Access 数据库文件“学生成绩.mdb”中，要求在导出数据的过程中创建一个“导出.dtsx”的文件，用于保存 SSIS 包的相关信息。

3. 从 Access 数据库文件“学生成绩.mdb”中删除所有表，然后通过打开“导出.dtsx”文件，在 SQL Server“学生成绩”数据库中导出这个 Access 数据库。

4. 在 SQL Server 2008 中创建一个数据库并命名为 NW，然后在 Access 示例数据库文件 Northiwind.mdb 中的数据表导入 NW 数据库中，要求在导入数据的过程中创建一个 SSIS 包。

5. 从 NW 数据库中删除所有用户表，然后连接到 Integration Services，并通过运行 SSIS 包再次导入各个数据表。

检索数据库数据

在 SQL Server 2008 中，可以使用 INSERT、UPDATE 以及 DELETE 语句来实现数据的增删改操作。对于存储在数据库中的数据，则要使用 SELECT 语句进行检索并以一个或多个结果集的形式将其返回给用户。与 SQL 表相同，结果集也是由行和列组成的，不过结果集只是对来自 SELECT 语句返回的数据所进行的表格排列。检索数据是用户使用数据的重要途径，与数据的增删改一样，也属于数据库的基本操作。在本项目中将通过 29 个任务来说明如何使用 SELECT 语句从 SQL Server 数据库中检索数据，首先使用 sqlcmd 工具执行 SELECT 语句，然后使用 SQL Server Management Studio 查询编辑器执行带有不同子句的 SELECT 语句。

任务 1　认识 SELECT 语句

任务描述

使用 sqlcmd 实用工具执行 SELECT 语句，以显示“学生成绩”数据库的“学生”表中所有女生的学号、姓名、性别和出生日期，要求按出生日期进行排序。

任务分析

要使用可信连接登录到当前服务器中 SQL Server 的默认实例，在命令提示行下输入“sqlcmd”即可；在 sqlcmd 中可以使用 SQL 语句来选择数据库并从表中选择数据；若要退出 sqlcmd 实用工具，可以输入 QUIT 命令。

任务实现

实现步骤如下：

（1）确保 sqlcmd 程序文件的路径（如 C:\Program Files\Microsoft SQL Server\100\Tools \Binn）包含在 Windows 操作系统的 path 环境变量中。

（2）单击“开始”按钮，然后选择“所有程序”→“附件”→“命令提示符”。

（3）在命令提示符下输入 sqlcmd，然后输入要执行的 SQL 语句：

```
USE 学生成绩;
GO
SELECT 学号,姓名,性别,出生日期
FROM 学生 WHERE 性别='女' ORDER BY 出生日期;
GO
```

查询语句的执行结果如图 5.1 所示。

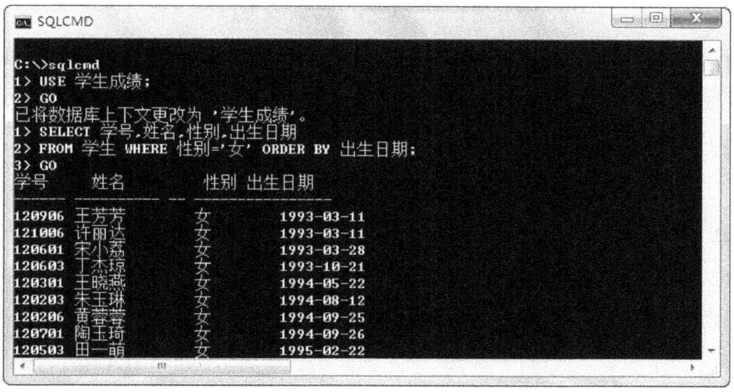

```
SQLCMD
C:\>sqlcmd
1> USE 学生成绩;
2> GO
已将数据库上下文更改为 '学生成绩'。
1> SELECT 学号,姓名,性别,出生日期
2> FROM 学生 WHERE 性别='女' ORDER BY 出生日期;
3> GO
学号     姓名          性别 出生日期
------ ---------- -- ----------------
120906 王芳芳        女        1993-03-11
121006 许丽达        女        1993-03-11
120601 宋小燕        女        1993-03-28
120603 丁杰琼        女        1993-10-21
120301 王晓燕        女        1994-05-22
120203 朱玉琳        女        1994-08-12
120206 黄蓉蓉        女        1994-09-25
120701 陶玉琦        女        1994-09-26
120503 田一萌        女        1995-02-22
```

图 5.1　使用 sqlcmd 实用工具执行查询语句

（4）输入 QUIT 命令，退出 sqlcmd 实用工具。

相关知识

通过使用 SQL Server Management Studio 或 sqlcmd 实用工具执行 SELECT 语句，可以对存储在 SQL Server 2008 中的数据发出选择查询，即从数据库表中检索所需的数据。选择查询可以包含要返回的列、要选择的行、放置行的顺序以及如何对信息进行分组的规范。

一、SELECT 语句的组成

SELECT 语句用于从数据库中检索行，并允许从一个或多个表中选择一个或多个行或列。SELECT 语句的完整语法比较复杂，但是可以将其主要子句归纳如下：

```
SELECT select_list [INTO new_table]
[FROM table_source] [WHERE search_condition]
[GROUP BY group_by_expression]
[HAVING search_condition]
[ORDER BY order_expression [ASC|DESC]]
```

其中 SELECT 子句指定选择列表，即通过查询返回的列。*select_list* 是一个由逗号（,）分隔的表达式列表。每个表达式同时定义格式（数据类型和大小）和结果集列的数据来源。通常每个选择列表表达式都是对数据所在的源表或视图中的列的引用，但也有可能是对任何其他表达式（例如常量或 Transact-SQL 函数）的引用。

INTO 子句指定在默认字段组中创建一个新表并将来自查询的结果行插入新表中。参数 *new_table_name* 指定新表的名称。新表的格式通过对选择列表中的表达式进行取值来确定，新

表中的列按选择列表指定的顺序创建，新表中的每列与选择列表中的相应表达式具有相同的名称、数据类型、为空性和值。若要在 SQL Server 的同一实例上的另一个数据库中创建该表，应将 *new_table* 指定为“数据库.架构.表”形式的完全限定名称。

FROM 子句指定在 SELECT 语句中使用的表源。*table_source* 指定要在查询语句中使用的表、视图、表变量或派生表源（有无别名均可）。虽然语句中可用的表源个数的限值根据可用内存和查询中其他表达式的复杂性而有所不同，但一个语句中最多可使用 256 个表源。单个查询可能不支持最多有 256 个表源。如果表或视图存在于 SQL Server 的同一实例的另一个数据库中，应按照“数据库.架构.对象”名称形式使用完全限定名称。在 SELECT 语句中，FROM 子句是必需的，除非选择列表只包含常量、变量和算术表达式（没有列名）。

WHERE 子句指定查询返回的行的搜索条件。参数 *search_condition* 定义要返回的行应满足的条件，用于筛选数据，只有符合条件的行才向结果集提供数据。不符合条件的行，其中的数据将不被采用。

GROUP BY 子句按一个或多个列或表达式的值将一组选定行组合成一个摘要行集，针对每一组返回一行。*group_by_expression* 指定针对其执行分组操作的表达式，也称为分组列。例如，AdventureWorks.Sales.SalesOrderHeader 表在 TerritoryID 列中有 10 个值，GROUP BY TerritoryID 子句将结果集分成 10 组，每组分别对应 TerritoryID 的一个值。

HAVING 子句指定组或聚合的搜索条件。HAVING 通常在 GROUP BY 子句中使用。如果不使用 GROUP BY 子句，则 HAVING 的行为与 WHERE 子句一样。参数 *search_condition*

指定组或聚合应满足的搜索条件。从逻辑上讲，HAVING 子句是从应用了任何 FROM、WHERE 或 GROUP BY 子句的 SELECT 语句而生成的中间结果集中对行进行筛选。

ORDER BY 子句指定在 SELECT 语句返回的列中所使用的排序顺序。参数 *order_by_expression* 指定要排序的列，可以将排序列指定为一个名称或列别名，也可以指定一个表示该名称或别名在选择列表中所处位置的非负整数。关键字 ASC 和 DESC 用于指定排序行的排列顺序是升序还是降序。如果结果集行的顺序对于 SELECT 语句来说很重要，就应当在该语句中使用 ORDER BY 子句。

SELECT 语句中上述子句的顺序非常重要。虽然可以省略可选子句，但这些子句在使用时必须按适当的顺序出现。

二、查询工具介绍

在 SQL Server 2008 中，可以使用下列工具来访问和更改数据库中的数据：SQL Server Management Studio、sqlcmd 实用工具和 bcp 实用工具。

1. 查询编辑器

使用 SQL Server Management Studio 可以同时连接到 SQL Server 的多个实例，并对这些实例进行管理。在 SQL Server Management Studio 环境中，可以使用查询编辑器创建和运行 Transact-SQL 脚本，以交互方式访问和更改数据库中的数据。查询编辑器具有以下功能。

（1）在查询窗口中键入 SQL 语句，这些语句可保存到脚本文件（.sql）中。

（2）若要执行脚本，可按 F5 键。如果选择了一部分代码，则仅执行该部分代码。如果没有选择任何代码，则执行查询编辑器的全部内容。

（3）若要获取有关 Transact-SQL 语法的帮助，可在查询编辑器选择关键字并按 F1 键。

（4）若要获取有关 Transact-SQL 语法的动态帮助，可从“帮助”菜单中选择“动态帮助”，以打开动态帮助组件。如果使用动态帮助，在查询编辑器中键入关键字时，帮助主题将显示在动态帮助窗口中。

当在标准工具栏上单击“新建查询”按钮时，将使用当前的连接信息打开一个新的查询编辑器窗口，在这个窗口中可以编写 SQL 语句，然后对这些语句进行分析或执行。

2. sqlcmd 实用工具

sqlcmd 实用工具是一个命令提示实用工具，可以用于交互式执行 Transact-SQL 语句和脚本。若要使用 sqlcmd，必须首先对 Transact-SQL 编程语言有所了解。sqlcmd 使用 SQL Native Client OLE DB 访问接口 API。这代替了基于 ODBC API 的 osql 命令提示实用工具。

sqlcmd 实用工具一次仅允许与一个 SQL Server 实例连接。

使用 sqlcmd 实用工具可以在命令提示符处输入 Transact-SQL 语句、系统过程和脚本文件。sqlcmd 实用工具的命令行语法格式如下：

```
sqlcmd [{{-U login_id [-P password]}|-E}]
[-i input_file[,input_file2...]][-o output_file]
```

其中-U login_id 指定用户登录 ID，登录 ID 区分大小写。-P password 指定用户的密码，密码是区分大小写的。-E 指定使用可信连接而不是用户名和密码登录 SQL Server；默认情况下，sqlcmd 将使用可信连接选项。

-i input_file[,input_file2...]标识包含一批 SQL 语句或存储过程的文件。

-o output_file 标识从 sqlcmd 接收输出的文件。

启动 sqlcmd 实用工具后，除了执行 Transact-SQL 语句之外，还可以使用以下命令。

（1）GO：在批处理和执行任何缓存 Transact-SQL 语句结尾时会发出信号。

（2）[:]!!<command>：执行操作系统命令。若要执行操作系统命令，可用两个感叹号（!!）开始一行，后面输入操作系统命令。

（3）[:] QUIT：退出 sqlcmd。

3. bcp 实用工具

bcp 实用工具可以用于将大量的行插入 SQL Server 表中。该实用工具不需要用户具有 Transact-SQL 知识；但是，用户必须清楚要向其中复制新行的表的结构以及表中的行可以使用的数据类型。关于 bcp 实用工具的使用方法，请参阅 SQL Server 联机丛书。

任务 2　从表中选择所有列

任务描述

在“学生成绩”数据库中，使用 SELECT 语句检索“系别”表中的全部数据。

任务分析

检索全部数据有两层含义：其一是在结果集包含表中的全部列，这可以在选择列表中使用星号来实现；其二是结果集包含表中的全部行，只要不使用 WHERE 子句指定搜索条件，这个更简单：自然就能返回表中的全部行。

任务实现

实现步骤如下：

（1）在对象资源管理器中，连接到数据库引擎。

（2）新建一个 SQL 查询，然后在查询编辑器中编写以下语句：

```
USE 学生成绩;
GO
SELECT * FROM 系别;
GO
```

（3）将脚本文件保存为 SQLQuery5-02.sql，按 F5 键执行脚本，结果如图 5.2 所示。

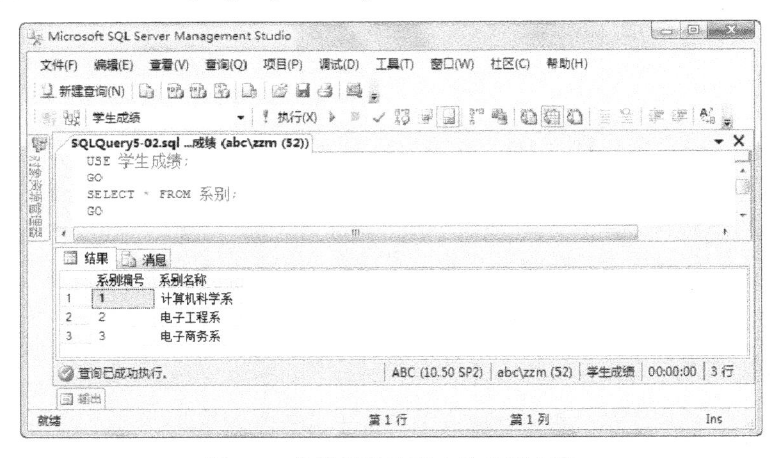

图 5.2 使用星号从表中选择所有列

相关知识

SELECT 子句是 SELECT 语句的第一部分。该子句用于指定查询返回的选择列表，用于定义 SELECT 语句的结果集中的列。选择列表是一系列以逗号分隔的表达式，每个表达式定义结果集中的一列。结果集中列的排列顺序与选择列表中表达式的排列顺序相同。在选择列表中，可以使用各种各样的项目。例如，使用简单表达式来引用函数、局部变量、常量或者表或视图中的列，使用标量子查询对结果集每一行求得单个值的 SELECT 语句，通过对一个或多个简单表达式使用运算符创建复杂表达式，使用*关键字指定返回表中的所有列，使用@local_variable=expression 形式对变量赋值，使用$IDENTITY 关键字来引用表中具有 IDENTITY 属性的列的引用，使用$ROWGUID 关键字来引用表中具有 ROWGUIDCOL 属性的列。

在 SELECT 子句中，使用星号（*）可选择表或视图中的所有列。如果没有使用限定符指定，则星号将被解析为对 FROM 子句中指定的所有表或视图中的所有列的引用。如果使用表或视图名称进行限定，则星号将被解析为对指定表或视图中的所有列的引用。

当在 SELECT 子句中使用星号时，结果集中的列的顺序与创建表或视图时所指定的列顺序相同。由于 SELECT * 将查找表中当前存在的所有列，因此每次执行 SELECT * 语句时，表结构的更改（通过添加、删除或重命名列）都会自动反映出来。

任务 3　从表中选择特定列

任务描述

在“学生成绩”数据库中，使用 SELECT 语句从“学生”表中检索学生数据，要求结果集中包括班级编号、学号、姓名、性别、出生日期以及政治面貌信息。

任务分析

若要从一个表中检索部分列的数据，在选择列表中给出这些列的名称即可，各个列之间用逗号分隔。

任务实现

实现步骤如下：

（1）在对象资源管理器中，连接到数据库引擎。

（2）新建一个 SQL 查询，并在查询编辑器中编写以下语句：

```
USE 学生成绩;
GO
SELECT 班级编号,学号,姓名,性别,出生日期,政治面貌
FROM 学生;
GO
```

（3）将脚本文件保存为 SQLQuery5-03.sql，按 F5 键执行脚本，结果如图 5.3 所示。

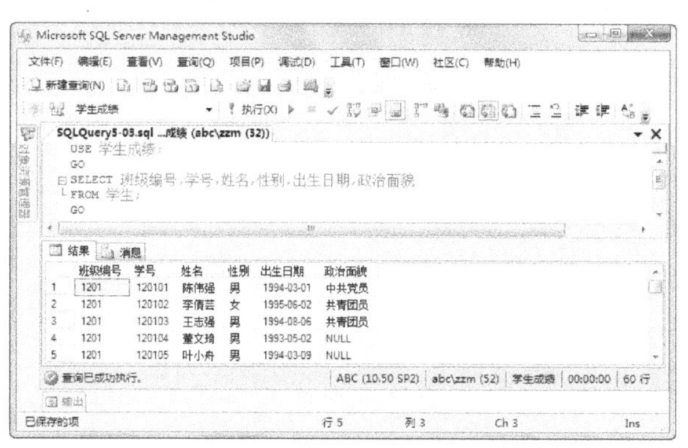

图 5.3　从表选择特定列

相关知识

若要选择表中的特定列作为 SELECT 查询的输出列，则应当在选择列表中明确地列出每一列，各列之间用逗号分隔。

如果创建表时在表名或列名中使用了空格（不符合标识符命名规则），则编写 SELECT 语句时需要使用方括号将表名或列名括起来，否则会出现错误信息。

如果在 FROM 子句中指定了多个表，而这些表中又有同名的列，则在使用这些列时需要

在列名前面冠以表名，以指明该列属于哪个表。例如，在“学生”表和“成绩”表都有一个“学号”列。若要引用“学生”表中的“学号”列，应在选择列表中写上“学生.学号”；若要引用“成绩”表中的“学号”列，则应在选择列表中写上“成绩.学号”。

任务 4　从表中选择特殊列

任务描述

在“学生成绩”数据库中，使用 SELECT 语句从“教师”表中检索教师信息，要求在结果集包含系别编号、教师编号、姓名、性别和参加工作时间信息。

任务分析

“教师编号”列是“教师”表中的标识列，既可以通过列名来引用该列，也可以用$IDENTITY 关键字来引用该列。在本任务中使用了后一种形式。

任务实现

实现步骤如下：

（1）在对象资源管理器中，连接到数据库引擎。

（2）新建一个 SQL 查询，并在查询编辑器中编写以下语句：

```
USE 学生成绩;
GO
SELECT 系别编号,$IDENTITY,姓名,性别,参加工作时间
FROM 教师;
GO
```

（3）将脚本文件保存为 SQLQuery5-04.sql，按 F5 键执行脚本，结果如图 5.4 所示。

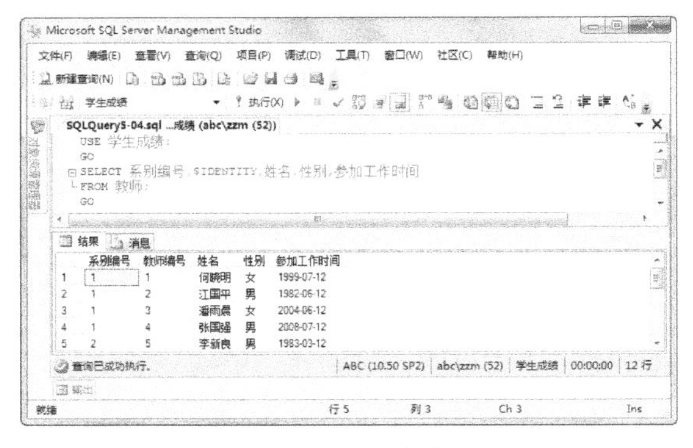

图 5.4　从表中选择标识列

相关知识

通常情况下是使用列名来指定查询的输出列的。但对于以下两种列也可以使用专门的关键字来引用。

（1）对于表中的标识符列，可使用$IDENTITY 关键字来引用。

（2）对于具有 ROWGUIDCOL 属性的列，可使用$ROWGUID 关键字来引用。

在这里需要说明的是，如果在 SELECT 语句选取多个表作为查询的数据来源，则必须在$IDENTITY 和$ROWGUID 关键字前面冠以表名，以指示这些列属于哪个表。例如，Table1．$IDENTITY 和 Table1.$ROWGUID。

任务 5　设置结果集列的名称

任务描述

在 AdventureWorks 数据库中，使用 SELECT 语句从 HumanResources.Employee 表中检索雇员信息，要求在结果集包含雇员编号、头衔、出生日期以及雇用日期信息，并使用中文表示结果集的列名。

任务分析

在 Employee 表中，所有列的名称都是用英文表示的。要使用中文表示结果集的列名，可使用 AS 子句为各个列指定别名。

任务实现

实现步骤如下：

（1）在对象资源管理器中，连接到数据库引擎。

（2）新建一个 SQL 查询，并在查询编辑器中编写以下语句：

```
USE AdventureWorks;
GO
SELECT EmployeeID AS 雇员编号,Title AS 头衔,
   BirthDate AS 出生日期,HireDate AS 雇用日期
FROM HumanResources.Employee;
GO
```

（3）将脚本文件保存为 SQLQuery5-05.sql，按 F5 键执行脚本，结果如图 5.5 所示。

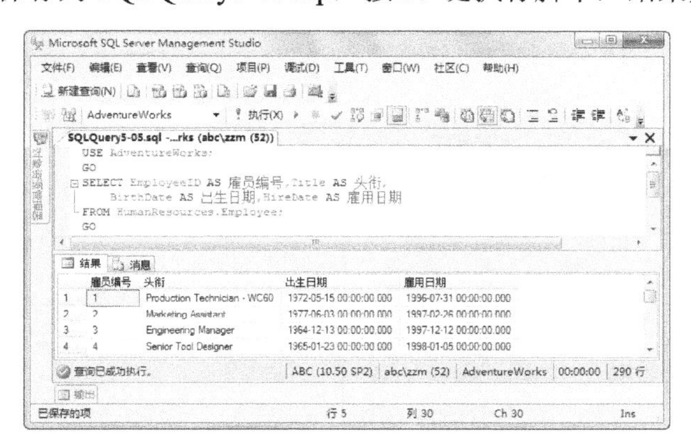

图 5.5　为列指定别名

相关知识

在 SELECT 语句中，可以使用 AS 子句来更改结果集列的名称或为派生列分配名称。AS 子句是在 SQL-92 标准中定义的语法，用来为结果集列分配名称。下面是要在 SQL Server 2008 中使用的首选语法。

```
column_name AS column_alias
```

另一种形式为：

```
result_column_expression AS derived_column_name
```

为了与 SQL Server 的早期版本兼容，Transact-SQL 还支持以下语法：

```
column_alias=column_name
```

另一种形式为：

```
derived_column_name=result_column_expression
```

其中 column_name 表示列名称，column_alias 用于指定列的别名。result_column_expression 表示派生列表达式，derived_column_name 用于指定派生列的名称。

如果结果集列是通过对表或视图中某一列的引用所定义的，则该结果集列的名称与所引用列的名称相同。AS 子句可以用来为结果集列分配不同的名称或别名，这样可以增加可读性。在选择列表中，对有些列进行了具体指定，而不是指定为对列的简单引用，这些列便是派生列。派生列没有名称，但可以使用 AS 子句为派生列指定名称。

任务 6　在选择列表中进行计算

任务描述

在“学生成绩”数据库中，使用 SELECT 语句从“学生”表中检索学生信息，要求在结果集中包括班级编号、学号、姓名和年龄。

任务分析

“学生”表中包含“出生日期”列，表示学生的出生日期。若要计算学生的年龄，需要用到两个函数：使用 GETDATE 函数返回当前系统日期和时间；使用 DATEDIFF 函数返回跨两个指定日期的年数。DATEDIFF 函数的语法格式如下：

```
DATEDIFF(datepart,startdate,enddate)
```

其中参数 *datepart* 指定应在日期的哪一部分计算差额的参数，若要计算两个日期相差的年数，应将该设置设置为 yy。*startdate* 和 *enddate* 分别指定计算的开始日期和结束日期。

任务实现

实现步骤如下：

（1）在对象资源管理器中，连接到数据库引擎。

（2）新建一个 SQL 查询，并在查询编辑器中编写以下语句：

```
USE 学生成绩;
GO
SELECT 班级编号,学号,姓名,
    DATEDIFF(yy,出生日期,GETDATE()) AS 年龄
FROM 学生;
GO
```

（3）将脚本文件保存为 SQLQuery5-06.sql，按 F5 键执行脚本，如图 5.6 所示。

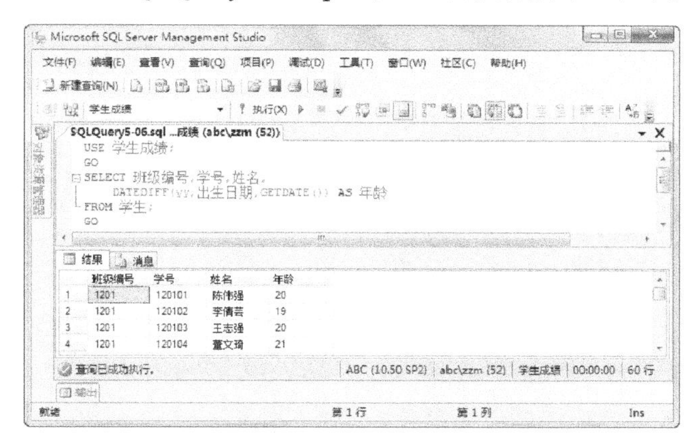

图 5.6　在选择列表中计算学生年龄

相关知识

在 SELECT 语句的选择列表中，可以包含通过对一个或多个简单表达式应用运算符而生成的表达式。这样可使结果集中包含基表中不存在、但是根据基表中存储的值计算得到的值，这些结果集列被称为派生列。在派生列中，可以对数值列或常量使用算术运算符或函数进行的计算和运算，也可以进行数据类型转换，还可以使用子查询。所谓子查询，就是一个嵌套在 SELECT、INSERT、UPDATE 或 DELETE 语句或其他子查询中的查询。

通过在带有算术运算符、函数、转换或嵌套查询的选择列表中使用数值列或数值常量，可以对数据进行计算和运算。在选择列表中支持下列算术运算符：+（加）、－（减）、*（乘）、/（除）、%（模，即取余数）。使用算术运算符可以对数值数据进行加、减、乘、除运算。使用算术运算符可以执行涉及一个或多个列的计算。

进行加、减、乘、除运算的算术运算符可以在任何数值列或表达式中使用，数值类型包括 int、smallint、tinyint、decimal、numeric、float、real、money 或 smallmoney。模运算符只能在 int、smallint 或 tinyint 列或表达式中使用。也可以使用日期函数或常规加或减算术运算符对 datetime 和 smalldatetime 列进行算术运算。

任务 7　使用 DISTINCT 消除重复项

任务描述

在“学生成绩”数据库中，使用 SELECT 语句从“成绩”表中检索所有课程编号，然后使

用 SELECT 语句从“成绩”表中检索所有不重复的课程编号。

任务分析

由于每个学生在“成绩”表中有多门课程成绩，因此当不指定 DISTINCT 时结果集中会包含重复的行。若要消除这些重复的行，在 SELECT 语句中使用 DISTINCT 即可。

任务实现

实现步骤如下：

（1）在对象资源管理器中，连接到数据库引擎。

（2）新建一个 SQL 查询，并在查询编辑器中编写以下语句：

```
USE 学生成绩;
GO
SELECT 课程编号 FROM 成绩;
GO
SELECT DISTINCT 课程编号 FROM 成绩;
GO
```

（3）将脚本文件保存为 SQLQuery5-07.sql，按 F5 键执行脚本，结果如图 5.7 和图 5.8 所示。

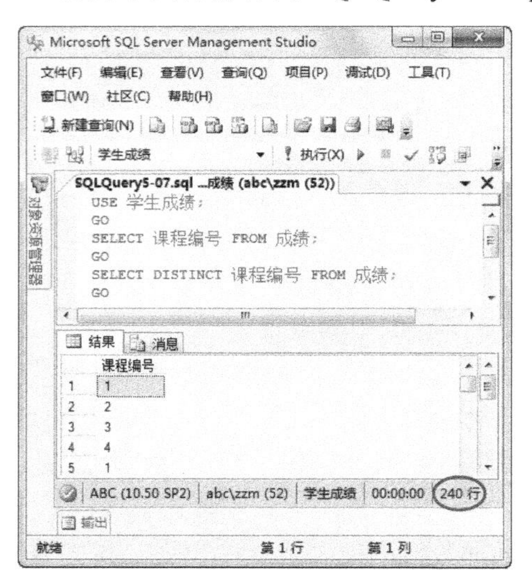

图 5.7　未使用 DISTINCT 时返回 240 行

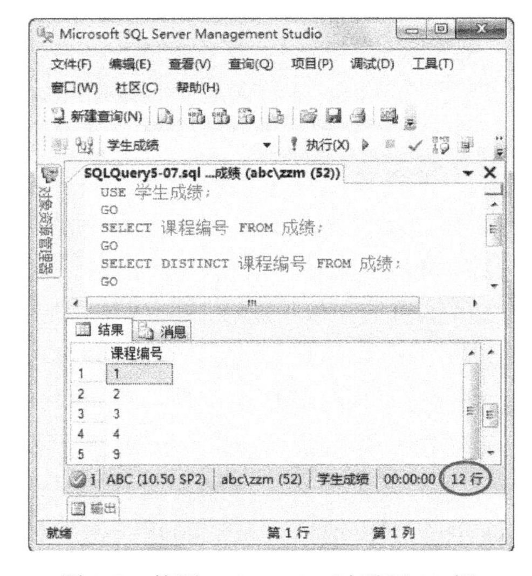

图 5.8　使用 DISTINCT 时返回 12 行

相关知识

使用 DISTINCT 关键字可以从 SELECT 语句的结果集中消除重复的行。对于 DISTINCT 关键字来说，空值将被认为是相互重复的内容。

如果没有指定 DISTINCT，将返回包括重复行在内的所有行。当 SELECT 语句中包括 DISTINCT 时，不论遇到多少个空值，结果中只返回一个 NULL。

任务 8　使用 TOP 限制结果集

任务描述

在“学生成绩”数据库中，从“学生”表中检索前 6 名学生的信息。

任务分析

要从表中返回前 6 行数据，在选择列表中添加 TOP 6 即可。

任务实现

实现步骤如下：

（1）在对象资源管理器中，连接到数据库引擎。

（2）新建一个 SQL 查询，并在查询编辑器中编写以下语句：

```
USE 学生成绩;
GO
SELECT TOP (10) 学号,姓名,性别,出生日期
FROM 学生;
GO
```

（3）将脚本文件保存为 SQLQuery5-08.sql，按 F5 键执行脚本，结果如图 5.9 所示。

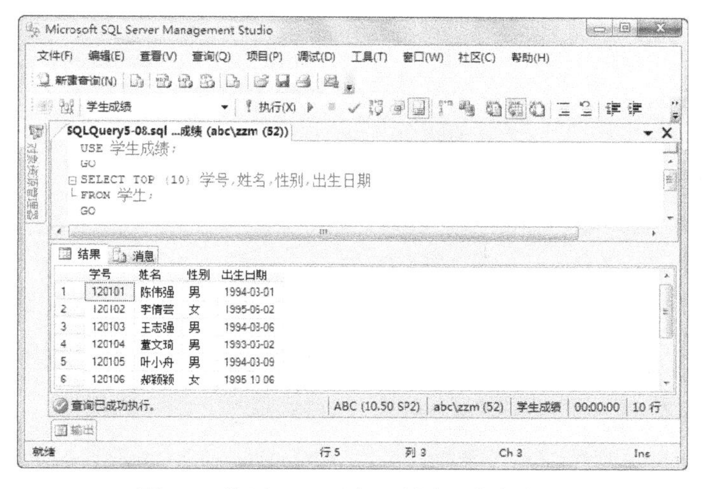

图 5.9　使用 TOP 子句限制结果集的大小

相关知识

在 SELECT 语句中，可以使用 TOP 子句限制结果集中返回的行数。语法格式如下：

```
TOP (expression) [PERCENT] [WITH TIES]
```

其中 *expression* 是一个数值表达式，用于指定返回的行数。如果指定了 PERCENT，则是指返回的结果集行的百分比（由 *expression* 指定）。

例如：

```
TOP (120)                    /* 返回结果集的前面120行 */
TOP (25) PERCENT             /* 返回结果集前面的25% */
```

如果在 SELECT 语句中同时使用了 TOP 和 ORDER BY 子句，则返回的行将会从排序后的结果集中选择。整个结果集按照指定的顺序排列，并且返回排序后结果集前面的若干行（由 *expression* 指定）。如果同时还指定了 WITH TIES 选项，则返回包含 ORDER BY 子句返回的最后一个值的所有行，即便这样会超过 *expression* 指定的数量。

任务 9　使用没有 FROM 子句的 SELECT 语句

任务描述

使用 SELECT 语句显示以下信息：一条欢迎信息、系统当前日期和时间、SQL Server 服务器实例的名称以及当前所使用的 SQL Server 版本号。

任务分析

由于所要显示的信息都不需要从数据库表中获取，因此可以使用一个没有 FROM 子句的 SELECT 语句。

任务实现

实现步骤如下：

（1）在对象资源管理器中连接到 SQL Server 数据库引擎。

（2）创建一个新查询，并在查询编辑器中编写以下语句：

```
SELECT '欢迎您使用SQL Server 2008' AS 欢迎信息,
    GETDATE() AS '现在时间',@@SERVERNAME AS 'SQL Server服务器名称',
    @@VERSION AS [SQL Server版本号]
```

（3）将脚本文件保存为 SQLQuery5-09.sql，按 F5 键执行脚本，结果如图 5.10 所示。

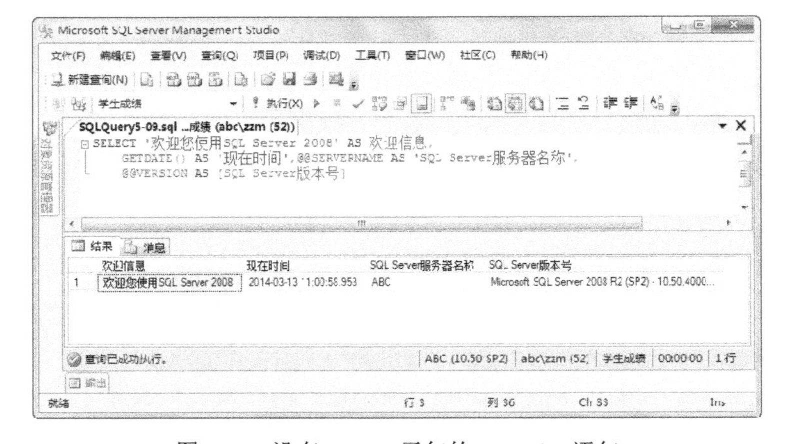

图 5.10　没有 FROM 子句的 SELECT 语句

相关知识

在 SELECT 语句中，FROM 子句用于指定选择查询的数据来源。如果在 SELECT 语句中不需要访问表中的列，则不必使用 FROM 子句。若要使用 SELCET 语句从表或视图中检索数据，就必须使用 FROM 子句。

FROM 子句是用逗号分隔的表名、视图名和 JOIN 子句的列表，使用 FROM 子句可以列出选择列表和 WHERE 子句中所引用的列所在的表和视图，也可以使用 AS 子句为表和视图的名称指定别名。使用 FROM 子句还可以指定一个或多个表或视图并在两个或多个表或视图之间创建各种类型的连接。

在 SELECT 语句中，FROM 子句是一个可选项。如果要使用 SELECT 语句从数据库内的表或视图中选择数据，就必须使用 FROM 子句。

但是，如果要从局部变量或者从不对列进行操作的 Transact-SQL 函数中选择数据，而不是从数据库内的任何表或视图中选择数据，则可以使用没有 FROM 子句的 SELECT 语句。

任务 10 在 FROM 子句中使用内部连接

任务描述

在“学生成绩”数据库中，用 SELECT 语句从“学生”表、“课程”表和“成绩”表中检索学生的课程成绩，要求在结果集中包含学号、姓名、课程名称以及成绩信息。

任务分析

学生姓名、课程名称和成绩分别包含在“学生”表、“课程”表和“成绩”表中，需要在 SELECT 语句的 FROM 子句中使用 INNER JOIN 运算符将相关表连接起来。“成绩”表和“学生”表可以通过“学号”列连接起来，“成绩”表和“课程”表则可以通过“课程编号”列连接起来。

任务实现

实现步骤如下：

（1）在对象资源管理器中，连接到数据库引擎。

（2）创建一个新查询，然后在查询编辑器中编写以下语句：

```
USE 学生成绩;
GO
SELECT 学生.学号, 姓名, 课程.课程名称, 成绩
FROM 成绩 INNER JOIN 学生 ON 成绩.学号=学生.学号
    INNER JOIN 课程 ON 成绩.课程编号=课程.课程编号;
GO
```

（3）将脚本文件保存为 SQLQuery5-10.sql，然后按 F5 键执行脚本，结果如图 5.11 所示。

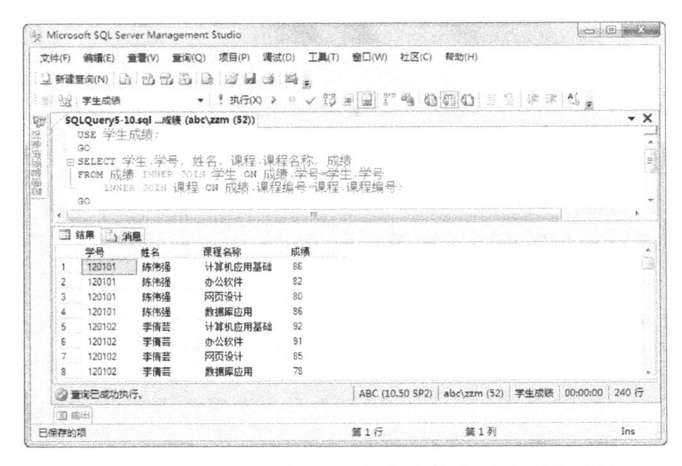

图 5.11　使用内部连接从 3 个表中检索学生课程成绩

相关知识

在实际应用中，往往需要使用 SELECT 语句从多个表或视图中检索数据，这可以通过在 FROM 子句中使用各种连接运算符来实现。连接指明了 SQL Server 应当如何使用一个表中的数据来选择另一个表中的行，通过连接可以从两个或多个表中根据各个表之间的逻辑关系来检索数据。

内部连接是一种最常用的连接类型，它使用比较运算符对要连接列中的值进行比较。若两个来源表的相关列满足连接条件，则内部连接从这两个表中提取数据并组成新的行。

内部连接通常通过在 FROM 子句中使用 INNER JOIN 运算符来实现，语法格式如下：

```
FROM table1 [[AS] table_alias1]
    [INNER] JOIN table2 [[AS] table_alias2] ON search_condition
```

其中 *table1* 和 *table2* 是要从其中组合行的表的名称。*table_alias1* 和 *table_alias2* 是来源表的别名，别名用于在连接中引用表的特定列。INNER JOIN 指定返回所有匹配的行对，而放弃两个表中不匹配的行。ON 子句指定连接条件，*search_condition* 子句指定连接两个表所基于的条件表达式，该表达式由两个表中的列名和比较运算符组成，比较运算符可以是=（等于）、<（小于）、>（大于）、<=（小于等于）、>=（大于等于）以及<>（不等于）。

虽然每个连接规范只连接两个表，但 FROM 子句可以包含多个连接规范。这样，可以通过一个查询就可以从多个表中检索数据。

任务 11　在 FROM 子句中使用外部连接

任务描述

从“成绩”表和“课程”表中检索数据，要求列出“课程”表的所有行。

任务分析

要实现本任务的要求，可以使用右外部连接来组合“成绩”表和“课程”表。

任务实现

实现步骤如下：

（1）在对象资源管理器中，连接到数据库引擎。

（2）创建一个新查询，然后在查询编辑器中编写以下语句：

```
USE 学生成绩;
GO
SELECT 学号,课程名称,成绩
FROM 成绩 RIGHT JOIN 课程 ON 成绩.课程编号=课程.课程编号;
GO
```

（3）将脚本文件保存为 SQLQuery5-11.sql，按 F5 键执行脚本，结果如图 5.12 所示。

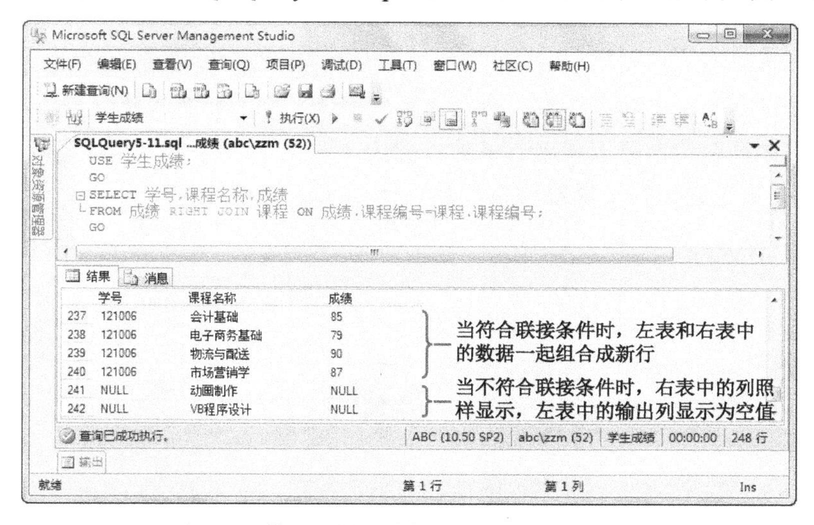

图 5.12 使用右外部连接组合两个表中的数据

相关知识

外部连接回 FROM 子句中指定的至少一个表或视图中的所有行，只要这些行符合任何 WHERE 或 HAVING 搜索条件。外部连接分为左外部连接、右外部连接和完全外部连接，其语法格式如下：

```
FROM table1 [[AS] table_alias1]
    {LEFT|RIGHT|FULL} [OUTER] JOIN table2 [[AS] table_alias2]
    ON search_condition
```

当使用 LEFT [OUTER] JOIN 时，使用左外部连接指定在结果集中包括左表中所有不满足连接条件的行，并在由内部连接返回所有的行之外将右表的输出列设为 NULL。若要在结果集中包括左表中的所有行，而不考虑右表中是否存在匹配的行，可使用左外部连接。

当使用 RIGHT [OUTER] JOIN，使用右外部连接指定在结果集中包括右表中所有不满足连接条件的行，并在由内部连接返回的所有行之外将与左表对应的输出列设为 NULL。若要在结果集中包括右表中的所有行，而不考虑左表中是否存在匹配的行，可使用右外部连接。

当使用 FULL [OUTER] JOIN 时，使用完全外部连接指定在结果集中包括左表或右表中不满足连接条件的行，并将对应于另一个表的输出列设为 NULL，这是对通常由 INNER JOIN 返回的所有行的补充。若要通过在连接的结果中包括不匹配的行来保留不匹配信息，可使用完全外部连接。

任务 12　在选择查询中使用交叉连接

任务描述

在“学生成绩”数据库中，使用 SELECT 语句并通过交叉连接从“学生”表和“班级”表中检索数据。

任务分析

考虑到“学生表”和“班级”表均包含“班级编号”列，若要在选择列表中包含“班级编号”列，则应在该列名称前冠以表名。另外，因为“学生”表有 60 行，“班级”表有 10 行，所以执行 SELECT 语句返回的结果集将包含 600 行。

任务实现

实现步骤如下：

（1）在对象资源管理器中，连接到数据库引擎。

（2）创建一个新查询，然后在查询编辑器中编写以下语句：

```
USE 学生成绩;
GO
SELECT 班级编号,姓名
FROM 学生 CROSS JOIN 班级;
GO
```

（3）将脚本文件保存为 SQLQuery5-12.sql，按 F5 键执行脚本，如图 5.13 所示

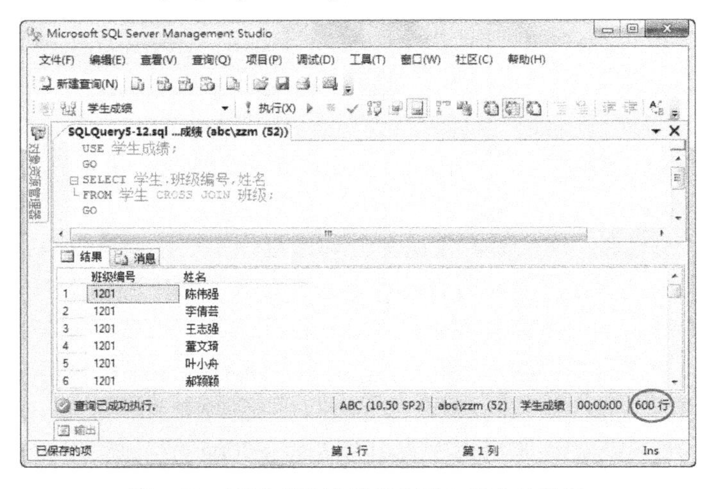

图 5.13　通过交叉连接组合两个表中的数据

相关知识

使用 CROSS JOIN 运算符可实现两个来源表之间的交叉连接，语法格式如下：

```
FROM table1 CROSS JOIN table2
```

如果没有在 SELECT 语句中使用 WHERE 子句，则交叉连接将产生连接所涉及的表的笛卡儿积。笛卡儿积结果集的大小等于第一个表的行数乘以第二个表的行数。

如果在 SELECT 语句中添加一个 WHERE 子句，则交叉连接的作用与内连接相同。

任务 13　在选择查询中使用比较搜索条件

任务描述

在“学生成绩”数据库中，从“教师”表中检索研究生学历的教师信息，要求在结果集包含教师编号、姓名、性别、学历、职称和政治面貌。

任务分析

在“教师”表中，教师的学历存储在“学历”列中。要从“教师”表中筛选出学历为研究生的教师，可以在 SELECT 语句中添加一个 WHERE 子句，并将搜索条件设置为“学历='研究生'”。

任务实现

实现步骤如下：

（1）在对象资源管理器中，连接到数据库引擎。

（2）创建一个新查询，然后在查询编辑器中编写以下语句：

```
USE 学生成绩;
GO
SELECT 教师编号,姓名,性别,学历,职称,政治面貌
FROM 教师 WHERE 学历='研究生';
GO
```

（3）将脚本文件保存为 SQLQuery5-13.sql，按 F5 键执行脚本，结果如图 5.14 所示。

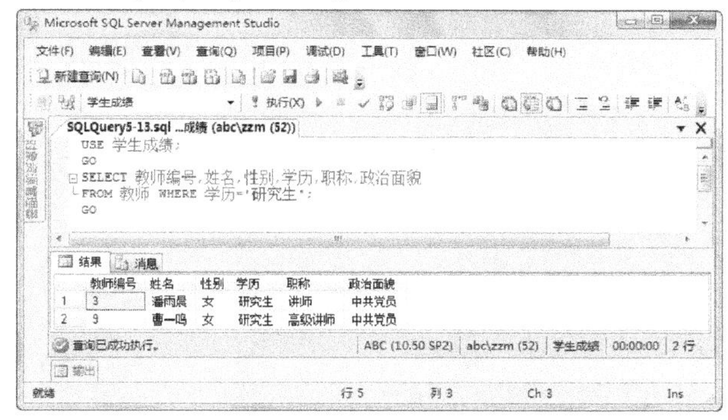

图 5.14　使用 WHERE 子句筛选数据

相关知识

在实际应用中，数据库中往往存储着大量的数据，在某个特定的用途中并不总是要使用表中的全部数据，更常见的是使用满足给定条件的部分行，这就需要对查询返回行进行限制。通过在 SELECT 语句中使用 WHERE 子句可以设置对行的筛选条件，从而保证查询集中仅仅包含所需要的行，而将不需要的行排除在结果集之外。

在 SELECT 语句中 WHERE 子句是可选的，使用时应放在 FROM 子句后面，语法如下：

```
[WHERE <search_condition>]
```

其中<*search_condition*>定义要返回的行应满足的条件，这个条件是用运算符连接列名、常量、变量、函数等而得到的表达式，其取值为 TRUE、FALSE 或 UNKNOWN。

通过 WHERE 子句可以指定一系列的搜索条件，只有那些满足搜索条件的行才用于生成结果集，即只有满足搜索条件的行才会包含在结果集内。

在 SQL Server 2008 中，可以使用下列比较运算符：=（等于）、>（大于）、<（小于）、>=（大于或等于）、<=（小于或等于）、<>（不等于，SQL-92 兼容）、!>（不大于）、!<（不小于）、!=（不等于）。这些运算符是在两个表达式之间进行比较的。

当比较字符串数据时，字符的逻辑顺序由字符数据的排序规则来定义。比较运算符（例如 < 和 >）的结果由排序规则所定义的字符顺序控制。针对 Unicode 数据和非 Unicode 数据，同一 SQL 排序规则可能会有不同的排序方式。对非 Unicode 数据进行比较时，将忽略尾随空格。

任务 14　使用范围搜索条件

任务描述

从“学生成绩”数据库中检索成绩在 80～90 之间的学生课程成绩，要求在结果集包含学号、姓名、课程名称和成绩信息。

任务分析

由于学号、姓名、课程名称和成绩分别存储在“学生”表、“课程”表和“成绩”表中，因此需要通过在 FROM 子句中使用内部连接（INNER JOIN）来组合这 3 个表中的数据。搜索条件“成绩在 80～90 之间”可使用 BETWEEN 运算符来实现。

任务实现

实现步骤如下：

（1）在对象资源管理器中，连接到数据库引擎。

（2）创建一个新查询，然后在查询编辑器中编写以下语句：

```
USE 学生成绩;
GO
SELECT 学生.学号,姓名,课程名称,成绩
FROM 成绩 INNER JOIN 学生 ON 学生.学号=成绩.学号
    INNER JOIN 课程 ON 课程.课程编号=成绩.课程编号
```

```
WHERE 成绩 BETWEEN 80 AND 90;
GO
```

（3）将脚本文件保存为 SQLQuery5-14.sql，按 F5 键执行脚本，结果如图 5.15 所示。

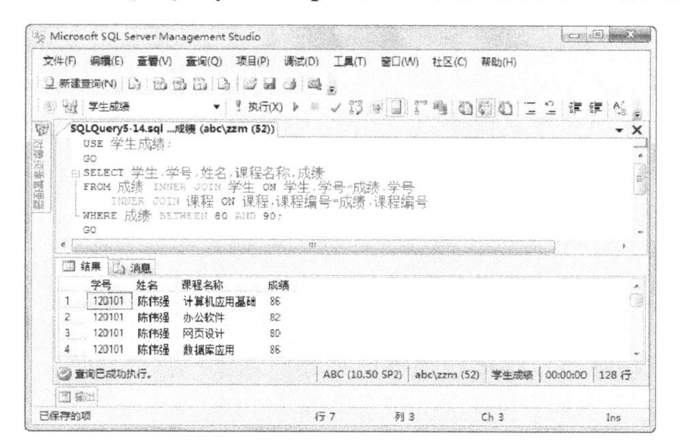

图 5.15　在 WHERE 子句中使用范围搜索条件

相关知识

范围搜索返回介于两个指定值之间的所有值，包括范围返回与两个指定值匹配的所有值，排他范围不返回与两个指定值匹配的任何值。

在 WHERE 子句中，可以使用 BETWEEN 运算符来指定要搜索的包括范围，也可以使用 NOT BETWEEN 来查找指定范围之外的所有行，语法格式如下：

```
test_expression [NOT] BETWEEN begin_expression AND end_expression
```

其中参数 test_expression 指定要在由 begin_expression 和 end_expression 定义的范围内测试的表达式。begin_expression 和 end_expression 是任何有效的表达式。test_expression、begin_expression 和 end_expression 的值必须具有相同的数据类型。

NOT 指定对谓词的结果取反。AND 用作一个占位符，指示 test_expression 应该处于由 begin_expression 和 end_expression 所指定的范围内。

BETWEEN 运算符返回结果的类型为 Boolean。如果测试表达式 *test_expression* 的值大于或者等于表达式 *begin_expression* 的值，并且小于或者等于表达式 *end_expression* 的值，则 BETWEEN 返回 TRUE，NOT BETWEEN 返回 FALSE。

如果测试表达式 *test_expression* 的值小于表达式 *begin_expression* 的值或者大于表达式 *end_expression* 的值，则 BETWEEN 返回 FALSE，NOT BETWEEN 返回 TRUE。

如果任何 BETWEEN 或 NOT BETWEEN 谓词的输入为 NULL，则结果为 UNKNOWN。

若要指定排他范围，则应使用大于和小于运算符（> 和 <）。

任务 15　在选择查询中使用列表搜索条件

任务描述

从“学生”表中检索张王李赵 4 个姓氏的学生记录，要求在结果集包含班级编号、学号、姓名、性别和出生日期信息。

任务分析

要根据姓氏对学生记录进行筛选，关键是从姓名列中取出第一个汉字，这可以使用 SUBSTRING 函数来实现。使用 SUBSTRING(姓名, 1, 1)可从姓名中取出姓氏，然后再使用 IN 运算符取出的姓氏进行测试。故在 WHERE 子句中所使用的搜索表达式应该是：

```
SUBSTRING(姓名,1,1) IN ('张','王','李','赵')
```

任务实现

实现步骤如下：

（1）在对象资源管理器中，连接到数据库引擎。

（2）创建一个新查询，然后在查询编辑器中编写以下语句：

```
USE 学生成绩;
GO
SELECT 班级编号, 学号,姓名,性别,出生日期
FROM 学生
WHERE SUBSTRING(姓名,1,1) IN ('张','王','李','赵');
GO
```

（3）将脚本文件保存为 SQLQuery5-15.sql，按 F5 键执行脚本，结果如图 5.16 所示。

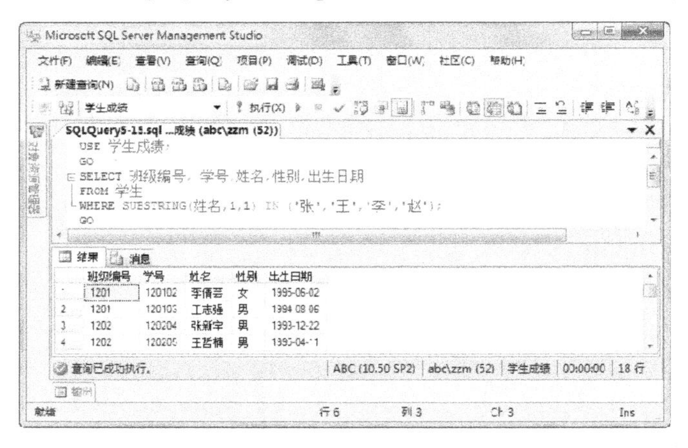

图 5.16　在 WHERE 子句中使用列表搜索条件

相关知识

在 WHERE 子句中使用 IN 运算符可以选择与列表中的任意值匹配的行。IN 运算符用于确定指定的值是否与子查询或列表中的值相匹配，语法格式如下：

```
test_expression [NOT] IN(subquery|expression[,...n])
```

其中参数 *test_expression* 为任何有效的表达式。*subquery* 为包含某列结果集的子查询，该列必须与 *test_expression* 具有相同的数据类型。*expression*[,...*n*]是一个表达式列表，用来测试是否匹配，所有的表达式必须与 test_expression 具有相同的类型。

IN 运算符返回结果的类型为 Boolean。如果测试表达式 *test_expression* 的值与子查询 *subquery* 所返回的任何值相等，或者与逗号分隔的列表中的某个 *expression* 相等，则结果值为 TRUE；否则结果值为 FALSE。使用 NOT IN 可以对返回值求反。

任务 16　在搜索条件中使用模式匹配

任务描述

在“学生成绩”数据库中执行以下查询。

（1）从“学生”表中检索“张王李赵”4 个姓氏的学生记录，要求使用 LIKE 运算符实现查询，并且在结果集包含所有列。

（2）从“学生”表中检索姓名中包含一个“建”字的学生记录。

任务分析

姓名由姓氏和名字组成。张王李赵 4 个姓氏可以用“[张王李赵]”表示，名字可以用通配符“%”表示，因此（1）所使用的筛选条件是：姓名 LIKE '[张王李赵]%'。

一个汉字或全角字符算作一个字符。姓名中包含的“建”字，可能是第二个字符或第三个字符，它的前面可能有一个字符或两个字符，而它的后面可能有一个字符或零个字符。由于通配符%可以表示零个或多个字符，故在（2）可将模式字符串表示为“%建%”。

任务实现

一、从“学生”表中查询“张王李赵”4 个姓氏的学生记录

实现步骤如下：

（1）在对象资源管理器中，连接到数据库引擎。

（2）创建一个新查询，然后在查询编辑器中编写以下语句：

```
USE 学生成绩;
GO
SELECT * FROM 学生
WHERE 姓名 LIKE '[张王李赵]%';
GO
```

（3）将脚本文件保存为 SQLQuery5-16.sql，按 F5 键执行脚本，结果如图 5.17 所示。

二、从“学生”表中检索姓名中包含“建”字的学生记录

实现步骤如下：

（1）在对象资源管理器中，连接到数据库引擎。

（2）创建一个新查询，然后在查询编辑器中编写以下语句：

```
USE 学生成绩;
GO
```

```
SELECT * FROM 学生
WHERE 姓名 LIKE '%建%';
GO
```

（3）将脚本文件保存为 SQLQuery5-17.sql，按 F5 键执行脚本，结果如图 5.18 所示。

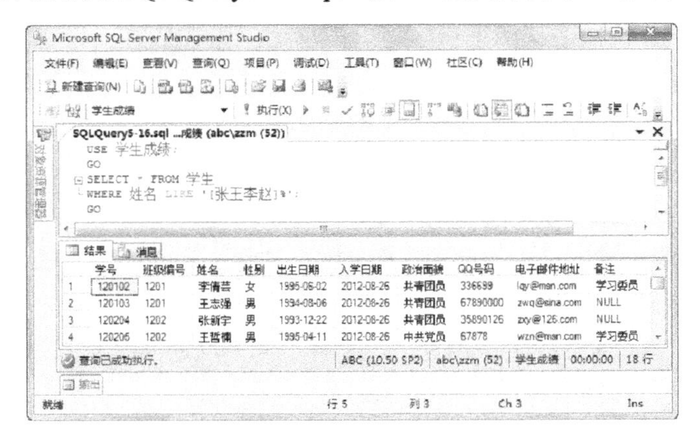

图 5.17　在 WHERE 子句中使用模式匹配

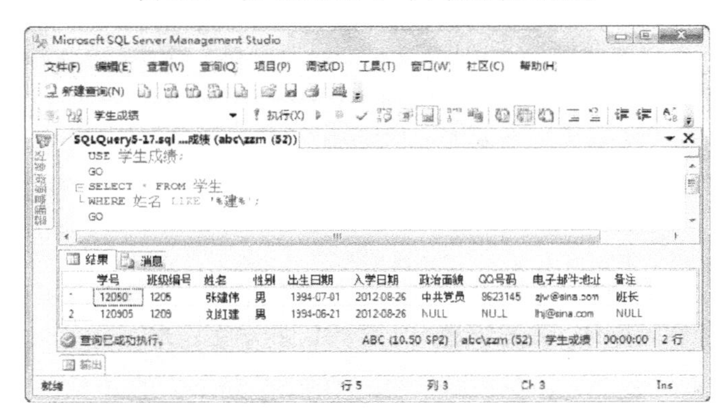

图 5.18　在 WHERE 子句中使用模式匹配

相关知识

在 WHERE 子句中，可以使用 LIKE 运算符来搜索与指定模式匹配的字符串、日期或时间值。LIKE 运算符用于确定特定字符串是否与指定模式相匹配，语法格式如下：

```
match_expression [NOT] LIKE pattern [ESCAPE escape_character]
```

其中 *match_expression* 是任何有效的字符数据类型的表达式。参数 *pattern* 指定要在 *match_expression* 中搜索并且可以包括有效通配符的特定字符串，其最大长度可达 8 000 字节。*pattern* 称为模式，它可以包含常规字符和下列 4 种通配符的任意组合。

（1）%：包含零个或多个字符的任意字符串。

（2）_：任何单个字符。

（3）[ ]：指定一个范围内的任何单个字符。例如，[a-f] 或 [abcdef] 表示 a～f 范围内的任何一个字母。

（4）[^]：不在指定范围内的任何单个字符。例如，[^a-f] 或 [^abcdef] 表示不在 a～f 范围内的任何一个字母。

参数 *escape_character* 放在通配符之前用于指示通配符应当解释为常规字符而不是通配符的字符。*escape_character* 是字符表达式，默认值，并且计算结果必须仅为一个字符。

LIKE 运算符的结果类型为 Boolean。如果 *match_expression* 与指定的 *pattern* 相匹配，则 LIKE 返回 TRUE，否则返回 FALSE。使用 NOT LIKE 可以对返回值求反。

在某些情况下，可能要搜索通配符字符本身。此时，可以使用 ESCAPE 关键字来定义转义符。在模式中，当转义符置于通配符之前时，该通配符就解释为普通字符。例如，要搜索在任意位置包含字符串 5%的字符串，可以使用：

```
WHERE ColumnA LIKE '%5/%%' ESCAPE '/'
```

在上述 WHERE 子句中，前导和结尾百分号（%）解释为通配符，而斜杠（/）之后的百分号解释为字符%。

也可以在方括号（[ ]）中只包含通配符本身。若要搜索破折号（-）而不是用它指定搜索范围，可将破折号指定为方括号内的第一个字符。例如，要搜索字符串“9-5”，可以使用：

```
WHERE ColumnA LIKE '9[-]5'
```

如果使用 LIKE 执行字符串比较，则模式串中的所有字符（包括每个前导空格和尾随空格）都有意义。如果要求比较返回带有字符串 LIKE 'abc '（abc 后跟一个空格）的所有行，将不会返回列值为 abc（abc 后没有空格）的行。但是反过来，情况却并非如此。

任务 17　在选择查询中使用逻辑运算符

任务描述

从“教师”表中检索政治面貌为中共党员或共青团员的男教师记录。

任务分析

在 WHERE 子句中，搜索条件由两部分组成：一部分是对性别进行筛选，另一部分是对政治面貌进行筛选，而且政治面貌包括两种可能，这两种可能的条件可使用 OR 运算符来连接；性别与政治面貌之间则使用 AND 运算符来连接。

任务实现

实现步骤如下：

（1）在对象资源管理器中，连接到数据库引擎。

（2）创建一个新查询，然后在查询编辑器中编写以下语句：

```
USE 学生成绩;
GO
SELECT * FROM 教师
WHERE 性别='男' AND (政治面貌='中共党员' OR 政治面貌='共青团员');
GO
```

（3）将脚本文件保存为 SQLQuery5-18.sql，按 F5 键执行脚本，结果如图 5.19 所示。

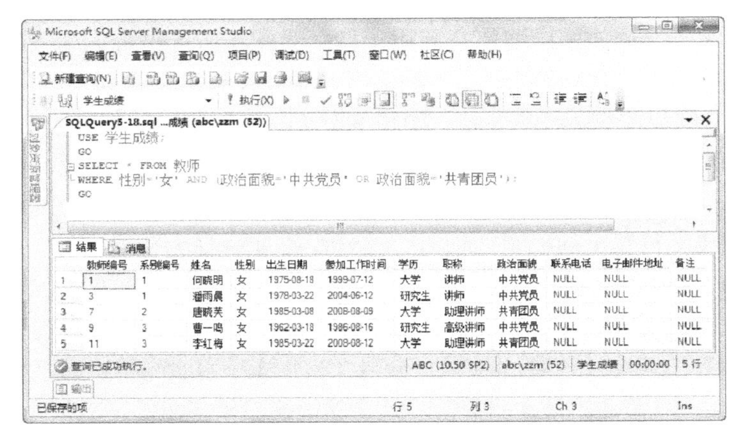

图 5.19 在 WHERE 子句中使用逻辑运算符

相关知识

逻辑运算符包括 AND、OR 和 NOT。AND 和 OR 用于连接 WHERE 子句中的搜索条件。NOT 用于反转搜索条件的结果。

（1）AND 运算符：用于连接两个条件，只有当两个条件都符合时才返回 TRUE。只要有任何一个条件为 FALSE，则结果也为 FALSE。

（2）OR 运算符：用于连接两个条件，但只要有一个条件符合便返回 TRUE。只有当两个条件均为 FALSE 时，结果才是 FALSE。

（3）NOT 运算符：是一个单目运算符，用于对条件进行反转。若条件为 TRUE，则变成 FALSE；若条件为 FALSE，则变成 TRUE。

当一个语句中使用了多个逻辑运算符时，计算顺序依次为 NOT、AND 和 OR。算术运算符优先于逻辑运算符处理。因为运算符存在优先级，所以使用括号（即使不要求）不仅可以强制改变运算符的计算顺序，还可以提高查询的可读性，并减少出现细微错误的可能性。

任务 18 使用 ORDER BY 对数据排序

任务描述

从“学生成绩”数据库中检索学生的“网页设计”课程成绩，要求对结果集中的行按成绩降序排序，若成绩相同，则按姓名升序排序。

任务分析

排序列列表中包含两个列：“成绩”表中的“成绩”列和“学生”表中的“姓名”列；对前者应用 DESC，对后者应用默认的 ASC，可以省略 ASC 关键字。

任务实现

实现步骤如下：

（1）在对象资源管理器中，连接到数据库引擎。

（2）创建一个新查询，然后在查询编辑器中编写以下语句：

```
USE 学生成绩;
GO
SELECT 学生.学号,姓名,课程名称,成绩
FROM 成绩 INNER JOIN 学生 ON 学生.学号=成绩.学号
  INNER JOIN 课程 ON 课程.课程编号=成绩.课程编号
WHERE 课程名称='网页设计'
ORDER BY 成绩 DESC,姓名 ASC;
GO
```

（3）将脚本文件保存为 SQLQuery5-19.sql，按 F5 键执行脚本，结果如图 5.20 所示。

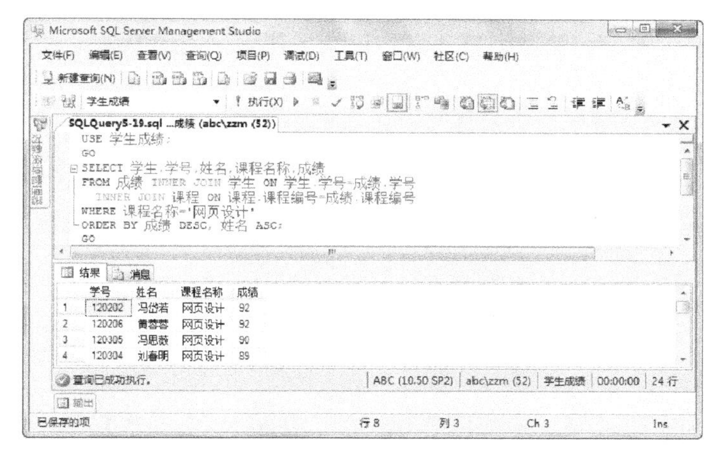

图 5.20　按照成绩和姓名列对结果集排序

相关知识

在 SELECT 语句中，可以通过 ORDER BY 子句来指定返回的列中所使用的排序顺序，语法格式如下：

```
[ORDER BY {order_by_expression [COLLATE collation_name][ASC|DESC]},...n]]
```

其中参数 *order_by_expression* 指定要排序的列。既可以将排序列指定为一个名称或列别名，也可以指定一个表示该名称或别名在选择列表中所处位置的非负整数。列名和别名可由表名或视图名加以限定。在 SQL Server 2008 中，可以将限定的列名和别名解析到 FROM 子句中列出的列。如果 *order_by_expression* 未限定，则它必须在 SELECT 语句中列出的所有列中是唯一的。

ORDER BY 子句用于设置结果集的排列顺序。通过在 SELECT 语句中添加 ORDER BY 子句，可以使结果集中的行按照一个或多个列的值进行排列，排序的方向可以是升序（即从小到大）或降序（即从大到小）。

在 ORDER BY 子句中可以指定多个排序列，这些排序列以逗号分隔。排序列的顺序定义了排序结果集的结构，即首先按照前面的列值进行排序，若在两个行中该列的值相同，则按照后面的列值进行排序。排序列可以不包含在由 SELECT 子句指定的选择列表中，计算列也可以作为排序列，但 ntext、text 或 image 数据类型的列不能用在 ORDER BY 子句中。

COLLATE 指定根据 *collation_name* 中指定的排序规则，而不是表或视图中所定义的列的排序规则，应执行 ORDER BY 操作。*collation_name* 可以是 Windows 排序规则名称，也可以是 SQL 排序规则名称。

ASC 指定按升序，从最低值到最高值对指定列中的值进行排序。DESC 指定按降序，从最高值到最低值对指定列中的值进行排序。在排序操作中，空值被视为最低的可能值。

任务 19　将 TOP...WITH TIES 与 ORDER BY 子句联用

任务描述

从“学生成绩”数据库中检索数据，按降序显示“计算机应用基础”课程成绩排在前 3 名的记录；然后修改查询语句，使并列第 3 名的记录也包含在结果集内。

任务分析

若要使并列第 3 名也包含在结果集中，在 TOP 后面添加 WITH TIES 选项即可。WITH TIES 选项必须与 TOP 一起使用，TOP...WITH TIES 只能与 ORDER BY 子句一起使用。

任务实现

实现步骤如下：

（1）在对象资源管理器中，连接到数据库引擎。

（2）创建一个新查询，然后在查询编辑器中编写以下语句：

```
USE 学生成绩;
GO
SELECT TOP 3 学生.学号,姓名,课程名称,成绩
FROM 成绩
    INNER JOIN 学生 ON 学生.学号=成绩.学号
    INNER JOIN 课程 ON 课程.课程编号=成绩.课程编号
WHERE 课程名称='计算机应用基础'
ORDER BY 成绩 DESC;
GO
```

（3）将脚本文件保存为 SQLQuery5-20.sql，按 F5 键执行脚本，结果如图 5.21 所示。

（4）在 TOP 3 后面添加 WITH TIES 选项，保存脚本文件，然后按 F5 键再次执行脚本，结果如图 5.22 所示。

相关知识

当通过在 SELECT 子句中使用选择谓词 TOP 可以从表中检索前面的若干行时，可以分成以下两种情况：如果没有使用 ORDER BY 子句，则按照添加数据的顺序返回前面的若干行；如果使用了 ORDER BY 子句，则按照排序之后的顺序返回前面的若干行，当排在 TOP n

(PERCENT) 行最后的两行或多行中排序列的值具有相同的值时，结果集只包含其中的一行。

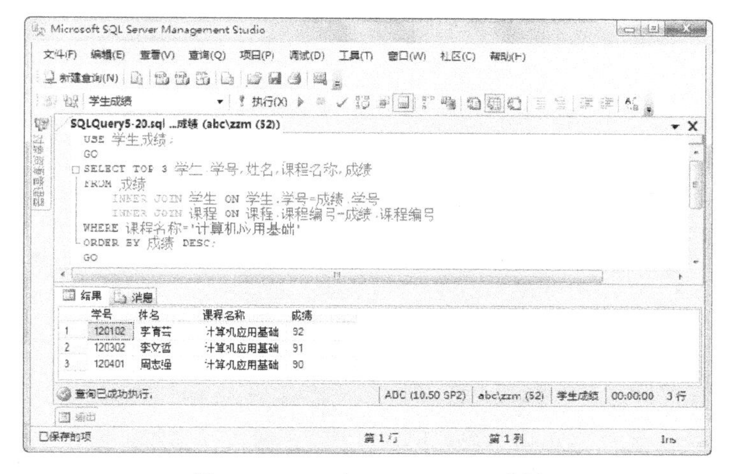

图 5.21　TOP 与 ORDER BY 联用

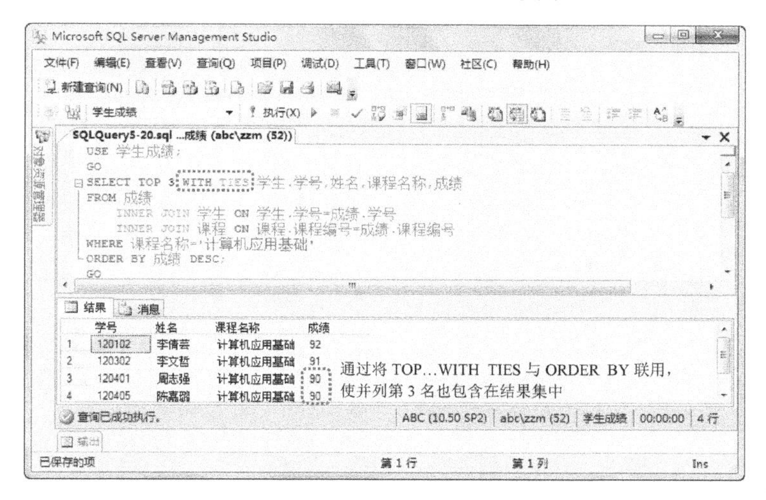

图 5.22　TOP…WITH TIES 与 ORDER BY 联用

当 TOP 与 ORDER BY 一起使用时，如果要使排序列值相等的那些行一并显示出来，可以在 SELECT 子句中添加 WITH TIES 选项。WITH TIES 选项指定从基本结果集中返回附加的行，这些行包含与出现在 TOP n (PERCENT) 行最后的 ORDER BY 列中的值相同的值。

任务 20　使用 GROUP BY 对数据分组

任务描述

在“学生成绩”数据库中，从“学生”表中检索各班的人数。

任务分析

统计各班人数有两个要点：一是在 GROUP BY 子句中选择“班级编号”作为分组表达式；

二是在 SELECT 子句中对“学号”列应用聚合函数 COUNT 以返回组中项数。

任务实现

实现步骤如下：

（1）在对象资源管理器中，连接到数据库引擎。

（2）创建一个新查询，然后在查询编辑器中编写以下语句：

```
USE 学生成绩;
GO
SELECT 班级编号,COUNT(学号) AS 人数 FROM 学生
GROUP BY 班级编号 ORDER BY 班级编号;
GO
```

（3）将脚本文件保存为 SQLQuery5-21.sql，按 F5 键执行脚本，结果如图 5.23 所示。

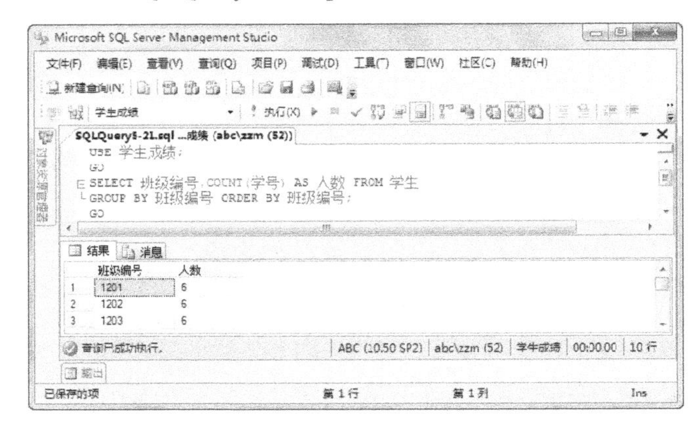

图 5.23　使用 GROUP BY 子句分组统计各班人数

相关知识

在 SELECT 语句中，可以使用 GROUP BY 子句来指定用来放置输出行的组。如果 SELECT 子句的选择列表中包含聚合函数，则 GROUP BY 将计算每组的汇总值。当使用 GROUP BY 子句时，选择列表中任意非聚合表达式内的所有列都应当包含在 GROUP BY 列表中，或者 GROUP BY 表达式必须与选择列表表达式完全匹配。GROUP BY 子句的语法格式如下：

```
[GROUP BY [ALL] group_by_expression[,...n] [WITH {CUBE|ROLLUP}]]
```

其中参数 ALL 指定包含所有组和结果集，甚至包含那些其中任何行都不满足 WHERE 子句指定的搜索条件的组和结果集。如果指定了 ALL，则对组中不满足搜索条件的汇总列返回空值。不能用 CUBE 或 ROLLUP 运算符指定 ALL。

group_by_expression 指定进行分组所依据的表达式，称为分组表达式或组合列。分组表达式可以是列，也可以是引用由 FROM 子句返回的列的非聚合表达式。不能使用在选择列表中定义的列别名来指定组合列，也不能在分组表达式中使用类型为 text、ntext 和 image 的列。

对于不包含 CUBE 或 ROLLUP 的 GROUP BY 子句，*group_by_expression* 的项数受查询所涉及的 GROUP BY 列的大小、聚合列和聚合值的限制，该限制从 8 060 字节的限制开始，对保存中间查询结果所需的中间级工作表有 8 060 字节的限制。若指定了 CUBE 或 ROLLUP，则最多只能有 10 个分组表达式。

任务 21　在分组操作中应用搜索条件

任务描述

从“学生成绩”数据库中查询平均分高于 85 分的男生记录，要求按平均分对结果集中的行降序排序。

任务分析

要计算平均分，可以将 AVG 聚合函数应用于“成绩”表的“成绩”列以返回组中各值的平均值。性别为男可以使用 WHERE 子句在分组操作之前进行筛选，平均分高于 85 分可以使用 HAVING 子句在分组操作之后进行筛选，而且在 HAVING 和 ORDER BY 子句中都可以使用聚合函数 AVG。

任务实现

实现步骤如下：

（1）在对象资源管理器中，连接到数据库引擎。

（2）创建一个新查询，然后在查询编辑器中编写以下语句：

```
USE 学生成绩;
GO
SELECT 学生.学号,姓名,AVG(成绩) AS 平均分
FROM 成绩 INNER JOIN 学生 ON 学生.学号=成绩.学号
    INNER JOIN 课程 ON 课程.课程编号=成绩.课程编号
WHERE 性别='男' GROUP BY 学生.学号,姓名
HAVING AVG(成绩)>85 ORDER BY AVG(成绩) DESC;
GO
```

（3）将脚本文件保存为 SQLQuery5-22.sql，按 F5 键执行脚本，结果如图 5.24 所示。

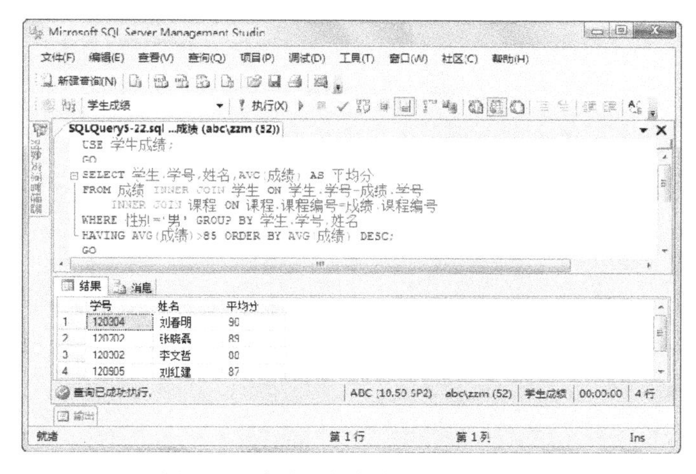

图 5.24　在分组操作中应用搜索条件

相关知识

GROUP BY 子句指定将结果集中的行分成若干个组来输出，每个组中的行在指定的列中具有相同的值。在一个查询语句中，可以使用多个列对结果集内的行进行分组，选择列表中的每个输出列必须在 GROUP BY 子句中出现或者用在某个聚合函数中。

当使用 GROUP BY 子句时，还可以使用 WHERE 子句在分组操作之前对数据进行筛选，或者使用 HAVING 在分组操作之后对数据进行筛选。

在包含 GROUP BY 子句的查询中使用 WHERE 子句，可以在完成任何分组操作之前消除不符合 WHERE 子句中的条件的行。与 WHERE 和 SELECT 的交互方式类似，也可以使用 HAVING 子句对 GROUP BY 子句设置搜索条件。

HAVING 语法与 WHERE 语法类似，两者的区别在于：WHERE 搜索条件在进行分组之前应用，而 HAVING 搜索条件在进行分组之后应用，而且 HAVING 可以包含聚合函数，也可以引用选择列表中显示的任意项。

任务 22　使用聚合函数汇总数据

任务描述

在“学生成绩”数据库中，统计每个班学生的人数、平均分、最高分以及最低分并按照平均分降序排序。

任务分析

使用聚合函数进行相关数据汇总：每班人数用 COUNT(DISTINCT 学号）来计算，平均分用 AVG(成绩）来计算，最高分用 MAX(成绩）来计算，最低分用 MIN(成绩）来计算。要在结果集中包含班级，应在成绩表和学生表之间使用内部连接。

任务实现

实现步骤如下：

（1）在对象资源管理器中，连接到数据库引擎。

（2）创建一个新查询，然后在查询编辑器中编写以下语句：

```
USE 学生成绩;
GO
SELECT 班级编号,COUNT(DISTINCT 学生.学号) AS 人数,
    AVG(成绩) AS 平均分,MAX(成绩) AS 最高分,MIN(成绩) AS 最低分
FROM 成绩 INNER JOIN 学生 ON 学生.学号=成绩.学号
GROUP BY 班级编号
ORDER BY AVG(成绩) DESC;
GO
```

（3）将脚本文件保存为 SQLQuery5-23.sql，按 F5 键执行脚本，结果如图 5.25 所示。

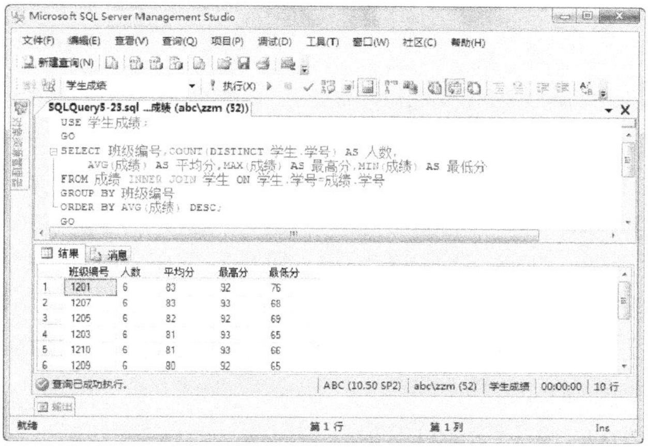

图 5.25　使用聚合函数统计学生成绩

相关知识

SQL Server 2008 提供了许多聚合函数。这些聚合函数对一组值执行计算并返回单个值。除了 COUNT 以外，聚合函数都会忽略空值。所有聚合函数均为确定性函数。换言之，只要使用一组特定输入值调用聚合函数，该函数总是返回相同的值。聚合函数可以用在 SELECT 子句、ORDER BY 子句、COMPUTE 或 COMPUTE BY 子句以及 HAVING 子句中。

在 Transact-SQL 中，常用的聚合函数如下。

（1）AVG 函数：返回组中各值的平均值，空值将被忽略，其语法格式如下：

```
AVG([ALL|DISTINCT]expression)
```

其中 ALL 表示对所有的值进行聚合函数运算，ALL 是默认值。DISTINCT 指定 AVG 只在每个值的唯一实例上执行，而不管该值出现了多少次。参数 *expression* 是精确数值或近似数值数据类别（bit 数据类型除外）的表达式，不允许使用聚合函数和子查询。AVG 函数的返回类型由 *expression* 的计算结果类型确定。

（2）COUNT 函数：返回组中的项数，其语法格式如下：

```
COUNT({[[ALL|DISTINCT]expression]|*})
```

其中 ALL 指定对所有的值进行聚合函数运算，ALL 是默认值。DISTINCT 指定 COUNT 返回唯一非空值的数量。参数 *expression* 是除 text、image 或 ntext 以外任何类型的表达式，不允许使用聚合函数和子查询。星号（*）指定应该计算所有行以返回表中行的总数。COUNT 函数的返回类型为 int。

（3）MAX 函数：返回表达式的最大值。语法格式如下：

```
MAX([ALL|DISTINCT]expression)
```

其中 ALL 指定对所有的值应用此聚合函数，ALL 是默认值。DISTINCT 指定考虑每个唯一值，DISTINCT 对于 MAX 无意义，使用它仅仅是为了符合 SQL-92 标准。*expression* 表示常量、列名、函数以及算术运算符、位运算符和字符串运算符的任意组合。MAX 可用于数字列、字符列和 datetime 列，但不能用于 bit 列。不允许使用聚合函数和子查询。MAX 忽略任何空值。对于字符列，MAX 查找按排序序列排列的最大值。MAX 函数的返回类型与 *expression* 的

返回类型相同。

（4）MIN 函数：返回表达式中的最小值，其语法格式如下：

```
MIN([ALL|DISTINCT]expression)
```

其中 ALL 指定对所有的值应用此聚合函数，ALL 是默认值。DISTINCT 指定考虑每个唯一值，DISTINCT 对于 MIN 无意义，使用它仅仅是为了符合 SQL-92 标准。*expression* 表示常量、列名、函数以及算术运算符、位运算符和字符串运算符的任意组合。MIN 可用于数字列、字符列和 datetime 列，但不能用于 bit 列。不允许使用聚合函数和子查询。MIN 忽略任何空值。对于字符列，MIN 查找按排序序列排列的最小值。MIN 函数的返回类型与 *expression* 的返回类型相同。

（5）SUM 函数：返回表达式中所有值的和或仅非重复值的和。SUM 只能用于数字列。空值将被忽略，其语法格式如下：

```
SUM([ALL|DISTINCT]expression)
```

其中 ALL 指定对所有的值应用此聚合函数，这是默认值。DISTINCT 指定 SUM 返回唯一值的和。*expression* 为常量、列或函数与算术、位和字符串运算符的任意组合。*expression* 是精确数字或近似数字数据类型类别（bit 数据类型除外）的表达式，不允许使用聚合函数和子查询。SUM 函数以最精确的 *expression* 数据类型返回所有 *expression* 值的和。

任务 23　使用公用表表达式检索数据

任务描述

在“学生成绩”数据库中，检索电子工程系通信专业所有男共青团员学生的信息，要求按姓名排序。

任务分析

本任务中查询的信息涉及“系别”表、“班级”表和“学生”表，可用内连接组合这 3 个表中的数据并将查询返回的结果集命名为一个公用表表达式，然后再使用一个 SELECT 语句对此公用表表达式进行进一步查询。

任务实现

实现步骤如下：

（1）在对象资源管理器中，连接到数据库引擎。

（2）创建一个新查询，然后在查询编辑器中编写以下语句：

```
USE 学生成绩;
GO
WITH Student_CTE AS
(
    SELECT 系别名称,专业名称,班级.班级编号,学号,姓名,性别,出生日期,政治面貌
```

```
    FROM 系别 INNER JOIN 班级 ON 系别.系别编号=班级.系别编号
        INNER JOIN 学生 ON 班级.班级编号=学生.班级编号
)
SELECT *
FROM Student_CTE
WHERE 专业名称='通信技术' AND 性别='男' AND 政治面貌='共青团员'
ORDER BY 姓名;
GO
```

（3）将脚本文件保存为 SQLQuery5-24.sql，按 F5 键执行脚本，结果如图 5.26 所示。

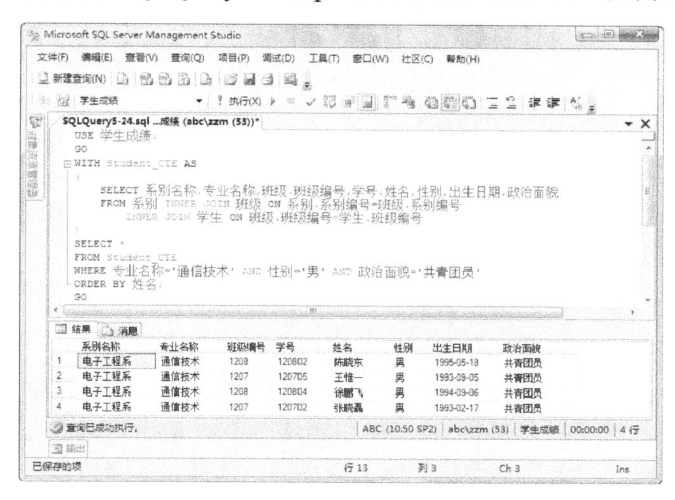

图 5.26　使用公用表表达式检索数据

相关知识

公用表表达式在英文中缩写为 CTE（Common Table Expression）。公用表表达式由表达式名称、可选列列表和定义 CET 的查询组成。公用表表达式可以视为临时命名的结果集，该结果集在 SELECT、INSERT、UPDATE、DELETE 或 CREATE VIEW 语句的执行范围内进行定义。CTE 不存储为对象，可以在同一查询中引用多次，并且只在查询期间有效。

定义 CTE 后，可以在 SELECT、INSERT、UPDATE 或 DELETE 语句中对其进行引用，就像引用表或视图一样。创建 CTE 的基本语法结构如下：

```
[WITH <common_table_expression>[,...n]]

<common_table_expression>::=
expression_name[(column_name[,...n])]
AS
(CTE_query_definition)
```

其中 *expression_name* 指定公用表表达式的有效标识符。*expression_name* 必须与在同一个 WITH common_table_expression 子句中定义的任何其他公用表表达式的名称不同，但可以与基表或基视图的名称相同。在查询中对 *expression_name* 的任何引用都会使用公用表表达式，而不使用基对象。

column_name 指定在公用表表达式中使用的列名。在一个 CTE 定义中不允许出现重复的名称。指定的列名数必须与 *CTE_query_definition* 结果集中的列数匹配。只有在查询定义中为所有结果列都提供了不同的名称时，列名称列表才是可选的。

CTE_query_definition 指定一个其结果集填充公用表表达式的 SELECT 语句，其中不能定义另一个 CTE，也不能使用某些子句，例如 ORDER BY（除非指定 TOP 子句）或 INTO 等。

CTE 的定义可以作为一个子句放在 SELECT 语句的开头，而且可以在这个 SELECT 语句的 FROM 子句中引用所定义的 CTE。

任务 24　使用 PIVOT 运算符生成交叉表查询

任务描述

从“学生成绩”数据库中查询计算机科学系学生的课程成绩，要求以学生姓名和 4 门课程名称作为结果集中的列（交叉表查询）。

任务分析

要创建交叉表查询，可以先定义一个包含学号、姓名、课程和成绩列的 CTE，以取电子商务系学生的课程成绩，然后在 SELECT 语句中引用该 CTE 并使用 PIVOT 运算符来生成交叉表查询。使用 PIVOT 运算符时，选择“课程”作为透视列，选择“成绩”作为 PIVOT 运算符的值列并应用 SUM 聚合函数，以 4 门课程的名称作为输出表的列名的值。

任务实现

实现步骤如下：

（1）在对象资源管理器中，连接到数据库引擎。

（2）创建一个新查询，然后在查询编辑器中编写以下语句：

```
USE 学生成绩;
GO
WITH 结果集 AS
(
    SELECT 学生.学号,姓名,课程名称,成绩
    FROM 成绩 INNER JOIN 学生 ON 学生.学号=成绩.学号
      INNER JOIN 课程 ON 课程.课程编号=成绩.课程编号
      INNER JOIN 班级 ON 班级.班级编号=学生.班级编号
      INNER JOIN 系别 ON 系别.系别编号=班级.系别编号
    WHERE 系别.系别名称='电子商务系'
)
SELECT * FROM 结果集
```

```
    PIVOT(
        SUM(成绩)
        FOR 课程名称 IN([会计基础],[电子商务基础],[物流与配送],[市场营销学])
    ) pvt;
    GO
```

（3）将脚本文件保存为 SQLQuery5-25.sql，按 F5 键执行脚本，结果如图 5.27 所示。

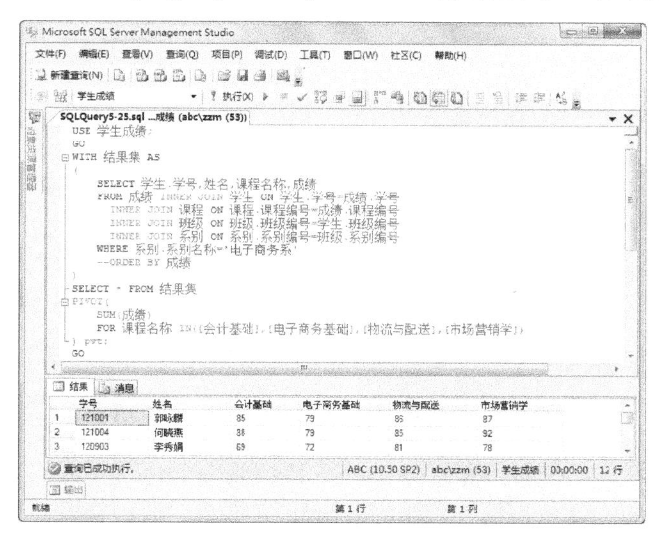

图 5.27　使用 PIVOT 运算符创建交叉表查询

相关知识

在 SELECT 语句中使用 PIVOT 关系运算符可以对表值表达式进行操作，以获得另一个表。PIVOT 通过将表达式某一列中的唯一值转换为输出中的多个列来转换表值表达式，并在必要时对最终输出中所需的任何其余的列值执行聚合。

在实际应用中，往往需要通过在 SELECT 语句中使用 PIVOT 运算符来生成交叉表查询，语法格式如下。

```
[WITH <common_table_expression>]
SELECT *
FROM table_source
PIVOT
(
    aggregate_function(value_column)
      FOR pivot_column
      IN(<column_list>)
)table_alias
```

其中 WITH <common_table_expression>用于定义公用表表达式。

table_source 指定从其中查询数据的表。PIVOT 指定基于 table_source 对 pivot_column 进行透视。输出是包含 table_source 中 pivot_column 和 value_column 列之外的所有列的表。

table_source 中 pivot_column 和 value_column 列之外的列被称为透视运算符的组合列。

PIVOT 对输入表执行组合列的分组操作，并为每个组返回一行。输入表的 *pivot_column* 中显示的 *column_list* 中指定的每个值，输出中都对应一列。

aggregate_function 为聚合函数。不允许使用 COUNT(*)系统聚合函数。*value_column* 指定 PIVOT 运算符的值列。

FOR *pivot_column* 指定 PIVOT 运算符的透视列。*pivot_column* 必须属于可隐式或显式转换为 nvarchar()的类型。

IN (*column_list*) 在 PIVOT 子句中列出 *pivot_column* 中将成为输出表的列名的值。该列表不能指定被透视的输入 *table_source* 中已存在的任何列名。

table_alias 指定输出表的别名。

PIVOT 通过以下过程获得输出结果集：对分组列的输入表执行 GROUP BY，为每个组生成一个输出行，输出行中的分组列获得输入表中该组的对应列值；通过执行以下操作为每个输出行生成列列表中的列的值。

（1）针对透视列 *pivot_column*，对在 GROUP BY 中生成的行进行分组。

（2）对于 *column_list* 中的每个输出列，选择满足以下条件的子组：

```
pivot_column=CONVERT(<data type of pivot_column>,'output_column')
```

CONVERT 函数用于将一种数据类型的表达式显式转换为另一种数据类型的表达式。

针对此子组上的聚合函数对 *value_column* 求值，其结果作为相应的 *output_column* 的值返回。若该子组为空，SQL Server 将为该 *output_column* 生成空值。若聚合函数是 COUNT，且子组为空，则返回零。

任务 25　将查询结果集保存到表中

任务描述

从“学生成绩”数据库中查询电子工程系的学生，并将结果集保存到一个名为“电子工程系学生”的新表中，然后列出这个新表中的数据。

任务分析

要将选择查询返回的结果集保存到新表中，可以在 SELECT 语句中使用 INTO 子句，并将新表命名为“电子工程系学生”。

任务实现

实现步骤如下：

（1）在对象资源管理器中，连接到数据库引擎。

（2）创建一个新查询，然后在查询编辑器中编写以下语句：

```
USE 学生成绩;
GO
```

```
SELECT 学生.* INTO 电子工程系学生
FROM 学生 INNER JOIN 班级 ON 班级.班级编号=学生.班级编号
    INNER JOIN 系别 ON 系别.系别编号=班级.系别编号
WHERE 系别名称='计算机科学系';
GO
SELECT * FROM 电子工程系学生;
GO
```

（3）将脚本文件保存为 SQLQuery5-26.sql，按 F5 键执行脚本，如图 5.28 所示。

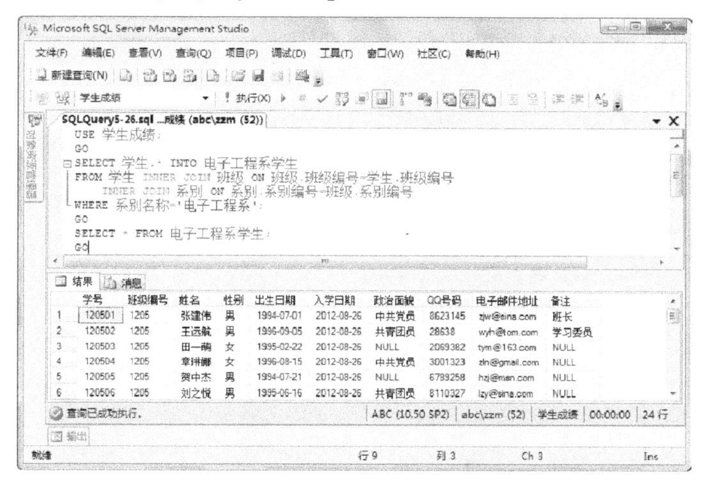

图 5.28　将查询结果转存到表中

相关知识

通过在 SELECT 语句中使用 INTO 子句，可以创建一个新表并将结果集中的行添加到这个新表中，语法格式如下：

```
[INTO new_table]
```

其中 *new_table* 指定要创建的新表的名称，新表中包含的列由 SELECT 子句中选择列表的内容来决定。用 INTO 子句创建的新表既可以是临时表，也可以是永久表。

任务 26　使用子查询进行集成员测试

任务描述

从“学生成绩”数据库中查询平均分高于 80 分的学生记录，要求在结果集中包含班级编号、学号、姓名和性别信息。

任务分析

外层查询以“学生”表作为数据来源，在其 WHERE 子句中使用 IN 运算符进行集成员测试。通过 IN 运算符引入的子查询以“成绩”表作为数据来源，并且使用 HAVING 子句对子查询返回的结果集进行筛选。

任务实现

实现步骤如下：

（1）在对象资源管理器中，连接到数据库引擎。

（2）创建一个新查询，然后在查询编辑器中编写以下语句：

```
USE 学生成绩;
GO
SELECT 班级编号,学号,姓名,性别 FROM 学生
WHERE 学号 IN (SELECT 学号 FROM 成绩
    GROUP BY 学号 HAVING AVG(成绩)>80);
GO
```

（3）将脚本文件保存为 SQLQuery5-27.sql，按 F5 键执行脚本，如图 5.29 所示。

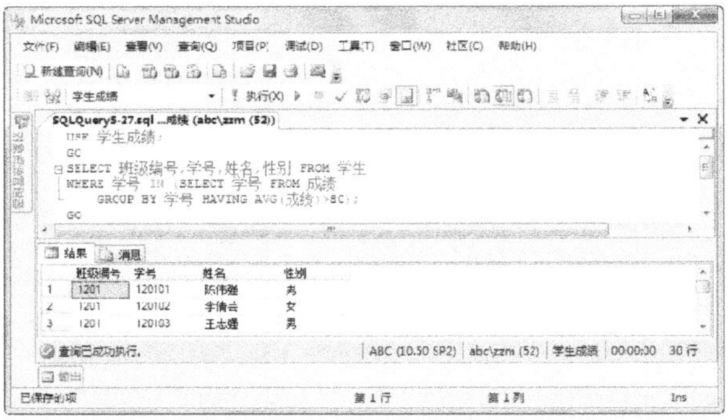

图 5.29　使用 IN 运算符的子查询

相关知识

子查询是一个嵌套在 SELECT、INSERT、UPDATE 或 DELETE 语句或其他子查询中的查询。子查询称为内部查询或内部选择，包含子查询的语句称为外部查询或外部选择。任何允许使用表达式的地方都可以使用子查询，一个子查询也可以嵌套在另外一个子查询中。为了与外层查询有所区别，总是把子查询写在一对圆括号中。

子查询可以通过 IN 或 NOT IN 引入，其结果集是包含零个值或多个值的列表。通过 IN 运算符可以使用子查询进行集成员测试，也就是将一个表达式的值与子查询返回的一列值进行比较，如果该表达式的值与此列中的任何一个值相等，则集成员测试返回 TRUE；如果该表达式的值与此列中的所有值都不相等，则集成员测试返回 FALSE。使用 NOT IN 时对集成员测试的结果取反。

在集成员测试中，由子查询返回的结果集是单个列值的一个列表，该列必须与测试表达式的数据类型相同。当子查询返回结果之后，外层查询将使用这些结果。

使用子查询时需要注意限定列名的问题。一般的规则是，语句中的列名通过同级 FROM 子句中引用的表来隐性限定。如果子查询的 FROM 子句中引用的表中不存在列，则它是由外部查询的 FROM 子句中引用的表隐性限定的。如果子查询的 FROM 子句中引用的表中不存在

子查询中引用的列，而外部查询的 FROM 子句引用的表中存在该列，则该查询可以正确执行。SQL Server 用外部查询中的表名隐性限定子查询中的列。

使用子查询时，还会受以下限制的制约：通过比较运算符引入的子查询选择列表只能包括一个表达式或列名称（对 SELECT * 执行的 EXISTS 或对列表执行的 IN 子查询除外）；ntext、text 和 image 数据类型不能用在子查询的选择列表中；由于必须返回单个值，所以，由未修改的比较运算符（即后面未跟关键字 ANY 或 ALL 的运算符）引入的子查询不能包含 GROUP BY 和 HAVING 子句；包含 GROUP BY 的子查询不能使用 DISTINCT 关键字；只有指定了 TOP 时才能指定 ORDER BY；按照惯例，由 EXISTS 引入的子查询的选择列表有一个星号（*），而不是单个列名。

任务 27　使用子查询进行比较测试

任务描述

从“学生成绩”数据库中，查询“数据库应用”课程成绩高于这门课程平均分的前 3 名学生，要求在结果集中包含学号、姓名、课程和成绩信息并按成绩降序排序。

任务分析

由于要查询的数据涉及“学生”表、“课程”表和“成绩”表，查询语句比较复杂，可以考虑先定义一个 CTE，然后在 SELECT 语句中引用这个 CTE，并且使用比较运算符 > 对指定课程的成绩与子查询返回的平均分进行比较。

任务实现

实现步骤如下：

（1）在对象资源管理器中，连接到数据库引擎。

（2）创建一个新查询，然后在查询编辑器中编写以下语句：

```
USE 学生成绩;
GO
WITH 结果集 AS(
    SELECT 学生.学号,姓名,课程名称,成绩
    FROM 成绩 INNER JOIN 学生 ON 学生.学号=成绩.学号
      INNER JOIN 课程 ON 课程.课程编号=成绩.课程编号)
SELECT TOP 3 * FROM 结果集
WHERE 课程名称='数据库应用' AND
    成绩>(SELECT AVG(成绩) FROM 结果集 WHERE 课程名称='数据库应用')
ORDER BY 成绩 DESC;
GO
```

（3）将脚本文件保存为 SQLQuery5-28.sql，按 F5 键执行脚本，如图 5.30 所示。

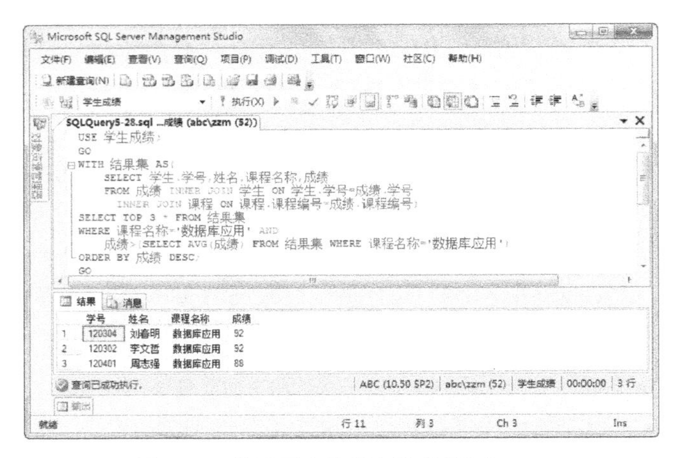

图 5.30　使用子查询进行比较测试

相关知识

子查询可以由一个比较运算符 =、<>、>、>=、<、!>、!< 或 <= 引入。如果这些比较运算符后面不接 ANY 或 ALL，则称为未修改的比较运算符，由它们引入的子查询必须返回单个值而不是值列表。如果这样的子查询返回多个值，SQL Server 2008 将显示一条错误信息。

通过未修改的比较运算符引入子查询可以进行比较测试，也就是将一个表达式的值与子查询返回的单值进行比较。如果比较运算的结果为 TRUE，则比较测试也返回 TRUE。

任务 28　使用子查询进行存在性测试

任务描述

在“学生成绩”数据库中，查询包含在“课程”表但尚未包含在“授课”表中的课程的编号和名称。

任务分析

要检索未包含在“授课”表中的行，可以在 WHERE 子句中通过 NOT EXISTS 引入一个子查询，并在该子查询中测试“课程”表与“授课”表中的课程编号是否相等。

任务实现

实现步骤如下：

（1）在对象资源管理器中，连接到数据库引擎。

（2）创建一个新查询，然后在查询编辑器中编写以下语句：

```
USE 学生成绩;
GO
SELECT 课程编号,课程名称 FROM 课程
WHERE NOT EXISTS (SELECT * FROM 授课
```

```
        WHERE 课程.课程编号=授课.课程编号);
    GO
```

（3）将脚本文件保存为 SQLQuery5-29.sql，按 F5 键执行脚本，结果如图 5.31 所示。

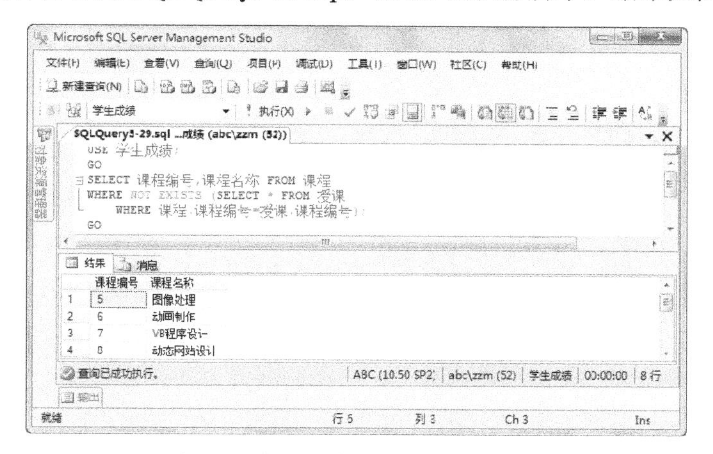

图 5.31 使用子查询进行存在性测试

相关知识

当使用 EXISTS 运算符引入一个子查询时，就相当于进行一次存在性测试。外部查询的 WHERE 子句测试子查询返回的行是否存在。子查询实际上不产生任何数据，它只返回 TRUE 或 FALSE 值。使用 EXISTS 引入的子查询的语法如下：

```
WHERE [NOT] EXISTS (subquery)
```

如果在 EXISTS 前面加上 NOT 时，将对存在性测试结果取反。

任务 29 使用子查询替代表达式

任务描述

在“学生成绩”数据库中，查询每个学生的平均分并按平均分降序排序，若平均分相同则按姓名升序排序。

任务分析

要计算平均分，可以在 SELECT 语句的选择列表中包含一个子查询并为其指定一个别名，通过该子查询计算平均分。

任务实现

实现步骤如下：

（1）在对象资源管理器中，连接到数据库引擎。

（2）创建一个新查询，然后在查询编辑器中编写以下语句：

```
USE 学生成绩;
GO
SELECT 学号,姓名,
    (SELECT AVG(成绩) FROM 成绩 WHERE 学生.学号=成绩.学号) AS 平均分
FROM 学生 ORDER BY 平均分 DESC, 姓名
GO
```

（3）将脚本文件保存为 SQLQuery5-30.sql，按 F5 键执行脚本，结果如图 5.32 所示。

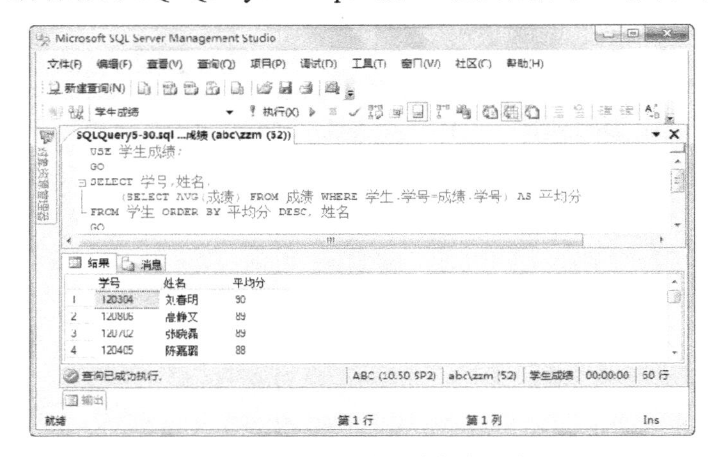

图 5.32 使用子查询替代表达式

相关知识

在 Transact-SQL 中，除了在 ORDER BY 列表中以外，在 SELECT、UPDATE、INSERT 和 DELETE 语句中任何能够使用表达式的地方都可以用子查询替代。

项目思考

一、填空题

1．在 sqlcmd 实用工具的命令行语法中，-U 选项指定____________________，-P 选项指定________________。

2．使用_______________关键字可以从 SELECT 语句的结果集中消除重复的行。

3．若要搜索在任何位置包含汉字“强”的字符串，则模式字符串可表示为____________。

4．设表达式 a 的值为 TRUE，表达式 b 的值为 FALSE，则 a AND b 的值为_______，a OR b 的值为_________，NOT a 的值为__________。

5．在 ORDER BY 子句中，ASC 表示________，DESC 表示________。

6．TOP...WITH TIES 只能与______________子句一起使用。

7．对数据分组时，选择列表中的每个输出列必须在___________子句中出现或用在某个________________函数中。

8．公用表表达式可视为_______结果集，可以在_________、_________、_________或

__________语句中对其进行引用。

9．PIVOT 通过将表达式某一列中的唯一值转换为输出中的_______列来转换表值表达式，并在必要时对最终输出中所需的任何其余的列值执行_______。

二、选择题

1．在 SELECT 语句的选择列表中，使用（　　）可选择标识符列。

A．$IDENTITY　　B．$ROWGUID　　C．*　　D．#

2．若 A 表有 20 行，B 表有 50 行，则使用交叉连接组合 A 表和 B 表时结果集包含（　　）行。

A．20　　B．50　　C．70　　D．1000

3．使用 WHERE ColumnA LIKE '%19/%%' ESCAPE '/' 子句可以搜索在任意位置包含（　　）的字符串。

A．%19%%　　B．19%　　C．19%%　　D．19

4．若要返回组中各值的平均值，可使用（　　）函数。

A．AVG　　B．SUM　　C．MAX　　D．MIN

5．若要进行存在性测试，可使用（　　）引入子查询。

A．IN　　B．ALL　　C．ANY　　D．EXISTS

三、简答题

1．SQL Server 2008 提供了哪些查询工具？

2．内部连接有什么特点？外部连接有哪些类型？

3．什么是子查询？如何引入子查询？

项目实训

1．使用 sqlcmd 实用工具从“学生成绩”数据库中查询“学生”表中的所有数据。

2．编写脚本，从“教师”表中查询所有数据。

3．编写脚本，从“学生”表中查询学生的学号、姓名、性别、出生日期和班级。

4．编写脚本，从“学生”表中查询学生信息，要求用中文表示列名。

5．编写脚本，从“学生”表中查询学生信息，要求根据学生的出生日期计算其年龄。

6．编写脚本，从“成绩”表中检索所有学号，要求消除所有重复的行。

7．编写脚本，从“学生”表中检索前 10 名学生的记录。

8．编写脚本，使用 SELECT 语句获取当前系统日期和时间以及 SQL Server 的版本号。

9．编写脚本，从“学生成绩”数据库中检索学生课程成绩，要求包含学号、姓名、课程名称和成绩。

10．编写脚本，从“学生成绩”数据库所有课程（即使没有考试）和所有学生课程成绩记录。

11．编写脚本，从“教师”表中检索所有政治面貌为党员的男教师记录。

12．编写脚本，从“学生成绩”数据库检索计算应用基础成绩在 80～90 之间的学生课程成绩。

13．编写脚本，从“学生”表中检索赵钱孙李 4 个姓氏的学生记录。

14．编写脚本，从“教师”表中检索姓名中包含“强”字的男教师记录。

15．编写脚本，从“学生成绩”数据库中检索计算机应用基础课程成绩，要求按成绩降序排序，若成绩相同，则按姓名升序排序。

16．编写脚本，在“学生成绩”数据库中统计每个学生、每个班级的平均分以及所有班级的总平均分，并且从组内的最低级别到最高级别进行汇总。

17．编写脚本，从“学生成绩”数据库中查询计算机科学系的教师和学生信息。

18．编写脚本，从“学生成绩”数据库中检索所有学生某门课程的成绩，要求使用公用表表达式实现。

19．编写脚本，从“学生”表检索所有男同学的记录并保存到一个表中。

20. 编写脚本，从“学生成绩”数据库中查询平均分高于 85 分的学生记录，要求在结果集中包含学号、姓名、性别和班级信息。

21．编写脚本，从“学生成绩”数据库中查询包含在课程表但尚未包含在授课表中的课程的编号和名称。

22．编写脚本，从“学生成绩”数据库中查询每个学生的平均分并按平均分降序排序。

创建索引和视图

使用 SELECT 语句可以从数据库中查询所需数据，还可以根据需要对结果集进行筛选、排序以及分组等。为了加快和简化数据访问，往往还需要创建和使用其他数据库对象，索引和视图便是其中最常用的两个。索引基于键值提供对表的行中数据的快速访问，还可以在表的行上强制唯一性；视图则提供查看和存取数据的另外一种途径，使用视图可以简化数据操作并提高数据库的安全性。在本项目中将通过 13 个任务来演示如何创建索引和视图，主要内容包括设计索引、创建索引、管理索引、视图的基本概念以及视图的创建、管理和应用等。

任务 1　认识索引

任务描述

索引是一种特殊类型的数据库对象，使用它可以提高表中数据的访问速度，并且能够强制实施某些数据完整性。在本任务中将对索引的基本概念和各种类型有一个基本的了解。

相关知识

一、索引的基本概念

在 SQL Server 数据库中，数据存储的基本单位是页，页的大小为 8KB。为数据库中的数据文件（.mdf 或 .ndf）分配的磁盘空间可以从逻辑上划分成页（从 0 到 n 连续编号）。磁盘 I/O 操作是在页级执行的，换言之，SQL Server 读取或写入所有数据页。当向表中添加行时，数据存储在数据页中，数据行不按特定的顺序存放，数据页也没有特定的顺序。当一个数据页放满数据行时，数据将存放到另一个数据页上，这些数据页的集合称为堆。

索引是与表或视图关联的磁盘上的结构，可以加快从表或视图中检索行的速度。索引包含由表或视图中的一列或多列生成的键，这些键存储在一个 B 树结构中，使 SQL Server 可以快速有效地查找与键值关联的行。

SQL Server 使用扫描表和使用索引两种方式访问数据。SQL Server 首先确定表中是否存在索引，然后查询优化器根据分布的统计信息来生成查询的优化执行规划，以提高数据访问效率为目标，确定使用表扫描还是使用索引来访问数据。

如果不存在索引，则使用表扫描方式访问数据库中的数据。在扫描表的过程中，查询优化器读取表中的所有行，并提取满足查询条件的行。扫描表会有许多磁盘 I/O 操作，并占用大量资源。不过，如果查询结果集中的行占表中的百分比较高的话，扫描表也会是最为有效的方法。

如果表中存在索引，则查询优化器使用索引，通过搜索索引键列来查找到查询所需行的存储位置，然后从该位置提取匹配行。通常情况下，搜索索引比搜索表要快很多，因为索引与表不同，一般每行包含的列非常少，并且行遵循排序顺序。

当在一个列上创建索引时，该列称为索引列或索引键；索引列中的值称为键值。索引键可以是表中的单个列，也可以由多个列的组合而成。一个索引就是一组键值的列表，这些值来自于表中的各个行。键值可以是唯一的，例如选择表中的主键作为索引键时就属于这种情况，但索引键也可以具有重复的值。

数据库使用索引的方式与使用书的目录很相似。如果在一本书后面加上一个索引，查阅资料时不必逐页翻阅也能够快速地找到所需要的主题。借助于索引，执行查询时不必扫描整个表就能够快速地找到所需要的数据。索引提供指针以指向存储在表中指定列的数据值，然后根据指定的排序次序来排列这些指针。通过搜索索引找到特定的值，然后跟随指针到达包含该值的行。书中的一个索引就是一个列表，其中列出一些单词和包含每个单词的页码。表中的一个索引也是一个列表，其中列出一些值和包含这些值的行在表中的实际存储位置，这些索引信息放在索引页中，表中的数据则放在数据页中。

SQL Server 使用索引指向数据页上特定信息的位置，而不必扫描一个表的全部数据页。使用索引时，应考虑以下要点：索引通常加速连接表和执行排序或组合操作的查询；若创建索引时定义唯一性，则索引强制数据行的唯一性；索引按照上升排序顺序创建和维护；最好在具有唯一性的列或列组合上创建索引。

索引是有用的，但索引要占用磁盘空间，并增加系统开销和维护成本。当修改一个索引列中的数据时，SQL Server 将更新相关的索引；维护索引需要时间和资源，因此不要创建不经常使用的索引。

二、索引的类型

在 SQL Server 中，索引主要分为聚集索引和非聚集索引两种类型，此外还有一些其他索引类型。

1. 聚集索引

聚集索引根据数据行的键值在表或视图中排序和存储这些数据行。索引定义中包含聚集索引列。每个表只能有一个聚集索引，因为数据行本身只能按一个顺序排序。只有当表包含聚集索引时，表中的数据行才按排序顺序存储。如果表具有聚集索引，则该表称为聚集表。

2. 非聚集索引

非聚集索引具有独立于数据行的结构。非聚集索引包含非聚集索引键值，并且每个键值项都有指向包含该键值的数据行的指针。如果表没有聚集索引，则其数据行存储在一个称为堆的无序结构中。从非聚集索引中的索引行指向数据行的指针称为行定位器。行定位器的结构取决于数据页是存储在堆中还是聚集表中。对于堆，行定位器是指向行的指针。对于聚集表，行定位器是聚集索引键。

3. 其他索引类型

除了聚集索引和非聚集索引之外，还有以下索引类型。

（1）唯一索引。唯一索引可以确保索引键不包含重复的值，因此，表或视图中的每一行在某种程度上是唯一的。

（2）包含性列索引。这是一种非聚集索引，它扩展后不仅包含键列，还包含非键列。

（3）索引视图。视图的索引将具体化（执行）视图，并将结果集永久存储在唯一的聚集索引中，而且其存储方法与带聚集索引的表的存储方法相同。创建聚集索引后，可以为视图添加非聚集索引。

（4）全文索引。这是一种特殊类型的基于标记的功能性索引，由 Microsoft SQL Server 全文引擎（MSFTESQL）服务创建和维护，用于帮助在字符串数据中搜索复杂的词。

（5）XML 索引。这是 xml 数据类型列中 XML 二进制大型对象（BLOB）的已拆分持久表示形式。

任务 2 设计索引

任务描述

索引设计包括确定要使用的列、选择索引类型以及选择适当的索引选项等。索引设计是一项关键任务。通过创建设计良好的索引以支持查询，可以显著提高数据库查询和应用程序的性能。索引可以减少为返回查询结果集而必须读取的数据量，还可以强制表中的行具有唯一性，从而确保表数据的数据完整性。在本任务中将对索引的设计有一个基本的了解。

相关知识

一、索引设计准则

设计索引时需要对数据库、查询和数据列的特征有所了解，这将有助于设计出最佳索引。

1. 数据库准则

设计索引时应遵循以下数据库准则。

（1）如果在一个表中创建大量的索引，将会影响 NSERT、UPDATE 和 DELETE 语句的性能，因为在更改表中的数据时，所有索引都要进行适当的调整。应避免对经常更新的表进行过多的索引，并且索引应保持较窄，也就是说，列要尽可能少。

（2）使用多个索引可以提高更新少而数据量大的查询的性能。大量索引可以提高不修改数据的查询（如 SELECT 语句）的性能，因为查询优化器有更多的索引可供选择，从而可以确定最快的访问方法。

（3）对小表进行索引可能不会产生优化效果，因为查询优化器在遍历用于搜索数据的索引时，花费的时间可能比执行简单的表扫描还长。因此，小表的索引可能从来不用，但仍必须在表中的数据更改时进行维护。

（4）视图包含聚合、表连接或聚合和连接的组合时，视图的索引可以显著地提升性能。若要使查询优化器使用视图，并不一定非要在查询中显式引用该视图。

（5）使用数据库引擎优化顾问来分析数据库并生成索引建议。

2. 查询准则

设计索引时应考虑以下查询准则。

（1）为经常用于查询中的谓词和连接条件的所有列创建非聚集索引。

（2）涵盖索引可以提高查询性能，因为符合查询要求的全部数据都存在于索引本身中。换言之，只需要索引页就可以检索所需数据，因此，减少了总体磁盘 I/O。

（3）将插入或修改尽可能多的行的查询写入单个语句内，而不要使用多个查询更新相同的行。仅使用一个语句，就可以利用优化的索引维护。

（4）评估查询类型以及如何在查询中使用列。例如，在完全匹配查询类型中使用的列就适合用于非聚集索引或聚集索引。

3. 列准则

设计索引时应考虑以下列准则。

（1）对于聚集索引，应保持较短的索引键长度。另外，对唯一列或非空列创建聚集索引可以使聚集索引获益。

（2）不能将 ntext、text、image、varchar(max)、nvarchar(max) 和 varbinary(max) 数据类型的列指定为索引键列。不过，varchar(max)、nvarchar(max)、varbinary(max) 和 xml 数据类型的列可以作为非键索引列参与非聚集索引。

（3）xml 数据类型的列只能在 XML 索引中用作键列。

（4）检查列的唯一性。在同一个列组合的唯一索引而不是非唯一索引提供了有关使索引更有用的查询优化器的附加信息。

（5）在列中检查数据分布。通常情况下，如果为包含很少唯一值的列创建索引或在这样的列上执行连接，则会导致长时间运行的查询。这是数据和查询的基本问题，通常不识别这种情况就无法解决这类问题。

（6）如果索引包含多个列，则应考虑列的顺序。用于等于（=）、大于（>）、小于（<）或 BETWEEN 搜索条件的 WHERE 子句或者参与连接的列应该放在最前面，其他列应该基于其非重复级别进行排序，也就是说，从最不重复的列到最重复的列。

（7）考虑对计算列进行索引。在确定某一索引适合某一查询之后，可以选择最适合具体情况的索引类型。应考虑索引的以下特性：聚集还是非聚集；唯一还是非唯一；单列还是多列；索引中的列是升序排序还是降序排序。也可以通过设置选项自定义索引的初始存储特征以优化其性能或维护，或者通过使用文件组或分区方案可以确定索引存储位置来优化性能。

二、设计聚集索引

聚集索引基于数据行的键值在表内排序和存储这些数据行。每个表只能有一个聚集索引，因为数据行本身只能按一个顺序存储。每个表几乎都对列定义聚集索引来实现下列功能：可用于经常使用的查询；提供高度唯一性；可用于范围查询。

创建 PRIMARY KEY 约束时，将在列上自动创建唯一索引。默认情况下，此索引是聚集索引，但是在创建约束时，可以指定创建非聚集索引。

如果没有使用 UNIQUE 属性创建聚集索引，则数据库引擎将向表自动添加一个 4 字节的 uniqueifier 列，必要时数据库引擎还将向行自动添加一个 uniqueifier 值，使每个键唯一。此列和列值供内部使用，用户不能查看或访问。

对于具有以下特点的查询，可以考虑使用聚集索引。

（1）使用运算符（如 BETWEEN、>、>=、< 和 <=）返回一系列值。使用聚集索引找到

包含第一个值的行后，便可以确保包含后续索引值的行物理相邻。

（2）返回大型结果集。

（3）使用 JOIN 子句。一般情况下，使用该子句的是外键列。

（4）使用 ORDER BY 或 GROUP BY 子句。在 ORDER BY 或 GROUP BY 子句中指定的列的索引，可以使数据库引擎不必对数据进行排序（因为行已排序），以提高查询性能。一般来说，定义聚集索引键时使用的列越少越好。对于具有下列一个或多个属性的列可以考虑定义聚集索引。

（5）唯一或包含许多不重复的值。例如，学号唯一地标识学生。StudentID 列的聚集索引或 PRIMARY KEY 约束将改善基于学号搜索学生信息的查询的性能。

（6）按顺序被访问。例如，产品 ID 唯一地标识 AdventureWorks 数据库的 Production.Product 表中的产品。在其中指定顺序搜索的查询（如 WHERE ProductID BETWEEN 980 AND 999）将从 ProductID 的聚集索引受益。这是因为行将按该键列的排序顺序存储。

（7）由于保证了列在表中是唯一的，因此定义为 IDENTITY。

（8）经常用于对表中检索到的数据进行排序。按该列对表进行聚集（即物理排序）是一个好方法，它可以在每次查询该列时节省排序操作的成本。

聚集索引不适用于具有下列属性的列。

（1）频繁更改的列。这将导致整行移动，因为数据库引擎必须按物理顺序保留行中的数据值。这一点要特别注意，因为在大容量事务处理系统中数据通常是可变的。

（2）宽键。宽键是若干列或若干大型列的组合。所有非聚集索引将聚集索引中的键值用作查找键。为同一表定义的任何非聚集索引都将增大许多，这是因为非聚集索引项包含聚集键，同时也包含为此非聚集索引定义的键列。

创建聚集索引时可以指定若干索引选项。聚集索引通常都很大，应特别注意 SORT_IN_TEMPDB、DROP_EXISTING、FILLFACTOR、ONLINE 选项。

三、设计非聚集索引

非聚集索引包含索引键值和指向表数据存储位置的行定位器。通常情况下，设计非聚集索引是为了改善经常使用的、没有建立聚集索引的查询的性能。可以对表或索引视图创建多个非聚集索引。

与使用书中索引的方式相似，查询优化器在搜索数据值时，先搜索非聚集索引以找到数据值在表中的位置，然后直接从该位置检索数据。这使非聚集索引成为完全匹配查询的最佳选择，因为索引包含说明查询所搜索的数据值在表中的精确位置的项。每个索引项都指向表或聚集索引中准确的页和行，其中可以找到相应的数据。在查询优化器在索引中找到所有项之后，它可以直接转到准确的页和行进行数据检索。

设计非聚集索引时，应注意数据库的特征。

（1）更新要求较低但包含大量数据的数据库或表，可以从许多非聚集索引中获益从而改善查询性能。决策支持系统应用程序和主要包含只读数据的数据库可以从许多非聚集索引中获益。查询优化器具有更多可供选择的索引用来确定最快的访问方法，并且数据库的低更新特征意味着索引维护不会降低性能。

（2）联机事务处理应用程序和包含大量更新表的数据库应避免使用过多的索引。此外，索引应该是窄的，即列越少越好。一个表如果建有大量索引会影响 INSERT、UPDATE 和 DELETE 语句的性能，因为所有索引都必须随表中数据的更改进行相应的调整。

在创建非聚集索引之前，应先了解访问数据的方式。对具有以下属性的查询可以考虑使用

非聚集索引。

（1）使用 JOIN 或 GROUP BY 子句。应为连接和分组操作中所涉及的列创建多个非聚集索引，为任何外键列创建一个聚集索引。

（2）不返回大型结果集的查询。

（3）包含经常包含在查询的搜索条件（例如返回完全匹配的 WHERE 子句）中的列。

在创建非聚集索引时，还应当考虑具有以下一个或多个属性的列。

（1）覆盖查询。当索引包含查询中的所有列时，性能可以提升。查询优化器可以找到索引内的所有列值，而不会访问表或聚集索引数据，从而减少了磁盘 I/O 操作。使用具有包含列的索引来添加覆盖列，而不是创建宽索引键。

如果表有聚集索引，则该聚集索引中定义的列将自动追加到表上每个非聚集索引的末端，这将生成覆盖查询，而不用在非聚集索引定义中指定聚集索引列。例如，如果一个表在 C 列上有聚集索引，则 B 和 A 列的非聚集索引将具有其键值列 B、A 和 C。

（2）大量非重复值。如果只有很少的非重复值，例如仅有 1 和 0 或男和女，则大多数查询将不使用索引，因为此时表扫描通常更有效。

四、设计唯一索引

唯一索引能够保证索引键中不包含重复的值，从而使表中的每一行从某种方式上具有唯一性。只有当唯一性是数据本身的特征时，指定唯一索引才有意义。使用多列唯一索引，索引能够保证索引键中值的每个组合都是唯一的。例如，若为“成绩”表中的 StudentID 和 CourseID 列的组合创建了唯一索引，则表中的任意两行都不会有这些列值的相同组合。唯一索引具有以下优点：能够确保定义的列的数据完整性；提供了对查询优化器有用的附加信息。

聚集索引和非聚集索引都可以是唯一的。只要列中的数据是唯一的，就可以为同一个表创建一个唯一聚集索引和多个唯一非聚集索引。

创建 PRIMARY KEY 或 UNIQUE 约束会自动为指定的列创建唯一索引。创建 UNIQUE 约束和创建独立于约束的唯一索引没有明显的区别。数据验证的方式是相同的，而且查询优化器不会区分唯一索引是由约束创建的还是手动创建的。但是，如果要实现数据完整性，则应为列创建 UNIQUE 或 PRIMARY KEY 约束，这样做才能使索引的目标明确。

如果数据是唯一的并且希望强制实现唯一性，则为相同的列组合创建唯一索引可以为查询优化器提供附加信息，从而生成更有效的执行计划。在这种情况下，建议创建唯一索引（最好通过创建 UNIQUE 约束来创建）。唯一非聚集索引可以包括包含性非键列。

创建唯一索引时可指定若干索引选项。要特别注意 ONLINE 和 IGNORE_DUP_KEY 选项。

任务 3　在表中创建索引

任务描述

在“学生成绩”数据库中，基于“学生”表的“姓名”列创建一个非聚集索引并将其命名为 ix_student_sname。

任务分析

在表中创建索引可使用 CREATE INDEX 语句来实现。在创建索引之前，应使用 USE 语句将数据库上下文更改为指定数据库，这样就不必对表使用限定名了。

任务实现

实现步骤如下。

（1）在对象资源管理器中，连接到数据库引擎。

（2）新建一个查询，然后在查询编辑器中输入以下语句：

```
USE 学生成绩;
GO
CREATE NONCLUSTERED INDEX ix_student_sname
ON 学生 (姓名);
GO
```

（3）将脚本文件保存为 SQLQuery6-01.sql，按 F5 键执行脚本，如图 6.1 所示。

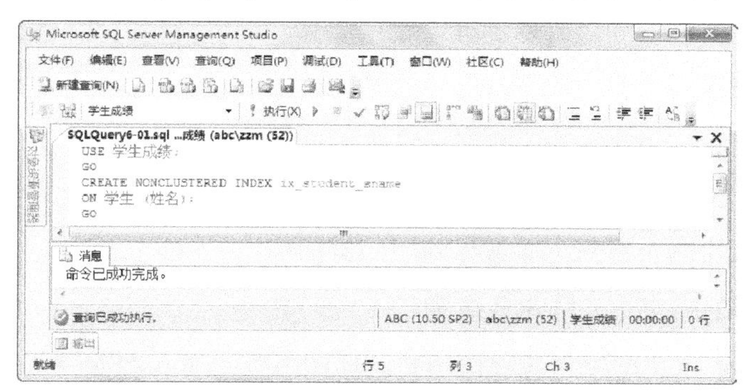

图 6.1　使用 CREATE INDEX 语句创建索引

相关知识

在 SQL Server 2008 中，当使用 CREATE TABLE 或 ALTER TABLE 对列定义 PRIMARY KEY 或 UNIQUE 约束时，数据库引擎将自动创建唯一索引，以强制 PRIMARY KEY 或 UNIQUE 约束的唯一性要求。也可以使用 SQL Server Management Studio 对象资源管理器中的“新建索引”对话框或 CREATE INDEX 语句来创建独立于约束的索引。

一、使用表设计器创建索引

若要在表设计器中创建索引，可执行以下操作。

（1）在对象资源管理器中，连接到数据库引擎。

（2）展开要在其中创建索引的表，右击“索引”，然后在弹出的快捷菜单中选择“新建索引”选项。

（3）在弹出如图 6.2 所示的“新建索引”对话框的“常规”页中指定索引名称，选择索引类型，指定索引是否具有唯一性，添加包含在索引键列中的表列并设置其排序顺序。

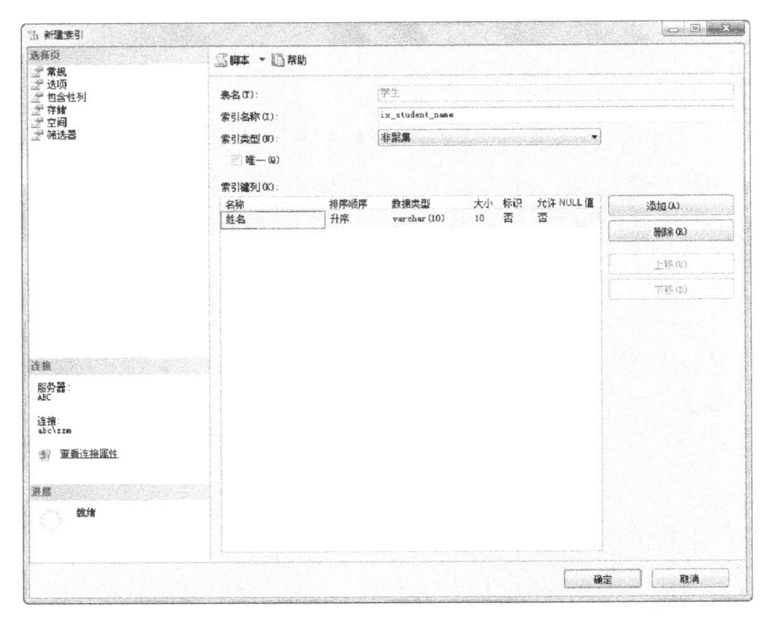

图 6.2 “新建索引”对话框

（4）若要设置索引的选项，可以选择“选项”页，然后对相关选项进行设置。

（5）若要在索引中包含其他表列，可以选择“包含性列”页，然后添加要包含在索引中的一列或多列。

（6）单击“确定”按钮。

此时可以在“索引”结点下方看到新建的索引。通过右击该索引并选择相关命令，可以对该索引进行修改、重命名、重新生成或重新组织等操作。

二、使用 CREATE INDEX 语句创建索引

CREATE INDEX 语句用于在数据库中表或视图上创建各种类型的索引并对索引选项进行设置，其基本语法格式如下：

```
CREATE [UNIQUE][CLUSTERED|NONCLUSTERED]
    INDEX index_name
    ON [database_name.[schema_name].|schema_name.]table_or_view_name
    (column [ASC|DESC][,...n])
    [INCLUDE (column_name[,...n])]
    [WITH (
      PAD_INDEX={ON|OFF}|FILLFACTOR=fillfactor
      |SORT_IN_TEMPDB={ON|OFF}|IGNORE_DUP_KEY={ON|OFF}
      |STATISTICS_NORECOMPUTE={ON|OFF}|DROP_EXISTING={ON|OFF}
      |ONLINE={ON|OFF}|ALLOW_ROW_LOCKS={ON|OFF}
      |ALLOW_PAGE_LOCKS={ON|OFF}
      |MAXDOP=max_degree_of_parallelism[,...n])]
    ON{partition_scheme_name(column_name)
      |filegroup_name|default}][;]
```

其中 UNIQUE 指定创建唯一索引，不允许两行具有相同的索引键值。

CLUSTERED 指定创建聚集索引，即在创建索引时由键值的逻辑顺序决定表中对应行的物理顺序。在创建任何非聚集索引之前创建聚集索引，创建聚集索引时会重新生成表中现有的非聚集索引。

NONCLUSTERED 指定创建非聚集索引，即创建指定表的逻辑排序的索引。对于非聚集索引，数据行的物理排序独立于索引排序。NONCLUSTERED 是默认值。

index_name 指定索引的名称。索引名称在表或视图中必须唯一，但在数据库中不必唯一。索引名称必须符合标识符的规则。

database_name 指定数据库的名称。schema_name 指定该表或视图所属架构的名称。如果指定了 database_name，则必须指定 schema_name。

table_or_view_name 指定要为其建立索引的表或视图的名称。

column 指定索引所基于的一列或多列。可指定两个或多个列名，可为指定列的组合值创建组合索引。在 *table_or_view_name* 后的括号中，按排序优先级列出组合索引中要包括的列。

ASC 和 DESC 确定特定索引列的升序或降序排序方向，默认值为 ASC。

INCLUDE 子句指定要添加到非聚集索引的叶级别的非键列。

ON *partition_scheme_name*(*column_name*)指定分区方案，该方案定义要将已分区索引的分区映射到的文件组。ON *filegroup_name* 为指定文件组创建索引。如果未指定位置且表或视图尚未分区，则索引将与基础表或视图使用相同的文件组。ON default 指定为默认文件组创建索引。在此上下文中，“default”一词不是一个关键字，它是默认文件组的标识符。

以下各参数用于指定创建索引时要使用的选项。

PAD_INDEX 指定索引填充。ON 表示 fillfactor 指定的可用空间百分比应用于索引的中间级页，默认值为 OFF。该选项只有在指定了 FILLFACTOR 时才有用。

FILLFACTOR 指示在创建或重新生成索引的过程中数据库引擎使每个索引页的叶级别的填充程度。fillfactor 必须是 1～100 之间的整数值，默认值为 0。

SORT_IN_TEMPDB 指定是否在 tempdb 系统数据库中存储临时排序结果，默认值为 OFF。

IGNORE_DUP_KEY 指定对唯一聚集索引或唯一非聚集索引执行多行插入操作时出现重复键值的错误响应。若为 ON，则发出一条警告信息，且只有违反了唯一索引的行才会失败。若为 OFF，则发出错误消息并回滚整个 INSERT 事务，默认值为 OFF。

STATISTICS_NORECOMPUTE 指定是否重新计算分发统计信息。ON 表示不会自动重新计算过时的统计信息；OFF 表示已启用统计信息自动更新功能，默认值为 OFF。

DROP_EXISTING 指定是否应删除并重新生成已命名的先前存在的聚集、非聚集索引或 XML 索引。ON 表示删除并重新生成现有索引；OFF 表示若指定的索引名已存在则会显示一条错误，默认值为 OFF。

ONLINE 指定在索引操作期间基础表和关联的索引是否可用于查询和数据修改操作。ON 表示在索引操作期间不持有长期表锁；OFF 表示在索引操作期间应用表锁，默认值为 OFF。

ALLOW_ROW_LOCKS 指定是否允许行锁。默认值为 ON，表示在访问索引时允许行锁；OFF 表示未使用行锁。

ALLOW_PAGE_LOCKS 指定是否允许页锁。默认值为 ON，表示在访问索引时允许页锁；OFF 表示未使用页锁。

MAXDOP 指定在索引操作期间覆盖最大并行度配置选项。使用 MAXDOP 可以限制在执行并行计划的过程中使用的处理器数量，最大数量为64个处理器。

创建索引时，应注意以下几点。

（1）每个表只能有一个聚集索引。

（2）每个表最多可有249个非聚集索引，包括使用PRIMARY KEY或UNIQUE约束创建的非聚集索引，但不包括XML索引。

（3）每个表最多可有249个XML索引，包括XML数据类型列的主XML索引和辅助XML索引。

（4）每个索引键最多可有16个列，若表中有主XML索引，则聚集索引限制为15个列。

（5）最大索引键记录大小为900字节。

（6）通过在索引中包含非键列，可以避免受非聚集索引的索引键列和记录大小的限制。

任务4　在表中查看索引信息

任务描述

在“学生成绩”数据库中执行以下操作。

（1）查看“学生”表中的索引名称、索引说明、索引键列以及索引所使用的空间总量。

（2）在“学生”表中创建主键约束时自动创建了一个索引，试查看该索引的IsPadIndex、IndexFillFactor和IsClustered属性的设置情况。

任务分析

若要查看索引的这些信息，需要依次调用sp_helpindex和sp_spaceused，这两个系统存储过程分别返回一个结果集。

要查看与主键约束相关的索引的属性可使用INDEXPROPERTY函数，这里有两个关键点：一是获取表的标识号；二是获取该索引的名称。若要获取表的标识号，可以使用OBJECT_ID函数并传递表的名称作为参数来实现；若要获取该索引的名称，则可以在对象资源管理器中直接查看（与主键约束相关的索引名称以PK作为前缀），并且允许进行对索引进行重命名。一旦获取了索引的相关属性后，便可以使用一个没有FROM子句的SELECT语句来返回这些属性。

任务实现

一、查看“学生”表中的索引信息

实现步骤如下。

（1）在对象资源管理器中，连接到数据库引擎。

（2）新建一个查询，然后在查询编辑器中输入以下语句：

```
USE 学生成绩;
GO
EXEC sp_helpindex 学生;
GO
```

```
EXEC sp_spaceused 学生;
GO
```

（3）将脚本文件保存为 SQLQuery6-02.sql，按 F5 键执行脚本，结果如图 6.3 所示。

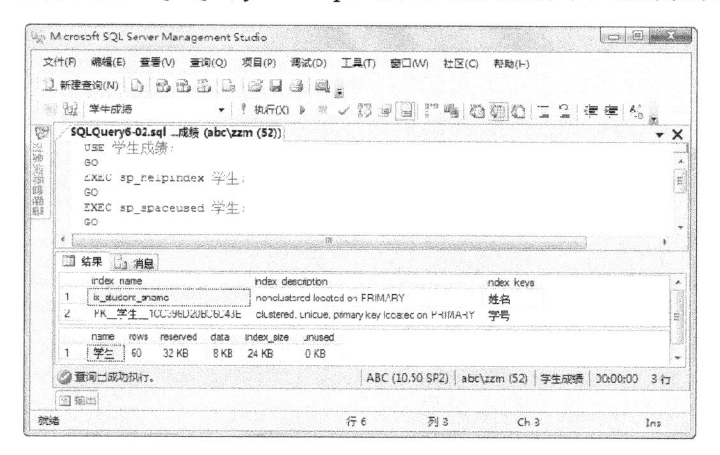

图 6.3 查看表中的索引信息

二、查看“学生”表中与主键相关的索引信息

实现步骤如下。

（1）在对象资源管理器中，连接到数据库引擎。

（2）然后展开“学生成绩”数据库。

（3）展开“学生”表下方的“索引”结点，找到以 PK 作为名称前缀的索引，然后将其重命名为“PK_学生_学号”。

（4）新建一个查询，然后在查询编辑器中输入以下语句：

```
USE 学生成绩;
GO
SELECT
    INDEXPROPERTY(OBJECT_ID('学生'),
        'PK_学生_学号','IsPadIndex') AS IsPadIndex,
    INDEXPROPERTY(OBJECT_ID('学生'),
        'PK_学生_学号','IndexFillFactor') AS IndexFillFactor,
    INDEXPROPERTY(OBJECT_ID('学生'),
        'PK_学生_学号','IsClustered') AS IsClustered;
GO
```

（5）将脚本文件保存为 SQLQuery6-03.sql，按 F5 键执行脚本，结果如图 6.4 所示。

相关知识

在表上创建索引、PRIMARY KEY 约束或 UNIQUE 约束后，往往需要查找有关索引的信息。例如，可能需要查明索引类型，以及那些是某个表的索引的列，或者某个索引使用的数据库空间总量等。可以通过调用相关的系统存储过程或函数来完成这些任务。

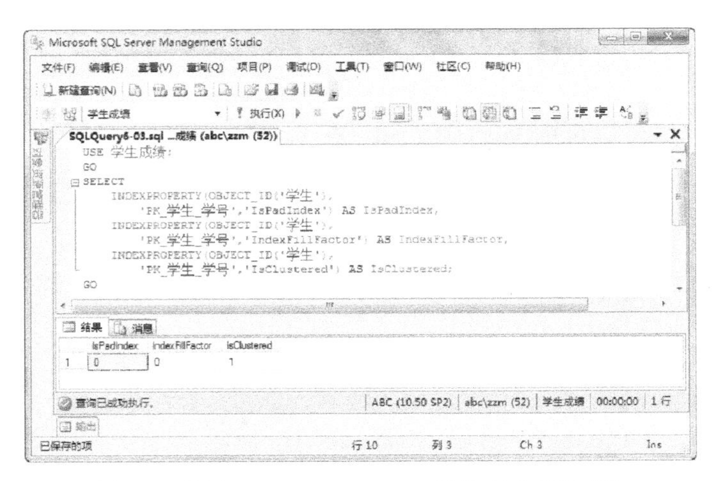

图 6.4　使用 INDEXPROPERTY 函数查看索引属性

一、使用 sp_helpindex 查看索引信息

sp_helpindex 是一个系统存储过程，用于报告有关表或视图上索引的信息，语法如下：

```
sp_helpindex 'name'
```

其中参数 *name* 指定用户定义的表或视图的限定或非限定名称。仅当指定限定的表或视图名称时，才需要使用引号。如果提供了完全限定名称，包括数据库名称，则该数据库名称必须是当前数据库的名称。

sp_helpindex 返回的结果集包括以下 3 个列：index_name（索引名称）、index_description（索引说明）及 index_keys（对其生成索引的表或视图列）。

二、使用 sp_spaceused 查看索引使用的空间

sp_spaceused 是一个系统存储过程，用于显示行数、保留的磁盘空间以及当前数据库中的表所使用的磁盘空间，或显示由整个数据库保留和使用的磁盘空间，语法如下：

```
sp_spaceused ['objname'][,'updateusage']
```

其中参数 *objname* 指定请求其空间使用信息的表或索引视图的限定或非限定名称。仅当指定限定对象名称时，才需要使用引号。如果提供完全限定对象名称（包括数据库名称），则数据库名称必须是当前数据库的名称。如果未指定 *objname*，则返回整个数据库的结果。

参数 *updateusage* 指示应运行 DBCC UPDATEUSAGE 以更新空间使用信息。当未指定 *objname* 时，将对整个数据库运行该语句，否则将对 objname 运行该语句。该参数的值可以是 true 或 false，默认值为 false。

如果省略 *objname*，则 sp_spaceused 将会返回两个结果集。第一个结果集包含 3 列：database_name（当前数据库的名称）；database_size（当前数据库的大小）；unallocated space（未分配的数据库空间）。第二个结果集包含 4 列：reserved（由数据库中对象分配的空间总量）；data（数据使用的空间总量）；index_size（索引使用的空间总量）；unused（为数据库中的对象保留但尚未使用的空间总量）。

如果指定 *objname*，则为指定对象返回的结果集包含以下 6 列：name（请求其空间使用信息的对象的名称）；rows（表中现有的行数）；reserved（为 objname 保留的空间总量）；data（objname 中的数据所使用的空间总量）、index_size（objname 中的索引所使用的空间总量）、unused（为

objname 保留但尚未使用的空间总量）。

三、使用 INDEXPROPERTY 函数查看索引属性

INDEXPROPERTY 函数在给定表标识号、索引名称及属性名称的前提下，返回指定的索引属性值，语法格式如下：

```
INDEXPROPERTY(table_ID,index,property)
```

其中参数 *table_ID* 指定索引所在表或索引视图的标识号；*index* 指定索引名称；*property* 指定要返回的数据库属性的名称。例如，当 property 的值为 IndexFillFactor 时将返回索引的填充因子；当 property 的值为 IsClustered 时，如果函数的返回值为 1，则表明索引是聚集的；当 property 的值为 IsPadIndex 时，如果函数的返回值为 1，则表明索引在每个内部结点上指定将要保持空闲的空间；当 property 的值为 IsUnique 时，如果函数的返回值为 1，则表明索引是唯一的。

任务 5 从表中删除索引

任务描述

创建一个 sample 数据库并在其中创建 table1 和 table2 表，然后基于这些表分别创建一个索引，最后从表中删除这些索引。

任务实现

实现步骤如下。

（1）在对象资源管理器中，连接到数据库引擎。

（2）新建一个查询，然后在查询编辑器中输入以下语句：

```
USE master;
CREATE DATABASE sample;
GO
USE sample;
CREATE TABLE table1(cola int NOT NULL, colb char(6));
CREATE TABLE table2(cola smallint NOT NULL, colb varchar(6));
GO
CREATE NONCLUSTERED INDEX index1 ON table1(cola);
CREATE NONCLUSTERED INDEX index1 ON table2(cola);
GO
DROP INDEX table1.index1,table2.index1;
```

（3）将脚本文件保存为 SQLQuery6-04.sql，按 F5 键执行脚本。

相关知识

通过创建有效的索引可以提高检索的效率，但也不是表中的每个列都需要创建索引。在表

中创建的索引越多，修改或删除行时服务器用于维护索引所花费的时间就越长，这样反而会使数据库的性能下降。当不再需要某些索引时，就应当及时地从表中删除掉。

若要使用对象资源管理器来删除索引，可执行以下操作。

（1）在对象资源管理器中，连接到数据库引擎。

（2）展开索引所在的表，展开该表下方的“索引”结点。

（3）右击要删除的索引，然后在弹出的快捷菜单中选择“删除”选项。

（4）在“删除对象”对话框中单击“确定”按钮。

也可以使用 DROP INDEX 语句从当前数据库中删除一个或多个索引，语法格式如下：

```
DROP INDEX table_name.index_name[,...n]
```

其中 *table_name* 指定要删除索引的表的名称。*index_name* 指定要删除的索引的名称。

执行 DROP INDEX 语句后，将重新获得以前由索引占用的所有空间。这些空间随后可以用于任何数据库对象。

需要注意的是，DROP INDEX 语句不能用于删除在表中定义主键约束或唯一性约束时自动创建的那些索引。如果确实需要删除这一类索引，可以使用带有 DROP CONSTRAINT 子句的 ALTER TABLE 语句来解除加在该列上的主键约束或唯一性约束。这些约束一旦被解除，相关的索引将随之被删除，此时不再需要执行 DROP INDEX 语句。

任务 6　认识视图

任务描述

在本任务中将对视图的基本概念和用途有一个初步的了解。

相关知识

与索引一样，视图也是关系数据库中包含的一种对象。视图可以被看成是虚拟表或存储查询。除非是索引视图，否则视图的数据不会作为对象存储在数据库中。数据库中存储的是 SELECT 语句，SELECT 语句的结果集构成了视图所返回的虚拟表。创建视图之后，也可以通过在查询语句中引用视图名称来使用此虚拟表。

一、视图的基本概念

视图是一个虚拟表，其内容由选择查询定义。与真实的表一样，视图也包含一系列带有名称的列和行数据，但这些列和行数据来自由定义视图的查询所引用的表，并且是在引用视图时动态生成的，而不是以数据值存储集形式存在于数据库中（索引视图除外）。

视图中引用的表称为基础表。对基础表而言，视图的作用类似于筛选。定义视图的筛选可以来自当前或其他数据库的一个或多个表，也可以来自其他视图。分布式查询也可以用于定义使用多个异类源数据的视图。例如，如果有多台不同的服务器分别存储企业在不同地区的数据，而需要将这些服务器上结构相似的数据组合起来，使用这种方式就很方便。

通过视图进行查询没有任何限制，通过它们进行数据修改时的限制也很少。

在 SQL Server 2008 中，视图分为以下 3 种类型。

（1）标准视图。标准视图组合了一个或多个表中的数据，可以获得使用视图的大多数好处，包括将重点放在特定数据上及简化数据操作。

（2）索引视图。索引视图是被具体化了的视图，即它已经过计算并存储。对于视图可以创建索引，即对视图创建一个唯一的聚集索引。索引视图可以显著提高某些类型查询的性能。索引视图尤其适于聚合许多行的查询，但它们不太适于经常更新的基本数据集。

（3）分区视图。分区视图在一台或多台服务器间水平连接一组成员表中的分区数据。这样，数据看上去如同来自于一个表。如果视图连接同一个 SQL Server 实例中的成员表，则称为本地分区视图。如果视图在不同服务器间连接表中的数据，则称为分布式分区视图，它用于实现数据库服务器联合。

二、视图的用途和限制

视图可以用来集中、简化和自定义每个用户对数据库的不同访问，也可以用作安全机制。视图通常用在以下 3 种场合。

（1）简化数据操作。使用选择查询检索数据时，如果查询中的数据分散在两个或多个表中，或者所用的搜索条件比较复杂时，往往要多次使用 JOIN 运算符来编写很长的 SELECT 语句。如果需要多次执行相同的数据检索任务，则可以考虑在这些常用查询的基础上创建视图，然后在 SELECT 语句的 FROM 子句中引用这些视图，而不必每次都输入相同的查询语句，这样就简化了数据检索的操作过程。

（2）自定义数据。视图允许用户以不同方式查看数据，即使在他们同时使用相同的数据时也是如此。这在具有许多不同目的和技术水平的用户共用同一数据库时尤其有用。例如，可以创建一个视图以仅检索由客户经理处理的客户数据，该视图可以根据使用它的客户经理的登录 ID 来决定检索哪些数据。

（3）提高数据库的安全性。通常的做法是让用户通过视图来访问表中的特定列和行，而不对他们授予直接访问基础表的权限。此外，可以针对不同的用户定义不同的视图，在用户视图上不包括那些机密数据列，从而提供对机密数据的保护。

若要在一个数据库中创建视图，必须具有 CREATE VIEW 权限，并对视图中要引用的基础表或视图具有适当的权限。在创建视图时要注意以下几点。

① 创建视图时必须遵循标识符命名规则，在数据库范围内视图名称要具有唯一性，不能与用户所拥有的其他数据库对象名称相同。

② 一个视图最多可以引用 1024 个列，这些列可以来自一个表或视图，也可以来自多个表或视图。

③ 定义视图的查询不能包含 COMPUTE 子句、COMPUTE BY 子句或 INTO 关键字。

④ 定义视图的查询不能包含 ORDER BY 子句，除非在 SELECT 语句的选择列表中使用 TOP 子句。

⑤ 视图可以在其他视图上创建。SQL Server 允许视图最多嵌套 32 层。

⑥ 即使删除了一个视图所依赖的表或视图，这个视图的定义仍然保留在数据库中。

⑦ 可以在视图上定义索引。索引视图是一种在数据库中存储视图结果集的方法，可以减少动态生成结果集的开销，还能自动反映出创建索引后对基表数据所做的修改。

⑧ 不能在视图上绑定规则、默认值和触发器。

⑨ 不能创建临时视图，也不能在一个临时表上创建视图。

⑩ 只能在当前数据库中创建视图。但是视图所引用的表或视图可以是其他数据库中的，甚至可以是其他服务器上的。

任务 7　使用视图设计器创建视图

任务描述

在“学生成绩”数据库中创建一个视图，用于从“学生”表、“成绩”表和“课程”表中获取学生成绩，然后创建一个查询来引用该视图，以检索 1208 班所有学生的“电路分析”课程成绩。

任务分析

在本任务中首先使用视图设计器创建一个视图以实现多表查询，然后在查询语句中引用该视图作为数据来源。

任务实现

实现步骤如下。

（1）在对象资源管理器中连接到数据库引擎。

（2）展开“学生成绩”数据库，右击“视图”结点，然后在弹出的快捷菜单中选择“新建视图”命令。

（3）在如图 6.5 所示的“添加表”对话框中，依次选择“学生”表、“成绩”表和“课程”表，单击“添加”按钮，然后单击“关闭”按钮。

图 6.5　“添加表”对话框

由于所添加的这些表之间存在着外键约束关系，因此打开视图设计器之后，所生成的 SELECT 语句的 FROM 子句中会自动使用 INNER JOIN 运算符连接各个表。

（4）在视图设计器上部的“关系图”窗格中，依次选择“学生”表中的“班级编号”、“学号”和“姓名”列，“课程”表中的“课程名称”列，以及“成绩”表中的“成绩”列，此时“SQL”窗格显示出用于定义视图的 SQL 语句。

```
SELECT dbo.学生.班级编号,dbo.学生.学号, dbo.学生.姓名,
    dbo.课程.课程名称, dbo.成绩.成绩
FROM dbo.成绩 INNER JOIN dbo.课程 ON dbo.成绩.课程编号=dbo.课程.课程编号
    INNER JOIN dbo.学生 ON dbo.成绩.学号=dbo.学生.学号
```

（5）从“查询设计器”菜单中选择“执行 SQL”命令或单击工具栏上的相应按钮，以查看视图的运行结果，如图 6.6 所示。

（6）按 Ctrl+S 组合键，将该视图保存为“学生成绩视图”，然后关闭视图设计器。

（7）新建一个查询，然后在查询编辑器中输入以下语句：

```
USE 学生成绩;
```

```
GO
SELECT * FROM 学生成绩视图
WHERE 班级='1208' AND 课程名称='电路分析'
ORDER BY 成绩 DESC;
GO
```

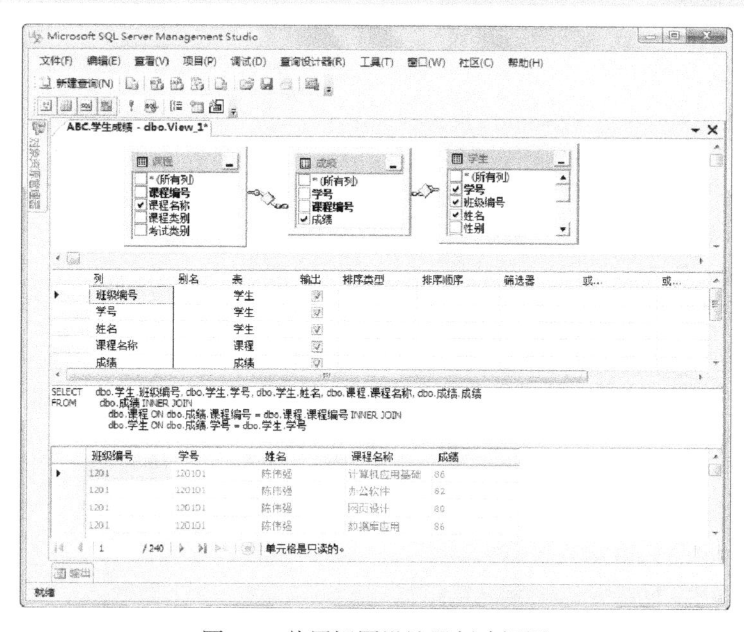

图 6.6　使用视图设计器创建视图

（8）将脚本文件保存为 SQLQuery6-05.sql，按 F5 键执行脚本，结果如图 6.7 所示。

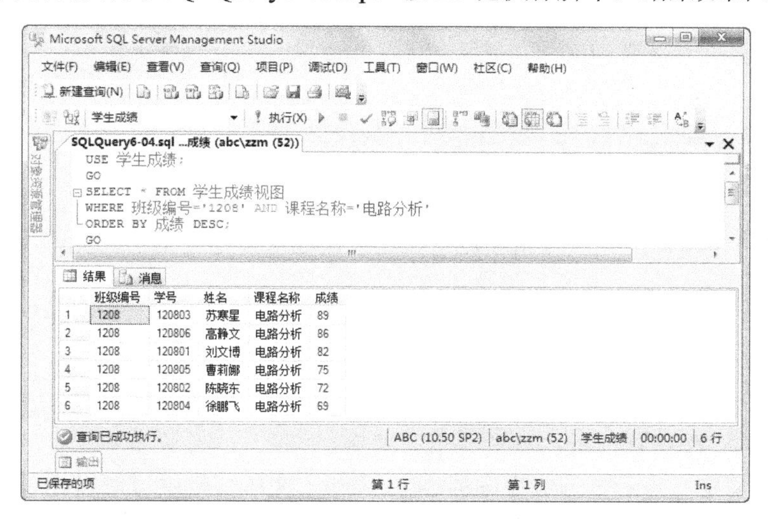

图 6.7　在查询语句中引用视图

相关知识

如果想使用视图来简化数据操作或提高数据库的安全性，首先要按照需要在数据库中创建

视图。在 SQL Server 2008 中，可以使用 SQL Server Management Studio 可视化数据库工具创建视图，也可以使用 CREATE VIEW 语句创建视图。

在 SQL Server Management Studio 中可使用视图设计器来创建视图，操作步骤如下。

（1）启动 SQL Server Management Studio，连接到数据库引擎。

（2）在对象资源管理器中，展开要在其中创建视图的数据库，右击“视图”结点，然后在弹出的快捷菜单中选择“新建视图”命令。

（3）在“添加表”对话框中，选择要在视图中引用的一个或多个基础表，然后单击“添加”按钮。若要在视图中引用已有的视图，可选择“视图”选项卡。选择并添加表或视图后，单击“关闭”按钮。

（4）在视图设计器中，通过定义选择列表、设置筛选条件及指定排序顺序等，生成用于定义视图的 SELECT 语句，如图 6.8 所示。

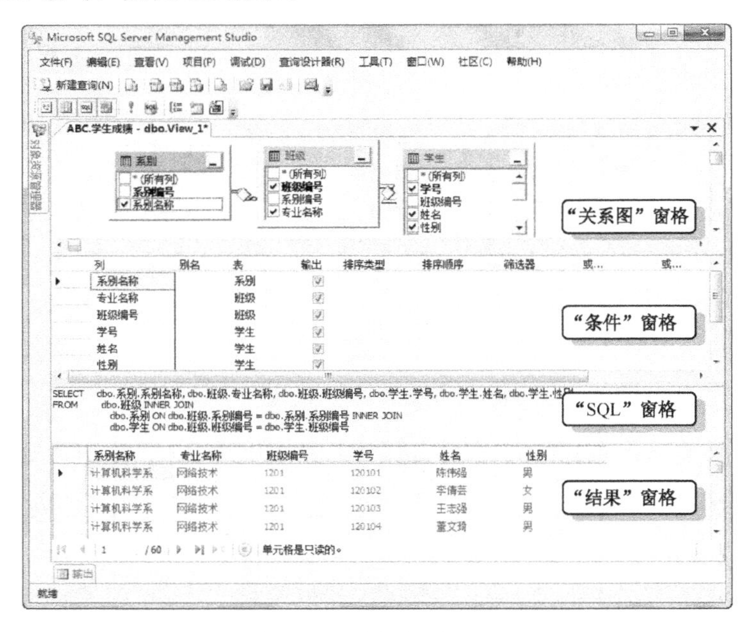

图 6.8　视图设计器窗口

视图设计器窗口由以下 4 个窗格组成。使用“视图设计器”工具栏上的按钮可以显示或隐藏这些窗格。

① “关系图”窗格：显示正在查询的表和其他表值对象。每个矩形代表一个表或表值对象，并显示可用的数据列。连接用矩形之间的连线来表示。

② “条件”窗格：包含一个类似于电子表格的网格，在该网格中可以指定相应的选项，如要显示的数据列、要选择的行、行的分组方式等。

③ “SQL”窗格：显示查询或视图的 SQL 语句。在该窗格中可以对由设计器创建的 SQL 语句进行编辑，也可以输入自己的 SQL 语句。对于输入不能用“关系图”窗格和“网格”窗格创建的 SQL 语句（如联合查询），此窗格尤其有用。

④ “结果”窗格：显示一个网格，用来包含视图检索到的数据。在视图设计器中，该窗格显示最近执行的 SELECT 查询的结果。

通过在任意一个窗格中进行操作可以创建视图。大多数操作都可以使用“网格”窗格来完成。若要指定结果集中包含的列，可以在“关系图”窗格中选择该列，在“网格”窗格中选择该列，或者在“SQL”窗格中使其成为 SQL 语句的一部分。若要为列设置别名，可在“网格”窗格的“别名”单元格中输入列别名。若要设置排序顺序，可在“网格”的“排序类型”和“排序顺序”单元格中进行设置。若要设置搜索条件，可在“网格”窗格的“筛选器”单元格中输入列值。若要设置视图的属性，可从“视图”菜单中选择“属性窗口”命令或按 F4 键，以打开“属性”窗口，然后对视图的相关属性进行设置。

⑤ 完成视图定义后，通过按 Ctrl+S 组合键来保存视图，然后在“选择名称”对话框中输入视图的名称。

当返回对象资源管理器后，所创建的视图将出现在“视图”结点下方。右击视图，然后从弹出菜单中选择相关命令，可以完成对视图的各种操作，如修改视图、打开视图、重命名视图及删除视图等。

任务 8　使用 CREATE VIEW 语句创建视图

任务描述

在“学生成绩”数据库中创建一个视图，用于检索学生的班级编号、系别编号、学号、姓名、性别以及入学日期信息；然后在 SELECT 语句中引用该视图，以查询“通信技术”专业所有男同学的记录。

任务分析

要查询的信息涉及“系别”表、“班级”表和“学生”表，可以考虑首先创建一个视图，用以实现多表查询，然后编写一个 SELECT 语句来引用该视图并通过 WHERE 子句对数据进行筛选。

任务实现

实现步骤如下。

（1）在对象资源管理器中，连接到数据库引擎。

（2）新建一个查询，然后在查询编辑器中编写以下语句：

```
USE 学生成绩;
GO
CREATE VIEW 学生视图
AS
    SELECT 系别名称,专业名称,学生.班级编号,学号,姓名,性别,入学日期
    FROM 学生 INNER JOIN 班级 ON 学生.班级编号=班级.班级编号
      INNER JOIN 系别 ON 班级.系别编号=系别.系别编号;
GO
```

```
SELECT * FROM 学生视图
WHERE 专业名称='通信技术' AND 性别='男';
GO
```

（3）将脚本文件保存为 SQLQuery6-06.sql，按 F5 键执行脚本文件，结果如图 6.9 所示。

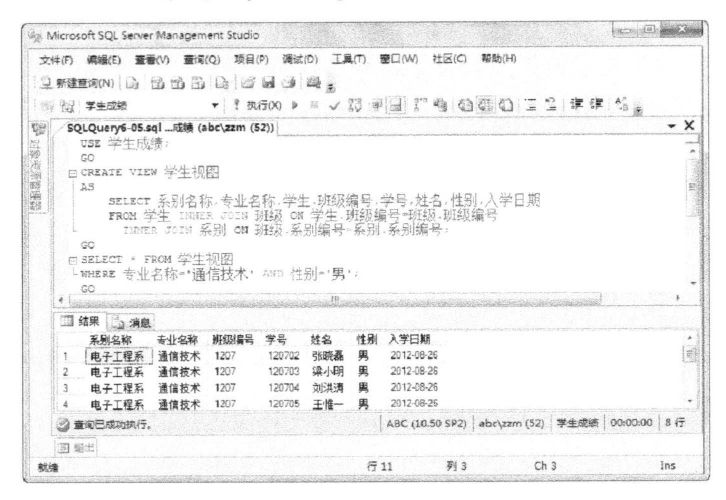

图 6.9　创建并运行视图

相关知识

CREATE VIEW 语句用于创建一个视图，可将该视图作为一个虚拟表并以一种备用方式提供一个或多个表中的数据。语法格式如下：

```
CREATE VIEW [schema_name.]view_name[(column[,...n])]
[WITH <view_attribute>[, ...n]]
AS select_statement
[WITH CHECK OPTION][;]

<view_attribute>::=
{
    [ENCRYPTION]
    [SCHEMABINDING]
    [VIEW_METADATA]
}
```

其中 *schema_name* 指定视图所属架构的名称。

view_name 指定视图的名称。视图名称必须符合有关标识符的规则。可以选择是否指定视图所有者名称。

column 指定视图中的列使用的名称。仅在下列情况下需要列名：列是从算术表达式、函数或常量派生的；两个或更多的列可能会具有相同的名称（通常是由于连接的原因）；视图中的某个列的指定名称不同于其派生来源列的名称。也可以在 SELECT 语句中分配列名。如果未指定 *column*，则视图列将获得与 SELECT 语句中的列相同的名称。

AS 指定视图要执行的操作。

select_statement 是定义视图的 SELECT 语句，该语句可以使用多个表和其他视图。

CHECK OPTION 强制针对视图执行的所有数据修改语句都必须符合在 *select_statement* 中设置的条件。通过视图修改行时，WITH CHECK OPTION 确保提交修改后仍然可以通过视图看到数据。若在 *select_statement* 中使用 TOP，则不能指定 CHECK OPTION。要注意的是，即使指定了 CHECK OPTION，也不能依据视图来验证任何直接对视图的基础表执行的更新。

ENCRYPTION 指定对 sys.syscomments 表中包含 CREATE VIEW 语句文本的条目进行加密。使用 WITH ENCRYPTION 可以防止在 SQL Server 复制过程中发布视图。

SCHEMABINDING 指定将视图绑定到基础表的架构。

VIEW_METADATA 指定为引用视图的查询请求浏览模式的元数据时，SQL Server 实例将向 DB-Library、ODBC 和 OLE DB API 返回有关视图的元数据信息，而不返回基表的元数据信息。

使用 CREATE VIEW 语句时，应当注意以下几点。

（1）CREATE VIEW 语句必须是查询批处理中的第一条语句。如果在 CREATE VIEW 语句前面用 USE 语句选择所用的数据库，则必须在这两个语句之间添加一条 GO 命令。

（2）只能在当前数据库中创建视图。

（3）在一个视图中最多可以引用 1024 个列。

（4）通过视图查询数据时，SQL Server 将检查语句中引用的所有数据库对象是否都存在，这些对象在语句的上下文中是否有效以及数据修改语句是否没有违反任何数据完整性规则。如果检查失败，将返回错误信息；如果检查成功，则将操作转换成对基础表的操作。

（5）若某个视图依赖于已除去的表或视图，则当试图使用该视图时将产生错误信息。若创建了新表或视图（该表的结构与原来的基础表相同）以替换除去的表或视图，则视图将再次可用。若新表或视图的结构发生了变化，则必须除去并重新创建该视图。

任务 9　修改视图定义

任务描述

在“学生成绩”数据库中创建一个视图，用于查询“教师”表中的“教师编号”、“姓名”、“性别”和“出生日期”列；然后使用 ALTER VIEW 语句修改该视图，在原有列的基础上添加“学历”和“职称”列，并对 CREATE VIEW 语句文本的条目进行加密；最后在 SELECT 语句中引用该视图，以检索所有职称为“讲师”的男教师的记录。

任务分析

使用 ALTER VIEW 语句修改视图时，要添加新列可在 SELECT 语句的选择列表中指定，要对文本条目加密可在 AS 关键字后面使用 WITH ENCRYPTION 子句。

任务实现

实现步骤如下。

（1）在对象资源管理器中，连接到数据库引擎。

（2）新建一个查询，然后在查询编辑器中编写以下语句：

```
USE 学生成绩;
GO
CREATE VIEW 教师视图 AS
    SELECT 教师编号,姓名,性别,出生日期
    FROM 教师;
GO
ALTER VIEW 教师视图
    WITH ENCRYPTION AS
    SELECT 教师编号,姓名,性别,出生日期,学历,职称
    FROM 教师;
GO
SELECT * FROM 教师视图
WHERE 性别='男' AND 职称='讲师';
GO
```

（3）将脚本文件保存为 SQLQuery6-06.sql，按 F5 键执行脚本文件，结果如图 6.10 所示。

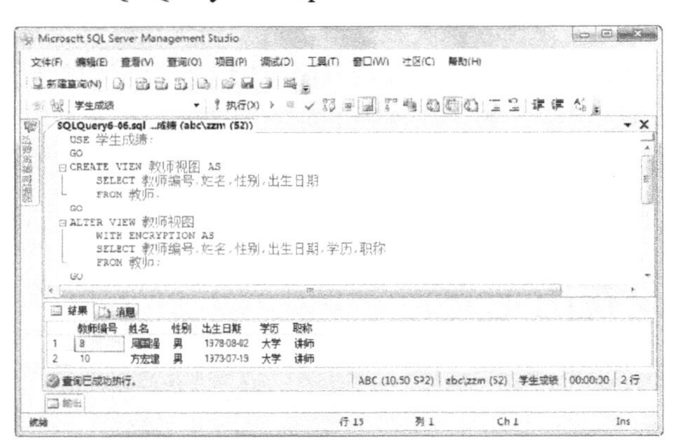

图 6.10　创建、修改并运行视图

相关知识

视图的内容是由 SELECT 语句来定义的。对于数据库中的现有视图，可以使用视图设计器或 ALTER VIEW 语句对其定义进行修改。

一、使用视图设计器修改视图

若要使用视图设计器修改视图，可执行以下操作。

（1）在对象资源管理器中连接到数据库引擎实例，然后展开该实例。

（2）展开视图所属的数据库，展开“视图”结点。

（3）右击要修改的视图并选择“修改”选项。

（4）在视图设计器中对定义视图的 SELECT 语句进行修改。

（5）若要更改视图的属性，可按 F4 键打开“属性”窗口并对相关属性进行设置。

二、使用 ALTER VIEW 语句修改视图

```
ALTER VIEW [schema_name.]view_name[(column[,...n])]
[WITH <view_attribute>[,...n]]
AS select_statement
[WITH CHECK OPTION][;]

<view_attribute> ::=
{
    [ENCRYPTION]
    [SCHEMABINDING]
    [VIEW_METADATA]
}
```

其中 *view_name* 指定要修改的视图的名称。*column* 指定在视图中使用的列名称。WITH <view_attribute>子句用于设置视图的属性。*select_statement* 指定创建视图时所使用的 SELECT 语句。WITH CHECK OPTION 子句强制通过视图插入或修改时的数据满足 WHERE 子句所指定的选择条件。

任务 10　重命名视图

任务描述

在“学生成绩”数据库中，将“教师视图”重命名为“TeacherView”。

任务实现

实现步骤如下。

（1）在对象资源管理器中，连接到数据库引擎。

（2）新建一个查询，然后在查询编辑器中编写以下语句：

```
USE 学生成绩;
GO
EXEC sp_rename '教师视图','TeacherView','OBJECT';
GO
```

（3）按 F5 键执行上述 SQL 语句。

相关知识

在数据库中创建一个视图后，不仅可以对其定义进行修改，也可以对其名称进行修改。使用对象资源管理器或 sp_rename 系统存储过程都可以对视图进行重命名。

一、使用对象资源管理器重命名视图

若要在对象资源管理器中对视图进行重命名，可执行以下操作。

（1）在对象资源管理器中连接到 SQL Server 数据库引擎，然后展开该实例。

（2）展开该视图所在的数据库，展开该数据库下方的“视图”结点。

（3）右击要重命名的视图并选择“重命名”选项，然后输入新的视图名称。

（4）按下 Enter 键，完成重命名操作。

二、使用 sp_rename 重命名视图

sp_rename 是一个系统存储过程，在当前数据库中更改用户创建对象的名称，此对象可以是表、视图、索引、列以及别名数据类型。语法格式如下：

```
sp_rename 'object_name', 'new_name', 'object_type'
```

其中参数 'object_name' 指定用户对象或数据类型的名称，'new_name' 指定对象的新名称，'object_type' 指定要重命名的对象的类型。

任务 11　查看视图相关信息

任务描述

在“学生成绩”数据库中，查看“学生成绩视图”的定义文本以及在该视图中引用了哪些表和哪些列。

任务分析

要查看视图的文本定义，可以调用 sp_helptext 系统存储过程；要查看指定视图引用的表和列，可以调用 sp_depends 系统存储过程。

任务实现

实现步骤如下。

（1）在对象资源管理器中，连接到 SQL Server 数据库引擎，然后展开该实例。

（2）新建一个查询，然后在查询编辑器中编写以下语句：

```
USE 学生成绩;
GO
EXEC sp_helptext '学生成绩视图';
GO
EXEC sp_depends '学生成绩视图';
GO
```

（3）将脚本文件保存为 SQLQuery6-07.sql，按 F5 键执行脚本文件，结果如图 6.11 所示。

相关知识

如果视图定义没有加密，则可以获取该视图定义的有关信息。在实际应用中，可能需要查看视图定义以了解数据从源表中的提取方式，或通过 SELECT 语句来查看视图所定义的数据。

如果更改视图所引用对象的名称，则必须更改视图，使其文本反映新的名称。因此，在重命名对象之前，首先显示该对象的依赖关系，以确定即将发生的更改是否会影响任何视图。

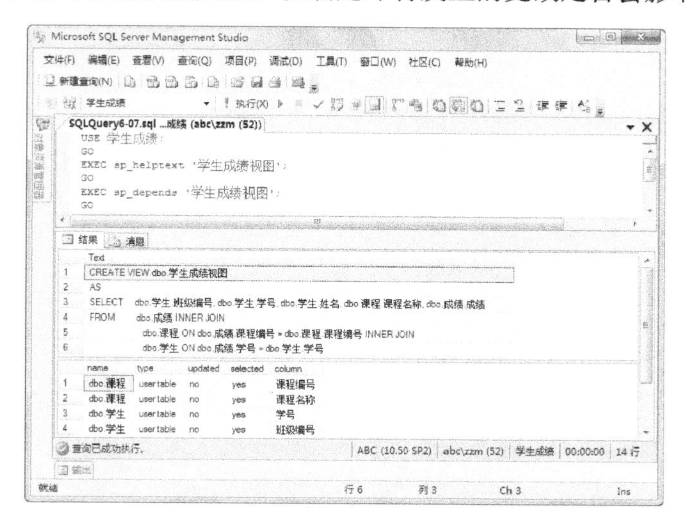

图 6.11　查看视图的文本定义以及视图引用的表和列

除了使用 SELECT 语句查看视图定义的数据外，还可以使用下列目录视图或系统存储过程来获取有关视图的相关信息：若要查看当前数据库中包含哪些视图，可查询 sys.views 目录视图；若要查看指定视图中包含哪些列，可查询 sys.columns 目录视图；若要查看指定视图的定义文本，可调用 sp_helptext 系统存储过程；若要显示视图引用了哪些表以及哪些列，可调用 sp_depends 系统存储过程。

任务 12　通过视图修改数据

任务描述

在“学生成绩”数据库中，将学生王晓燕的“网页设计”课程成绩修改为 85 分，并显示修改前后的成绩信息。

任务分析

本任务中的修改操作涉及“学生”表、“课程”表和“成绩”表，可以通过“学生成绩视图”来更改和查询学生的成绩数据。

任务实现

实现步骤如下。

（1）在对象资源管理器中，连接到数据库引擎。

（2）新建一个查询，然后在查询编辑器中编写以下语句：

```
USE 学生成绩;
```

```
GO
SELECT * FROM 学生成绩视图
WHERE 姓名='王晓燕' AND 课程名称='网页设计';
GO
UPDATE 学生成绩视图 SET 成绩=85
WHERE 姓名='王晓燕' AND 课程名称='网页设计';
GO
SELECT * FROM 学生成绩视图
WHERE 姓名='王晓燕' AND 课程名称='网页设计';
GO
```

（3）将脚本文件保存为 SQLQuery6-08.sql，按 F5 键执行脚本文件，结果如图 6.12 所示。

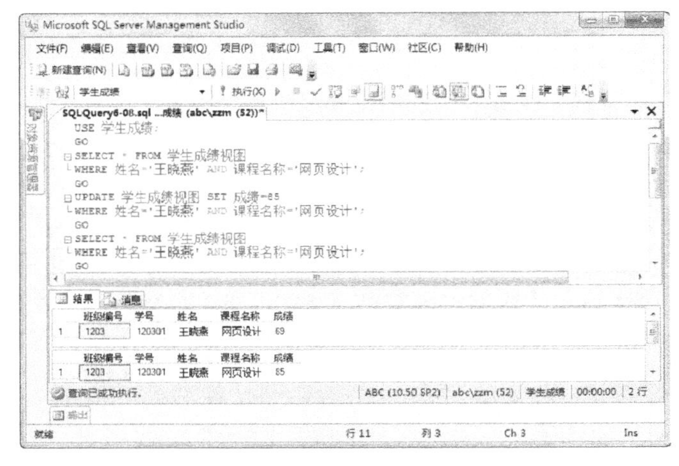

图 6.12　通过视图更新和查询数据

相关知识

通过视图不仅可以从一个或多个基础表中查询数据，还可以修改基础表的数据，修改方式与通过 UPDATE、INSERT 和 DELETE 语句或使用 bcp 实用工具和 BULK INSERT 语句修改表中数据的方式一样。

但是，通过视图更新数据时有以下限制。

（1）任何修改（包括 UPDATE、INSERT 和 DELETE 语句）都只能引用一个基表的列。

（2）视图中被修改的列必须直接引用表列中的基础数据，它们不能通过其他方式派生，例如，通过聚合函数计算形成的列得出的计算结果是不可更新的。

（3）正在修改的列不受 GROUP BY、HAVING 或 DISTINCT 子句的影响。

（4）如果在视图定义中使用了 WITH CHECK OPTION 子句，则所有在视图上执行的数据修改语句都必须符合定义视图的 SELECT 语句中所设置的筛选条件。

（5）INSERT 语句必须为不允许空值且没有 DEFAULT 定义的基础表中的所有列指定值。

（6）在基础表的列中修改的数据必须符合对这些列的各种约束，如为空性、约束以及 DEFAULT 定义等。

（7）不能对视图中的 text、ntext 或 image 列使用 READTEXT 语句和 WRITETEXT 语句。

任务 13 删除视图

任务描述

在本任务中首先检查视图“学生成绩视图”是否存在于“学生成绩”数据库中，如果存在，则从当前数据库中删除该视图。

任务实现

实现步骤如下。

（1）在对象资源管理器中，连接到数据库引擎。

（2）新建一个查询，然后在查询编辑器中编写以下语句：

```
USE 学生成绩;
GO
IF OBJECT_ID('学生成绩视图', 'view') IS NOT NULL
DROP VIEW 学生成绩视图;
GO
```

（3）按 F5 键执行上述 SQL 语句。

相关知识

在创建视图后，如果不再需要该视图，或想清除视图定义及与之相关联的权限，可以删除该视图。删除视图后，表和视图所基于的数据并不受到影响。任何使用基于已删除视图的对象的查询将会失败，除非创建了同样名称的一个视图。但是，如果新视图没有包含与之相关的任何对象所需要的列，则使用与视图相关的对象的查询在执行时将会失败。

若要从数据库中删除视图，可执行以下操作。

（1）在对象资源管理器中，连接到数据库引擎。

（2）展开视图所属的数据库，展开该数据库下方的“视图”结点。

（3）右击要删除的视图并选择“删除”选项。

（4）在“删除对象”对话框中单击“确定”按钮。

也可以使用 DROP VIEW 从当前数据库中删除一个或多个视图，语法格式如下：

```
DROP VIEW [schema_name.]view_name[...,n][;]
```

其中 *schema_name* 指定该视图所属架构的名称；*view_name* 指定要删除的视图的名称。

项目思考

一、填空题

1．SQL Server 使用以下两种方式访问数据：__________和__________。

2．若表具有聚集索引，则该表称为_______。若表没有聚集索引，则其数据行存储在一个称为________的无序结构中。

3．包含性列索引扩展后不仅包含键列，还包含________。

4．在 CREATE INDEX 语句中，UNIQUE 指定创建__________索引，CLUSTERED 指定创建_________索引，NONCLUSTERED 指定创建________索引。

5．在 CREATE VIEW 语句中使用 WITH ENCRYPTION 可对视图定义文本进行_________。

6．下面的 SELECT 语句用于查看视图 View1 包含哪些列。

SELECT name AS 列名称 FROM sys.columns WHERE object_id=____________________

二、选择题

1．在表中创建（　　）约束时将自动创建唯一约束。

A．PRIMARY KEY　　B．DEFAULT
C．CHECK　　D．FOREIGN KEY

2．在下列选项中，（　　）不是 SQL Server 2008 支持的视图类型。

A．标准视图　　B．索引视图　　C．分区视图　　D．缩略图视图

三、简答题

1．索引的主要作用是什么？

2．聚集索引和非聚集索引的主要区别是什么？

3．视图和表有什么共同点？有什么不同点？

4．视图的主要用途是什么？

5．创建视图有哪两种方法？

项目实训

1．编写脚本，在“学生成绩”数据库中基于“学生”表的“姓名”列创建一个非聚集索引。

2．编写脚本，在“学生成绩”数据库中基于“成绩”表的“学号”列和“课程编号”列创建一个唯一索引。

3．编写脚本，在“学生成绩”数据库中查看“学生”表中的索引名称、索引说明、索引键列以及索引所使用的空间总量。

4．使用视图设计器在“学生成绩”数据库中创建一个视图，用于从“学生”表、“成绩”表和“课程”表中获取学生成绩，然后创建一个查询并通过引用该视图来检索指定班级所有男生的网页设计成绩。

5．编写脚本，在“学生成绩”数据库中创建一个视图，用于从“教师”表中检索教师信息，要求视图定义进行加密。

6．编写脚本，查看“学生成绩”数据库包含哪些视图。

7．编写脚本，基于视图对指定学生的指定课程成绩进行修改。。

Transact-SQL 程序设计

Transact-SQL 则是 Microsoft 公司在 SQL Server 中实现的 SQL，是 SQL 语言的一种扩展形式。使用 Transact-SQL 语言几乎可以完成 SQL Server 中的所有功能。无论是普通的客户机/服务器应用程序，还是支撑电子商务网站运行的 Web 应用程序，都可以通过向服务器发送 Transact-SQL 语句来实现与 SQL Server 的通信。本项目通过 17 个任务来演示如何使用 Transact-SQL 语言进行程序设计，主要内容包括 Transact-SQL 概述、流程控制语句、内置函数和用户定义函数、定义和使用游标以及处理事务等。

任务 1　认识 Transact-SQL 语言

任务描述

在本任务中声明两个局部变量，然后对它们进行赋值并显示这些值。

任务分析

在 Transact-SQL 语言中，使用 SELECT 语句和 PRINT 语句都可以显示局部变量的值，但两者输出的位置不同：前者返回的结果在“结果”窗格中显示，后者返回的消息则在“消息”窗格中显示。

任务实现

实现步骤如下。

（1）在对象资源管理器中，连接到数据库引擎。

（2）新建一个查询，然后在查询编辑器中编写以下语句：

```
DECLARE @now smalldatetime,@msg varchar(50);
SET @now=GETDATE();
```

```
SELECT @msg='欢迎您使用SQL Server 2008！';
PRINT '显示局部变量的值';
PRINT '----------------------------';
PRINT @now;
PRINT @msg;
SELECT @now AS 现在时间,@msg AS 欢迎信息;
GO
```

（3）将脚本文件保存为SQLQuery7-01.sql，按F5键运行脚本，结果如图7.1和图7.2所示。

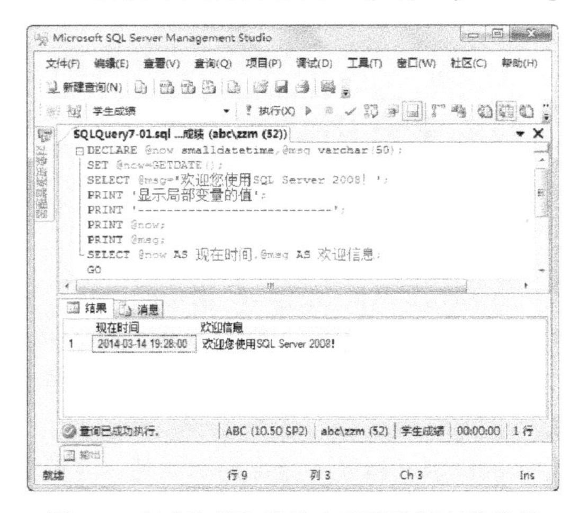

图7.1　在“结果”窗格中查看局部变量的值

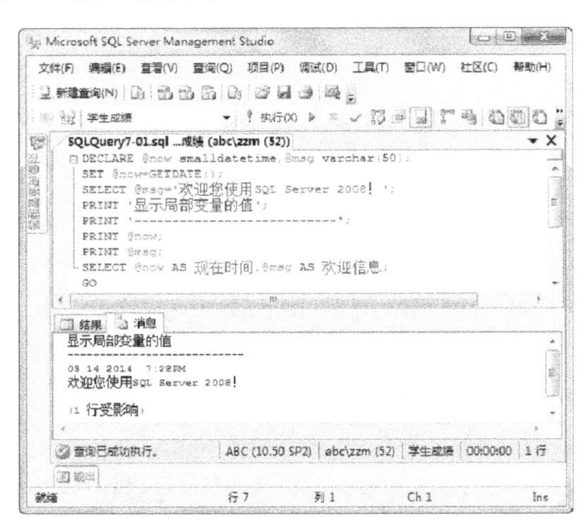

图7.2　在“消息”窗格中查看局部变量的值

相关知识

Transact-SQL是SQL Server系统的核心组件。与SQL Server实例通信的所有应用程序都通过向服务器Transact-SQL语句发送来实现数据访问，并对存储在数据库中的数据进行更新。

一、Transact-SQL的组成

Transact-SQL语言具有数据定义、数据操作、数据控制以及事务管理功能。作为一种非过程化的查询语言，Transact-SQL既可以交互使用，也可以嵌入到Visual C#、Visual Basic以及Java等编程语言中使用。Transact-SQL主要由以下几个部分组成。

1. 数据定义语言

数据定义语言（DDL）用于创建数据库和各种数据库对象。例如，数据类型、表、索引、视图、存储过程以及触发器等都是数据库对象。在数据定义语言中，主要的Transact-SQL语句包括CREATE语句、ALTER语句和DROP语句，它们分别用于创建、修改和删除对象。

2. 数据操作语言

数据操作语言（DML）主要用于操作向表中添加数据、更改表中的数据以及从表中删除数据。在数据操作语言中，主要的Transact-SQL语句包括INSERT语句、UPDATE语句、DELETE语句以及SELECT语句。在数据库中创建表之后，可以使用INSERT语句向表中添加数据，使用UPDATE语句对表中已有数据进行修改，使用DELETE语句从表中删除数据，此外还可以使用SELECT语句从表或视图中检索数据。

3. 数据控制语言

数据控制语言主要用于执行与安全管理相关的操作，以确保数据库的安全。在数据控制语言中，主要的 Transact-SQL 语句包括 GRANT 语句、REVOKE 语句和 DENY 语句，其中 GRANT 语句将安全对象的权限授予主体，REVOKE 语句用于取消以前授予或拒绝了的权限，DENY 语句用于拒绝授予主体权限。

4. 事务管理语言

事务管理语言主要用于执行开始、提交和回滚事件相关的操作。在事务管理语言中，主要的 Transact-SQL 语句包括 BEGIN TRANSACTION 语句、COMMIT TRANSACTION 语句以及 ROLLBACK TRANSACTION 语句，其中 BEGIN TRANSACTION 语句用于标记一个显式本地事务的起始点，COMMIT TRANSACTION 语句用于标志一个成功的隐式事务或显式事务的结束，ROLLBACK TRANSACTION 语句将显式事务或隐式事务回滚到事务的起点或事务内的某个保存点。

5. 附加语言元素

除了上面介绍的数据定义语言、数据操作语言、数据控制语言以及事务管理语言之外，Transact-SQL 还包含主要包括标识符、变量和常量、运算符、数据类型、函数、流程控制语句、错误处理语言以及注释语句等附加语音元素。

二、批处理与脚本

批处理就是包含一个或多个 Transact-SQL 语句的组，从应用程序一次性地发送到 SQL Server 进行执行。SQL Server 将批处理的语句编译为一个可执行单元，称为执行计划。执行计划中的语句每次执行一条。

使用 GO 命令可以向 SQL Server 实用工具发出一批 Transact-SQL 语句结束的信号。GO 并不是 Transact-SQL 语句，它是 sqlcmd 和 osql 实用工具以及 SQL Server Management Studio 代码编辑器识别的命令。SQL Server 实用工具将 GO 解释为应该向 SQL Server 实例发送当前批 Transact-SQL 语句的信号。当前批语句由上一个 GO 命令后输入的所有语句组成，如果是第一条 GO 命令，则由即时会话或脚本开始后输入的所有语句组成。GO 命令和 Transact-SQL 语句不能在同一行中，但在 GO 命令行中可以包含注释。

在 Transact-SQL 中可能会出现各种错误，这些错误可分为编译错误和运行时错误两种类型。编译错误（如语法错误）可使执行计划无法编译，因此未执行批处理中的任何语句。运行时错误（如算术溢出或违反约束）则会产生以下两种影响之一：

（1）大多数运行时错误将停止执行批处理中当前语句和它之后的语句。

（2）某些运行时错误（如违反约束）仅停止执行当前语句，但会继续执行批处理中其他所有语句。

在遇到运行时错误之前执行的语句不受影响。唯一的例外是，批处理在事务中而且错误导致事务回滚。在这种情况下，回滚运行时错误之前所进行的未提交的数据修改。

假定在一个批处理中包含 10 条语句。如果第五条语句有一个语法错误，则不执行批处理中的任何语句。如果编译了批处理，而第二条语句在执行时失败，则第一条语句的结果不受影响，因为它已经执行。

使用批处理时，应遵循以下规则。

（1）CREATE DEFAULT、CREATE FUNCTION、CREATE PROCEDURE、CREATE RULE、

CREATE TRIGGER 和 CREATE VIEW 语句不能在批处理中与其他语句组合使用。批处理必须以 CREATE 语句开始，所有跟在该批处理后的其他语句将被解释为第一个 CREATE 语句定义的一部分。

（2）不能在同一个批处理中更改表，然后引用新列。

（3）如果 EXECUTE（可简写为 EXEC）语句是批处理中的第一句，则不需要 EXECUTE 关键字。如果 EXECUTE 语句不是批处理中的第一条语句，则需要 EXECUTE 关键字。

脚本是存储在文件中的一系列 Transact-SQL 语句，脚本文件的扩展名通常为.sql。脚本文件可以作为对 SQL Server Management Studio 代码编辑器或 sqlcmd 和 osql 实用工具的输入，并由这些实用工具来执行存储在文件中的 SQL 语句。

Transact-SQL 文件脚本可以包含一个或多个批处理。GO 命令表示批处理的结束。如果脚本文件中没有使用 GO 命令，则它将被作为单个批处理来执行。

Transact-SQL 脚本可以用来执行以下操作。

（1）在服务器上保存用来创建和填充数据库的步骤的永久副本，作为一种备份机制。

（2）根据需要可将 SQL 语句从一台计算机传输到另一台计算机。

（3）通过让学生发现代码中的问题、了解代码或者修改代码，从而快速对其进行培训。

三、标识符

创建数据库对象时需要使用标识符对其进行命名。在 SQL Server 中，所有内容都可以有标识符，如服务器、数据库以及表、视图、列、索引、触发器、过程、约束和规则等数据库对象都可以有标识符。大多数对象要求有标识符，但对有些对象（如约束），标识符是可选的。对象标识符是在定义对象时创建的，随后可以使用标识符来引用该对象。

标识符的排序规则取决于定义标识符时所在的级别。为实例级对象（如登录名和数据库名）的标识符指定的是实例的默认排序规则。为数据库对象（如表、视图和列名）的标识符指定的是数据库的默认排序规则。例如，对于名称差别仅在于大小写的两个表，可以在使用区分大小写排序规则的数据库中创建，而不能在使用不区分大小写排序规则的数据库中创建。

标识符分为常规标识符和分隔标识符两类。常规标识符符合标识符的格式规则，当在 Transact-SQL 语句中使用常规标识符时不用将其分隔开。分隔标识符包含在双引号（"）或者方括号([ ])内。在 Transact-SQL 语句中，符合标识符格式规则的标识符可以分隔，也可以不分隔；对不符合所有标识符规则的标识符则必须用双引号或括号进行分隔。常规标识符和分隔标识符包含的字符数必须在 1～128 之间。对于本地临时表，标识符最多可以有 116 个字符。

当使用标识符作为对象名称时，完整的对象名称由服务器名称、数据库名称、架构名称和对象名称 4 个标识符组成。语法格式如下：

```
[[[server.][database].][schema_name].]object_name
```

其中 *server* 指定服务器名称，*database* 指定数据库名称，*schema_name* 指定架构（或所有者）名称，*object_name* 指定对象名称。服务器、数据库和所有者的名称称为对象名称限定符。在 Transact-SQL 语句中引用对象时，不需要指定服务器、数据库和所有者，可以用句点标记它们的位置来省略限定符。

下面列出对象名称的几种有效格式。

```
server.database.schema_name.object_name
server.database..object_name
```

```
server..schema_name.object_name
server...object_name
database.schema_name.object_name
database..object_name
schema_name.object_name
object_name
```

指定了所有 4 个部分的对象名称称为完全限定名称。在 SQL Server 2008 中创建的每个对象必须具有唯一的完全限定名称。例如，如果所有者不同，同一个数据库中可以有两个名为 Table1 的表。大多数对象引用使用由 4 个部分组成的名称。默认服务器为本地服务器。由 4 个部分组成的名称通常用于分布式查询或远程存储过程调用。它们使用的格式如下：

```
linkedserver.catalog.schema.object_name
```

其中 *linkedserver* 指定包含分布式查询所引用对象的链接服务器的名称。*catalog* 指定包含分布式查询所引用对象的目录的名称。*schema* 指定包含分布式查询所引用对象的架构的名称。*object_name* 指定对象名称或表名称。

四、常量

常量也称为字面量，是表示特定数据值的符号。在 Transact-SQL 中，可以通过多种方式使用常量。例如，在算术表达式中使用常量；在 WHERE 子句中使用常量作为比较列的数据值，使用常量作为置于变量中的数据值；在 UPDATE 语句的 SET 子句或者 INSERT 语句的 VALUES 子句中，使用常量来指定作为置于当前行的某列中的数据值。常量的格式取决于它所表示的值的数据类型。下面介绍一些如何使用常量的例子。

1. 字符串常量

字符串常量必须使用一对单引号括起来，可以包含字母（a～z、A～Z）、汉字、数字字符（0～9）以及其他特殊字符，如感叹号（!）、at 符（@）和数字符（#）等。例如，'数据库应用基础'，'SQL Server 数据库'。

如果已经将 QUOTED_IDENTIFIER 选项连接设置成 OFF，也可以使用双引号将字符串括起来，但是考虑到用于 SQL Server 和 ODBC 驱动程序的 OLE DB 提供程序自动使用 SET QUOTED_IDENTIFIER ON，因此建议使用单引号。

若单引号中的字符串包含一个嵌入的引号，可使用两个单引号表示嵌入的单引号。例如，'O''Brien'，'the People''s Republic of China'。对于嵌入双引号中的字符串，则没有必要这样做。

空字符串用中间没有任何字符的两个单引号（''）表示。

2. Unicode 字符串

Unicode 字符串的格式与普通字符串相似，但它前面有一个 N 标识符，N 代表 SQL-92 标准中的国际语言（National Language）。N 前缀必须是大写字母。例如，'Michél' 是字符串常量，而 N'Michél' 则是 Unicode 常量。Unicode 常量被解释为 Unicode 数据，并且不使用代码页进行计算。

3. 二进制常量

二进制常量用十六进制数字字符串来表示，以 0x 作为前缀，不使用引号。例如，0xAE、0x12Ef、0x69048AEFDD010E、0x（二进制空串）。

4. bit 常量

bit 常量用数字 0 或 1 表示，不使用引号。如果使用一个大于 1 的数字，它将被转换为 1。

5. datetime 常量

datetime 常量使用特定格式的字符日期值来表示，并使用单引号括起来。

日期常量的示例：'2008-08-08'，'August 8, 2008'，'8 August, 2008'，'08/08/2008'。

时间常量的示例：'20:30:12'，'08:30 PM'。

在 datetime 或 smalldatetime 数据中，年、月、日的顺序可以使用 SET DATEFORMAT 命令来设置，语法如下：

```
SET DATEFORMAT format
```

其中参数 *format* 指定日期部分的顺序，可以是 mdy、dmy、ymd、ydm、myd 和 dym，字母 y、m、d 分别表示年份、月份和日期。美国英语默认值是 mdy。SET DATEFORMAT 命令的设置仅用在将字符串转换为日期值时的解释中，对日期值的显示没有影响。

6. integer 常量

integer 常量用一串数字来表示，不含小数点，不使用引号，如 123、1896。

7. decimal 常量

decimal 常量用一串数字来表示，可以包含小数点，不使用引号，如 1894.1204、2.0。

8. float 和 real 常量

float 和 real 常量使用科学记数法表示，如 101.5E5、0.5E-2。

9. money 常量

money 常量用一串数字，可以包含或不包含小数点，以一个货币符号（$）作为前缀，不使用引号，如$12、$542023.14。

10. uniqueidentifier 常量

uniqueidentifier 常量是表示全局唯一标识符（GUID）值的字符串，可以使用字符串或二进制字符串格式来表示。下面两个例子表示相同的 GUID：

```
'6F9619FF-8B86-D011-B42D-00C04FC964FF'
0xff19966f868b11d0b42d00c04fc964ff
```

11. 指定负数和正数

如果要指明一个数是正数还是负数，应该对数字常量前面加上正号（+）或负号（–），由此得到一个代表有符号数字值的常量。如果未使用正负号，则数字常量默认为正数。

下面给出一些例子。

有符号的整数常量：+145345234，–2147483648。

有符号的 decimal 常量：+145345234.2234，–2147483647.10。

有符号的 float 常量：+123E–3，–12E5。

有符号的货币值常量：+$45.56，–$423456.99。

五、局部变量

局部变量（local variable）是可保存特定类型的单个数据值的对象，用于在 Transact-SQL 语句之间传递数据。在批处理和脚本中，局部变量通常可以作为计数器计算循环执行的次数或控制循环执行的次数，也可以保存数据值以供控制流语句测试，或者保存由存储过程返回代码返回的数据值。此外，还允许使用 table 数据类型的局部变量来代替临时表。

1. 声明局部变量

在批处理中使用一个局部变量之前，必须使用 DECLARE 语句来声明该变量，给它指定一个名称和数据类型，对于数值型变量还需要指定其精度和小数位数。语法格式如下：

```
DECLARE {@local_variable [AS] data_type}[,...n]
```

其中*@local_variable* 指定变量的名称。变量名必须以 at 符（@）开头。局部变量名必须符合标识符命名规则。*data_type* 指定局部变量的数据类型。局部变量的数据类型可以是系统数据类型或用户定义数据类型，但不能把局部变量指定为 text、ntext 或 image 数据类型。

下面给出几个声明局部变量的例子。

```
DECLARE @MyCounter int;
DECLARE @StudentName varchar(6),@Birthday date;
DECLARE @Name varchar(12),@PhoneNum varchar(13),@Salary money;
```

变量常用在批处理或过程中，作为 WHILE、LOOP 或 IF…ELSE 块的计数器。

变量只能用在表达式中，不能代替对象名或关键字。如果要构造动态 SQL 语句，可以使用 EXECUTE。

局部变量的作用域是其被声明时所在的批处理。换言之，局部变量只能在声明它们的批处理或存储过程中使用，一旦这些批处理或存储过程结束，局部变量将自行清除。

2. 设置局部变量的值

使用 DECLARE 语句声明一个局部变量后，该变量的值将被初始化为 NULL，可以使用一个 SET 语句中对它赋值，语法格式如下：

```
SET {@local_variable=expression}
```

其中的*@local_variable* 表示局部变量的名称。*expression* 可以是任何有效的 SQL Server 表达式。SET 语句将表达式的值设置为局部变量的值。

使用 SET 语句是对局部变量赋值的首选方法。此外，也可以使用 SELECT 语句对局部变量赋值，即通过在 SELECT 子句的选择列表中引用一个局部变量而使它获得一个值。对局部变量赋值时，SELECT 语句的语法格式如下：

```
SELECT {@local_variable=expression}[,...n]
```

其中的 *expression* 可以是任何有效的 SQL Server 表达式，也可以是一个标量查询。

如果使用一个 SELECT 语句对一个局部变量赋值时，而该 SELECT 语句返回了多个值，则这个局部变量将取得该 SELECT 语句所返回的最后一个值。

3. 显示局部变量的值

使用 SELECT 语句时，如果省略局部变量后面的赋值号（=）和相应的表达式，则可以将局部变量的值显示出来。此外，也可以使用 PRINT 语句可以向客户端返回局部变量的值或者用户自定义的消息，语法格式如下：

```
PRINT msg_str|@local_variable|string_expr
```

其中参数 *msg_str* 为字符串或 Unicode 字符串常量。*@local_variable* 为任何有效的字符数据类型的变量，该变量的数据类型必须是 char 或 varchar，或者必须能够隐式转换为这些数据类型。*string_expr* 指定返回字符串的表达式，可以包括串联的文字值、函数和变量。消息字符串最长可为 8 000 个字符，超过该值以后的任何字符均被截断。

六、表达式

表达式是标识符、值和运算符的组合，SQL Server 可以对其求值以获取结果。访问或更改数据时，可以在多个不同的位置使用数据。例如，可以将表达式用作要在查询中检索的数据的

一部分，也可以用作查找满足一组条件的数据时的搜索条件。

表达式可以是常量、函数、列名、变量、子查询、CASE、NULLIF 或 COALESCE，也可以用运算符对这些实体进行组合以生成表达式。在表达式中，应使用单引号将字符串和日期值括起来。

使用运算符可以执行算术、比较、串联或赋值操作。例如，可以测试数据以确保客户数据的国家/地区列已填充或非空。在查询中，可以查看表（应与某种类型的运算符一起使用）中的数据的任何用户都可以执行操作。必须具有相应权限才能成功更改数据。

在 SQL Server 中，使用运算符可以执行下列操作：永久或临时更改数据；搜索满足指定条件的行或列；在数据列之间或表达式之间进行判断；在开始或提交事务之前，或者在执行特定代码行之前测试指定条件。

在编程过程中，可以根据需要来选择所需的运算符。

若要将值与另一个值或表达式进行比较，可以使用比较运算符。比较运算符可用于字符、数字或日期数据，并可用在查询的 WHERE 或 HAVING 子句中。比较运算符计算结果为布尔数据类型，并根据测试条件的输出结果返回 TRUE 或 FALSE。比较运算符包括>（大于）、<（小于）、=（等于）、<=（小于或等于）、>=（大于或等于）、!=（不等于）、<>（不等于）、!<（不小于）、!>（不大于）。

若要使用测试条件的真假，可以使用逻辑运算符。逻辑运算符包括 ALL、AND、ANY、BETWEEN、EXISTS、IN、LIKE、NOT 及 OR。

若要进行加法、减法、乘法、除法和求余操作，可以使用算术运算符。算术运算符包括+（加）、-（减）、*（乘）、/（除）、%（求余）。

若要对一个操作数执行操作（如正数、负数或补数），可以使用一元运算符。一元运算符包括+（正）、-（负）以及～（位非），其中～（位非）也是位运算符。

若要临时将常规数值（如 150）转换为整数并执行位（0 和 1）运算，可以使用位运算符。位运算符包括&（位与）、～（位非）、|（位或）以及^（位异或）。

若要将两个字符串合并为一个字符串，可以使用字符串串联运算符（+）。

若要为变量赋值或将结果集列与别名相关联，可以使用赋值运算符（=）。

表达式可由多个小表达式经运算符合并而成。在这些复杂表达式中，运算符将根据 SQL Server 运算符优先级定义按顺序进行计算。优先级较高的运算符先于优先级较低的运算符计算。当将简单表达式组合为复杂表达式时，结果的数据类型取决于运算符规则与数据类型优先级规则的组合方式。如果结果是一个字符或 Unicode 值，则结果的排序规则取决于运算符规则与优先排序规则的组合方式。另外，还有一些规则用于根据简单表达式的精度、小数位数和长度确定结果的精度、小数位数和长度。

七、空值

空值（NULL）表示值未知。空值不同于空白或零值。没有两个相等的空值。比较两个空值或将空值与任何其他值相比均返回未知，这是因为每个空值均为未知。空值一般表示数据未知、不适用或将在以后添加数据。例如，学生的成绩在生成成绩单时可能不知道。

在 SQL-92 标准中，引入了关键字 IS NULL 和 IS NOT NULL 来测试是否存在空值。若要在查询中测试空值，可在 WHERE 子句中使用 IS NULL 或 IS NOT NULL 关键字。在 SQL Server Management Studio 代码编辑器中查看查询结果时，空值在结果集中显示为 NULL。

若要在表列中插入空值，可在 INSERT 或 UPDATE 语句中显式声明 NULL，或不让列出现在 INSERT 语句中，或使用 ALTER TABLE 语句在现有表中新添一列。不能将空值用于区分表中两行所需的信息，如外键或主键。

在程序代码中，可以检查空值以便只对具有有效（或非空）数据的行执行某些计算。如果包含空值列，则某些计算（如平均值）就会不准确，因此执行计算时删除空值很重要。如果数据中可能存储有空值而又不希望数据中出现空值，就应该创建查询和数据修改语句，删除空值或将它们转换为其他值。

如果数据中出现空值，则逻辑运算符和比较运算符有可能返回 TRUE 或 FALSE 以外的第三种结果，即 UNKNOWN。这种三值逻辑是导致许多应用程序出现错误的根源。

使用比较运算符比较两个表达式时，如果有一个表达式为 NULL 值，则按照以下规则进行比较：如果将 SET ANSI_NULLS 设置为 ON，而且被比较的表达式有一个或两个为 NULL，则布尔表达式返回 UNKNOWN；如果将 SET ANSI_NULLS 设置为 OFF，而且被比较的表达式中有一个为 NULL，则布尔表达式返回 UNKNOWN，如果两个表达式均为 NULL，则等于运算符（=）返回 TRUE。表 7.1～表 7.4 列出引入空值后逻辑运算符以及 IS 运算符的结果。

表 7.1　AND 运算符

AND	TRUE	UNKNOWN	FLASE
TRUE	TRUE	UNKNOWN	FLASE
UNKNOWN	UNKNOWN	UNKNOWN	FLASE
FLASE	FLASE	FLASE	FLASE

表 7.2　OR 运算符

OR	TRUE	UNKNOWN	TRUE
TRUE	TRUE	TRUE	FLASE
UNKNOWN	TRUE	UNKNOWN	UNKNOWN
FLASE	FLASE	FLASE	FLASE

表 7.3　NOT 运算符

NOT	结果
TRUE	FLASE
UNKNOWN	UNKNOWN
FLASE	TRUE

表 7.4　IS NULL 与 IS NOT NULL

IS NULL	结果	IS NOT NULL	结果
TRUE	FLASE	TRUE	TRUE
空	TRUE	空	FLASE
FLASE	FLASE	FLASE	TRUE

Transact-SQL 还提供空值处理的扩展功能。如果 ANSI_NULLS 选项设置为 OFF，则空值之间的比较（如 NULL=NULL）等于 TRUE。空值与任何其他数据值之间的比较都等于 FALSE。

为了尽量减少对现有查询或报告的维护和可能的影响，应尽量少用空值。对查询和数据修改语句进行计划，使空值的影响降到最小。

八、注释语句

注释也称为备注，是程序代码中不执行的文本字符串。注释可以用于对代码进行说明或暂时禁用正在进行诊断的部分 Transact-SQL 语句和批处理。使用注释对代码进行说明，便于将来对程序代码进行维护。注释通常用于记录程序名、作者姓名和主要代码更改的日期。注释可以用于描述复杂的计算或解释编程方法。

在 Transact-SQL 中，支持以下两种类型的注释语句。

1. 行内注释

使用双连字符（--）可以将注释文本插入单独行中、嵌套在 Transact-SQL 命令行的结尾或嵌套在 Transact-SQL 语句中，服务器不对这些注释进行计算。语法如下：

```
-- text_of_comment
```

其中 *text_of_comment* 表示包含注释文本的字符串。这些注释字符可与要执行的代码处在同一行，也可另起一行。从双连字符开始到行尾的内容均为注释。注释没有最大长度限制。对于多行注释，必须在每个注释行的前面使用双连字符。用--插入的注释由换行符终止。

注意：如果在注释中包含 GO 命令，则会生成一个错误消息。

在 SQL Server 2008 中，当使用查询编辑器编写 SQL 脚本时，使用工具栏上的按钮可以将选中的行的开头添加双连字符（--），从而使选中行变成注释；使用按钮则可以取消对选中行的注释。

例如，下面的示例演示了行内注释的使用方法。

```
-- 使用 USE 语句将数据库上下文更改为“学生成绩”数据库
USE 学生成绩;
-- 使用 SELECT 语句查询“学生”表中的所有数据
-- 未用 WHERE 子句时返回全部行
SELECT * FROM 学生;                    -- 星号（*）表示选择表中的所有列
```

2. 块注释

使用正斜杠-星号字符对（/* ... */）也可以添加注释文本，服务器不计位于 /* 与 */ 之间的文本。语法如下：

```
/*
text_of_comment
*/
```

其中 *text_of_comment* 表示包含注释文本的字符串。这些注释字符可以插入单独行中，也可以插入 Transact-SQL 语句中。

多行的注释必须用 /* 和 */ 指明。用于多行注释的样式规则是，第一行用 /* 开始，接下来的注释行可以用 ** 开始，并且用 */ 来结束注释。如果在现有注释内的任意位置上出现 /* 字符模式，便会将其视为嵌套注释的开始，因此，需要使用注释的结尾标记 */。如果没有注释的结尾标记，便会生成错误。多行 /* */ 注释不能跨越批处理。整个注释必须包含在一个批处理内。

例如，下面的示例演示了块注释语句的使用方法。

```
USE 学生成绩;
GO
/*
** 使用 SELECT 语句从“学生”表中查询全部数据
** 使用星号（*）可以选择表中的所有列
** 由于未用 WHERE 子句，因此将返回表中的所有行
*/
SELECT * FROM 学生;
/* 调试脚本时可在 Transact-SQL 语句内部使用注释
   临时禁止使用“姓名”列 */
SELECT 学号, /* 姓名, */ 性别
FROM 学生;
```

任务 2　使用条件语句控制流程

任务描述

根据课程名称测试一门课程是否存在。如果不存在，则使用 INSERT 语句向“课程”表中添加此课程信息并显示添加成功消息；否则，先显示课程已经存在信息，然后从“授课”表中检索此课程学时数并显示出来。

任务分析

由于在本任务中要多次用到指定的课程名称，可以使用考虑局部变量来保存该课程名称。若要测试该课程是否存在，可使用 IF…ELSE 语句和 NOT EXISTS 运算符。如果条件满足，则通过执行 INSERT 语句添加一个新行，并使用 PRINT 语句返回信息；如果条件不满足，则使用 SELECT 语句查询该课程的课时数并存储到局部变量中，然后使用 PRINT 语句显示课时数。

任务实现

实现步骤如下。

（1）在对象资源管理器中，连接到数据库引擎。

（2）新建一个查询，然后在查询编辑器中编写以下语句：

```
USE 学生成绩;
GO
DECLARE @cname varchar(50),@chour int;
SET @cname='网页设计';
IF NOT EXISTS (SELECT * FROM 课程 WHERE 课程名称=@cname)
    BEGIN
        INSERT INTO 课程(课程名称,课程类别,考试类别)
        VALUES (@cname,'专业技能','考试');
        PRINT '新课程添加成功。';
    END
ELSE
    BEGIN
        PRINT '《'+@cname+'》课程已经存在。';
        IF EXISTS (SELECT 授课.* FROM 授课 INNER JOIN 课程
                ON 授课.课程编号=课程.课程编号 WHERE 课程.课程名称=@cname)
            BEGIN
                SELECT @chour=学时
                FROM 授课 INNER JOIN 课程 ON 授课.课程编号=课程.课程编号
                WHERE 课程名称=@cname;
                --使用CAST函数将int数据类型转换为char数据类型
```

```
            --并且使用加号连接字符串表达式
            PRINT '此课程的课时数为：'+CAST(@chour AS char(3))+'。';
        END
    END
```

（3）将脚本文件保存为 SQLQuery7-02.sql，按 F5 键以运行脚本文件，结果如图 7.3 所示。

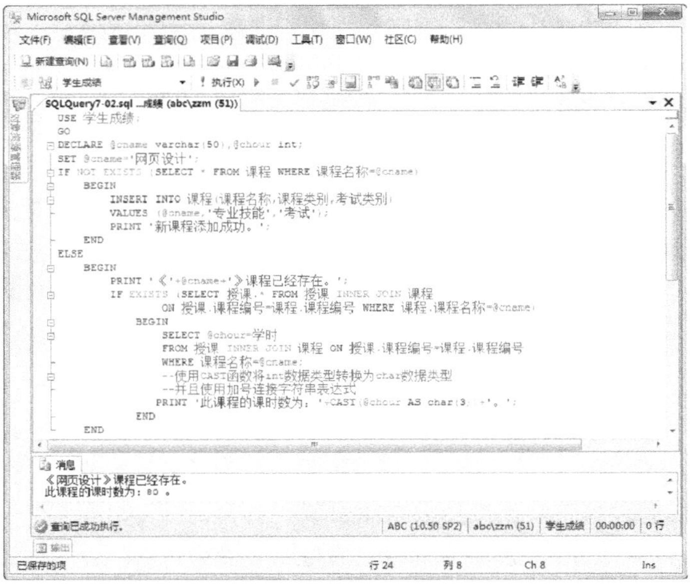

图 7.3　IF…ELSE 语句应用示例

相关知识

通常情况下，各个 Transact-SQL 语句按其出现的顺序依次执行。如果需要按照指定的条件进行控制转移或重复执行某些操作，则可以使用流程控制语句来实现。

一、BEGIN…END 语句

BEGIN…END 语句用于将一系列的 Transact-SQL 语句组合成一个语句块（相当于其他高级语言中的复合语句），从而可以执行一组 Transact-SQL 语句。语法格式如下：

```
BEGIN
    {sql_statement|statement_block}
END
```

其中 *sql_statement* 和 *statement_block* 分别表示使用 BEGIN…END 语句块定义的任何有效的 Transact-SQL 语句或语句组。

虽然所有的 Transact-SQL 语句在 BEGIN…END 块内都有效，但有些 Transact-SQL 语句不应分组在同一批处理或语句块中。BEGIN…END 语句块允许嵌套。

在流程控制语句必须执行包含两条或多条 Transact-SQL 语句的语句块的任何地方，都可以使用 BEGIN 和 END 语句。

BEGIN 和 END 语句必须成对使用，而不能单独使用其中的任何一个。BEGIN 语句指定语句块的开始；后跟 Transact-SQL 语句块，其中必须至少包含一条 Transact-SQL 语句；后跟 END

语句，指示语句块的结束。BEGIN 和 END 可以单独放在一行，也可以放在同一行，并在 BEGIN 与 END 之间包含语句块。

BEGIN 和 END 语句用于下列情况：WHILE 循环需要包含语句块；CASE 函数的元素需要包含语句块；IF 或 ELSE 子句需要包含语句块。如果 IF 语句仅控制一条 Transact-SQL 语句的执行时，也可以不使用 BEGIN 和 END 语句块。

例如，使用 BEGIN 和 END 语句可以使 IF 语句在表达式取值为 TRUE 时执行语句块：

```
IF(@@ERROR<>0)
BEGIN
   SET @ErrorSaveVariable=@@ERROR
   PRINT '发生错误：'+CAST(@ErrorSaveVariable AS varchar(10))
END
```

其中@@ERROR 是一个系统函数，用于返回执行的上一个 Transact-SQL 语句的错误号（整数）。如果语句执行成功，则@@ERROR 返回为 0。CAST 是一个数据类型转换函数，在这里的作用是将整数转换为 varchar 类型。

二、IF…ELSE 语句

IF…ELSE 语句用于指定 Transact-SQL 语句的执行条件。如果满足条件（布尔表达式返回 TRUE），则执行 IF 关键字及其条件之后的 Transact-SQL 语句。可选的 ELSE 关键字引入另一个 Transact-SQL 语句，当不满足 IF 条件（布尔表达式返回 FALSE）时就执行该语句。语法格式如下：

```
IF boolean_expression
   {sql_statement|statement_block}
[ELSE
   {sql_statement|statement_block}]
```

其中 *boolean_expression* 为返回 TRUE 或 FALSE 的布尔表达式。如果布尔表达式中含有 SELECT 语句，则必须用圆括号将 SELECT 语句括起来。

{*sql_statement* | *statement_block*}表示任何 Transact-SQL 语句或用语句块定义的语句分组。除非使用语句块，否则 IF 或 ELSE 条件只能执行一个 Transact-SQL 语句。

IF…ELSE 语句可以用于批处理、存储过程和即席查询。当在存储过程中使用此语句时，通常用于测试某个参数是否存在。在 IF 或 ELSE 下面也可以嵌套另一个 IF 测试，嵌套级数的限制取决于可用内存。

任务 3　使用 CASE 函数进行查询

任务描述

在“学生成绩”数据库中执行以下查询操作。

（1）使用简单 CASE 函数实现交叉表查询，用于检索 1201 班和 1202 班的 4 门计算机课程的成绩。

（2）查询 1201 班、1202 班和 1203 班的“网页设计”课程成绩，要求使用 CASE 搜索函数将百分制成绩转换为不及格、及格、中等、良好及优秀 5 个等级。

任务分析

要通过简单 CASE 函数来实现交叉表查询需要使用一些技巧。为了简化查询语句，可以在 SELECT 语句中引用项目 6 中创建的“学生成绩视图”；在 SELECT 语句的选择列表中应包含 6 列，前面 3 列分别是学号、姓名和班级，后面 3 列均通过调用聚合函数 SUM 而生成；最关键的地方是 SUM 函数的参数，需要使用简单 CASE 函数来为该参数提供值，例如，对于“计算机应用基础”课程而言，此参数应为“CASE 课程 WHEN '计算机应用基础' THEN 成绩 ELSE 0 END”；其他两门课程的成绩使用类似的方法生成。此外，在这个 SELECT 语句中还需要使用 GROUP BY 子句和 HAVING 子句。

将百分成绩转换为等级时，在 SELECT 语句中也需要引用“学生成绩视图”。在 SELECT 语句的选择列表中包含 5 列，前面 4 列分别是学号、姓名、班级和课程，最后一列是成绩。对于成绩列，应使用 CASE 搜索函数来计算其值，以便从百分制转换为等级制，此外还要使用 AS 子句为 CASE 函数指定一个别名。

任务实现

一、使用简单 CASE 函数实现交叉表查询

实现步骤如下。

（1）在对象资源管理器中，连接到数据库引擎。

（2）新建一个查询，然后在查询编辑器中编写以下语句：

```
USE 学生成绩;
GO
SELECT 班级编号,学号,姓名,
    SUM(CASE 课程名称 WHEN '计算机应用基础' THEN 成绩 ELSE 0 END) AS [计算机应用基础],
    SUM(CASE 课程名称 WHEN '办公软件' THEN 成绩 ELSE 0 END) AS [办公软件],
    SUM(CASE 课程名称 WHEN '网页设计' THEN 成绩 ELSE 0 END) AS [网页设计],
    SUM(CASE 课程名称 WHEN '数据库应用' THEN 成绩 ELSE 0 END) AS [数据库应用]
FROM 学生成绩视图
GROUP BY 班级编号,学号,姓名
HAVING 班级编号='1201' OR 班级编号='1202';
GO
```

（3）将脚本文件保存为 SQLQuery7-03.sql，按 F5 键运行脚本，结果如图 7.4 所示

二、将百分成绩转换为等级

实现步骤如下。

（1）在对象资源管理器中，连接到数据库引擎。

（2）新建一个查询，然后在查询编辑器中编写以下语句：

```
USE 学生成绩;
GO
```

```
SELECT 班级编号, 学号, 姓名, 课程名称,
    CASE
```

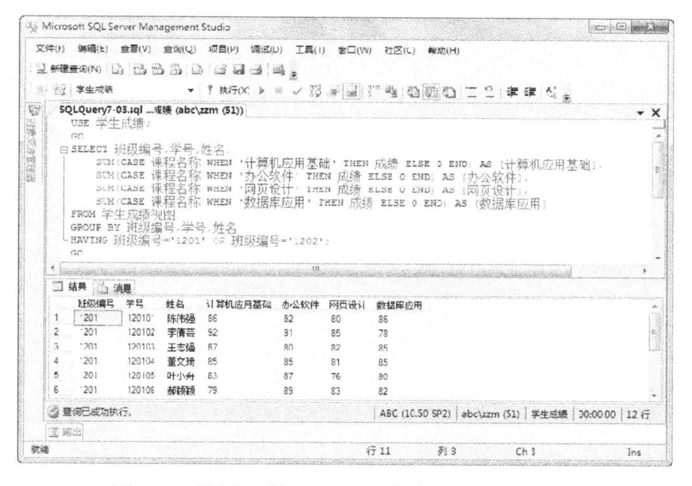

	班级编号	学号	姓名	计算机应用基础	办公软件	网页设计	数据库应用
1	1201	120101	陈伟强	86	82	80	86
2	1201	120102	李倩芸	92	91	85	78
3	1201	120103	王志强	87	80	82	85
4	1201	120104	董文琦	85	85	81	85
5	1201	120105	叶小舟	83	87	76	80
6	1201	120106	郝晓颖	79	89	83	82

图 7.4　使用简单 CASE 函数实现交叉表查询

```
        WHEN 成绩<60 THEN '不及格'
        WHEN 成绩 BETWEEN 60 AND 64 THEN '及格'
        WHEN 成绩 BETWEEN 65 AND 74 THEN '中等'
        WHEN 成绩 BETWEEN 75 AND 84 THEN '良好'
        WHEN 成绩>=85 THEN '优秀'
    END AS 成绩
FROM 学生成绩视图
WHERE 课程名称='网页设计' AND (班级编号 IN('1201','1202','1203'));
GO
```

（3）将脚本文件保存为 SQLQuery7-04.sql，按 F5 键运行脚本，结果如图 7.5 所示。

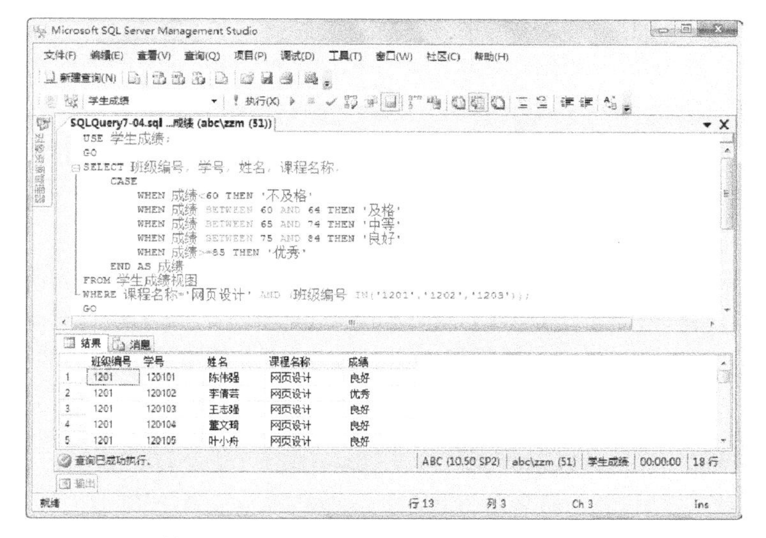

	班级编号	学号	姓名	课程名称	成绩
1	1201	120101	陈伟强	网页设计	良好
2	1201	120102	李倩芸	网页设计	优秀
3	1201	120103	王志强	网页设计	良好
4	1201	120104	董文琦	网页设计	良好
5	1201	120105	叶小舟	网页设计	良好

图 7.5　使用 CASE 搜索函数将成绩从百分制转换为等级制

相关知识

CASE 不是一个语句，而是一个函数。CASE 函数实际上是一个比较特殊的 Transact-SQL 表达式，它允许按列值显示可选值。并没有对数据进行永久更改，数据中的更改只是临时的。使用CASE函数可以计算条件列表并返回多个可能结果表达式之一。CASE函数包括简单CASE函数和 CASE 搜索函数两种格式。

简单 CASE 函数将某个表达式与一组简单表达式进行比较以确定结果，语法格式如下：

```
CASE input_expression
    WHEN when_expression THEN result_expression
    [...n]
    [ELSE else_result_expression]
END
```

CASE 搜索函数计算一组布尔表达式以确定结果，语法格式如下：

```
CASE
    WHEN boolean_expression THEN result_expression
    [...n]
    [ELSE else_result_expression]
END
```

其中参数 *input_expression* 指定使用简单 CASE 格式时所计算的表达式，它可以是任意有效的表达式。

WHEN when_expression 指定使用简单 CASE 格式时要与 input_expression 进行比较的简单表达式。when_expression 是任意有效的表达式。input_expression 与每个 when_expression 的数据类型必须相同，或者必须是隐式转换的数据类型。

WHEN *boolean_expression* 指定当使用 CASE 搜索格式时所计算的布尔表达式，其中 boolean_expression 可以是任意有效的布尔表达式。

n 表示占位符，表明可以使用多个 WHEN when_expression THEN result_expression 子句或多个 WHEN boolean_expression THEN result_expression 子句。

THEN result_expression 指定当 input_expression=when_expression 计算结果为 TRUE，或者 boolean_expression 计算结果为 TRUE 时返回的表达式。result expression 可以是任意有效的表达式。

ELSE *else_result_expression* 指定比较运算计算结果不为 TRUE 时返回的表达式。如果忽略此参数且比较运算计算结果不为 TRUE，则 CASE 返回 NULL。*else_result_expression* 是任意有效的表达式。*else_result_expression* 及任何 *result_expression* 的数据类型必须相同或必须是隐式转换的数据类型。

CASE 函数具有以下组成部分：CASE 关键字；需要转换的列名称；指定搜索内容表达式的 WHEN 子句和指定要替换它们的表达式的 THEN 子句；END 关键字；可选的、定义 CASE 函数别名的 AS 子句。

任务 4 使用 GOTO 语句实现流程跳转

任务描述

使用 IF 和 GOTO 构成一个循环结构，用于计算前 100 个自然数之和。

任务分析

要使用 IF 和 GOTO 构成循环结构有两个要点：一个是通过 IF 判断循环条件是否满足，另一个是通过 GOTO 跳转到循环头。

任务实现

实现步骤如下。

（1）在对象资源管理器中，连接到数据库引擎。

（2）新建一个查询，然后在查询编辑器中编写以下语句：

```
DECLARE @i int,@sum int;
SET @i=1;SET @sum=0;
add_loop:
    SET @sum=@sum+@i;
    SET @i=@i+1;
IF(@i<=100)GOTO add_loop;
SELECT @sum AS '1+2+3+...+100=';
GO
```

（3）将脚本文件保存为 SQLQuery7-05.sql，按 F5 键运行脚本，结果如图 7.6 所示。

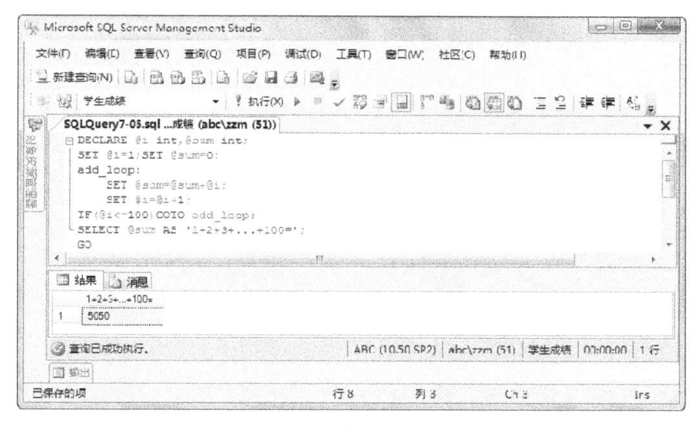

图 7.6 使用 IF 和 GOTO 构成循环结构

相关知识

GOTO 语句用于实现执行流程的跳转。使用 GOTO 语句时，必须定义一个标签作为跳转的目的地，语法格式如下：

```
label:
[sql_statement|statement_block]
```

其中参数 *label* 表示标签的名称，必须符合标识符规则。*sql_statement* 和 *statement_block* 表示从标签位置继续执行的语句或语句块。如果 GOTO 语句指向该标签，则其为处理的起点。无论是否使用 GOTO 语句，都可以将标签作为一种注释方法来使用。

使用 GOTO 语句可以将执行流程更改到标签处，即跳过 GOTO 后面的 Transact-SQL 语句，并从标签位置继续处理，语法格式如下：

```
GOTO label
```

GOTO 语句和标签可以在过程、批处理或语句块中的任何位置使用。GOTO 可以出现在条件控制流语句、语句块或过程中，但它不能跳转到该批以外的标签。GOTO 语句可以位于标签定义之后，也可以位于标签定义之前。通过 GOTO 分支可以跳转到定义在 GOTO 之前或之后的标签。GOTO 语句可以嵌套使用。

任务 5　使用 WAITFOR 语句定时执行操作

任务描述

在 SQL Server 服务器上执行以下操作。

（1）设置在 3 小时的延迟之后执行系统存储过程 sp_helpdb，以报告所有数据库的信息。

（2）设置在晚上 23:20 执行系统存储过程 sp_update_job，以更改先前添加的作业的名称。

任务实现

实现步骤如下。

（1）在对象资源管理器中，连接到数据库引擎。

（2）新建一个查询，然后在查询编辑器中编写以下语句：

```
BEGIN
    WAITFOR DELAY '03:00';
    EXECUTE sp_helpdb;
END
GO
USE msdb;
-- 添加由 SQLServerAgent 服务执行的新作业，作业的名称为 TestJob
EXECUTE sp_add_job @job_name='TestJob';
BEGIN
    WAITFOR TIME '23:20';
    -- 更改作业的属性，将作业名称更改为 UpdatedJob
    EXECUTE sp_update_job @job_name='TestJob',
        @new_name='UpdatedJob';
END;
```

```
GO
```

（3）按 F5 键运行上述 SQL 语句。

相关知识

WAITFOR 语句在达到指定时间或时间间隔之前，或者指定语句至少修改或返回一行之前，阻止执行批处理、存储过程或事务。语法格式如下：

```
WAITFOR {DELAY 'time_to_pass'|TIME 'time_to_execute'}
```

其中 DELAY 指定可以继续执行批处理、存储过程或事务之前必须经过的指定时段，最长可为 24 小时。*time_to_pass* 指定等待的时段。TIME 指定的运行批处理、存储过程或事务的时间。*time_to_execute* 指定 WAITFOR 语句完成的时间。

既可以使用 datetime 数据可接受的格式之一来指定 *time_to_pass* 和 *time_to_execute*，也可以将其指定为局部变量，但不能指定日期。因此，不允许指定 datetime 值的日期部分。

使用 WAITFOR 语句可以挂起批处理、存储过程或事务的执行，直到发生以下情况：已超过指定的时间间隔；到达一天中指定的时间。

任务 6　使用 WHILE 语句统计记录行数

任务描述

使用 WHILE 循环统计教师表中的人数并将结果显示在“消息”窗格中。

任务分析

在本任务中，可以考虑使用 EXISTS 测试子查询中是否包含行来构成 WHILE 语句的循环条件。

任务实现

实现步骤如下。

（1）在资源管理器中，连接到数据库引擎。

（2）新建一个查询，然后在查询编辑器中编写以下语句。

```
USE 学生成绩;
GO

DECLARE @tid int,@count int;
SET @tid=1;SET @count=0;
WHILE EXISTS(SELECT * FROM 教师 WHERE 教师编号=@tid)
BEGIN
    SET @count=@count+1;
    SET @tid=@tid+1;
END
```

```
PRINT '一共有 '+CAST(@count AS varchar(2))+' 名教师。';
GO
```

（3）将脚本文件保存为 SQLQuery7-06.sql，按 F5 键运行脚本，结果如图 7.7 所示。

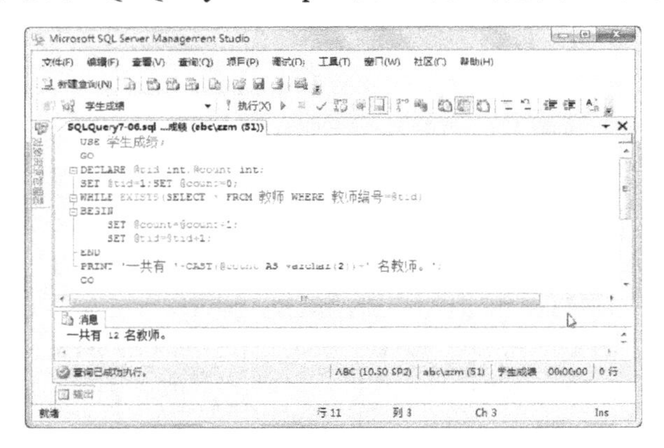

图 7.7　WHILE 语句应用示例

相关知识

WHILE 语句设置重复执行 SQL 语句或语句块的条件，只要指定的条件为真，就重复执行语句；也可以使用 BREAK 和 CONTINUE 关键字在循环内部控制 WHILE 循环中语句的执行。语法格式如下：

```
WHILE boolean_expression
    {sql_statement|statement_block}
    [BREAK]
    {sql_statement|statement_block}
    [CONTINUE]
    {sql_statement|statement_block}
```

其中参数 *boolean_expression* 为布尔表达式，返回 TRUE 或 FALSE。如果布尔表达式中含有 SELECT 语句，则必须用括号将 SELECT 语句括起来。

sql_statement 和 *statement_block* 分别是 Transact-SQL 语句或用语句块定义的语句分组。若要定义语句块，可以使用控制流关键字 BEGIN 和 END。

BREAK 导致从最内层的 WHILE 循环中退出，将执行出现在 END 关键字（循环结束的标记）后面的任何语句。如果嵌套了两个或多个 WHILE 循环，则内层的 BREAK 将退出到下一个外层循环，将首先运行内层循环结束之后的所有语句，然后重新开始下一个外层循环。

CONTINUE 使 WHILE 循环重新开始执行，忽略 CONTINUE 关键字后面的任何语句。

任务 7　在查询中使用字符串函数

任务描述

本任务用于演示如何在查询中使用字符串函数。

任务实现

实现步骤如下。

（1）在对象资源管理器中，连接到数据库引擎。

（2）新建一个查询，然后在查询编辑器中编写以下语句：

```
SELECT col1=SUBSTRING('张三丰',2,2),
    col2=CHARINDEX('是','这是一本书。'),col3=PATINDEX('%si%','Expression'),
    col4=STR(123.456,6,3),col5=STUFF('SQL2008',4,0,'Server'),
    col6=REVERSE('Microsoft'),col7=REPLACE('abc','b','tt');
GO
```

（3）将脚本文件保存为 SQLQuery7-07.sql，按 F5 键运行脚本，结果如图 7.8 所示。

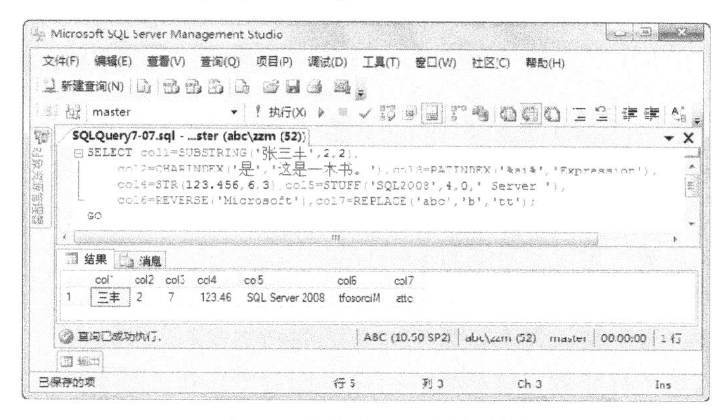

图 7.8 字符串函数应用示例

相关知识

一、函数概述

SQL Server 2008 提供了大量的内置函数，可以用于执行特定操作。除了内置函数外，SQL Server 2008 还允许用户定义自己所需要的函数。使用内置函数或用户自定义函数可以方便快捷地完成各种常见任务。

不论是内置函数还是用户自定义函数，都可以用在任意表达式中。例如，用在 SELECT 语句的选择列表中以返回一个值，用在 SELECT、INSERT、DELETE 或 UPDATE 语句的 WHERE 子句搜索条件中以限制符合查询条件的行，用在视图的搜索条件中以使视图在运行时与用户或环境动态地保持一致，用在 CHECK 约束或触发器中以在插入数据时查找指定的值，用在 DEFAULT 约束或触发器中以在 INSERT 语句未指定值的情况下提供一个值。

使用函数时应始终带上圆括号，即使没有参数也是如此。但是，与 DEFAULT 关键字一起使用的 niladic 函数例外。在某些情况下，用来指定数据库、计算机、登录名或数据库用户的参数是可选的。如果未指定这些参数，则默认将这些参数赋值为当前的数据库、主机、登录名或数据库用户。函数可以嵌套使用。

在 SQL Server 2008 中，按照函数的返回值是否确定，可以将函数分为严格确定函数、确定函数和非确定函数 3 种类型。

如果一个函数对于一组特定的输入值始终返回相同的结果，则该函数就是严格确定函数。对于用户定义的函数，判断其是否确定的标准相对宽松。如果对于一组特定的输入值和数据库状态，函数始终返回相同的结果，则该函数就是确定函数。如果函数是数据访问函数，即使它不是严格确定的，也可以从这个角度认为它是确定的。

使用同一组输入值重复调用非确定性函数，返回的结果可能会有所不同。例如，内置函数GETDATE()就是非确定函数。SQL Server 对各种类型的非确定性函数进行了限制。因此，应慎用非确定性函数。

对于内置函数，确定性和严格确定性是相同的。对于 Transact-SQL 用户定义的函数，系统将验证定义并防止定义非确定性函数。但是，数据访问或未绑定到架构的函数被视为非严格确定性函数。

如果函数缺少确定性，其使用范围将受到限制。只有确定性函数才可以在索引视图、索引计算列、持久化计算列或 Transact-SQL 用户定义函数的定义中调用。

按照函数的用途，SQL Server 函数可以分为以下类别。

（1）聚合函数：执行的操作是将多个值合并为一个值，如 AVG、SUM、MIN 和 MAX。

（2）配置函数：是一种标量值函数，可以返回有关配置的信息。

（3）加密函数：支持加密、解密、数字签名和数字签名验证。

（4）游标函数：返回有关游标状态的信息。

（5）日期和时间函数：可以更改日期和时间的值。

（6）数学函数：执行三角、几何和其他数字运算。

（7）元数据函数：返回数据库和数据库对象的属性信息。

（8）排名函数：是一种非确定性函数，可以返回分区中每一行的排名值。

（9）行集函数：返回可在 Transact-SQL 语句中表引用所在位置使用的行集。

（10）安全函数：返回有关用户和角色的信息。

（11）字符串函数：可以更改 char、varchar、nchar、nvarchar、binary 和 varbinary 的值。

（12）系统函数：对系统级的各种选项和对象进行操作或报告。

（13）系统统计函数：返回有关 SQL Server 性能的信息。

（14）文本和图像函数：可以更改 text 和 image 的值。

二、字符串函数

所有内置字符串函数都是具有确定性的函数，每次用一组特定的输入值调用它们时都会返回相同的值。字符串函数是标量值函数，它们对字符串输入值执行操作，并且返回一个字符串或数值。

常用的字符串函数如下。

（1）ASCII(*s*)：返回字符表达式 *s* 中最左侧字符的 ASCII 代码值（int）。其中参数 *s* 为 char 或 varchar 类型的表达式。

（2）CHAR(*n*)：将 int ASCII 代码转换为字符（char(1)）。其中参数 *n* 为介于 0 和 255 之间的整数表达式，若该参数不在此范围内，则 CHAR 函数返回 NULL 值。

（3）CHARINDEX(*s1*, *s2* [, *start*])：返回字符串中指定表达式的开始位置（int 或 bigint）。其中参数 *s1* 是一个字符串表达式，其中包含要查找的字符的序列；*s2* 也是一个字符串表达式，通常是一个为指定序列搜索的列；*start* 指定开始在 *s2* 中搜索 *s1* 时的字符位置。如果 *start* 未被指定，或者是一个负数或零，则将从 *s2* 的开头开始搜索。

（4）LEFT(*s*, *n*)：返回字符串中从左边开始指定个数的字符。其中参数 *s* 为字符或二进制数据表达式，*n* 为正整数，指定从 *s* 中返回的字符数。

（5）LEN(*s*)：返回指定字符串表达式的字符（而不是字节）数（int 或 bigint），其中不包含尾随空格。其中参数 *s* 是一个字符串表达式。

（6）LOWER(*s*)：将大写字符数据转换为小写字符数据后返回字符表达式（varchar 或 nvarchar）。其中参数 *s* 是一个字符或二进制数据的表达式。

（7）LTRIM(*s*)：返回删除了前导空格之后的字符表达式。其中参数 *s* 是一个字符数据或二进制数据的表达式。

（8）NCHAR(*n*)：根据 Unicode 标准的定义，返回具有指定的整数代码的 Unicode 字符（nchar(1)）。其中 *n* 是介于 0 与 65535 之间的正整数。若 *n* 超出此范围，则返回 NULL。

（9）PATINDEX('%*pattern*%', *s*)：返回指定文字表达式 *s* 中模式 *pattern* 第一次出现的起始位置（int 或 bigint）；若在全部有效的文本和字符数据类型中未找到该模式，则返回 0。

（10）REPLACE(*s1*, *s2*, *s3*)：用字符串表达式 *s3* 替换字符串表达式 *s1* 中出现的所有字符串表达式 *s2* 的匹配项。如果其中有一个输入参数属于 nvarchar 数据类型，则返回 nvarchar，否则返回 varchar。如果任何一个参数为 NULL，则返回 NULL。

（11）REPLICATE(*s*, *n*)：以指定的次数 *n* 重复字符表达式 *s*。其中参数 *n* 为正整数。

（12）REVERSE(*s*)：返回字符表达式 *s* 的逆向表达式。

（13）RIGHT(*s*, *n*)：返回字符串 *s* 中从右边开始指定个数 *n* 的字符。其中参数 *n* 为正整数，指定从字符串 *s* 中返回的字符数。

（14）RTRIM(*s*)：截断字符串 *s* 中的所有尾随空格后返回一个字符串。

（15）SPACE(*n*)：返回由重复的空格组成的字符串（char）。其中 *n* 指定空格重复的次数。

（16）STR(*f*, *n1*[, *n2*])：返回由数字数据转换来的字符数据（char）。其中参数 *f* 为带小数点的近似数字（float）数据类型的表达式；*n1* 指定总长度，包括小数点、符号、数字以及空格，默认值为 10；*n2* 指定小数点后的位数，必须小于或等于 16。

（17）STUFF(*s1*, *n1*, *n2*, *s2*)：删除指定长度的字符并在指定的起点处插入另一组字符。其中参数 *s1* 和 *s2* 是字符数据表达式；参数 *n1* 和 *n2* 是整数值，分别指定删除和插入的开始位置和要删除的字符数。

（18）SUBSTRING(*s*, *n1*, *n2*)：返回字符表达式、二进制表达式、文本表达式或图像表达式的一部分（称为子字符串）。其中参数 *s* 是字符串；*n1* 和 *n2* 是整数，分别指定子字符串开始位置和要返回的字符数或字节数。

（19）UNICODE(*s*)：按照 Unicode 标准的定义返回输入表达式 *s* 的第一个字符的整数值（int）。其中参数 *s* 为 nchar 或 nvarchar 表达式。

（20）UPPER(*s*)：返回小写字符数据转换为大写的字符表达式（varchar 或 nvarchar）。其中参数 *s* 是一个字符或二进制数据的表达式。

任务 8　在查询中使用数学函数

任务描述

本任务于演示部分数学函数的使用方法。

任务实现

实现步骤如下。

（1）在对象资源管理器中，连接到数据库引擎。

（2）新建一个查询，然后在查询编辑器中编写以下语句。

```
SELECT SIN(PI()/3) AS 正弦值,
    COS(PI()/3) AS 余弦值,TAN(PI()/3) AS 正切值,COT(PI()/3) AS 余切值;
SELECT CEILING(12.9273) AS [CEILING(12.9273)],
    FLOOR(12.9273) AS [FLOOR(12.9273)],
    LOG(1.75) AS [LOG(1.75)],
    LOG10(1.75) AS [LOG10(1.75)];
SELECT RAND((DATEPART(mm,GETDATE())*100000)
    +(DATEPART(ss,GETDATE())*1000)+DATEPART(ms,GETDATE())) AS 随机数;
GO
```

在上述语句中生成随机数时引用了日期函数 DATEPART 和 GETDATE，前者用于返回表示日期 date 的指定日期部分的整数，后者用于返回当前系统日期和时间。

（3）将脚本文件保存为 SQLQuery7-08.sql，按 F5 键运行脚本，结果如图 7.9 所示。

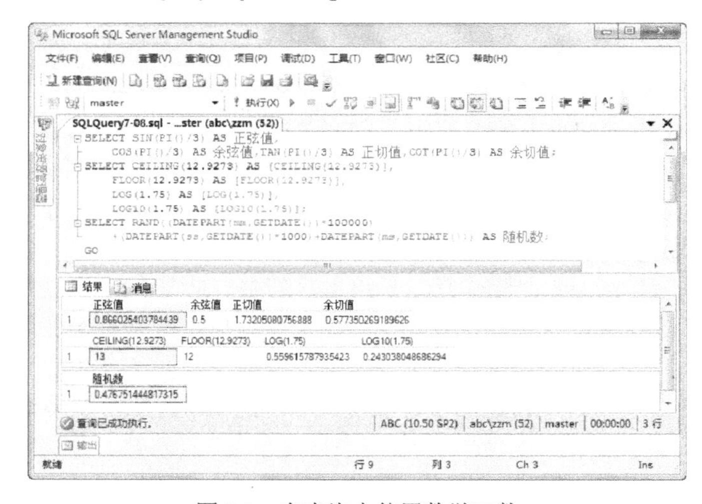

图 7.9　在查询中使用数学函数

相关知识

数学函数都是标量值函数，它们通常基于作为参数提供的输入值执行计算，并返回一个数值。下面列出 SQL Server 2008 提供的数学函数。

（1）ABS(*n*)：返回指定数值表达式 *n* 的绝对值（正值）的数学函数。

（2）ACOS(*f*)：返回其余弦是 float 表达式 *f* 的角的弧度数，也称为反余弦。

（3）ASIN(*f*)：返回其正弦是 float 表达式 *f* 的角的弧度数，也称为反正弦。

（4）ATAN(*f*)：返回其正切是 float 表达式 *f* 的角的弧度数，也称为反正切。

（5）ATN2(*f1*, *f2*)：返回以弧度表示的角，其正切为两个 float 表达式 *f1* 和 *f2* 的商。它也称为反正切函数。

（6）CEILING(*n*)：返回大于或等于数值表达式 *n* 的最小整数。

（7）COS(*f*)：返回 float 表达式 *f* 中以弧度表示的角的三角余弦。

（8）COT(*f*)：返回 float 表达式 *f* 中以弧度表示的角的三角余弦。

（9）DEGREES(*n*)：返回以弧度 *n* 指定的角的相应角度。

（10）EXP(*f*)：返回 float 表达式 *f* 的指数值。数字的指数是常量 e 使用该数字进行幂运算。例如，EXP(1.0) = e^1.0 = 2.71828182845905。

（11）FLOOR(*n*)：返回小于或等于数值表达式 *n* 的最大整数。

（12）LOG(*f*)：返回 float 表达式 *f* 的自然对数。

（13）LOG10(*f*)：返回 float 表达式 *f* 的常用对数（即以 10 为底的对数）。

（14）PI()：返回圆周率 PI 的常量值（3.14159265358979）。

（15）POWER(*n*, *y*)：返回表达式 *y* 的 *n* 次幂的值（y^n）。

（16）RADIANS(*n*)：对于在数值表达式 *n* 中输入的度数值返回弧度值。

（17）RAND([*seed*])：返回从 0 到 1 之间的随机 float 值。其中参数 *seed* 为提供种子值的整数表达式（tinyint、smallint 或 int）。如果未指定 seed，则 SQL Server 2008 数据库引擎随机分配种子值。对于指定的种子值，返回的结果始终相同。

（18）ROUND(*n1*, *n2*)：返回一个数值表达式，舍入到指定的长度或精度。其中参数 *n1* 为精确数值或近似数值数据类别（bit 数据类型除外）的表达式，*n2* 为 *n1* 的舍入精度。

（19）SIGN(*n*)：返回数值表达式 *n* 的正号（+1）、零（0）或负号（−1）。

（20）SIN(*f*)：返回 float 表达式 *f* 中以弧度表示的角的三角正弦。

（21）SQRT(*f*)：返回 float 表达式 *f* 的平方根。

（22）SQUARE(*f*)：返回 float 表达式 *f* 的平方。

（23）TAN(f)：返回 float 表达式 *f* 中以弧度表示的角的三角正切。

算术函数（如 ABS、CEILING、DEGREES、FLOOR、POWER、RADIANS 和 SIGN）返回与输入值具有相同数据类型的值。三角函数和其他函数（包括 EXP、LOG、LOG10、SQUARE 和 SQRT）将输入值转换为 float 并返回 float 值。

任务 9　在查询中使用日期函数

任务描述

本任务用于演示日期函数的使用方法。

任务实现

实现步骤如下：

（1）在对象资源管理器中，连接到数据库引擎。

（2）新建一个查询，然后在查询编辑器中编写以下语句。

```
SELECT GETDATE() AS [当前日期和时间],
    DATEPART(year, GETDATE()) AS [当前年份],
```

```
    DATEPART(month, GETDATE()) AS [当前月份],
    DATEPART(day, GETDATE()) AS [当前天数],
    DATEPART(hour, GETDATE()) AS [时],
    DATEPART(minute, GETDATE()) AS [分],
    DATEPART(second, GETDATE()) AS [分];
SELECT DATEADD(day, 1, GETDATE()) AS [一天之后],
    DATEADD(month, 1, GETDATE()) AS [一月之后],
    DATEADD(year,1,GETDATE()) AS [一年之后];
SELECT CAST(DATEDIFF(day, GETDATE(), '2014-10-01') AS varchar(4))+'天'
    AS [离2014年国庆节还有];
GO
```

（3）将脚本文件保存为 SQLQuery7-09.sql，按 F5 键运行脚本，结果如图 7.10 所示。

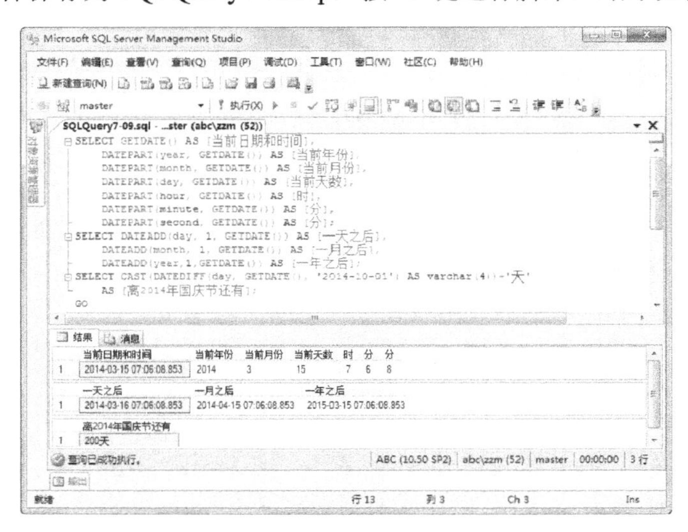

图 7.10　日期函数应用示例

相关知识

日期函数用于显示关于日期和时间的信息。使用这些函数可更改 datetime 和 smalldatetime 值，还可以对它们执行算术运算。日期函数可以用于任何使用表达式的地方。

常用的日期函数如下。

（1）DATEADD(*datepart*, *n*, *date*)：返回给指定日期 *date* 加上一个时间间隔 *n* 后的新 datetime 值。其中 *datepart* 指定要返回新值的日期的组成部分，有以下取值：year、yy 或 yyyy（年）；quarter、qq 或 q（季）；month、mm 或 m（月）；dayofyear、dy 或 y（一年中的天数）；day、dd 或 d（日）；week、wk 或 ww（周）；weekday 或 dw（星期几，星期日～星期六）；hour 或 hh（小时）；minute、mi 或 n（分）；second 或 ss（秒）；millisecond 或 ms（毫秒）；*n* 是用于与 datepart 相加的值；*date* 为表达式，用于返回 datetime 或 smalldatetime 值，或日期格式的字符串。DATEADD 函数具有确定性。

（2）DATEDIFF(*datepart*, *date1*, *date2*)：返回两个日期 *date1* 和 *date2* 之间的差值。这个差值的含义由 *datepart* 参数决定，请参阅 DATEADD 函数中关于此参数的说明。DATEDIFF 函数

具有确定性。

（3）DATEPART(*datepart*, *date*)：返回表示日期 *date* 的指定日期部分的整数。其中参数 *datepart* 指定要返回的日期部分的参数，请参阅 DATEADD 函数中关于此参数的说明。除了用作 DATEPART(dw, date) 之外都具有确定性。

（4）DAY(*date*)：返回一个整数，表示日期 *date* 中的“日”部分，相当于 DATEPART(day, date)。DAY 函数具有确定性。

（5）GETDATE()：以 datetime 值的 SQL Server 2008 标准内部格式返回当前系统日期和时间。GETDATE 函数不具有确定性。

（6）MONTH(*date*)：返回表示日期 date 的月份的整数，相当于 DATEPART(mm, date)。MONTH 函数具有确定性。

（7）YEAR(*date*)：返回表示日期 date 的年份的整数，相当于 DATEPART(yy, date)。YEAR 函数具有确定性。

任务 10　在查询中使用转换函数

任务描述

本任务用于演示转换函数的使用方法。

任务实现

实现步骤如下：

（1）在对象资源管理器中，连接到数据库引擎。

（2）新建一个查询，然后在查询编辑器中编写以下语句：

```
DECLARE @now datetime,@f float;
SET @now=GETDATE();
SET @f=123.456;
PRINT CAST(@now AS varchar(26));
PRINT CONVERT(char(8),@now,11);
PRINT CONVERT(char(8),@now,8);
PRINT CONVERT(varchar(22),@now,120);
PRINT CAST(@f AS varchar(10));
SET @f=@f*100000;
PRINT CONVERT(varchar(22),@f,0);
PRINT CONVERT(varchar(22),@f,1);
PRINT CONVERT(varchar(22),@f,2);
GO
```

（3）将脚本文件保存为 SQLQuery7-10.sql，按 F5 键运行脚本，结果如图 7.11 所示。

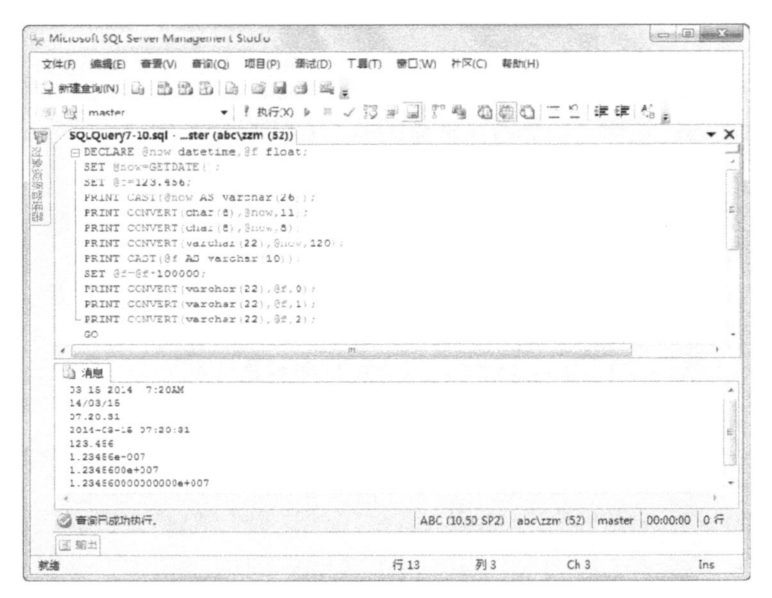

图 7.11　在查询中使用转换函数

相关知识

在 SQL Server 中，数据类型转换分为隐式转换和显式转换。隐式转换对用户不可见，SQL Server 会自动将数据从一种数据类型转换为另一种数据类型，例如，将 smallint 与 int 进行比较时 smallint 会被隐式转换为 int。显式转换使用 CAST 或 CONVERT 函数实现，这两个函数可以将局部变量、列或其他表达式从一种数据类型转换为另一种数据类型。

下面介绍这两个转换函数的使用方法。

一、CAST 函数

CAST 函数用于将某种数据类型的表达式显式地转换为另一种数据类型，语法格式如下：

```
CAST(expression AS data_type[(length)])
```

其中参数 *expression* 是需要转换其数据类型的表达式，可以是任何有效的 SQL Server 表达式；*data_type* 是作为目标的系统提供数据类型；*length* 是一个可选参数，用于目标类型为 nchar、nvarchar、char、varchar、binary 或 varbinary 数据类型时。

二、CONVERT 函数

若要指定转换后数据的样式，可使用 CONVERT 函数进行数据类型转换，语法格式如下：

```
CONVERT(data_type[(length)],expression[,style])
```

其中参数 expression、data_type 和 length 的含义与 CAST 函数中相应参数相同。

参数 *style* 用于指定将 datetime 或 smalldatetime 数据转换为字符数据（nchar、nvarchar、char、varchar、nchar 或 nvarchar 数据类型）时的日期格式的样式，或者用于指定将 float、real、money 或 smallmoney 数据转换为字符数据（nchar、nvarchar、char、varchar、nchar 或 nvarchar 数据类型）时的字符串格式的样式。如果 *style* 为 NULL，则返回的结果也为 NULL。*style* 参数的一些典型取值如表 7.5 所示。

表 7.5 style 参数取值

style 参数的有效值		输入/输出
日期时间类型数据转换为字符时指定 2 位或 4 位数年份	8 / 108	hh:mm:ss（24 小时制）
	11 / 111	yy/mm/dd
	120	yyyy-mm-dd hh:mm:ss
从 float 或 real 转换为字符数据时	0（默认值）	最大为 6 位数，必要时可以使用科学计数法
	1	始终为 8 位数，而且务必使用科学计数法来表示
	2	始终为 16 位数，始终使用科学记数法
从货币类型数据转换为字符数据时	0（默认值）	小数点左侧每 3 位数字之间不以逗号分隔，小数点右侧取 2 位数
	1	小数点左侧每 3 位数字之间以逗号分隔，小数点右侧取 2 位数
	2	小数点左侧每 3 位数字之间不以逗号分隔，小数点右侧取 4 位数

任务 11 在查询中使用系统函数

任务描述

本任务演示部分系统函数的使用方法。

任务实现

实现步骤如下。

（1）在对象资源管理器中，连接到数据库引擎。

（2）新建一个查询，然后在查询编辑器中编写以下语句：

```
PRINT '当前 SQL Server 的版本：'+@@VERSION;
PRINT '运行 SQL Server 的本地服务器名称：'+@@SERVERNAME;
PRINT '当前所用服务名称：'+@@SERVICENAME;
PRINT '当前数据库标识号：'+CAST(DB_ID() AS char(1));
PRINT '当前数据库名称：'+DB_NAME();
PRINT '当前用户的登录标识名：'+SUSER_NAME();
PRINT '当前数据库用户名：'+USER_NAME();
GO
```

（3）将脚本文件保存为 SQLQuery7-11.sql，按 F5 键运行脚本，结果如图 7.12 所示。

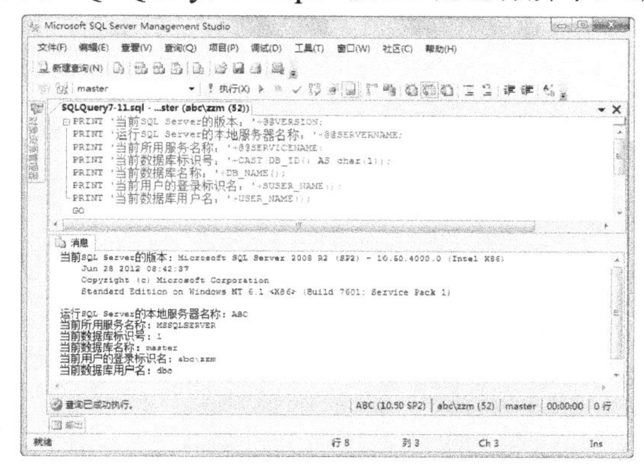

图 7.12 在查询中使用系统函数

相关知识

系统函数对 SQL Server 2008 中的值、对象和设置进行操作并返回有关信息。有一些系统函数的名称以@@开头，而且不需要使用圆括号。

下面列出一些常用的系统函数。

（1）@@ERROR：返回执行的上一个 Transact-SQL 语句的错误号。如果前一个语句执行没有错误，则返回 0。

（2）@@IDENTITY：返回最后插入的标识值。

（3）@@ROWCOUNT：返回受上一语句影响的行数。

（4）@@SERVERNAME：返回运行 SQL Server 的本地服务器的名称。

（5）@@SERVICENAME：返回 SQL Server 正在其下运行的注册表项的名称。若当前实例为默认实例，则@@SERVICENAME 返回 MSSQLSERVER；若当前实例是命名实例，则该函数返回该实例名。

（6）@@VERSION：返回当前的 SQL Server 安装的版本、处理器体系结构、生成日期以及操作系统。

（7）DB_ID(['*database_name*'])：返回数据库标识号（ID）。其中 *database_name* 指定用于返回对应的数据库 ID 的数据库名称，如果省略该参数，则返回当前数据库 ID。

（8）DB_NAME([*database_id*])：返回数据库名称。其中 *database_id* 指定要返回的数据库的标识号，如果未指定该参数，则返回当前数据库名称。

（9）HOST_ID()：返回工作站标识号。

（10）HOST_NAME()：返回工作站名。

（11）IDENT_CURRENT('*table_name*')：返回为某个会话和作用域中指定的表或视图生成的最新的标识值。其中 table_name 指定表的名称。

（12）IDENT_INCR('*table_or_view*')：返回增量值，该值是在带有标识列的表或视图中创建标识列时指定的。其中 *table_or_view* 指定表或视图以检查有效的标识增量值的表达式。

（13）IDENT_SEED('*table_or_view*')：返回种子值，该值是在带有标识列的表或视图中创建标识列时指定的。其中 *table_or_view* 指定表或视图以检查有效的标识种子值的表达式。

（14）ISDATE(*expression*)：确定输入表达式 expression 是否为有效日期。如果输入表达式是有效日期，则 ISDATE 返回 1，否则返回 0。

（15）ISNULL(check_expression, replacement_value)：使用指定的值来替换 NULL 值。其中 check_expression 为将被检查是否为 NULL 的表达式，可以是任何类型；replacement_value 为当 check_expression 为 NULL 时要返回的表达式，它必须是可隐式转换为 check_expresssion 的类型。如果 check_expression 不为 NULL，则返回它的值，否则在将 replacement_value 隐式转换为 check_expression 的类型（如果这两个类型不同）后返回前者。

（16）ISNUMERIC(*expression*)：确定表达式 *expression* 是否为有效的数值类型。如果输入表达式的计算值为有效的整数、浮点数、money 或 decimal 类型时，则 ISNUMERIC 返回 1，否则返回 0。

（17）NEWID()：创建 uniqueidentifier 类型的唯一值。

（18）OBJECT_ID('object_name'[,'object_type'])：返回架构范围内对象的数据库对象标识号。其中 object_name 表示要使用的对象，object_type 指定架构范围的对象类型。

（19）OBJECT_NAME(*object_id*)：返回架构范围内对象的数据库对象名称。其中 *object_id* 表示要使用的对象的 ID。

（20）SUSER_ID(['*login*'])：返回用户的登录标识号。其中 *login* 指定用户的登录名，如果未指定 *login*，则返回当前用户的登录标识号。

（21）SUSER_NAME([*server_user_id*])：返回用户的登录标识名。其中 *server_user_id* 指定用户的登录标识号，该参数的数据类型为 int。*server_user_id* 可以是允许连接到 SQL Server 实例的任何 SQL Server 登录名或 Windows 用户或用户组的登录标识号。如果未指定该参数，则返回当前用户的登录标识名。

（22）USER_ID(['*user*'])：返回数据库用户的标识号。其中 *user* 指定要使用的用户名。当省略 *user* 时，则假定为当前用户。

（23）USER_NAME([*id*])：基于标识号 *id* 返回数据库用户名。其中 *id* 指定与数据库用户关联的标识号。如果省略 *id*，则假定为当前上下文中的当前用户。

任务 12 在查询中使用用户定义函数

任务描述

在“学生成绩”数据库，创建一个用户定义函数，用于两个日期之间相差的天数；然后在 SELECT 语句中使用该用户定义函数来计算教师的年龄和工龄。

任务分析

创建用户定义函数之前，建议检测该函数是否存在，如果已存在，则先将其删除。使用系统函数 OBJECT_ID 获取函数标识号时，应将第二个参数设置为 FN。调用用户自定义函数时，必须在函数名称前面添加架构名称。

任务实现

实现步骤如下。

（1）在对象资源管理器中，连接到数据库引擎。

（2）新建一个查询，并在查询编辑窗口中编写以下语句：

```
USE 学生成绩;
GO
--检查用户定义函数 DateInterval 是否存在，若已存在，则删除之
IF OBJECT_ID('dbo.DateInterval','FN') IS NOT NULL
    DROP FUNCTION dbo.DateInterval;
GO
--创建用户定义函数 DateInterval，接受两个日期参数，返回一个整数
CREATE FUNCTION dbo.DateInterval
(@date1 AS date, @date2 AS date)
```

```
RETURNS int
AS
BEGIN
    DECLARE @ResultVar int
    SET @ResultVar=DATEDIFF(year,@date1,@date2);
    RETURN (@ResultVar);
END
GO
--在 SELECT 语句中调用用户定义函数 DateInterval
SELECT 教师编号,姓名,dbo.DateInterval(出生日期, GETDATE()) AS 年龄,
    dbo.DateInterval(参加工作时间, GETDATE()) AS 工龄
FROM 教师;
GO
```

（3）将脚本文件保存为 SQLQuery7-12.sql，按 F5 键运行脚本，结果如图 7.13 所示。

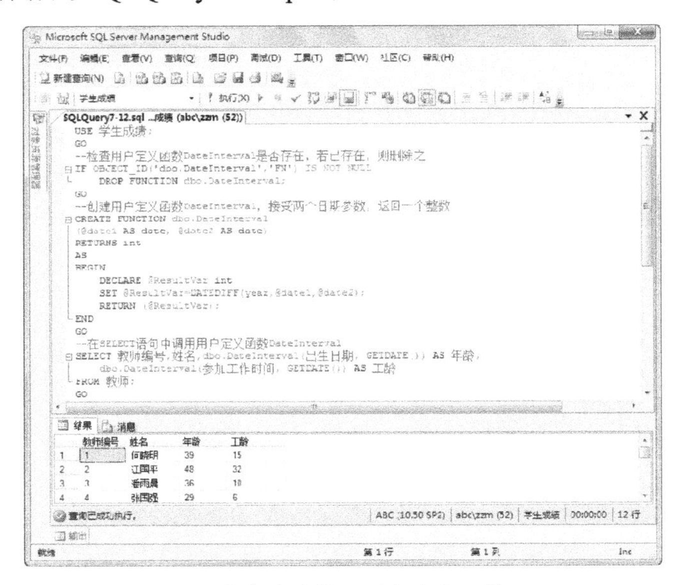

图 7.13　在查询中使用用户定义函数

相关知识

SQL Server 2008 不仅提供了大量的内置函数，也允许用户创建用户定义函数。用户定义函数可以使用 CREATE FUNCTION 语句创建，它是由一个或多个 Transact-SQL 语句组成的子程序，可以用于封装代码以便重新使用。创建一个用户定义函数之后，还可以使用 ALTER FUNCTION 语句对其进行修改，不再需要时可以使用 DROP FUNCTION 语句将其删除。

一、用户定义函数概述

与编程语言中的函数类似，SQL Server 2008 用户定义函数是接受参数、执行操作（如复杂计算）并将操作结果以值形式返回的例程。返回值可为单个标量值或结果集。在 SQL Server 中使用用户定义函数有以下优点：允许模块化程序设计，执行速度更快，减少网络流量。

所有用户定义函数都是由标题和正文两部分组成的。函数可以接收零个或多个输入参数，返回标量值或表。标题定义包括以下内容：具有可选架构/所有者名称的函数名称，输入参数名称和数据类型，可以用于输入参数的选项，返回参数数据类型和可选名称，可以用于返回参数的选项。正文定义了函数将要执行的操作或逻辑。它包括以下两者之一：执行函数逻辑的一个或多个 Transact-SQL 语句，.NET 程序集的引用。

SQL Server 2008 支持以下 4 种类型的用户定义函数。

（1）标量值函数：通过 RETURNS 子句返回单个数据值，函数的返回类型可以是除 text、ntext、image、cursor 和 timestamp 之外的任何数据类型。标量值函数可以在 BEGIN…END 块中定义函数主体，并给出返回标量值的语句系列。

（2）内联表值函数：返回 table 数据类型，可以替代视图。内联表值函数没有函数主体，表是单个 SELECT 语句的结果集。

（3）多语句表值函数：可以在 BEGIN…END 块中定义函数主体，并通过 Transact-SQL 语句生成行，然后将行插入在返回的表中。

（4）CLR 函数：基于 Microsoft .NET Framework 公共语言运行时（CLR）中创建的程序集使用编程方法创建。创建 CLR 函数时，首先要使用.NET Framework 支持的语言将函数定义为类的静态方法，然后使用 CREATE ASSEMBLY 语句在 SQL Server 中注册程序集，最后通过使用 CREATE FUNCTION 语句创建引用注册程序集的函数。

在用户定义函数中，可以使用下列类型的语句。

（1）DECLARE 语句，该语句可用于定义函数局部的数据变量和游标。

（2）为函数局部对象赋值，如使用 SET 为标量和表局部变量赋值。

（3）通过 INTO 子句给局部变量赋值，不允许使用 FETCH 语句将数据返回到客户端。

（4）流程控制语句（TRY…CATCH 语句除外）。

（5）SELECT 语句，该语句包含具有为函数的局部变量赋值的表达式的选择列表。

（6）INSERT、UPDATE 和 DELETE 语句，这些语句修改函数的局部表变量。

（7）EXECUTE 语句，该语句调用扩展存储过程。

在 SQL Server 2008 中，下列不确定性内置函数可以在用户定义函数中使用：CURRENT_TIMESTAMP，GET_TRANSMISSION_STATUS，GETDATE，GETUTCDATE，@@TOTAL_WRITE，@@CONNECTIONS，@@CPU_BUSY，@@DBTS，@@IDLE，@@IO_BUSY，@@MAX_CONNECTIONS，@@PACK_RECEIVED，@@PACK_SENT，@@PACKET_ERRORS，@@TIMETICKS，@@TOTAL_READ。在 Transact-SQL 用户定义函数中，不能使用下列不确定性内置函数：NEWID，RAND，NEWSEQUENTIALID，TEXTPTR。

二、创建用户定义函数

用户定义函数可以使用 CREATE FUNCTION 语句来创建。由于篇幅所限，这里仅介绍标量值函数的创建。用于创建标量值函数时，CREATE FUNCTION 语句的语法格式如下：

```
CREATE FUNCTION [schema_name.]function_name
([{@parameter_name [AS]
    [type_schema_name.]parameter_data_type[=default]}[,...n]])
RETURNS return_data_type
    [WITH [ENCRYPTION]|[SCHEMABINDING][,...n]]
```

```
    [AS]
    BEGIN
        function_body
        RETURN scalar_expression
    END[;]
```

其中 *schema_name* 指定用户定义函数所属的架构的名称。*function_name* 指定用户定义函数的名称，此名称必须符合有关标识符的规则，并且在数据库中以及对其架构来说是唯一的。

@parameter_name 指定用户定义函数的参数。可以声明一个或多个参数。一个函数最多可以有 1024 个参数。执行函数时，如果未定义参数的默认值，则用户必须提供每个已声明参数的值。*type_schema_name* 和 *parameter_data_type* 指定参数的数据类型及其所属的架构。

=default 指定参数的默认值。若定义了 *default* 值，则无须指定此参数的值即可执行函数。

return_data_type 指定标量用户定义函数的返回值。

function_body 指定一系列定义函数值的 Transact-SQL 语句，这些语句在一起使用不会产生负面影响（如修改表）。*scalar_expression* 指定函数返回的标量值。

ENCRYPTION 指示数据库引擎对包含 CREATE FUNCTION 语句文本的目录视图列进行加密。SCHEMABINDING 指定将函数绑定到其引用的数据库对象，如果其他架构绑定对象也在引用该函数，此条件将防止对其进行更改。

创建用户定义函数时，除了手工编写 CREATE FUNCTION 语句之外，也可以在对象资源管理器中通过模板快速生成 CREATE FUNCTION 语句，具体方法是：在对象资源管理器中展开包含用户定义函数的数据库，在该数据库下方依次展开“可编程性”和“函数”，然后右击“标量值函数”并选择“新建标量值函数”选项，此时将会在查询编辑器窗口中生成一个 CREATE FUNCTION 语句的框架，可以在这里填写函数名、参数的名称及其类型、函数体以及函数的返回值。执行 CREATE FUNCTION 语句后即可生成用户定义函数。

三、调用用户定义函数

当调用标量值用户定义函数时，必须至少提供由架构名称和函数名称两部分组成的名称。例如，下面的示例在 SELECT 语句调用一个名为 MyScalarFunction 的用户标量值函数：

```
SELECT *,dbo.MyScalarFunction()
FROM table1;
```

对于表值函数，则可以直接使用函数名称来调用。例如：

```
SELECT *
FROM MyTableFunction();
```

当调用返回表的 SQL Server 内置函数时，必须将前缀“::”添加到函数名称前面，例如：

```
SELECT *
FROM ::fn_helpcollations();          --返回 SQL Server 2008 支持的所有排序规则的列表
```

四、修改用户定义函数

若要对用户定义函数进行修改，可以使用 ALTER FUNCTION 语句来实现。也可以在对象资源管理器中快速生成 ALTER FUNCTION 语句，具体操作方法是：在对象资源管理器中展开包含用户定义函数的数据库，在该数据库下方依次展开“可编程性”和“函数”，然后右击“标量值函数”并选择“新建标量值函数”选项，此时将会在查询编辑器窗口中生成一个 ALTER FUNCTION 语句，在此可以修改函数定义，并执行 ALTER FUNCTION 语句。

五、删除用户定义函数

对于不再需要使用的用户定义函数，可以在对象资源管理器中将其从所在数据库中删除。具体操作是：在对象资源管理器中展开包含用户定义函数的数据库，在该数据库下方依次展开“可编程性”、“函数”和“标量值函数”（或“表值函数”）结点，然后右击要删除的函数并选择“删除”选项，并在“删除对象”对话框中单击“确定”按钮。

也可以使用 DROP FUNCTION 语句从当前数据库中删除一个或多个用户定义函数，语法格式如下：

```
DROP FUNCTION {[schema_name.]function_name}[,...n]
```

其中 *schema_name* 指定用户定义函数所属的架构的名称。*function_name* 指定要删除的用户定义函数的名称。可以选择是否指定架构名称，不能指定服务器名称和数据库名称。

任务 13 使用游标计算记录行数

任务描述

在“学生成绩”数据库中使用游标计算教师人数。

任务分析

定义和打开游标后，使用@@CURSOR_ROWS 可获取游标包含的行数。

任务实现

实现步骤如下。

（1）在对象资源管理器中，连接到 SQL Server 数据库引擎，然后展开该实例。

（2）新建一个查询，并在查询编辑器中编写以下语句：

```
USE 学生成绩;
GO
DECLARE teacher_cursor CURSOR KEYSET  --定义游标
FOR SELECT * FROM 教师;
OPEN teacher_cursor                          --打开游标
IF @@ERROR=0 AND @@CURSOR_ROWS>0
   PRINT '教师人数为: '+CAST(@@CURSOR_ROWS AS varchar(3));
CLOSE teacher_cursor;                     --关闭游标
DEALLOCATE teacher_cursor;                   --释放游标
GO
```

（3）将脚本文件保存为 SQLQuery7-13.sql，按 F5 键运行脚本，结果如图 7.14 所示。

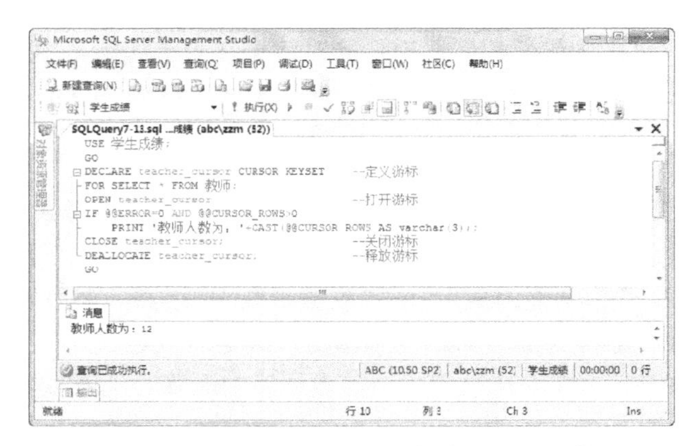

图 7.14　打开游标并显示游标中包含的行数

相关知识

关系数据库中的操作会对整个行集起作用。由 SELECT 语句返回的行集包括满足该语句的 WHERE 子句中条件的所有行，这种由语句返回的完整行集称为结果集。应用程序尤其是交互式联机应用程序并不总能将整个结果集作为一个单元来有效地处理，这些应用程序需要一种机制以便每次处理一行或一部分行。游标就是提供这种机制的对结果集的一种扩展。

一、游标概述

游标通过以下方式来扩展结果处理：允许定位在结果集的特定行；从结果集的当前位置检索一行或一部分行；支持对结果集中当前位置的行进行数据修改；为由其他用户对显示在结果集中的数据库数据所做的更改提供不同级别的可见性支持；提供脚本、存储过程和触发器中使用的 Transact-SQL 语句，以访问结果集中的数据。

SQL Server 2008 支持以下两种请求游标的方法。

（1）Transact-SQL。在 Transact-SQL 语言中，可以使用根据 SQL-92 游标语法制定的游标的语法。

（2）数据库应用程序编程接口（API）游标函数。SQL Server 支持数据库 API 的游标功能，包括 ADO（ActiveX 数据对象）、OLE DB 和 ODBC（开放式数据库连接）。

本教程中主要讨论 Transact-SQL 游标的使用方法。关于 API 游标，请参阅有关技术资料。

在 Transact-SQL 中，使用游标主要包括以下 5 个步骤。

（1）定义游标。使用 DECLARE CURSOR 语句将游标与 Transact-SQL 语句的结果集相关联，并且定义该游标的特性，例如是否能够更新游标中的行。

（2）打开游标。执行 OPEN 语句以填充游标。

（3）提取数据。使用 FETCH 语句从游标中检索一行或一部分行，这个操作称为提取。执行一系列提取操作以便向前或向后检索行的操作称为滚动。

（4）更改数据。根据需要，使用 UPDATE 或 DELETE 语句对游标中当前位置的行执行更新或删除操作。

（5）关闭游标。使用 CLOSE 语句关闭游标并释放当前结果集。

二、定义游标

在 Transact-SQL 中，可以使用 DECLARE CURSOR 语句来定义游标的属性，例如游标的滚动行为和用于生成游标所操作的结果集的查询等。DECLARE CURSOR 语句有两种语法：基于 SQL-92 标准的语法和 Transact-SQL 扩展语法。

1. SQL-92 语法

基于 SQL-92 标准的 DECLARE CURSOR 语句具有以下语法格式：

```
DECLARE cursor_name [INSENSITIVE] [SCROLL] CURSOR
FOR select_statement
[FOR {READ ONLY|UPDATE [OF column_name[,...n]]}][;]
```

其中 *cursor_name* 指定所定义的 Transact-SQL 服务器游标的名称，必须符合标识符规则。

INSENSITIVE 指定创建将由该游标使用的数据的临时表，对游标的所有请求都从 tempdb 中的这个临时表中得到应答。因此，在对该游标进行提取操作时返回的数据中不反映对基表所做的修改，并且该游标不允许修改。如果省略 INSENSITIVE，则已提交的（任何用户）对基础表的删除和更新都反映在后面的提取（FETCH）中。

SCROLL 指定所有的提取选项（FIRST、LAST、PRIOR、NEXT、RELATIVE、ABSOLUTE）均可用。如果未指定 SCROLL，则 NEXT 是唯一支持的提取选项。

select_statement 表示定义游标结果集的标准 SELECT 语句，在该语句内不允许使用关键字 COMPUTE、COMPUTE BY、FOR BROWSE 和 INTO。

READ ONLY 禁止通过该游标进行更新。在 UPDATE 或 DELETE 语句的 WHERE CURRENT OF 子句中不能引用游标。该选项优于要更新的游标的默认功能。

UPDATE [OF *column_name* [, ...*n*]] 定义游标中可更新的列。如果指定了 OF *column_name* [, ...*n*]，则只允许修改列出的列。如果指定了 UPDATE，但未指定列的列表，则可以对所有列进行更新。

2. Transact-SQL 扩展语法

SQL Server 在 SQL-92 标准语法的基础上添加了一些扩展选项，经过扩展后的 DECLARE CURSOR 语句具有以下语法格式：

```
DECLARE cursor_name CURSOR
[LOCAL|GLOBAL]
[FORWARD_ONLY|SCROLL]
[STATIC|KEYSET|DYNAMIC|FAST_FORWARD]
[READ_ONLY|SCROLL_LOCKS|OPTIMISTIC]
[TYPE_WARNING]
FOR select_statement
[FOR UPDATE [OF column_name[,...n]]][;]
```

其中 *cursor_name* 指定 Transact-SQL 服务器游标的名称，必须符合标识符规则。

LOCAL 指定对于在其中创建的批处理、存储过程或触发器来说，该游标的作用域是局部的，该游标名称仅在这个作用域内有效。

GLOBAL 指定该游标的作用域是全局的。在由连接执行的任何存储过程或批处理中，都可以引用该游标名称。该游标仅在断开连接时隐式释放。

如果 GLOBAL 和 LOCAL 参数都未指定，则默认值由相应的数据库选项的设置控制。

FORWARD_ONLY 定义一个游标，该游标只能从第一行滚动到最后一行。FETCH NEXT 是唯一受支持的提取选项。

STATIC 定义一个静态游标，以创建将由该游标使用的数据的临时复本。对游标的所有请求都从 tempdb 数据库中的这一临时表中得到应答。因此，在对该游标进行提取操作时返回的数据中不反映对基表所做的修改，并且该游标不允许修改。

KEYSET 定义一个键集游标，当游标打开时游标中行的成员身份和顺序已经固定。对行进行唯一标识的键集内置在 tempdb 内一个称为 keyset 的表中。对基表中的非键值所做的更改在用户滚动游标时是可见的，其他用户进行的插入是不可见的，也就是不能通过 Transact-SQL 服务器游标进行插入。若某行已被删除，则对该行进行提取操作时将发生错误

DYNAMIC 定义一个动态游标，以反映在滚动游标时对结果集内的各行所做的所有数据更改。行的数据值、顺序和成员身份在每次提取时都会更改。动态游标不支持 ABSOLUTE 提取选项。

FAST_FORWARD 指定启用了性能优化的 FORWARD_ONLY、READ_ONLY 游标。如果指定了 SCROLL 或 FOR_UPDATE，则不能指定 FAST_FORWARD。

在 SQL Server 2000 中，FAST_FORWARD 和 FORWARD_ONLY 游标选项是相互排斥的。如果指定了其中的一个，则不能指定另一个，否则会引发错误。在 SQL Server 2008 中，这两个关键字可以用在同一个 DECLARE CURSOR 语句中。

READ_ONLY 禁止通过该游标进行更新。在 UPDATE 或 DELETE 语句的 WHERE CURRENT OF 子句中不能引用游标。该选项优于要更新的游标的默认功能。

SCROLL_LOCKS 指定通过游标进行的定位更新或删除保证会成功。将行读取到游标中以确保它们对随后的修改可用时，SQL Server 将锁定这些行。如果指定了 FAST_FORWARD，则不能指定 SCROLL_LOCKS。

OPTIMISTIC 指定如果行自从被读入游标以来已得到更新，则通过游标进行的定位更新或定位删除不会成功。当将行读入游标时 SQL Server 不会锁定行。相反，SQL Server 使用 timestamp 列值的比较，或者如果表没有 timestamp 列，则使用校验和值，以确定将行读入游标后是否已修改该行。如果已修改该行，则尝试进行的定位更新或删除将失败。如果还指定了 FAST_FORWARD，则不能指定 OPTIMISTIC。

TYPE_WARNING 指定如果游标从所请求的类型隐式转换为另一种类型，则向客户端发送警告消息。

select_statement 表示定义游标结果集的标准 SELECT 语句，在该语句中不允许使用关键字 COMPUTE、COMPUTE BY、FOR BROWSE 和 INTO。

FOR UPDATE [OF *column_name* [, ...*n*]]定义游标中可以更新的列。如果提供了 OF *column_name* [, ...*n*]，则只允许修改列出的列。如果指定了 UPDATE，但未指定列的列表，则除非指定了 READ_ONLY 并发选项，否则可以更新所有的列。

三、打开游标

OPEN 语句用于打开 Transact-SQL 服务器游标，语法格式如下：

```
OPEN {{[GLOBAL] cursor_name}|cursor_variable_name}
```

其中 GLOBAL 指定 *cursor_name* 是指全局游标。*cursor_name* 指定已声明的游标的名称。如果全局游标和局部游标都使用 *cursor_name* 作为其名称，那么当指定 GLOBAL 时指的是全局游标，否则指的是局部游标。

cursor_variable_name 指定游标变量的名称，该变量引用一个游标。

打开游标后，可以使用@@函数来检查打开操作是否成功：如果该函数返回 0，则表明游标打开成功，否则表明游标打开失败。还可以使用@@CURSOR_ROWS 函数在上次打开的游标中来获取符合条件的行数，该函数具有以下 4 种可能的返回值。

（1）–m：游标被异步填充。返回值（–m）是键集中当前的行数。

（2）–1：游标为动态游标。因为动态游标可反映所有更改，所以游标符合条件的行数不断变化。因此，永远不能确定已检索到所有符合条件的行。

（3）0：没有已打开的游标，对于上一个打开的游标没有符合条件的行，或上一个打开的游标已被关闭或被释放。

（4）n：游标已完全填充。返回值（n）是游标中的总行数。

任务 14　通过游标提取数据

任务描述

在“学生成绩”数据库中使用游标提取 1206 班学生的记录。

任务分析

在 WHILE 语句中可以使用@@FETCH_STATUS=0 作为循环条件。若满足该条件，则执行 FETCH NEXT 提取，直到@@FETCH_STATUS 变成非 0 值，结束循环。

任务实现

实现步骤如下。

（1）在对象资源管理器中，连接到数据库引擎，然后展开该实例。

（2）新建一个查询，并在查询编辑器中编写以下语句：

```
USE 学生成绩;
GO
DECLARE student_cursor CURSOR FOR
SELECT 学号,姓名,性别,出生日期 FROM 学生 WHERE 班级编号='1206';
OPEN student_cursor;
--执行首次提取
FETCH NEXT FROM student_cursor;
--检查@@FETCH_STATUS，若仍有行存在，则继续提取
WHILE @@FETCH_STATUS=0
BEGIN
    --只要上次提取成功，就会执行本次提取
    FETCH NEXT FROM student_cursor;
END
CLOSE student_cursor;
```

```
DEALLOCATE student_cursor;
GO
```

（3）将脚本文件保存为 SQLQuery7-14.sql，按 F5 键运行脚本，结果如图 7.15 所示。

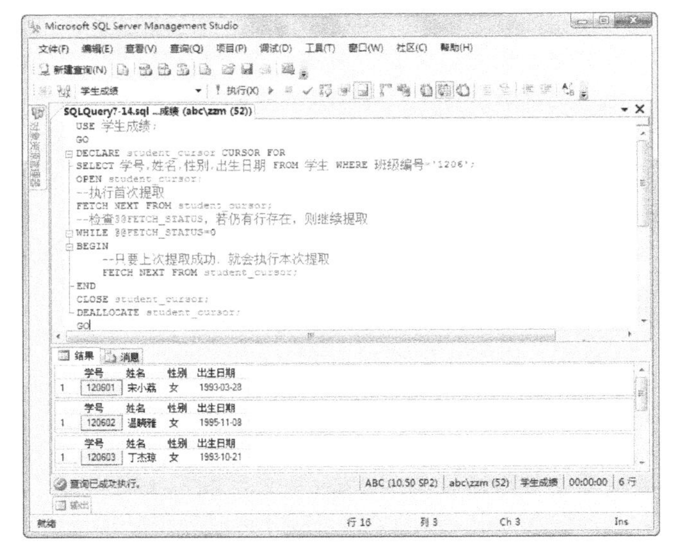

图 7.15 通过游标提取数据

相关知识

一、打开游标

定义一个 Transact-SQL 服务器游标，然后打开这个游标，此时便可以使用 FETCH 语句从该游标中检索特定的行，语法格式如下：

```
FETCH
   [[NEXT|PRIOR|FIRST|LAST|ABSOLUTE {n|@nvar}|RELATIVE {n|@nvar}]
   FROM]
{{[GLOBAL] cursor_name}|@cursor_variable_name}
[INTO @variable_name[,...n]]
```

其中 NEXT 指定紧跟当前行返回结果行，并且当前行递增为返回行。如果 FETCH NEXT 为对游标的第一次提取操作，则返回结果集中的第一行。NEXT 为默认的游标提取选项。

PRIOR 指定返回紧邻当前行前面的结果行，并且当前行递减为返回行。如果 FETCH PRIOR 为对游标的第一次提取操作，则没有行返回并且游标置于第一行之前。

FIRST 和 LAST 分别指定返回游标中的第一行和最后一行并将其作为当前行。

ABSOLUTE {*n*|@*nvar*} 指定按常量或变量的值以绝对行号返回行。如果 *n* 或@*nvar* 为正数，则返回从游标头开始的第 *n* 行并将返回行变成新的当前行。如果 *n* 或@*nvar* 为负数，则返回从游标末尾开始的第 *n* 行并将返回行变成新的当前行。如果 *n* 或@*nvar* 为 0，则不返回行。*n* 必须是整数常量，而@*nvar* 的数据类型必须为 smallint、tinyint 或 int。

RELATIVE {*n*|@*nvar*} 指定按常量或变量的值以相对行号返回行。如果 *n* 或@*nvar* 为正数，则返回从当前行开始的第 *n* 行并将返回行变成新的当前行。如果 *n* 或@*nvar* 为负数，则返回当

前行之前第 *n* 行并将返回行变成新的当前行。如果 *n* 或@*nvar* 为 0，则返回当前行。在对游标完成第一次提取时，如果在将 *n* 或@*nvar* 设置为负数或 0 的情况下指定 FETCH RELATIVE，则不返回行。*n* 必须是整数常量，而@*nvar* 的数据类型必须为 smallint、tinyint 或 int。

GLOBAL 指定 *cursor_name* 为全局游标。*cursor_name* 指定要从中进行提取的打开的游标的名称。如果同时具有以 *cursor_name* 作为名称的全局和局部游标存在，并且指定了 GLOBAL，则 *cursor_name* 是指全局游标，如果未指定 GLOBAL，则指局部游标。

@cursor_variable_name 表示游标变量名，引用要从中进行提取操作的打开的游标。

INTO @*variable_name*[, ...*n*]指定将提取操作的列数据放到局部变量中。列表中的各个变量从左到右与游标结果集中的相应列相关联。各变量的数据类型必须与相应的结果集列的数据类型匹配，或是结果集列数据类型所支持的隐式转换。变量数目必须与游标选择列表中的列数一致。

如果 SCROLL 选项未在 SQL-92 样式的 DECLARE CURSOR 语句中指定，则 NEXT 是唯一受支持的 FETCH 选项。如果在 SQL-92 样式的 DECLARE CURSOR 语句中指定了 SCROLL 选项，则支持所有 FETCH 选项。

如果使用 Transact-SQL DECLARE 游标扩展插件，则应用下列规则。

(1)如果指定了 FORWARD_ONLY 或 FAST_FORWARD，则 NEXT 是唯一受支持的 FETCH 选项。

(2) 如果未指定 DYNAMIC、FORWARD_ONLY 或 FAST_FORWARD 选项，并且指定了 KEYSET、STATIC 或 SCROLL 中的某一个，则支持所有 FETCH 选项。

(3) DYNAMIC SCROLL 游标支持除 ABSOLUTE 以外的所有 FETCH 选项。

通过调用@@FETCH_STATUS 函数可以报告上一个 FETCH 语句的状态。该函数有以下 3 个可能的取值。

(1) 0：表示 FETCH 语句执行成功。

(2) −1：表示 FETCH 语句执行失败或此行不在结果集中。

(3) −2：表示要提取的行不存在。

这些状态信息应该用于在对由 FETCH 语句返回的数据进行任何操作之前，以确定这些数据的有效性。

二、关闭和释放游标

当使用一个游标完成提取或更新数据行的操作后，应及时关闭和释放该游标，以释放它所占用的系统资源。

1. 用 CLOSE 语句关闭游标

CLOSE 语句用于释放当前结果集，然后解除定位游标的行上的游标锁定，从而关闭一个开放的游标。语法格式如下：

```
CLOSE {{[GLOBAL] cursor_name}|cursor_variable_name}
```

其中参数 GLOBAL 指定 *cursor_name* 为全局游标。*cursor_name* 指定要关闭的游标的名称。如果全局游标和局部游标都使用 *cursor_name* 作为它们的名称，则当指定 GLOBAL 时，*cursor_name* 指的是全局游标，未指定 GLOBAL 时 *cursor_name* 指的是局部游标。

cursor_variable_name 表示与打开的游标关联的游标变量的名称。

CLOSE 将保留数据结构以便重新打开，但在重新打开游标之前，不允许提取和定位更新。必须对打开的游标发布 CLOSE。不允许对仅声明或已关闭的游标执行 CLOSE。

2. 用 DEALLOCATE 语句释放游标

关闭游标后，为了将该游标占用的资源全部归还给系统，可以使用 DEALLOCATE 语句删除游标引用，由 SQL Server 释放组成该游标的数据结构。语法格式如下：

```
DEALLOCATE {{[GLOBAL] cursor_name}|@cursor_variable_name}
```

其中参数 *cursor_name* 指定已声明游标的名称；当全局游标和局部游标都以 *cursor_name* 作为其名称存在时，如果指定 GLOBAL，则 *cursor_name* 引用全局游标，如果未指定 GLOBAL，则 *cursor_name* 引用局部游标。*@cursor_variable_name* 指定 cursor 变量的名称，该变量必须为 cursor 类型。

任务 15　通过游标更新数据

任务描述

在“学生成绩”数据库中，使用游标查找学号为 081003 的会计基础课程成绩记录，并在该成绩上加上 5 分。

任务分析

在本任务中可首先通过在 DECLARE CURSOR 语句中使用 FOR UPDATE 子句来定义一个可更新游标，然后打开该游标并使用 FETCH ABSOLUTE 语句定位到要修改的行，接着通过在 UPDATE 语句中使用 CURRENT OF <可更新游标> 子句对该数据行进行更新。为了显示修改前后的成绩值，应将所提取的数据存储到局部变量中。

任务实现

实现步骤如下。

（1）在对象资源管理器中，连接到数据库引擎，然后展开该实例。

（2）新建一个查询，并在查询编辑器中编写以下语句：

```
USE 学生成绩;
GO
DECLARE @grade int;
--定义一个可更新游标
DECLARE grade_cursor CURSOR KEYSET FOR
SELECT 成绩 FROM 学生成绩视图
WHERE 学号='120802' AND 课程名称='高频电路'
FOR UPDATE;
--打开游标
OPEN grade_cursor;
--提取数据并存入局部变量
FETCH ABSOLUTE 1 FROM grade_cursor INTO @grade;
```

```
--如果提取数据成功，则显示原来成绩并更新成绩
IF @@CURSOR_ROWS>0
   BEGIN
      PRINT '修改前的成绩：'+CAST(@grade AS varchar(3));
      UPDATE 学生成绩视图 SET 成绩=成绩+5
      WHERE CURRENT OF grade_cursor;
    END
ELSE  /*如果提取数据失败，则显示信息并退出*/
   BEGIN
      PRINT '未找到指定记录';
      GOTO go_exit
   END
FETCH ABSOLUTE 1 FROM grade_cursor INTO @grade;
IF @@ERROR=0 AND @@CURSOR_ROWS>0
   BEGIN
      PRINT '修改后的成绩：'+CAST(@grade AS varchar(3));
   END
go_exit:
CLOSE grade_cursor;
DEALLOCATE grade_cursor;
GO
```

（3）将脚本文件保存为 SQLQuery7-15.sql，按 F5 键运行脚本，结果如图 7.16 所示。

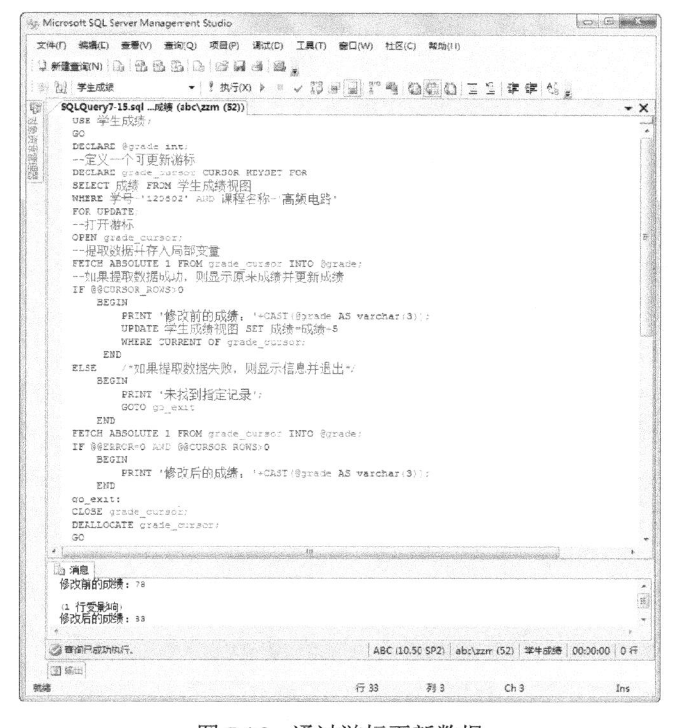

图 7.16　通过游标更新数据

相关知识

如果希望要在通过 Transact-SQL 服务器游标提取某行后修改或删除该行，可以先定义一个可更新的游标，即在游标定义语句中指定 FOR UPDATE 子句。如果需要，还可以指定要更新哪些列。定义可更新游标后，可以在 UPDATE 或 DELETE 语句中使用一个 WHERE CURRENT OF <游标>子句，从而对游标当前所指向的数据行进行修改或删除。

任务 16　处理事务

任务描述

在本任务中启动一个事务，并对学生吴天昊的“网页设计”课程成绩进行修改，然后提交该事务。要求查看在事务处理开始前后和事务结束之后活动事务数的变化情况。

任务分析

每当启动、提交和回滚事务时，活动事务数都将发生变化。当前活动事务数可以通过系统函数@@TRANCOUNT 来获取。提交事务后更新将保存到数据库中。

任务实现

实现步骤如下。

（1）在对象资源管理器中，连接到数据库引擎。

（2）新建一个查询，并在查询编辑器中编写以下语句：

```
USE 学生成绩;
GO
DECLARE @n1 int,@n2 int,@n3 int;
SET @n1=@@TRANCOUNT;
BEGIN TRANSACTION;              --启动事务
SET @n2=@@TRANCOUNT;
SELECT * FROM 学生成绩视图 WHERE 姓名='吴天昊' AND 课程名称='网页设计';
UPDATE 学生成绩视图 SET 成绩=成绩+2 WHERE 姓名='吴天昊' AND 课程名称='网页设计';
SELECT * FROM 学生成绩视图 WHERE 姓名='吴天昊' AND 课程名称='网页设计';
COMMIT TRANSACTION;             --提交事务
SET @n3=@@TRANCOUNT;
SELECT * FROM 学生成绩视图 WHERE 姓名='吴天昊' AND 课程名称='网页设计';
SELECT @n1 AS 活动事务数1, @n2 AS 活动事务数2, @n3 AS 活动事务数3;
GO
```

（3）将脚本文件保存为 SQLQuery7-16.sql，按 F5 键执行脚本，结果如图 7.17 所示。

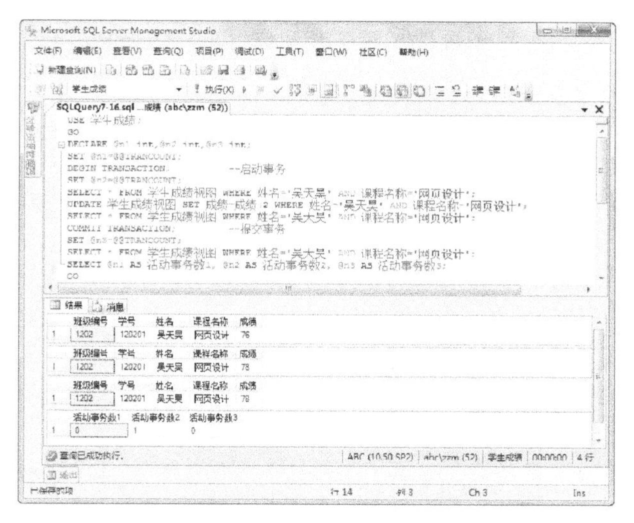

图 7.17 启动和提交事务示例

相关知识

事务是作为单个逻辑工作单元执行的一系列操作。如果某一事务成功，则在该事务中进行的所有数据更改均会提交，并成为数据库中的永久组成部分。如果事务遇到错误而且必须取消或回滚，则所有数据更改均被清除。

一、事务概述

一个逻辑工作单元要成为一个事务，必须具有 4 个属性，即原子性、一致性、隔离性和持久性（ACID）属性。

（1）原子性。事务必须是原子工作单元；在一个事务中所做的数据修改，要么全都执行，要么全都不执行。

（2）一致性。事务在完成时，必须使所有的数据都保持一致状态。在相关数据库中，所有规则都必须应用于事务的修改，以保持所有数据的完整性。事务结束时，所有的内部数据结构（如 B 树索引或双向链表）都必须是正确的。

（3）隔离性。由并发事务所做的修改必须与任何其他并发事务所做的修改隔离。事务识别数据时数据所处的状态，要么是另一并发事务修改它之前的状态，要么是第二个事务修改它之后的状态，事务不会识别中间状态的数据。这称为可串行性，因为它能够重新装载起始数据，并且重播一系列事务，以使数据结束时的状态与原始事务执行的状态相同。

（4）持久性。事务完成之后，它对于系统的影响是永久性的。该修改即使出现系统故障也将一直保持。

SQL 程序员要负责启动和结束事务，同时强制保持数据的逻辑一致性。程序员必须定义数据修改的顺序，使数据相对于其组织的业务规则保持一致。程序员将这些修改语句包括到一个事务中，使 SQL Server 2005 数据库引擎能够强制该事务的物理完整性。

企业数据库系统（如数据库引擎实例）有责任提供一种机制，保证每个事务的物理完整性。数据库引擎提供了锁定设备、记录设备和事务管理特性。锁定设备使事务保持隔离；记录设备保证事务的持久性，即使服务器硬件、操作系统或数据库引擎实例自身出现故障，该实例也可以在重新启动时使用事务日志，将所有未完成的事务自动地回滚到系统出现故障的点；事务管理特性强制保持事务的原子性和一致性，事务启动之后，就必须成功完成，否则数据库引擎实例将撤销该事务启动之后对数据所做的所有修改。

SQL Server 按照下列事务模式运行。

（1）自动提交事务：每条单独的语句都是一个事务。

（2）显式事务：每个事务均以 BEGIN TRANSACTION 语句显式开始，以 COMMIT 或者 ROLLBACK 语句显式结束。

（3）隐式事务：在前一个事务完成时新事务隐式启动，但每个事务仍然以 COMMIT 或者 ROLLBACK 语句显式完成。

（4）批处理级事务：只能应用于多个活动结果集（MARS），在 MARS 会话中启动的 Transact-SQL 显式或隐式事务变为批处理级事务。当批处理完成时没有提交或回滚的批处理级事务自动由 SQL Server 进行回滚。

应用程序主要通过指定事务启动和结束的时间来控制事务。可以使用 Transact-SQL 语句或数据库应用程序编程接口（API）函数来指定这些时间。系统还必须能够正确处理那些在事务完成之前便终止事务的错误。

默认情况下，事务按连接级别进行管理。在一个连接上启动一个事务后，该事务结束之前，在该连接上执行的所有 Transact-SQL 语句都是该事务的一部分。但是，在多个活动的结果集（MARS）会话中，Transact-SQL 显式或隐式事务将变成批范围的事务，这种事务按批处理级别进行管理。当批处理完成时，如果批范围的事务还没有提交或回滚，SQL Server 将自动回滚该事务。

二、编写有效的事务

要编写有效的事务，应当尽可能使事务保持简短。当事务启动后，数据库管理系统必须在事务结束之前保留很多资源，以保护事务的原子性、一致性、隔离性和持久性属性。如果修改数据，则必须用排他锁保护修改过的行，以防止任何其他事务读取这些行，并且必须将排他锁控制到提交或回滚事务时为止。

根据事务隔离级别设置，SELECT 语句可以获取必须控制到提交或回滚事务时为止的锁。特别是在有很多用户的系统中，必须尽可能使事务保持简短以减少并发连接间的资源锁定争夺。在有少量用户的系统中，运行时间长、效率低的事务可能不会成为问题，但是在有上千个用户的系统中，将不能忍受这样的事务。

以下是编写有效事务的指导原则。

（1）不要在事务处理期间要求用户输入。

（2）在浏览数据时，尽量不要打开事务。

（3）尽可能使事务保持简短。

（4）考虑为只读查询使用快照隔离，以减少阻塞。

（5）灵活地使用更低的事务隔离级别。

（6）灵活地使用更低的游标并发选项，如开放式并发选项。

（7）在事务中尽量使访问的数据量最小，以减少锁定的行数，从而减少事务之间的争夺。

为了防止并发问题和资源问题，应当小心管理隐式事务。当使用隐式事务时，COMMIT 或 ROLLBACK 后的下一个 Transact-SQL 语句会自动启动一个新事务，这可能会在应用程序浏览数据时（甚至在需要用户输入时）打开一个新事务。

在完成保护数据修改所需的最后一个事务之后，应关闭隐性事务，直到再次需要使用事务来保护数据修改。

三、启动事务

在 Transact-SQL 中，可以使用 BEGIN TRANSACTION 语句标记一个显式本地事务的起始点，该语句使@@TRANCOUNT 按 1 递增。语法格式如下：

```
BEGIN {TRAN|TRANSACTION}
    [{transaction_name|@tran_name_variable}
        [WITH MARK ['description']]][;]
```

其中 *transaction_name* 指定分配给事务的名称，它必须符合标识符规则，但事务名称所包含的字符数不能大于 32 个。仅在最外面的 BEGIN…COMMIT 或 BEGIN…ROLLBACK 嵌套语句中使用事务名。

@tran_name_variable 表示用户定义的、含有有效事务名称的变量名称。必须用 char、varchar、nchar 或 nvarchar 数据类型声明变量。如果传递给该变量的字符多于 32 个，则仅使用前面的 32 个字符，其余字符将被截断。

WITH MARK ['*description*'] 指定在日志中标记事务，其中 *description* 是描述该标记的字符串。如果 description 是 Unicode 字符串，则在将长于 255 个字符的值存储到 msdb.dbo.logmarkhistory 表之前，先将其截断为 255 个字符。如果 *description* 为非 Unicode 字符串，则长于 510 个字符的值将被截断为 510 字符。如果使用了 WITH MARK，则必须指定事务名。WITH MARK 允许将事务日志还原到命名标记。

BEGIN TRANSACTION 代表一点，由连接引用的数据在该点逻辑和物理上都一致的。若遇到错误，则在 BEGIN TRANSACTION 后的所有数据改动都能进行回滚，以将数据返回到已知的一致状态。每个事务继续执行直到它无误地完成并且用 COMMIT TRANSACTION 对数据库作永久的改动，或者遇上错误并且使用 ROLLBACK TRANSACTION 语句来擦除所有改动。

BEGIN TRANSACTION 为发出本语句的连接启动一个本地事务。根据当前事务隔离级别的设置，为支持该连接所发出的 Transact-SQL 语句而获取的许多资源被该事务锁定，直到使用 COMMIT TRANSACTION 或 ROLLBACK TRANSACTION 语句完成该事务为止。长时间处于未完成状态的事务会阻止其他用户访问这些锁定的资源，也会阻止日志截断。

虽然 BEGIN TRANSACTION 启动一个本地事务，但是在应用程序接下来执行一个必须记录的操作（如执行 INSERT、UPDATE 或 DELETE 语句）之前，它并不被记录在事务日志中。应用程序能执行一些操作，例如为了保护 SELECT 语句的事务隔离级别而获取锁，但是直到应用程序执行一个修改操作后日志中才有记录。

在一系列嵌套的事务中用一个事务名给多个事务命名对该事务没有什么影响。系统仅登记第一个（最外部的）事务名。回滚到其他任何名称（有效的保存点名除外）都会产生错误。事实上，回滚之前执行的任何语句都不会在错误发生时回滚。这些语句仅当外层的事务回滚时才会进行回滚。

四、设置事务保存点

使用 BEGIN TRANSACTION 启动一个事务后，还可以使用 SAVE TRANSACTION 语句在该事务内设置保存点，语法格式如下：

```
SAVE {TRAN|TRANSACTION} {savepoint_name|@savepoint_variable}[;]
```

其中参数 *savepoint_name* 指定分配给保存点的名称，它必须符合标识符的规则，但长度不能超过 32 个字符。@savepoint_variable 表示包含有效保存点名称的用户定义变量的名称。必须用 char、varchar、nchar 或 nvarchar 数据类型声明变量。如果长度超过 32 个字符，也可以传递

到变量，但只使用前 32 个字符。

用户可以在事务内设置保存点或标记。保存点可以定义在按条件取消某个事务的一部分后，该事务可以返回的一个位置。如果将事务回滚到保存点，则根据需要必须完成其他剩余的 Transact-SQL 语句和 COMMIT TRANSACTION 语句，或者必须通过将事务回滚到起始点完全取消事务。若要取消整个事务，可以使用 ROLLBACK TRANSACTION *transaction_name* 语句来撤销事务的所有语句和过程。

在事务中允许有重复的保存点名称，但指定保存点名称的 ROLLBACK TRANSACTION 语句只将事务回滚到使用该名称的最近的 SAVE TRANSACTION。

当事务开始后，事务处理期间使用的资源将一直保留，直到事务完成（也就是锁定）。当将事务的一部分回滚到保存点时，将继续保留资源直到事务完成（或者回滚整个事务）。

五、提交事务

使用 COMMIT TRANSACTION 语句可以标志一个成功的隐式事务或显式事务的结束。如果@@TRANCOUNT 为 1，COMMIT TRANSACTION 使得自从事务开始以来所执行的所有数据修改成为数据库的永久部分，释放事务所占用的资源，并将@@TRANCOUNT 减少到 0。如果@@TRANCOUNT 大于 1，则 COMMIT TRANSACTION 使@@TRANCOUNT 按 1 递减并且事务将保持活动状态。语法格式如下：

```
COMMIT {TRAN|TRANSACTION} [transaction_name|@tran_name_variable]][;]
```

其中参数 *transaction_name* 被 SQL Server 数据库引擎忽略，该参数指定由前面的 BEGIN TRANSACTION 分配的事务名称。该参数通过向程序员指明 COMMIT TRANSACTION 与哪些 BEGIN TRANSACTION 相关联，可以作为帮助阅读的一种方法。

@tran_name_variable 表示用户定义的、含有有效事务名称的变量的名称。必须用 char、varchar、nchar 或 nvarchar 数据类型声明变量。如果传递给该变量的字符数超过 32 个，则只使用 32 个字符，其余字符将被截断。

只有当事务所引用的所有数据的逻辑都正确时，才能发出 COMMIT TRANSACTION 命令。当@@TRANCOUNT 为 0 时发出 COMMIT TRANSACTION 将会导致出现错误，因为没有相应的 BEGIN TRANSACTION。

当在嵌套事务中使用时，内部事务的提交并不释放资源或使其修改成为永久修改。只有在提交了外部事务时，数据修改才具有永久性，资源才会被释放。当@@TRANCOUNT 大于 1 时，每发出一个 COMMIT TRANSACTION 命令只会使@@TRANCOUNT 按 1 递减。当@@TRANCOUNT 最终递减为 0 时，将提交整个外部事务。

因为 *transaction_name* 被数据库引擎忽略，所以当存在显著内部事务时，发出一个引用外部事务名称的 COMMIT TRANSACTION 只会使@@TRANCOUNT 按 1 递减。

不能在发出一个 COMMIT TRANSACTION 语句之后回滚事务，因为数据修改已经成为数据库的一个永久部分。

任务 17　回滚事务

任务描述

在本任务中启动一个事务并对 1210 班学生的“会计基础”课程成绩进行修改，然后回滚该事务。要求查看在事务处理开始前后和事务结束之后活动事务数的变化情况。

任务分析

每当启动、提交或回滚事务的时候，活动事务数都会发生变化。在这种情况下，可以通过调用系统函数@@TRANCOUNT 来获取当前活动事务数，并使用 SELECT 语句将其显示出来。回滚事务后更新将被取消。

任务实现

实现步骤如下。

（1）在对象资源管理器中，连接到数据库引擎。

（2）新建一个查询，并在查询编辑器中编写以下语句：

```
USE 学生成绩;
GO
DECLARE @n1 int,@n2 int,@n3 int;
SET @n1=@@TRANCOUNT;
BEGIN TRANSACTION                  --启动事务
SET @n2=@@TRANCOUNT;
SELECT * FROM 学生成绩视图 WHERE 姓名='何晓燕' AND 课程名称='会计基础';
UPDATE 学生成绩视图 SET 成绩=成绩+2 WHERE 姓名='何晓燕' AND 课程='会计基础';
SELECT * FROM 学生成绩视图 WHERE 姓名='何晓燕' AND 课程名称='会计基础';
ROLLBACK TRANSACTION;              --回滚事务
SET @n3=@@TRANCOUNT;
SELECT * FROM 学生成绩视图 WHERE 姓名='何晓燕' AND 课程名称='会计基础';
SELECT @n1 AS 活动事务数1,@n2 AS 活动事务数2,@n3 AS 活动事务数3;
GO
```

（3）将脚本文件保存为 SQLQuery7-17sql，按 F5 键执行脚本，结果如图 7.18 所示。

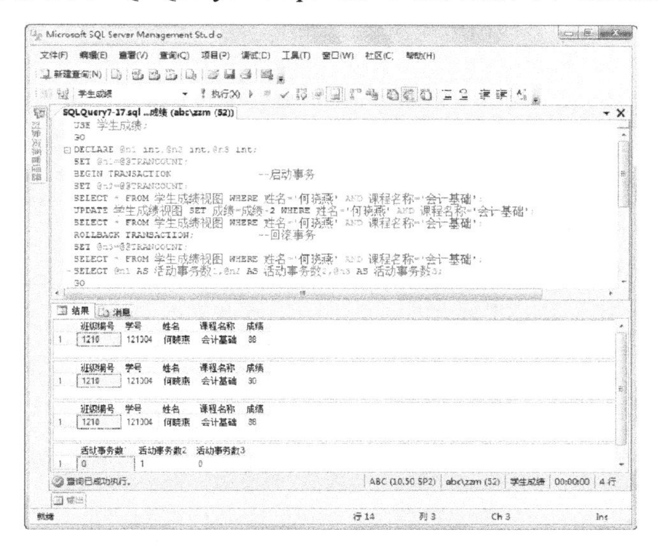

图 7.18　启动和回滚事务示例

相关知识

如果在事务中出现错误或用户决定取消事务，则可以使用 ROLLBACK TRANSACTION 语句将显式事务或隐式事务回滚到事务的起点或事务内的某个保存点。语法格式如下：

```
ROLLBACK {TRAN|TRANSACTION}
    [transaction_name|@tran_name_variable
    |savepoint_name|@savepoint_variable][;]
```

其中参数 *transaction_name* 是在 BEGIN TRANSACTION 语句中为事务分配的名称。嵌套事务时，*transaction_name* 必须是最外面的 BEGIN TRANSACTION 语句中的名称。

@tran_name_variable 是用户定义的、包含有效事务名称的变量的名称。必须使用 char、varchar、nchar 或 nvarchar 数据类型来声明变量。

savepoint_name 是 SAVE TRANSACTION 语句中指定的保存点名称。当条件回滚应只影响事务的一部分时，可使用 *savepoint_name*。

@savepoint_variable 是用户定义的、包含有效保存点名称的变量的名称。必须使用 char、varchar、nchar 或 nvarchar 数据类型来声明变量。

ROLLBACK TRANSACTION 将显式事务或隐式事务回滚到事务的起点或事务内的某个保存点，清除自事务的起点或到某个保存点所做的所有数据修改，并释放由事务控制的资源。

若未指定 *savepoint_name* 和 *transaction_name*，则 ROLLBACK TRANSACTION 将事务回滚到起点。当嵌套事务时，该语句将所有内层事务回滚到最外面的 BEGIN TRANSACTION 语句。无论在哪种情况下，ROLLBACK TRANSACTION 都将@@TRANCOUNT 系统函数减小为 0。ROLLBACK TRANSACTION *savepoint_name* 不减小@@TRANCOUNT。

项目思考

一、填空题

1．在批处理中，当前批语句由上一个______命令后输入的所有语句组成。

2．对象的完全限定名称由________、________、________和________4 个部分组成。

3．在字符串中，可以使用______________来表示嵌入的单引号。

4．局部变量的作用域是其被声明时所在的__________。

5．当调用标量值用户定义函数时，必须至少提供由_________和__________两部分组成的名称。

6．使用@@CURSOR_ROWS 函数可以在上次打开的游标中获取__________。

7．在 FETCH 语句中，NEXT 表示___________，PRIOR 表示___________。

8．一个逻辑工作单元要成为一个事务，必须具有_____、_____、_____和_____4 个属性。

二、选择题

1．在 SQL-92 标准中，引入了关键字（　　）来测试是否存在空值。

A．NULL　　B．NOT NULL　　C．IS　　D．IS NULL

2．设@n 是使用 DECLARE 语句声明的一个局部变量，能对该变量赋值的语句是（　　）。

A．LET @n=123　B．SET @n=123　C．@n=123　D．@n:=123

3．在下列关于 GOTO 的叙述中，错误的是（　　）。

A．GOTO 可位于标签之前或之后

B．GOTO 只能位于标签之前

C．GOTO 可跳转到其前或其后的标签

D．GOTO 可嵌套使用

三、简答题

1．Transact-SQL 由哪些主要部分组成？

2．CASE 函数有哪两种形式？

3．在 WHILE 循环中 BREAK 和 CONTINUE 的作用有什么不同？

4．如何使用 TRY…CATCH 语句？

5．SQL Server 内置函数分为哪些类别？

6．使用 Transact-SQL 服务器游标有哪些主要步骤？

7．在 SQL Server 中，事务运行模式有哪些？编写有效事务的指导原则是什么？

项目实训

1．编写一个脚本文件，声明 3 个变量并对它们进行赋值，然后显示它们的值。

2．编写一个脚本文件，使用简单 CASE 函数创建一个交叉表查询。

3．编写一个脚本文件，使用 CASE 搜索函数将百分制成绩转换为等级制成绩。

4．编写一个脚本文件，使用循环语句计算前 100 个偶数之和。

5．编写一个脚本文件，使用 TRY...CATCH 语句处理被零除的错误。

6．编写一个脚本文件，通过创建用户定义函数计算教师的年龄和工龄。

7．编写一个脚本文件，使用游标提取某个班级所有男同学的记录。

8．编写一个脚本文件，通过游标更新某个学生指定课程的成绩。

9．编写脚本，启动一个事务，并对某个学生的指定课程的成绩进行修改，然后提交该事务。要求查看在事务处理开始前后和事务结束之后活动事务数的变化情况。

10．编写脚本，启动一个事务，并对某个学生的指定课程的成绩进行修改，然后回滚该事务。要求查看在事务处理开始前后和事务结束之后活动事务数的变化情况。

创建存储过程和触发器

存储过程和触发器都是数据库中的可编程性对象。存储过程是预编译 Transact-SQL 语句的集合，这些语句存储在一个名称下并作为一个单元来处理；触发器则是一种特殊的存储过程，它为响应数据操作语言事件或数据定义语言事件而自动执行。在本项目中将通过 6 个任务来演示如何在 SQL Server 2008 中创建、管理和应用存储过程及触发器。

任务 1　创建和调用存储过程

任务描述

在“学生成绩”数据库中创建以下两个存储过程。

（1）存储过程 uspGetGrade，通过两个参数来接受学生姓名和课程名称；通过调用该过程可按姓名和课程名称检索学生成绩，若只提供姓名，则检索指定学生所有课程成绩。

（2）存储过程 uspGetClassGrade，带有 5 个参数，其中两个输入参数分别用于接受班级编号和课程名称，3 个输出参数分别用于返回该班级在指定课程中的平均分、最高分和最低分，通过调用该过程可以按班级编号和课程名称检索班级成绩。

任务分析

创建存储过程之前，可首先检查该存储过程是否存在。若该过程存在，则使用 DROP PROCEDURE 将其删除。对课程名称参数可设置空字符串作为默认值。若在过程中检测到课程名称为空，则返回指定学生的所有课程成绩，否则仅返回指定课程成绩。

无论是创建还是调用存储过程，在输出参数后面都必须添加 OUTPUT 关键字。调用存储过程后，各个 OUTPUT 参数已获得值，可以使用 SELECT 语句显示这些参数的值。

任务实现

一、创建存储过程 uspGetGrade

实现步骤如下。

（1）在对象资源管理器中，连接到数据库引擎。

（2）新建一个查询，然后在查询编辑器中编写以下语句：

```
USE 学生成绩;
IF OBJECT_ID('uspGetGrade','P') IS NOT NULL    --若存储过程uspGetGrade存在
    DROP PROCEDURE dbo.uspGetGrade;                   --则删除之
GO
CREATE PROCEDURE uspGetGrade                   --创建存储过程uspGetGrade
@student_name varchar(10),@course_name varchar(50)=''
AS
BEGIN
IF @course_name!=''
    SELECT * FROM 学生成绩视图
    WHERE 姓名=@student_name AND 课程名称=@course_name;
ELSE
    SELECT * FROM 学生成绩视图
    WHERE 姓名=@student_name;
END
GO
--调用存储过程uspGetGrade
EXECUTE dbo.uspGetGrade '刘春明','网页设计';
EXECUTE dbo.uspGetGrade '曹莉娜';
GO
```

（3）将脚本文件保存为 SQLQuery8-01.sql，按 F5 键执行脚本，结果如图 8.1 所示。

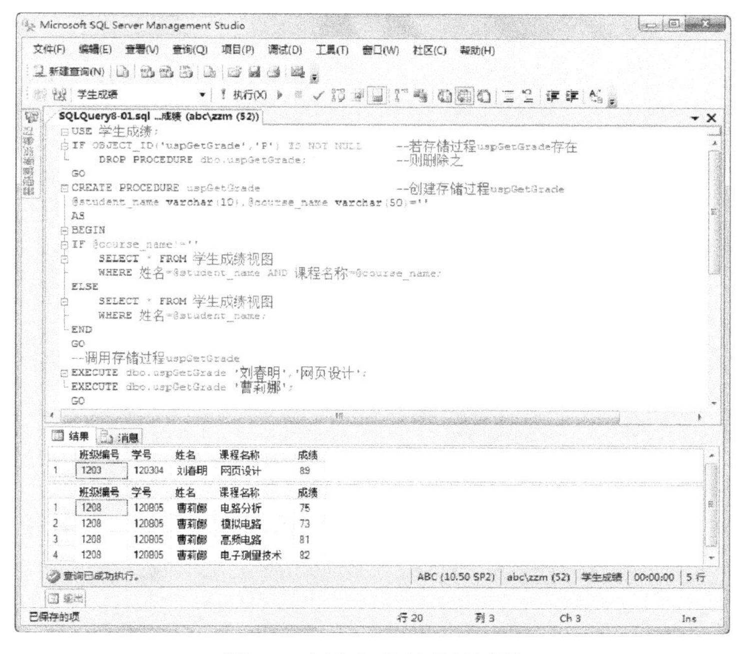

图 8.1　创建和执行存储过程

二、创建存储过程 uspGetClassGrade

实现步骤如下。

（1）在对象资源管理器中，连接到数据库引擎。

（2）新建一个查询，然后在查询编辑器中编写以下语句：

```
USE 学生成绩;
IF OBJECT_ID('uspGetClassGrade','P') IS NOT NULL
   DROP PROCEDURE dbo.uspGetClassGrade;
GO
CREATE PROCEDURE uspGetClassGrade
@class_num char(4),@course_name varchar(50),
@avg_grade float OUTPUT, @max_grade tinyint OUTPUT,
@min_grade tinyint OUTPUT
AS
BEGIN
   SELECT @avg_grade=AVG(成绩),@max_grade=MAX(成绩),@min_grade=MIN(成绩)
   FROM 学生成绩视图 GROUP BY 班级编号,课程名称
   HAVING 班级编号=@class_num AND 课程名称=@course_name;
END
GO
DECLARE @avg float, @max tinyint, @min tinyint;
--调用存储过程，接受两个输入参数，并使3个输出参数获得返回值
EXECUTE dbo.uspGetClassGrade '1203','数据库应用',
   @avg OUTPUT, @max OUTPUT, @min OUTPUT;
SELECT @avg AS 平均分,@max AS 最高分,@min AS 最低分;
GO
```

（3）将脚本文件保存为 SQLQuery8-02.sql，按 F5 键执行脚本，结果如图 8.2 所示。

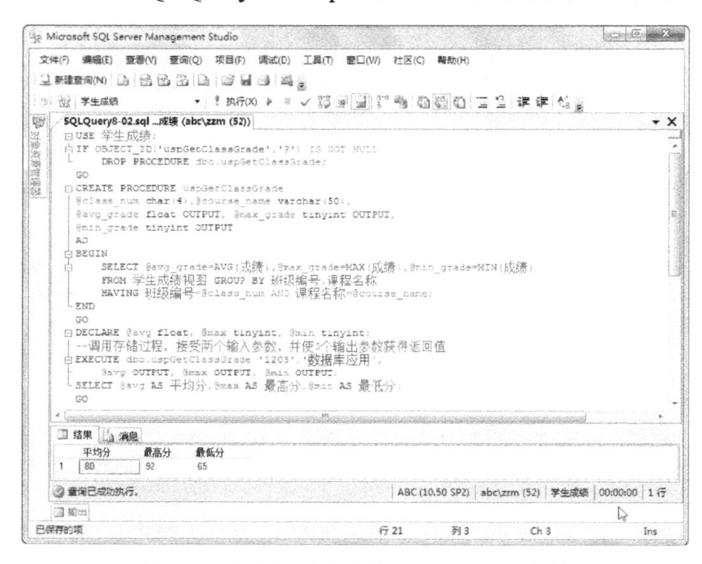

图 8.2　在存储过程中使用 OUTPUT 参数

相关知识

使用 Transact-SQL 编程时，可以用两种方法存储和执行程序：一种方法是可以将程序存储在本地并创建向 SQL Server 发送命令并处理结果的应用程序，另一种方法是将程序作为存储过程存储在 SQL Server 中，并创建执行存储过程并处理结果的应用程序。下面介绍如何在 SQL Server 中创建和管理存储过程。

一、创建存储过程

在 SQL Server 中，存储过程分为系统存储过程和用户定义存储过程两种类型。系统存储过程就是 SQL Server 提供的存储过程，可以用来管理 SQL Server 和显示有关数据库和用户的信息。用户定义存储过程是指封装了可重用代码的模块或例程，可以接收输入参数、向客户端返回表格或标量结果和消息、调用数据定义语言和数据操作语言语句，然后返回输出参数。

用户定义存储过程可分为 Transact-SQL 存储过程和 CLR 存储过程。Transact-SQL 存储过程是指保存的 Transact-SQL 语句集合，可以接收和返回用户提供的参数。CLR 存储过程是指对.NET Framework 公共语言运行时（CLR）方法的引用，它们在.NET Framework 程序集中是作为类的公共静态方法实现的，而且可以接收和返回用户提供的参数。在本书中主要讨论如何创建和使用 Transact-SQL 存储过程。

在 Transact-SQL 中，可以 CREATE PROCEDURE 语句来创建存储过程，语法格式如下：

```
CREATE {PROC|PROCEDURE} [schema_name.]procedure_name[;number]
   [{@parameter [type_schema_name.]data_type}
      [VARYING][=default] [[OUT[PUT]][,...n]
[WITH {[ENCRYPTION] [RECOMPILE]}[,...n]]
[FOR REPLICATION]
AS {<sql_statement>[;][...n]}[;]
```

其中 *schema_name* 指定过程所属架构的名称。

procedure_name 指定新存储过程的名称，必须遵循有关标识符的规则，并且在架构中必须唯一。建议不在过程名称中使用前缀 sp_，此前缀由 SQL Server 使用，以指定系统存储过程。可在 *procedure_name* 前面使用一个数字符号（#）来创建局部临时过程，或者使用两个数字符号（##）来创建全局临时过程。存储过程或全局临时存储过程的完整名称（包括##）不能超过 128 个字符，局部临时存储过程的完整名称（包括#）不能超过 116 个字符。

; *number* 指定用于对同名过程进行分组的可选整数。使用一个 DROP PROCEDURE 语句可以将这些分组过程一起删除。

@parameter 指定过程中的参数，可以声明一个或多个参数。通过使用 at 符号（@）作为第一个字符来指定参数名称。参数名称必须符合有关标识符的规则。除非定义了参数的默认值或者将参数设置为等于另一个参数，否则用户必须在调用过程时为每个声明的参数提供值。存储过程最多可以有 2 100 个参数。如果指定了 FOR REPLICATION，则无法声明参数。

type_schema_name.data_type 指定参数以及所属架构的数据类型。除 table 之外的其他所有数据类型均可以用作 Transact-SQL 存储过程的参数。但是，cursor 数据类型只能用于 OUTPUT 参数。如果指定了 cursor 数据类型，则必须指定 VARYING 和 OUTPUT 关键字。可以为 cursor 数据类型指定多个输出参数。

如果未指定 *type_schema_name*，则数据库引擎将按以下顺序来引用 *type_name*：SQL Server 系统数据类型；当前数据库中当前用户的默认架构；当前数据库中的 dbo 架构。

VARYING 指定作为输出参数支持的结果集，该参数由存储过程动态构造，其内容可能发生改变。仅适用于 cursor 参数。

default 指定参数的默认值。如果定义了 *default* 值，则无须指定此参数的值即可执行过程。默认值必须是常量或 NULL。如果过程使用带 LIKE 关键字的参数，则可包含%、_、[] 和 [^] 通配符。

OUTPUT 指示参数是输出参数。该参数的值可以返回给调用存储过程的 EXECUTE 的语句。使用 OUTPUT 参数将值返回给过程的调用方。

RECOMPILE 指示数据库引擎不缓存该过程的计划，该过程在运行时编译。

ENCRYPTION 指示 SQL Server 将 CREATE PROCEDURE 语句的原始文本转换为模糊格式。模糊代码的输出在 SQL Server 2008 的任何目录视图中都不能直接显示。

FOR REPLICATION 指定不能在订阅服务器上执行为复制创建的存储过程。对于使用 FOR REPLICATION 创建的过程，将忽略 RECOMPILE 选项。

<sql_statement>表示要包含在过程中的一个或多个 Transact-SQL 语句，可以包括任意数量和类型的 SQL 语句，但不能使用以下语句：CREATE AGGREGATE，CREATE RULE，CREATE DEFAULT，CREATE SCHEMA，CREATE 或 ALTER FUNCTION，CREATE 或 ALTER TRIGGER，CREATE 或 ALTER PROCEDURE，CREATE 或 ALTER VIEW，SET PARSEONLY，SET SHOWPLAN_ALL，SET SHOWPLAN_TEXT，SET SHOWPLAN_XML，USE。

只能在当前数据库中创建用户定义存储过程。临时过程对此是个例外，因为它们总是在 tempdb 中创建。如果未指定架构名称，则使用创建过程的用户的默认架构。

在单个批处理中，CREATE PROCEDURE 语句不能与其他 Transact-SQL 语句组合使用。

存储过程中局部变量的最大数目仅受可用内存的限制。存储过程的最大大小为 128MB。

默认情况下，参数可以为空值。如果传递 NULL 参数值并且在 CREATE 或 ALTER TABLE 语句中使用该参数，而该语句中被引用列又不允许使用空值，则数据库引擎会产生一个错误。

存储过程中的任何 CREATE TABLE 或 ALTER TABLE 语句都将自动创建临时表。建议对于临时表中的每列，显式指定 NULL 或 NOT NULL。其他数据库对象均可在存储过程中创建。可以引用在同一存储过程中创建的对象，只要引用时已经创建了该对象即可。在存储过程内可以引用临时表。如果在存储过程内创建本地临时表，则临时表仅为该存储过程而存在；退出该存储过程后，临时表将消失。

如果执行的存储过程将调用另一个存储过程，则被调用的存储过程可以访问由第一个存储过程创建的所有对象，包括临时表在内。

当创建用户定义存储过程时，除了手工编写 CREATE PROCEDURE 语句之外，也可以在对象资源管理器中通过模板快速生成 CREATE PROCEDURE 语句。

Transact-SQL 存储过程可以使用 EXECUTE 语句来执行。

二、执行存储过程

无论是系统存储过程还是用户定义存储过程，或者是标量值用户定义函数，都可以使用 EXECUTE 语句来执行，语法格式如下：

```
[{EXEC|EXECUTE}]
```

```
{[@return_status=]{module_name[;number]|@module_name_var}
    [[@parameter=]{value|@variable [OUTPUT]|[DEFAULT]}][,...n]
[WITH RECOMPILE]
}[;]
```

其中*@return_status* 为可选的整型变量，用于存储模块的返回状态。这个变量在用于EXECUTE 语句之前，必须在批处理、存储过程或函数中声明过。在用于调用标量值用户定义函数时，*@return_status* 变量可以是任何标量数据类型。

module_name 是要调用的存储过程或标量值用户定义函数的完全限定或者不完全限定名称。模块名称必须符合标识符规则。

; *number* 是可选整数，用于对同名的过程分组。

@module_name_var 是局部定义的变量名，代表模块名称。

@parameter 指定 *module_name* 的参数，与在模块中定义的相同。参数名称前必须加上符号@。在使用*@parameter_name=value* 格式时，参数名称和常量不必按在模块中定义的顺序提供。但是，如果任何参数使用了*@parameter_name=value* 格式，则对后续的所有参数均必须使用该格式。

value 指定传递给模块或传递命令的参数值。若参数名称没有指定，参数值必须以在模块中定义的顺序提供。若参数值是一个对象名称、字符串或由数据库名称或架构名称限定，则整个名称必须用单引号括起来。若参数值是一个关键字，则该关键字必须用双引号括起来。如果在模块中定义了默认值，用户执行该模块时可以不必指定参数。默认值也可以为 NULL。

@variable 是用来存储参数或返回参数的变量。

OUTPUT 指定模块或命令字符串返回一个参数。该模块或命令字符串中的匹配参数也必须已使用关键字 OUTPUT 创建。使用游标变量作为参数时使用该关键字。

如果使用 OUTPUT 参数，目的是在调用批处理或模块的其他语句中使用其返回值，则参数值必须作为变量传递，如*@parameter=@variable*。如果一个参数在模块中没有定义为 OUTPUT 参数，则不能通过对该参数指定 OUTPUT 执行模块。不能使用 OUTPUT 将常量传递给模块；返回参数需要变量名称。在执行过程之前，必须声明变量的数据类型并赋值。

DEFAULT 根据模块的定义提供参数的默认值。当模块需要的参数值没有定义默认值并且缺少参数或指定了 DEFAULT 关键字，会出现错误。

WITH RECOMPILE 指定执行模块后，强制编译、使用和放弃新计划。如果该模块存在现有查询计划，则该计划将保留在缓存中。

在执行存储过程时，如果语句是批处理中的第一个语句，则可以省略 EXECUTE 关键字。

任务 2　执行字符串

任务描述

在本任务中通过 EXECUTE 语句执行一个由变量和常量连接而成的字符串，用于检索 1208 班的“电子测量技术”课程成绩，要求按成绩高低降序排序。

任务分析

使用 EXECUTE 语句执行的字符串可以是字符串常量或字符串变量，也可以是使用字符串连接运算符连接常量、变量和函数所构成的字符串表达式。若要在字符串中使用单引号，则应连写两个单引号（''）。此外，还要注意使用空格来分隔查询语句中的各个子句。

任务实现

实现步骤如下。

（1）在对象资源管理器中，连接到数据库引擎。

（2）新建一个查询，然后在查询编辑器中编写以下语句：

```
USE 学生成绩;
GO
DECLARE @s1 varchar(50),@s2 varchar(50),@s3 varchar(50);
SET @s1='SELECT * ';
SET @s2='FROM 学生成绩视图 ';
SET @s3='WHERE 班级编号=''1208'' AND 课程名称=';
EXECUTE (@s1+@s2+@s3+'''电子测量技术'' ORDER BY 成绩 DESC;');
GO
```

（3）将脚本文件保存为 SQLQuery8-03sql，按 F5 键执行脚本，结果如图 8.3 所示。

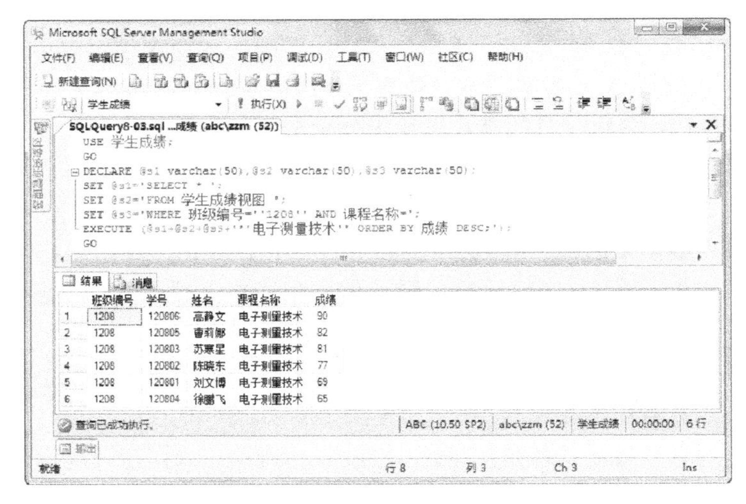

图 8.3　使用 EXECUTE 执行字符串

相关知识

EXECUTE 语句的主要用途是执行存储过程。但也可以预先将 Transact-SQL 语句放在字符串变量中，然后使用 EXECUTE 语句来执行这个字符串，语法如下：

```
{EXEC|EXECUTE}
    ({@string_variable|[N]'tsql_string'}[+...n])
    [AS{LOGIN|USER}='name'][;]
```

其中@string_variable 是局部变量的名称，该局部变量可以是任意 char、varchar、nchar 或 nvarchar 数据类型，其中包括 (max) 数据类型。

[N] '*tsql_string*' 表示常量字符串。*tsql_string* 可以是任意 nvarchar 或 varchar 数据类型。如果包含 N，则字符串将解释为 nvarchar 数据类型。

AS｛LOGIIN｜USER｝='name'指定执行语句的上下文。

LOGIN 指定要模拟的上下文是登录名，模拟范围为服务器。

USER 指定要模拟的上下文是当前数据库中的用户，模拟范围只限于当前数据库。对数据库用户的上下文切换不会继承该用户的服务器级别权限。

在 SQL Server 2008 中，可以将字符串指定为 varchar(max) 和 nvarchar(max)数据类型，它们允许字符串使用多达 2GB 数据。

执行字符串时，数据库上下文的更改只在 EXECUTE 语句结束前有效。

使用 AS {LOGIN|USER} = '*name*' 子句可以切换动态语句的执行上下文。当将上下文切换指定为 EXECUTE ('*string*') AS <context_specification> 时，上下文切换的持续时间限制为执行查询的范围。

任务 3　管理存储过程

任务描述

在本任务中将了解到如何查看存储过程信息、修改存储过程、重命名存储过程以及删除存储过程。

相关知识

在数据库中创建存储过程后，根据需要还可以对它进行各种操作。例如，查看存储过程的定义和相关性，或者修改和重命名存储过程；如果不再需要使用该存储过程，则可以将它从数据库中删除。

一、查看存储过程信息

在 Transact-SQL 语言中，可以使用系统存储过程来查看与用户定义存储过程相关的各种信息。

（1）若要查看过程名称的列表，可使用 sys.objects 目录视图。

（2）若要显示过程定义，可使用 sys.sql_modules 目录视图。

（3）若要查看存储过程的定义，可使用 sp_helptext 系统存储过程。

（4）若要查看存储过程包含哪些参数，可使用 sp_help 系统存储过程。

（5）若要查看存储过程的相关性，可使用 sp_depends 系统存储过程。

二、修改存储过程

若要对现有的用户定义存储过程进行修改，可以使用 ALTER PROCEDURE 语句来实现。在对象资源管理器中可以针对指定的存储过程快速生成所需的 ALTER PROCEDURE 语句，具体操作方法是：在对象资源管理器中展开该存储过程所属的数据库，依次展开“可编程性”和“存储过程”结点，右击该存储过程并选择“修改”命令，此时会在查询编辑器中生成用于修改存储过程的脚本，其核心内容就是一个 ALTER PROCEDURE 语句。根据需要，可以对过程的参数和过程体等项内容进行修改，然后按 F5 键执行脚本，从而完成对存储过程的修改。

三、重命名存储过程

若要重命名存储过程，可在对象资源管理器中右击该存储过程并选择“重命名”命令，然后输入新的过程名称。

此外，也可以使用系统存储过程 sp_rename 对用户定义存储过程进行重命名。

四、删除存储过程

对于以后不再需要的存储过程，可以使用对象资源管理器将其从数据库中删除。具体操作是：在对象资源管理器中展开该存储过程所属的数据库，依次展开“可编程性”和“存储过程”结点，右击该存储过程并选择“删除”命令，然后在“删除对象”对话框中单击“确定”按钮。

也可以使用 DROP PROCEDURE 语句从当前数据库中删除一个或多个存储过程或过程组。语法格式如下：

```
DROP {PROC|PROCEDURE} {[schema_name.]procedure}[,...n]
```

其中 *schema_name* 指定过程所属架构的名称。procedure 指定要删除的存储过程或存储过程组的名称。

当删除某个存储过程时，也将从 sys.objects 和 sys.sql_modules 目录视图中删除有关该过程的信息。

如果存储过程被分组，则无法删除组内的单个存储过程。删除一个存储过程时，会将同一组内的所有存储过程一起删除掉。

例如，下面的例子将在当前数据库中删除 dbo.usp_myproc 存储过程。

```
DROP PROCEDURE dbo.usp_myproc;
GO
```

任务 4　设计和实现 DML 触发器

任务描述

在“学生成绩”数据库中创建以下 DML 触发器。

（1）基于“学生”表创建一个 AFTER INSERT 触发器，每当向该表中添加一条学生记录时自动向“成绩”表中添加相关的成绩记录并对触发器进行测试。

（2）基于“学生”表创建一个 INSTEAD OF DELETE 触发器，每当从该表中删除一条学生记录时自动从“成绩”表中删除相关的成绩记录。

任务分析

由于添加成绩记录是在添加学生记录之后自动执行的，因此应创建 AFTER INSERT 触发器。在该触发器操作中，首先检查 inserted 临时表是否包含记录，如果包含记录则表明已添加学生记录，然后从 inserted 临时表中获取该学生的学号和班级编号，最后使用 INSERT…SELECT 语句向“成绩”表中添加一组成绩记录。

由于“学生”表与“成绩”表之间存在外键关系，若使用 AFTER DELETE 触发器，则无法从“学生”表中删除学生记录，必须使用 INSTEAD OF DELETE 触发器来实现。

任务实现

一、创建和测试 AFTER INSERT 触发器

实现步骤如下。

（1）在对象资源管理器中，连接到数据库引擎。

（2）新建一个查询，然后在查询编辑器中编写以下语句：

```
USE 学生成绩;
CREATE TRIGGER trig1
    ON 学生 AFTER INSERT
AS
DECLARE @student_num char(6),@class_num smallint;
BEGIN
    SET NOCOUNT ON;
    IF EXISTS(SELECT * FROM inserted)
        BEGIN
            SELECT @student_num=i.学号,@class_num=i.班级编号
            FROM inserted i INNER JOIN 班级 c ON i.班级编号=c.班级编号;
            INSERT INTO 成绩
            SELECT @student_num,课程编号,NULL FROM 授课
            WHERE 班级编号=@class_num;
        END
END
GO
INSERT INTO 学生 VALUES
('120107','1201','江涛','男',' 1995 -6 -15 ',' 2012-08-26',NULL,'98278 ',' jt@
163.com',NULL);
SELECT * FROM 学生成绩视图 WHERE 学号='120107';
GO
```

（3）将脚本文件保存为 SQLQuery8-04sql，按 F5 键执行脚本，结果如图 8.4 所示。

二、创建和测试 INSTEAD OF DELETE 触发器

实现步骤如下。

（1）在对象资源管理器中，连接到数据库引擎。

（2）新建一个查询，然后在查询编辑器中编写以下语句：

```
USE 学生成绩;
CREATE TRIGGER trig2 ON 学生 INSTEAD OF DELETE
```

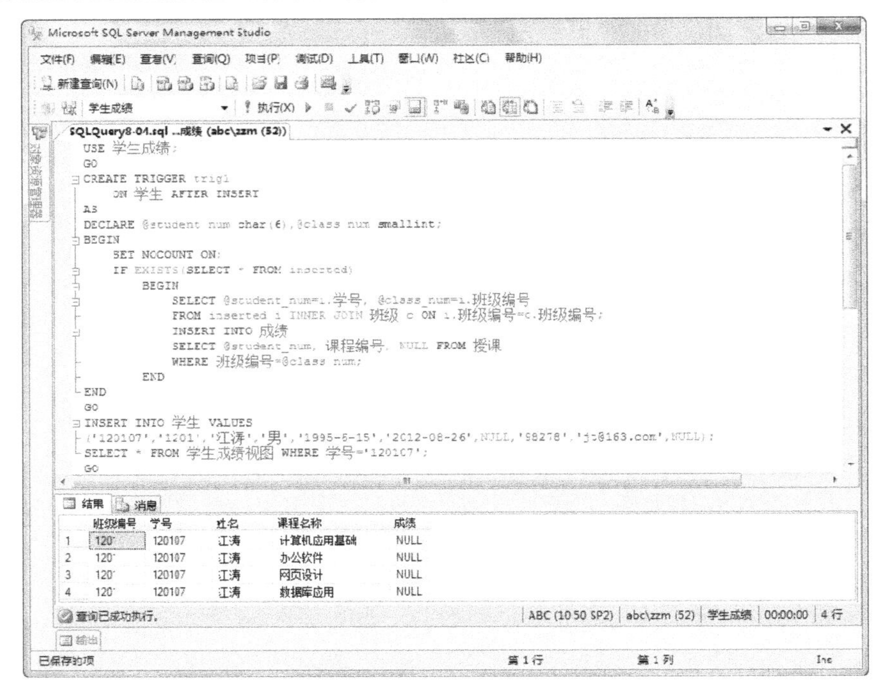

图 8.4　创建和测试 AFTER INSERT 触发器

```
AS
DECLARE @student_num char(6),@student_name varchar(10);
BEGIN
    SET NOCOUNT ON;
    IF EXISTS(SELECT * FROM deleted)
        BEGIN
            SELECT @student_num=学号 FROM deleted;
            SELECT @student_name=姓名 FROM 学生 WHERE 学号=@student_num;
            DELETE 成绩 WHERE 学号=@student_num;            -- 删除成绩记录
            DELETE 学生 WHERE 学号=@student_num;            -- 删除学生记录
            PRINT '学生'+@student_name+'及其成绩记录已被删除。';
        END
END
GO
SET NOCOUNT ON;
DELETE 学生 WHERE 学号='120107';
GO
```

（3）将脚本文件保存为 SQLQuery8-05sql，按 F5 键执行脚本，结果如图 8.5 所示。

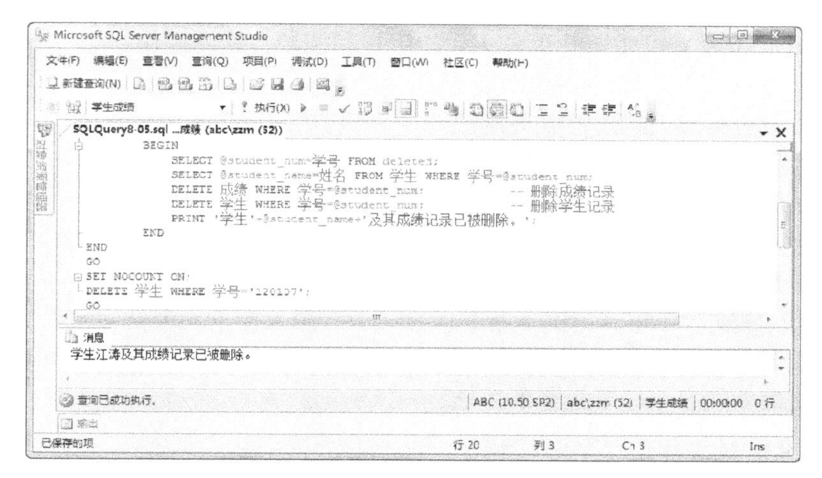

图 8.5　创建和测试 INSTEAD OF DELETE 触发器

相关知识

SQL Server 2008 提供了两种主要机制来强制执行业务规则和数据完整性，即约束和触发器。约束可以在创建或修改表时创建，这方面的内容已经在项目 3 中介绍过了。下面来讨论如何创建和使用触发器。

一、触发器概述

触发器是一种特殊的存储过程，它在执行语言事件时自动生效。在 SQL Server 2008 中，根据调用触发器的语言事件不同，可将触发器分为 DML 触发器和 DDL 触发器两大类。当数据库中发生数据操作语言（DML）事件时将调用 DML 触发器；当服务器或数据库中发生数据定义语言（DDL）事件时将调用这些触发器。

DML 事件包括在指定表或视图中修改数据的 INSERT 语句、UPDATE 语句或 DELETE 语句。DML 触发器可以查询其他表，还可以包含复杂的 Transact-SQL 语句。将触发器和触发它的语句作为可在触发器内回滚的单个事务对待。若检测到错误，则整个事务即自动回滚。

按照触发器事件的不同，可将 DML 触发器分为 3 种类型，即 INSERT 类型、UPDATE 类型及 DELETE 类型。

DML 触发器在以下方面非常有用。

（1）DML 触发器可以通过数据库中的相关表实现级联更改。不过，通过级联引用完整性约束可以更有效地进行这些更改。

（2）DML 触发器可以防止恶意或错误的 INSERT、UPDATE 及 DELETE 操作，并强制执行比 CHECK 约束定义的限制更为复杂的其他限制。与 CHECK 约束不同，DML 触发器可以引用其他表中的列。例如，触发器可以使用另一个表中的 SELECT 比较插入或更新的数据，以及执行其他操作，如修改数据或显示用户定义错误信息。

（3）DML 触发器可以评估数据修改前后表的状态，并根据该差异采取措施。

（4）一个表中的多个同类 DML 触发器（INSERT、UPDATE 或 DELETE）允许采取多个不同的操作来响应同一个修改语句。

像常规 DML 触发器一样，DDL 触发器将激发存储过程以响应事件。但与 DML 触发器不同的是，它们不是为响应针对表或视图的 UPDATE、INSERT 或 DELETE 语句而激发，而是为响应多种数据定义语言（DDL）语句而激发。这些语句主要是以 CREATE、ALTER 和 DROP

开头的语句。DDL 触发器可用于管理任务，如审核和控制数据库操作。

如果要执行以下操作，可以使用 DDL 触发器。

（1）要防止对数据库架构进行某些更改。

（2）希望数据库中发生某种情况以响应数据库架构中的更改。

（3）要记录数据库架构中的更改或事件。

仅在运行触发 DDL 触发器的 DDL 语句后，DDL 触发器才会激发。DDL 触发器无法作为 INSTEAD OF 触发器使用。

约束和 DML 触发器在特殊情况下各有优点。DML 触发器的主要优点在于它们可以包含使用 Transact-SQL 代码的复杂处理逻辑。因此，DML 触发器可以支持约束的所有功能；不过 DML 触发器对于给定的功能并不总是最好的方法。

二、设计 DML 触发器

在 SQL Server 2008 中，可以设计以下 3 种类型的 DML 触发器。

（1）AFTER 触发器。这种类型的触发器在执行了 INSERT、UPDATE 或 DELETE 语句操作之后执行。它是 SQL Server 早期版本中唯一可用的选项。AFTER 触发器只能在表上指定。

（2）INSTEAD OF 触发器。执行这种类型的触发器可以代替通常的触发动作，还可以为带有一个或多个基表的视图定义 INSTEAD OF 触发器，而这些触发器能够扩展视图可支持的更新类型。INSTEAD OF 将在处理约束前激发，以替代触发操作。如果表有 AFTER 触发器，它们将在处理约束之后激发。如果违反了约束，将回滚 INSTEAD OF 触发器操作并且不执行 AFTER 触发器。

（3）CLR 触发器。CLR 触发器可以是 AFTER 触发器或 INSTEAD OF 触发器。CLR 触发器还可以是 DDL 触发器。CLR 触发器将执行在托管代码（在 .NET Framework 中创建并在 SQL Server 中上载的程序集的成员）中编写的方法，而不用执行 Transact-SQL 存储过程。

下面对 AFTER 触发器与 INSTEAD OF 触发器的功能进行比较。

（1）从适用范围来看，AFTER 触发器仅适用于表，INSTEAD OF 触发器适用于表和视图。

（2）从每个表或视图包含触发器的数量来看，AFTER 触发器的每个操作（UPDATE、DELETE 和 INSERT）包含多个触发器，INSTEAD OF 触发器的每个操作（UPDATE、DELETE 和 INSERT）仅包含一个触发器。

（3）从级联引用来看，AFTER 触发器没有任何限制条件，INSTEAD OF 触发器不允许在作为级联引用完整性约束目标的表上使用 INSTEAD OF UPDATE 和 DELETE 触发器。

（4）从执行时间来看，AFTER 触发器晚于约束处理、声明性引用操作、创建插入的和删除的表（inserted 和 deleted）以及触发操作，INSTEAD OF 触发器早于约束处理、替代触发操作、晚于创建插入的和删除的表。

（5）从执行顺序来看，AFTER 触发器可以指定第一个和最后一个执行，INSTEAD OF 触发器不能执行顺序。

（6）AFTER 触发器可以引用插入的和删除的表中的 varchar(max)、nvarchar(max)和 varbinary(max)列，INSTEAD OF 触发器则不能引用这些列。

（7）AFTER 触发器可以引用插入的和删除的表中的 text、ntext 和 image 列，INSTEAD OF 触发器则不能引用这些列。

每个表或视图针对每个触发操作（UPDATE、DELETE 和 INSERT）可有一个相应的 INSTEAD OF 触发器。而一个表针对每个触发操作可有多个相应的 AFTER 触发器。

INSTEAD OF 触发器的主要优点是可以使不能更新的视图支持更新。基于多个基表的视图必须使用 INSTEAD OF 触发器来支持引用多个表中数据的插入、更新和删除操作。

INSTEAD OF 触发器的另一个优点是使程序员得以编写这样的逻辑代码：在允许批处理的其他部分成功的同时拒绝批处理中的某些部分。

INSTEAD OF 触发器可以进行以下操作：忽略批处理中的某些部分；不处理批处理中的某些部分并记录有问题的行；如果遇到错误情况则采取备用操作。

三、实现 DML 触发器

DML 触发器可以使用 CREATE TRIGGER 语句来创建，基本语法格式如下：

```
CREATE TRIGGER [schema_name.]trigger_name ON {table|view}
[WITH ENCRYPTION]
{FOR|AFTER|INSTEAD OF}
{[INSERT][,][UPDATE][,][DELETE]}
AS {sql_statement[;][...n]}
```

其中 *schema_name* 指定 DML 触发器所属架构的名称。DML 触发器的作用域是为其创建该触发器的表或视图的架构。*trigger_name* 指定触发器的名称，命名时必须遵循标识符规则，但 *trigger_name* 不能以#或##开头。

table 和 *view* 指定对其执行 DML 触发器的表或视图，也称为触发器表或触发器视图。根据需要可以指定表或视图的完全限定名称。视图只能被 INSTEAD OF 触发器引用。

WITH ENCRYPTION 指定对 CREATE TRIGGER 语句的文本进行加密。使用 WITH ENCRYPTION 可以防止将触发器作为 SQL Server 复制的一部分进行发布。

AFTER 指定 DML 触发器仅在触发 SQL 语句中指定的所有操作都已成功执行时才被激发，所有的引用级联操作和约束检查也必须在激发此触发器之前成功完成。如果仅指定 FOR 关键字，则 AFTER 为默认值。不能对视图定义 AFTER 触发器。

INSTEAD OF 指定 DML 触发器是“代替”SQL 语句执行的，其优先级高于触发语句的操作。对于表或视图，每个 INSERT、UPDATE 或 DELETE 语句最多可以定义一个 INSTEAD OF 触发器。但是，可以为具有自己的 INSTEAD OF 触发器的多个视图定义视图。

INSTEAD OF 触发器不可以用于使用 WITH CHECK OPTION 的可更新视图。如果将 INSTEAD OF 触发器添加到指定了 WITH CHECK OPTION 的可更新视图中，则 SQL Server 将引发错误。用户必须用 ALTER VIEW 删除该选项后才能定义 INSTEAD OF 触发器。

{ [DELETE] [,] [INSERT] [,] [UPDATE] } 指定数据修改语句，这些语句可以在 DML 触发器对此表或视图进行尝试时激活该触发器。必须至少指定一个选项。在触发器定义中允许使用上述选项的任意顺序组合。

对于 INSTEAD OF 触发器，不允许对具有指定级联操作 ON DELETE 的引用关系的表使用 DELETE 选项。同样，也不允许对具有指定级联操作 ON UPDATE 的引用关系的表使用 UPDATE 选项。

sql_statement 指定触发条件和操作。触发器条件指定其他标准，用于确定尝试的 DML 语句是否导致执行触发器操作。尝试 DML 操作时，将执行 Transact-SQL 语句中指定的触发器操作。触发器可以包含任意数量和种类的 Transact-SQL 语句，但也有例外。触发器的用途是根据数据修改或定义语句来检查或更改数据；它不应向用户返回数据。触发器操作中的 Transact-SQL 语句常常包含流程控制语言。

在 DML 触发器定义中不允许使用下列 Transact-SQL 语句：ALTER DATABASE，CREATE DATABASE，DROP DATABASE，LOAD DATABASE，LOAD LOG，RECONFIGURE，RESTORE

DATABASE，RESTORE LOG。

另外，如果对作为触发操作目标的表或视图使用 DML 触发器，则不允许在该触发器的主体中使用下列 Transact-SQL 语句，CREATE INDEX，ALTER INDEX，DROP INDEX，DBCC DBREINDEX，ALTER PARTITION FUNCTION，DROP TABLE，用于添加、修改或删除列以及添加或删除 PRIMARY KEY 或 UNIQUE 约束 ALTER TABLE。

DML 触发器使用 deleted 和 inserted 逻辑（概念）表。它们在结构上类似于定义了触发器的表，即对其尝试执行了用户操作的表。在 deleted 和 inserted 表保存了可能会被用户更改的行的旧值或新值。

CREATE TRIGGER 必须是批处理中的第一条语句，并且只能应用于一个表。

触发器只能在当前的数据库中创建，但是可以引用当前数据库的外部对象。

如果指定了触发器架构名称来限定触发器，则将以相同的方式限定表名称。

在同一条 CREATE TRIGGER 语句中，可以为多种用户操作（如 INSERT 和 UPDATE）定义相同的触发器操作。

如果一个表的外键包含对定义的 DELETE/UPDATE 操作的级联，则不能对为表上定义 INSTEAD OF DELETE/UPDATE 触发器。

在触发器内可以指定任意的 SET 语句。选择的 SET 选项在触发器执行期间保持有效，然后恢复为原来的设置。

如果触发了一个触发器，结果将返回给执行调用的应用程序，就像使用存储过程一样。若要避免由于触发器触发而向应用程序返回结果，则不要包含返回结果的 SELECT 语句，也不要包含在触发器中执行变量赋值的语句。包含向用户返回结果的 SELECT 语句或进行变量赋值的语句的触发器需要特殊处理；这些返回的结果必须写入允许修改触发器表的每个应用程序中。如果必须在触发器中进行变量赋值，则应该在触发器的开头使用 SET NOCOUNT 语句，以避免返回任何结果集。

DELETE 触发器不能捕获 TRUNCATE TABLE 语句，尽管 TRUNCATE TABLE 语句实际上就是不含 WHERE 子句的 DELETE 语句（因为它删除所有行），但它是无日志记录的，因而不能执行触发器。

除了手工编写用于创建 DML 触发器的 CREATE TRIGGER 语句之外，也可以在对象资源管理器中快速生成该语句。具体操作方法是：在对象资源管理器中依次展开数据库、表或视图，右击表或视图下方的“触发器”并选择“新建触发器”命令，此时会在查询编辑器中生成一段代码，其核心语句就是 CREATE TRIGGER 语句，在这里填写所需的相关信息，然后执行代码，即可在数据库中生成触发器。

生成 DML 触发器后，刷新显示在触发器表或触发器视图下方的“触发器”结点，可以看到新建的触发器。右击触发器，然后从弹出的快捷菜单中选择相关命令，可以对该触发器进行各种操作，如修改触发器、禁用触发器、查看依赖关系、禁用触发器及删除触发器等。

任务 5 设计和实现 DDL 触发器

任务描述

在“学生成绩”数据库中，创建一个数据库作用域的 DLL 触发器，每当从该数据库中删除视图时会阻止删除操作并返回一条消息。

任务分析

在本任务中首先检查 DLL 触发器是否存在，若存在则删除之。通过子查询从 sys.triggers 目录视图中检查 DLL 触发器是否存在时，可由 parent_class 列判断触发器类型的父类，该列为 0 表示 DDL 触发器；1 表示 DML 触发器。创建触发器时指定 DATABASE 作为作用域，在 FOR 子句中指定的 DDL 事件名称为 DROP_VIEW。通过触发器执行回滚事务操作。

任务实现

实现步骤如下。

（1）在对象资源管理器中，连接到数据库引擎。

（2）新建一个查询，然后在查询编辑器中编写以下语句：

```
USE 学生成绩;
IF EXISTS(SELECT * FROM sys.triggers WHERE parent_class=0 AND name='safety')
    DROP TRIGGER safety ON DATABASE;
GO
CREATE TRIGGER safety ON DATABASE FOR DROP_VIEW
AS
BEGIN
    PRINT '不能在“学生成绩”数据库中删除视图。';
    PRINT '若要删除视图，必须禁用数据库触发器 safety。';
    ROLLBACK TRANSACTION;
END
GO
DROP VIEW 学生视图;
GO
```

（3）将脚本文件保存为 SQLQuery8-06sql，按 F5 键执行脚本，结果如图 8.6 所示。

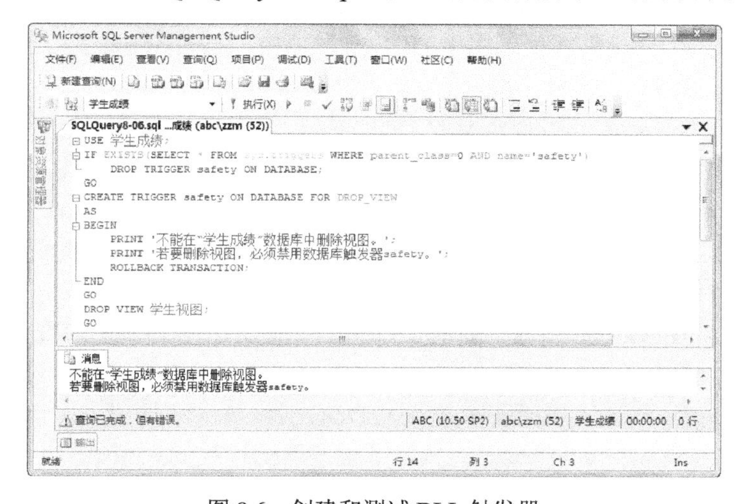

图 8.6　创建和测试 DLL 触发器

相关知识

一、设计 DLL 触发器

DDL 触发器和 DML 触发器可以使用相似的 Transact-SQL 语法创建、修改和删除，它们具有许多相似的行为，但它们的用途不同。DML 触发器在 INSERT、UPDATE 和 DELETE 语句上操作，并且有助于在表或视图中修改数据时强制业务规则，扩展数据完整性。DDL 触发器则在 CREATE、ALTER、DROP 和其他 DDL 语句上操作，它们用于执行管理任务，并强制影响数据库的业务规则，可应用于数据库或服务器中某一类型的所有命令。

DDL 触发器只有在完成 Transact-SQL 语句后才能运行，因此 DDL 触发器是无法作为 INSTEAD OF 触发器使用的；此外，当运行 DDL 触发器时也不会创建插入的和删除的表（即 inserted 和 deleted 表）。

设计 DDL 触发器之前，必须了解 DDL 触发器的作用域并确定触发器的 Transact-SQL 语句或语句组。

在响应当前数据库或服务器中处理的 Transact-SQL 事件时，可以激发 DDL 触发器。触发器的作用域取决于事件。例如，每当数据库中发生 CREATE TABLE 事件时，都会触发为响应 CREATE TABLE 事件创建的 DDL 触发器。每当服务器中发生 CREATE LOGIN 事件时，都会触发为响应 CREATE LOGIN 事件创建的 DDL 触发器。

数据库范围内的 DDL 触发器都作为对象存储在创建它们的数据库中。可以在 master 数据库中创建 DDL 触发器，这些 DDL 触发器的行为与在用户设计的数据库中创建的 DDL 触发器一样。可以从创建 DDL 触发器的数据库上下文中的 sys.triggers 目录视图中，或通过指定数据库名称作为标识符（如 master.sys.triggers）来获取有关这些 DDL 触发器的信息。

服务器范围内的 DDL 触发器作为对象存储在 master 数据库中。不同的是，可从任何数据库上下文中的 sys.server_triggers 目录视图中获取有关数据库范围内的 DDL 触发器的信息。

通过创建 DDL 触发器既可以响应一个或多个特定 DDL 语句，也可以响应预定义的一组 DDL 语句。

选择触发 DDL 触发器的特定 DDL 语句。可以安排在运行一个或多个特定 Transact-SQL 语句后触发 DDL 触发器。例如，在发生 DROP TABLE 事件或 ALTER TABLE 事件后触发 DDL 触发器。并非所有的 DDL 事件都可以用于 DDL 触发器中。有些事件只适用于异步非事务语句。例如，CREATE DATABASE 事件不能用于 DDL 触发器中。

选择触发 DDL 触发器的一组预定义的 DDL 语句。可以在执行属于一组预定义的相似事件的任何 Transact-SQL 事件后触发 DDL 触发器。例如，如果希望在运行 CREATE TABLE、ALTER TABLE 或 DROP TABLE DDL 语句后触发 DDL 触发器，则可以在 CREATE TRIGGER 语句中指定 FOR DDL_TABLE_EVENTS。运行 CREATE TRIGGER 后，事件组涵盖的事件都添加到 sys.trigger_events 目录视图中。

若要了解用于激发 DDL 触发器的所有 DDL 事件和 DDL 事件组，请查阅 SQL Server 2008 联机丛书。

使用 EVENTDATA 函数可以捕获有关激发 DDL 触发器的事件信息。该函数返回一个 xml 值。xml 架构包含以下信息：事件时间；执行了触发器的连接的系统进程 ID（SPID）；激发触发器的事件类型。

根据事件类型的不同，架构会包括一些其他信息，如发生事件的数据库、事件发生对象和事件的 Transact-SQL 命令。

二、实现 DDL 触发器

DDL 触发器像标准触发器一样，在响应事件时执行存储过程。但与标准触发器不同的是，它们并不在响应对表或视图的 UPDATE、INSERT 或 DELETE 语句时执行存储过程。它们主要在响应数据定义语言（DDL）语句执行存储过程。这些语句包括 CREATE、ALTER、DROP、GRANT、DENY、REVOKE 和 UPDATE STATISTICS 等语句。

DDL 触发器也可以使用 CREATE TRIGGER 语句来创建，基本语法格式如下：

```
CREATE TRIGGER trigger_name
ON {ALL SERVER|DATABASE}
[WITH ENCRYPTION]
{FOR|AFTER} {event_type|event_group}[,...n]
AS {sql_statement[;][...n]}
```

其中 *trigger_name* 指定触发器的名称，命名时必须遵循标识符规则，但 *trigger_name* 不能以#或##开头。

ALL SERVER 指定将 DDL 触发器的作用域应用于当前服务器。如果指定了此参数，则只要当前服务器中的任何位置上出现 *event_type* 或 *event_group*，就会激发该触发器。

DATABASE 指定将 DDL 触发器的作用域应用于当前数据库。如果指定了此参数，则只要当前数据库中出现 *event_type* 或 *event_group*，就会激发该触发器。

WITH ENCRYPTION 指定对 CREATE TRIGGER 语句的文本进行加密。

FOR 和 AFTER 作用相同，指定 DDL 触发器在当前服务器或数据库中出现指定的事件或事件组时被激发。

event_type 执行之后将导致激发 DDL 触发器的 Transact-SQL 语言事件的名称。

event_group 指定预定义的 Transact-SQL 语言事件分组的名称。执行任何属于 *event_group* 的 Transact-SQL 语言事件之后，都将激发 DDL 触发器。

sql_statement 指定触发条件，用于确定尝试的 DDL 语句是否导致执行触发器操作。当尝试 DDL 操作时，将执行 Transact-SQL 语句中指定的触发器操作。触发器可以包含任意数量和种类的 Transact-SQL 语句，但也有一些例外。

对于 DDL 触发器，可以通过使用 EVENTDATA 函数来获取有关触发事件的信息。

使用 CREATE TRIGGER 语句创建 DLL 触发器后，数据库作用域的 DLL 触发器将出现在该数据库的“可编程性”→“数据库触发器”结点下面，服务器作用域的 DLL 触发器则出现在数据库引擎实例的“服务器对象”→“触发器”结点下面。

任务 6 管理触发器

任务描述

在本任务中将了解到管理触发器的相关知识，包括修改触发器、重命名触发器、禁用或启用触发器、查看触发器信息以及删除触发器。

相关知识

在 SQL Server 服务器、数据库、表或视图上创建触发器后，还可以对触发器进行各种操作，如修改定义、重命名、查看相关信息以及删除等。这些操作可以使用 Transact-SQL 语句、系统存储过程或对象资源管理器来实现。

一、修改触发器

使用 ALTER TRIGGER 可以更改以前使用 CREATE TRIGGER 语句创建的 DML 或 DDL 触发器的定义。除了以 ALTER 关键字开头之外，ALTER TRIGGER 的语法组成与 CREATE TRIGGER 是相同的。

在对象资源管理器中，可以使用模板快速生成所需的 ALTER TRIGGER。对于 DML 触发器，可展开触发表或触发器视图下方的“触发器”结点，右击要更改的触发器并选择“修改”命令，然后在查询编辑器窗口中修改代码并加以执行。

若要修改 DDL 触发器，可在数据库引擎实例的“服务器对象”→“触发器”结点下面或者在该数据库的“可编程性”→“数据库触发器”结点下面找到该触发器，然后右击它并选择“编写数据库触发脚本为”→“CREATE 到”→“新查询编辑器窗口”命令，这将生成创建此 DLL 触发器的脚本，其核心语句是 CREATE TRIGGER，可将 CREATE 关键字更改为 ALTER，并对触发器定义代码进行修改，然后执行脚本。

二、重命名触发器

若要重命名触发器，可使用 sp_rename 系统存储过程来实现。重命名触发器并不会更改它在触发器定义文本中的名称。要在定义中更改触发器的名称，应直接修改触发器。

若要重命名触发器，也可以使用 DROP TRIGGER 删除已有触发器，然后使用 CREATE TRIGGER 创建新的触发器。

三、禁用或启用触发器

默认情况下，创建触发器后会启用该触发器，当执行相关操作时就会激发该触发器。有时可能希望在执行相关操作时不激发触发器，但又不想删除该触发器。在这种情况下，可以使用 DISABLE TRIGGER 语句来禁用触发器，语法格式如下：

```
DISABLE TRIGGER {[schema.]trigger_name[,...n]|ALL}
ON {object_name|DATABASE|ALL SERVER}[;]
```

其中参数 *schema_name* 指定 DML 触发器所属架构的名称。不能为 DDL 触发器指定构架名称。*trigger_name* 指定要禁用的触发器的名称。

ALL 指示禁用在 ON 子句作用域中定义的所有触发器。

object_name 指定要对其创建要执行的 DML 触发器 *trigger_name* 的表或视图的名称。

DATABASE 指定 DDL 触发器是在数据库作用域内执行的。ALL SERVER 指定 DDL 触发器是在服务器作用域内执行的。

禁用触发器后，它仍然作为对象存在于当前数据库中。但是，当执行相关操作时触发器将不会激发。

已禁用的触发器可以使用 ENABLE TRIGGER 语句重新启用，会以最初创建触发器时的方式来激发它。语法格式如下：

```
ENABLE TRIGGER {[schema_name.]trigger_name[,...n]|ALL}
ON {object_name|DATABASE|ALL SERVER}[;]
```

其中各参数与 DISABLE TRIGGER 中相同。

例如，以下语句在“学生成绩”数据库中创建一个触发器，然后禁用它，最后再启用它。

```
USE 学生成绩;
CREATE TRIGGER safety
ON DATABASE
FOR DROP_TABLE, ALTER_TABLE
AS
   PRINT '要修改或删除表，必须禁用触发器 safety。';
   ROLLBACK TRANSACTION;
GO
DISABLE TRIGGER safety ON DATABASE;
GO
ENABLE TRIGGER safety ON DATABASE;
GO
```

四、查看触发器信息

在 SQL Server 2008 中，可以确定一个表中触发器的类型、名称、所有者以及创建日期，还可以获取触发器定义的有关信息，或者列出指定的触发器所使用的对象。

（1）若要获取有关数据库中的触发器的信息，可以使用 sys.triggers 目录视图。

（2）若要获取有关服务器范围内的触发器的信息，可以使用 sys.server_triggers 目录视图。

（3）若要获取有关激发触发器的事件的信息，可以使用 sys.trigger_events、sys.events 与 sys.server_trigger_events 目录视图。

（4）若要查看触发器的定义，可以使用 sys.sql_modules 目录视图或 sp_helptext 系统存储过程，不过前提是触发器未在创建或修改时加密。

（5）若要查看触发器的依赖关系，可以使用 sys.sql_dependencies 目录视图或 sp_depends 系统存储过程。

五、删除触发器

使用 DROP TRIGGER 语句可以从当前数据库中删除一个或多个 DML 或 DDL 触发器，有以下两种语法格式。

删除 DML 触发器：

```
DROP TRIGGER schema_name.trigger_name[,...n][;]
```

删除 DDL 触发器：

```
DROP TRIGGER trigger_name[,...n]
ON {DATABASE|ALL SERVER}[;]
```

其中参数 *schema_name* 是 DML 触发器所属架构的名称。对于 DDL 触发器，不能指定架构名称。*trigger_name* 指定要删除的触发器的名称。

DATABASE 指示 DDL 触发器的作用域应用于当前数据库。如果在创建或修改触发器时指定了 DATABASE，则删除时也必须指定 DATABASE。

ALL SERVER 指示 DDL 触发器的作用域应用于当前服务器。如果在创建或修改触发器时指定了 ALL SERVER，则删除时也必须指定 ALL SERVER。

仅当所有触发器均使用相同的 ON 子句创建时，才能使用一个 DROP TRIGGER 语句删除多个 DDL 触发器。

也可以通过删除触发器表来删除 DML 触发器。当删除表时，将同时删除与表关联的所有触发器。删除触发器时，将从 sys.objects、sys.triggers 和 sys.sql_modules 目录视图中删除有关该触发器的信息。

例如，下面的语句从“学生成绩”数据库中删除 DML 触发器 trig1。

```
USE 学生成绩;
IF OBJECT_ID ('trig1','TR') IS NOT NULL
   DROP TRIGGER trig1;
GO
```

下面的语句从“学生成绩”数据库中删除 DDL 触发器 safety。

```
USE 学生成绩;
IF EXISTS (SELECT * FROM sys.triggers WHERE parent_class=0 AND name='safety')
   DROP TRIGGER safety ON DATABASE;
GO
```

项目思考

一、填空题

1．在创建存储过程时，OUTPUT 指示参数是＿＿＿＿＿参数，使用该参数可将值返回给＿＿＿＿＿＿。

2．DROP PROCEDURE 语句用于从＿＿＿＿＿＿中删除一个或多个＿＿＿＿＿＿或＿＿＿＿＿。

3．触发器是一种特殊的＿＿＿＿＿，它在执行＿＿＿＿＿＿执行时自动生效。

4．DDL 触发器为响应多种＿＿＿＿＿＿＿＿语句而激发。

5 DML 触发器使用＿＿＿＿＿和＿＿＿＿＿逻辑表。它们在结构上类似于定义了＿＿＿＿的表，即对其尝试执行了用户操作的表。

6．CREATE TRIGGER 必须是批处理中的第＿＿＿＿＿条语句，并且只能应用于＿＿＿＿个表。

7．DISABLE TRIGGER 用于＿＿＿＿＿＿，DROP TRIGGER 用于＿＿＿＿＿＿＿。

二、选择题

1．定义存储过程时，不能在该过程中使用（　　）语句。

A．SELECT　　B．UPDATE

C．DELETE　　D．CREATE PROCEDURE

2．若要对存储过程定义文本进行加密，应使用（　　）选项。

A．RECOMPILE B．ENCRYPTION
C．FOR REPLICATION D．CHECK

三、简答题

1．EXECUTE 语句有什么用途？EXECUTE 关键字可缩写为什么形式？何时可省略此关键字？

2．如何快速生成修改存储过程所需的 ALTER PROCEDURE 语句？

3．DML 触发器有哪些用途？

4．AFTER 触发器与 INSTEAD OF 触发器有哪些不同？

5．如何快速生成用于创建 DML 触发器的 CREATE TRIGGER 语句？

6．在对象资源管理器中，DML 触发器显示在哪里？DDL 触发器呢？

7．DDL 触发器有哪几种作用域？

8．如果希望不激发触发器但又不想删除它，应该怎么办？

项目实训

1．编写脚本，通过创建和调用存储过程按姓名和课程名称查询学生成绩。

2．编写脚本，通过创建和调用存储过程按班级和课程名称查询指定班的指定课程的平均分、最高分和最低分。

3．编写脚本，通过 EXECUTE 语句执行一个由变量和常量连接而成的字符串，用于检索某个班的某门课程成绩，要求按成绩高低降序排序。

4．编写脚本，在“学生成绩”数据库中基于“学生”表创建一个 DML 触发器，每当向该表中添加一条学生记录时自动向“成绩”表中添加相关的成绩记录，并对触发器进行测试。

5．编写脚本，在“学生成绩”数据库中基于“学生”表创建一个 DML 触发器，每当从该表中删除一条学生记录时自动从向“成绩”表中删除与该学生相关的所有成绩记录，并对触发器进行测试。

6．编写脚本，在“学生成绩”数据库中创建一个 DDL 触发器，每当从该数据库中删除表或视图时返回一条消息并取消事务。

管理数据安全

安全性对于任何数据库管理系统都是极其重要的。数据库中通常存储着大量的数据，这些数据可能是个人信息、产品信息、客户资料或其他机密资料。SQL Server 2008 数据库引擎可以帮助用户保护数据免受未经授权的泄露和篡改，通过坚固的安全系统来防止信息资源的非授权使用。无论用户如何获得对数据库的访问权限，均可确保对数据进行保护。在本项目中将通过 13 个任务来演示 SQL Server 2008 的安全性管理，主要内容包身份验证、登录账户管理、固定服务器角色管理、数据库角色管理、架构管理、数据库角色管理及权限管理等。

任务 1　设置身份验证模式

任务描述

当用户连接到 SQL Server 服务器时，首先要对用户进行身份验证，以确定用户是否具有连接 SQL Server 实例的权限。如果身份验证成功，则允许用户连接到 SQL Server 实例。在本任务中将介绍 SQL Server 2008 中的两种身份验证模式及其设置方法。

相关知识

一、身份验证模式

身份验证模式是指 SQL Server 2008 系统验证客户端与服务器连接的方式。在安装 SQL Server 2008 的过程中，有一个重要的步骤就是用来选择身份验证模式的。SQL Server 2008 提供了两种身份验证模式，即 Windows 身份验证模式和混合验证模式。当建立起对 SQL Server 的成功连接之后，安全机制对于 Windows 身份验证模式和混合验证模式是相同的。

1. Windows 身份验证模式

当用户通过 Microsoft Windows 用户账户连接时，SQL Server 使用 Windows 操作系统中的信息验证账户名和密码。这是默认的身份验证模式，比混合验证模式安全得多。Windows 身份验证使用 Kerberos 安全协议，通过强密码的复杂性验证提供密码策略强制，提供账户锁定支持，并且支持密码过期。

2. 混合验证模式

混合验证模式是指允许用户使用 Windows 身份验证或 SQL Server 身份验证进行连接。通过 Windows 用户账户连接的用户可以使用 Windows 验证的受信任连接。

如果必须选择混合验证模式并使用 SQL Server 登录以适应旧式应用程序，则必须为所有 SQL Server 账户设置强密码。这对于属于 sysadmin 角色的账户（特别是 sa 账户）尤其重要。提供 SQL Server 身份验证只是为了向后兼容。建议尽可能使用 Windows 身份验证。

二、设置身份验证模式

安装过程中，SQL Server 数据库引擎设置为 Windows 身份验证模式或 SQL Server 和 Windows 身份验证模式。根据需要，完成安装后还可以使用对象资源管理器或 Transact-SQL 语句来更改身份验证模式。

若要使用对象资源管理器设置身份验证模式，可执行以下操作。

（1）在对象资源管理器中，连接到数据库引擎。

（2）右击该实例并选择“属性”命令，打开“服务器属性”对话框。

（3）选择“安全性”页，在“服务器身份验证”下选择下列模式之一（图 9.1）。

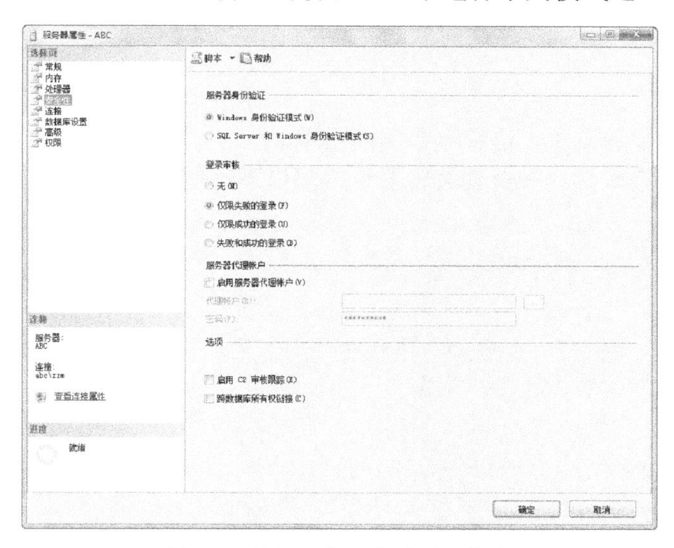

图 9.1　设置服务器身份验证模式

① 若要使用 Windows 身份验证对所尝试的连接进行验证，可以选择“Windows 身份验证模式”。

② 若要使用混合模式的身份验证对所尝试的连接进行验证，则选择“SQL Server 和 Windows 身份验证模式”。

当更改安全模式时，如果 sa 密码为空白，则应设置 sa 密码。

更改安全性配置后需要重新启动服务。当将服务器身份验证改为 SQL Server 和 Windows 身份验证模式时，不会自动启用 sa 账户。若要使用 sa 账户，则应执行以下带有 ENABLE 选项的 ALTER LOGIN 命令。

```
ALTER LOGIN sa ENABLE;
```

任务 2　创建登录账户

任务描述

在本任务中分别创建一个 SQL Server 登录名和一个 Windows 登录名，并为前者指定密码，要求后者是本地计算机上的本地用户，两者的默认数据库均为“学生成绩”。

任务分析

由于 CREATE LOGIN 语句一次只能创建一个新的登录名，因此在本任务中需要执行两次 CREATE LOGIN 语句。Internet 来宾账户用 [域名\IUSR_计算机名] 形式表示。创建的新登录名将保存在 master 数据库的 syslogins 表中，可以使用 SELECT 语句来查看当前服务器上的登录名列表。

任务实现

实现步骤如下。

（1）在对象资源管理器中，连接到数据库引擎。

（2）新建一个查询，然后在查询编辑器中编写以下语句：

```
CREATE LOGIN apeng WITH PASSWORD='That123abcOK',
DEFAULT_DATABASE=学生成绩;
GO
CREATE LOGIN [ABC\IUSR_ABC] FROM WINDOWS
WITH DEFAULT_DATABASE=学生成绩;
GO
SELECT name FROM master..syslogins;
GO
```

（3）将脚本文件保存为 SQLQuery9-01.sql，按 F5 键执行脚本，结果如图 9.2 所示。

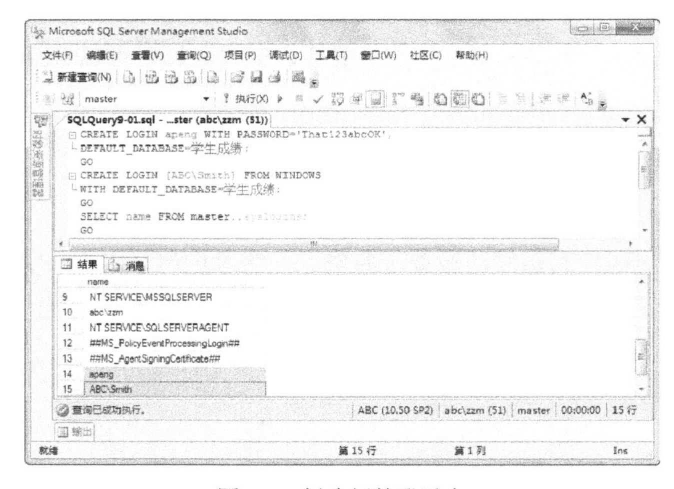

图 9.2　创建新的登录名

相关知识

一、创建登录账户

登录账户也称为登录名或登录标识，它是控制访问 SQL Server 2008 系统的账户。用户在连接到 SQL Server 2008 时与登录账户相关联。如果事先没有指定有效的登录账户，用户就不能连接到 SQL Server 2008。

在 SQL Server 2008 中，有两类登录账户：一类是由 SQL Server 2008 自身负责身份验证的登录账户；另一类是基于 Windows 账户创建的登录账户。这两类登录名都可以使用 CREATE LOGIN 语句来创建，基本语法格式如下。

```
CREATE LOGIN login_name {WITH <option_list1>|FROM <sources>}

<option_list1>::=
    PASSWORD={'password'|hashed_password HASHED}[MUST_CHANGE]
    [,<option_list2>[,...]]
<option_list2>::=
    |DEFAULT_DATABASE=database|DEFAULT_LANGUAGE=language
    |CHECK_EXPIRATION={ON|OFF}|CHECK_POLICY={ON|OFF}
<sources>::=WINDOWS [WITH <windows_options>[, ...]]
<windows_options>::=
    DEFAULT_DATABASE=database|DEFAULT_LANGUAGE=language
```

其中 *login_name* 指定创建的登录名，可以是 SQL Server 登录名或 Windows 登录名。如果从 Windows 域账户映射 *login_name*，则 *login_name* 必须用方括号括起来。

PASSWORD = '*password*' 仅适用于 SQL Server 登录名，指定正在创建的登录名的密码。密码是区分大小写的。

PASSWORD = *hashed_password* 仅适用于 HASHED 关键字，指定要创建的登录名的密码的哈希值。HASHED 仅适用于 SQL Server 登录名，指定在 PASSWORD 参数后输入的密码已经过哈希运算。HASHED 选项只能用于关闭了密码策略检查的登录名。如果未选择此选项，则在将作为密码输入的字符串存储到数据库之前，对其进行哈希运算。只有创建 SQL Server 登录名时，才支持对密码预先进行哈希运算。

MUST_CHANGE 仅适用于 SQL Server 登录名。如果包括此选项，则 SQL Server 将在首次使用新登录名时提示用户输入新密码。

DEFAULT_DATABASE = *database* 指定将指派给登录名的默认数据库。如果未包括此选项，则默认数据库将设置为 master。

DEFAULT_LANGUAGE = *language* 指定将指派给登录名的默认语言。如果未包括此选项，则默认语言将设置为服务器的当前默认语言。即使将来服务器的默认语言发生更改，登录名的默认语言也仍保持不变。

CHECK_EXPIRATION = { ON | OFF }仅适用于 SQL Server 登录名，指定是否对此登录账户强制实施密码过期策略，默认值为 OFF。

CHECK_POLICY = { ON | OFF }仅适用于 SQL Server 登录名，指定应对此登录名强制实施

运行 SQL Server 的计算机的 Windows 密码策略，默认值为 ON。

若指定 MUST_CHANGE，则 CHECK_EXPIRATION 和 CHECK_POLICY 必须设置为 ON。否则该语句将失败。不支持 CHECK_POLICY = OFF 和 CHECK_EXPIRATION = ON 的组合。

也可以使用对象资源管理器来创建登录名，操作方法如下。

（1）在对象资源管理器中，连接到数据库引擎。

（2）依次展开数据库引擎和“安全性”结点。

（3）右键单击“登录名”结点，然后在弹出的快捷菜单中选择“新建登录名”命令。

（4）在“登录名-新建”对话框的“常规”页中，对身份验证模式、登录名、密码及默认数据库进行设置。

（5）若要将该登录名添加到服务器角色中或映射到数据库中，可以选择“服务器角色”和“用户映射”页。

（6）单击“确定”按钮。

二、修改登录账户

创建一个 SQL Server 登录账户之后，还可以使用 ALTER LOGIN 语句对该账户的属性进行修改，基本语法格式如下：

```
ALTER LOGIN login_name {<status_option>|WITH <set_option>[,...]}

<status_option>::=ENABLE|DISABLE

<set_option>::=
    PASSWORD='password'|hashed_password HASHED
    [OLD_PASSWORD='oldpassword'|<password_option>[<password_option>]]
    |DEFAULT_DATABASE=database|DEFAULT_LANGUAGE=language
    |NAME=login_name|CHECK_POLICY={ON|OFF}|CHECK_EXPIRATION={ON|OFF}
<password_option>::=MUST_CHANGE|UNLOCK
```

其中参数 *login_name* 指定正在更改的登录名。

ENABLE 和 DISABLE 分别指定启用或禁用此登录名。

PASSWORD = '*password*'指定正在更改的登录账户的密码。

PASSWORD = *hashed_password* 仅适用于 HASHED 关键字，指定要创建的登录名密码的哈希值。HASHED 指定在 PASSWORD 参数后输入的密码已经过哈希运算。

OLD_PASSWORD = '*oldpassword*' 表示要指派新密码的登录账户的当前密码。

NAME = *login_name* 正在重命名的登录的新名称。

UNLOCK 指定应解锁被锁定的登录名。MUST_CHANGE、DEFAULT_DATABASE、DEFAULT_LANGUAGE、CHECK_EXPIRATION 和 CHECK_POLICY 选项的含义与 CREATE LOGIN 语句中相同。

例如，下面的语句启用 Jack 登录。

```
ALTER LOGIN Jack ENABLE;
```

下面的语句将更改 Jack 登录的密码。

```
ALTER LOGIN Jack WITH PASSWORD='ABCabc123456';
```

下面的语句将 Jack 登录更改为 Joe。

```
ALTER LOGIN Jack WITH NAME=Joe;
```

在 SQL Server 中，登录名的标识符是 SID，登录名称只是一个逻辑上使用的名称。当修改登录名称时，由于该登录账户的 SID 没有发生变化，因此 SQL Server 依然将修改前后的登录名作为同一个登录账户来处理。

也可以使用对象资源管理器来修改 SQL Server 登录账户的属性，具体操作方法如下：

（1）在对象资源管理器中，连接到数据库引擎。

（2）依次展开数据库引擎和“安全性”结点，右击“登录名”结点并选择“属性”命令。

（3）在“登录属性”对话框中，设置该登录名的相关属性，如密码及其相关选项、默认数据库、启用或禁用等。

（4）单击“确定”按钮。

三、删除登录账户

如果要临时禁用某个登录账户，可以执行带有 DISABLE 选项的 ALTER LOGIN 语句。如果以后需要，还可以在 ALTER LOGIN 语句中使用 ENABLE 选项来重新启用这个已禁用的登录账户。

如果某个登录名以后不再需要了，则可使用 DROP LOGIN 语句删除它，语法格式如下：

```
DROP LOGIN login_name
```

其中参数 *login_name* 指定要删除的登录名。

不能删除正在登录的登录名，也不能删除拥有任何安全对象、服务器级对象或 SQL Server 代理作业的登录名。可以删除数据库用户映射到的登录名，但是这会创建孤立用户。

也可以使用对象资源管理器来删除登录账户。具体操作方法是：在对象资源管理器中依次展开数据库引擎和“安全性”结点，右击“登录名”结点并选择“删除”命令，然后在“删除对象”对话框中单击“确定”按钮。

任务 3　查看固定服务器角色及其权限

任务描述

在本任务中查询有哪些 SQL Server 固定服务器角色并显示数据库创建者角色 dbcreator 拥有哪些权限。

任务实现

实现步骤如下。

（1）在对象资源管理器中，连接到数据库引擎。

（2）新建一个查询并在查询编辑器中编写以下语句：

```
USE master;
EXEC sp_helpsrvrole;
EXEC sp_srvrolepermission 'dbcreator';
```

```
GO
```

（3）将脚本文件保存为SQLQuery9-02.sql，按F5键执行脚本，结果如图9.3所示。

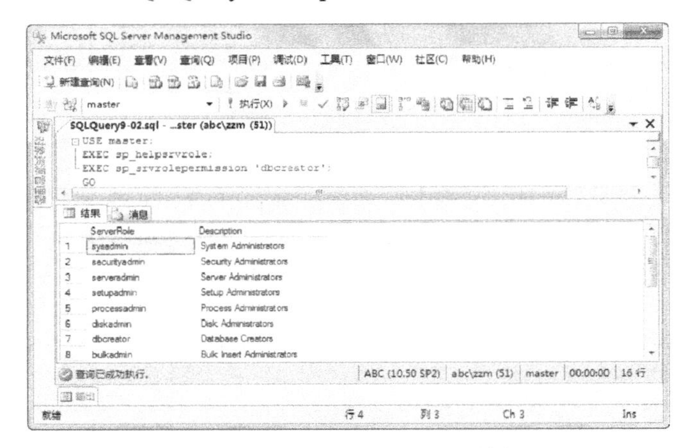

图9.3　查看固定服务器角色及其权限

相关知识

为了方便权限管理，可以将一些安全账户集中到一个单元中并对该单元设定权限，这样的单元称为角色。权限在安全账户成为角色成员时自动生效。角色可以包含SQL Server登录名、其他角色和 Windows 登录名或组。固定服务器角色在其作用域内属于服务器范围，这些角色具有完成特定服务器管理活动的权限。

固定服务器角色在服务器级别上定义，不能添加、删除或更改固定服务器角色。但固定服务器角色中的每个成员都可以向其所属角色添加其他登录名。使用 sp_helpsrvrole 系统存储过程可以返回 SQL Server 固定服务器角色的列表；使用 sp_srvrolepermission 系统存储过程显示固定服务器角色的权限。

下面列出固定服务器角色的名称及其权限说明。

（1）sysadmin：系统管理员，已使用GRANT选项授予CONTROL SERVER权限。系统管理员角色的成员可在服务器中执行任何活动。默认情况下，Windows BUILTIN\ Administrators组（本地管理员组）的所有成员都是sysadmin固定服务器角色的成员。

（2）securityadmin：安全管理员，已授予ALTER ANY LOGIN权限。安全管理员角色的成员可以管理登录名及其属性。它们可以 GRANT、DENY 和 REVOKE 服务器级权限，也可以GRANT、DENY和REVOKE数据库级权限，还可以重置SQL Server登录名的密码。

（3）serveradmin：服务器管理员，已授予ALTER ANY ENDPOINT、ALTER RESOURCES、ALTER SERVER STATE、ALTER SETTINGS、SHUTDOWN以及VIEW SERVER STATE权限。服务器管理员角色的成员可以更改服务器范围的配置选项和关闭服务器。

（4）setupadmin：安装程序管理员，已授予ALTER ANY LINKED SERVER权限。安装程序管理员角色的成员可以添加和删除链接服务器，并且也可以执行某些系统存储过程。

（5）processadmin：进程管理员，已授予 ALTER ANY CONNECTION、ALTER SERVER STATE权限。进程管理员角色的成员可以终止SQL Server实例中运行的进程。

（6）diskadmin：磁盘管理员，已授予ALTER RESOURCES权限。磁盘管理员角色用于管理磁盘文件。

图 9.4 固定服务器角色

（7）dbcreator：数据库创建者，已授予 CREATE DATABASE 权限。数据库创建者角色的成员可以创建数据库，并可以更改和还原其自己的数据库。

（8）bulkadmin：该角色已授予 ADMINISTER BULK OPERATIONS 权限。bulkadmin 固定服务器角色的成员可以运行 BULK INSERT 语句。

在对象资源管理器中，依次展开数据库引擎实例、“安全性”和“服务器角色”结点，可以查看固定服务器角色的名称，如图 9.4 所示。

任务 4 管理固定服务器角色成员

任务描述

在本任务中检查登录名 apeng 是不是 dbcreator 角色的成员，如果是则从 dbcreator 角色中删除该登录，然后将登录名 apeng 添加到 dbcreator 角色中并显示该角色的成员列表。

任务实现

实现步骤如下。

（1）在对象资源管理器中，连接到数据库引擎。

（2）新建一个查询，然后在查询编辑器中编写以下语句：

```
USE master;
IF(IS_SRVROLEMEMBER('dbcreator','apeng')=1)
    EXEC sp_dropsrvrolemember 'apeng','dbcreator';
EXEC sp_addsrvrolemember 'apeng','dbcreator';
EXEC sp_helpsrvrolemember 'dbcreator';
GO
```

（3）将脚本文件保存为 SQLQuery9-03.sql，按 F5 键执行脚本，结果如图 9.5 所示。

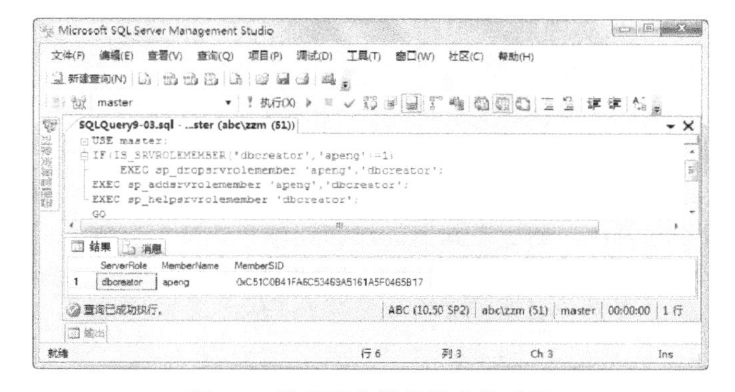

图 9.5 管理固定服务器角色成员

相关知识

固定服务器角色的权限是固定不变的，不能增加，也不能减少。如果将某个登录名添加到固定服务器角色后，则该登录名就拥有了该角色的权限。从固定服务器角色中删除某个登录名后，该登录名就不再是此角色中的成员，它也就失去了该角色的权限。在 SQL Server 2008 中，可以使用系统存储过程对固定服务器角色成员进行管理，也可以使用对象资源管理器对固定服务器角色成员进行管理。

若要向固定服务器角色添加登录使其成为该角色的成员，可以使用 sp_addsrvrolemember 系统存储过程，语法格式如下：

```
sp_addsrvrolemember 'login','role'
```

其中参数 *login* 指定添加到固定服务器角色中的登录名。*login* 可以是 SQL Server 登录或 Windows 登录。如果未向 Windows 登录授予对 SQL Server 的访问权限，则将自动授予该访问权限。*role* 指定要添加登录的固定服务器角色的名称。

在将登录添加到固定服务器角色时，该登录将得到与此角色相关的权限。

若要返回有关 SQL Server 固定服务器角色成员的信息，可以使用 sp_helpsrvrolemember 系统存储过程，语法格式如下：

```
sp_helpsrvrolemember 'role'
```

其中参数 *role* 指定固定服务器角色的名称，默认值为 NULL。如果未指定 *role*，则结果集将包括有关所有固定服务器角色的信息。

如果要从指定固定服务器角色中删除 SQL Server 登录或 Windows 用户或组，可以使用 sp_dropsrvrolemember 系统存储过程，语法格式如下：

```
sp_dropsrvrolemember 'login','role'
```

其中参数 *login* 指定将要从固定服务器角色删除的登录名称，*login* 必须存在。*role* 指定服务器角色的名称。

从固定服务器角色中删除某个登录之前，可以使用 IS_SRVROLEMEMBER 函数来检查指定的 SQL Server 登录名是否为指定固定服务器角色的成员，语法格式如下：

```
IS_SRVROLEMEMBER('role'[,'login'])
```

其中参数 *role* 指定要检查的服务器角色的名称，*login* 指定要检查的 SQL Server 登录名。如果没有指定 *login*，则使用当前用户的 SQL Server 登录名。

IS_SRVROLEMEMBER 返回以下值：0 表示 *login* 不是 *role* 的成员，1 表示 *login* 不是 *role* 的成员，NULL 表示 *role* 或 *login* 无效。

也可以使用对象资源管理器来查看、添加或删除固定服务器角色成员，操作方法如下。

（1）在对象资源管理器中，连接到数据库引擎实例。

（2）依次展开数据库引擎实例、“安全性”和“服务器角色”结点。

（3）右击一个服务器角色，然后在弹出的快捷菜单中选择“属性”命令。

（4）在如图 9.6 所示的“服务器角色属性”对话框中，列出了服务器角色包含的所有成员。在此可以执行以下操作。

① 若要向当前服务器角色中添加成员，可单击“添加”按钮，然后在“添加登录名”对话框中选择要添加到服务器角色中的一个或多个登录名。

② 若要从当前服务器角色中删除某个成员，可选择要删除的成员，然后单击“删除”按钮。

（5）单击“确定”按钮。

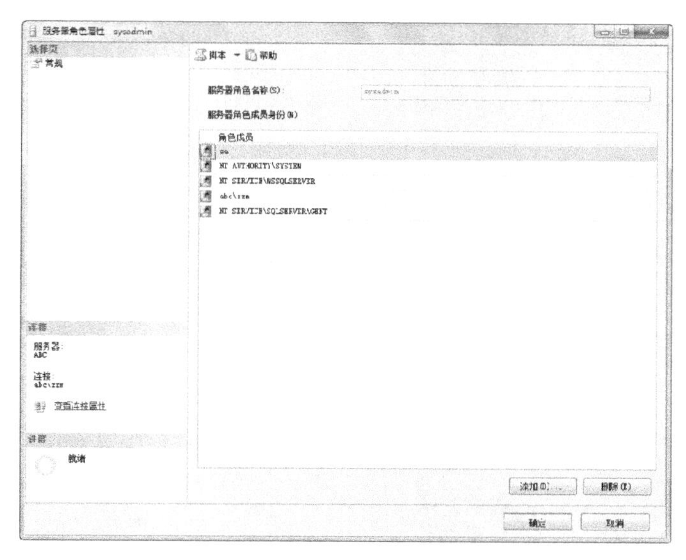

图 9.6 “服务器角色属性”对话框

任务 5 创建数据库用户

任务描述

在“学生成绩”数据库中添加两个用户，一个是 SQL Server 登录名 apeng，另一个是 Windows 登录名[ABC\Smith]，并对后者设置一个不存在的默认架构 Student，然后显示出该数据库中的用户列表。

任务分析

使用 sys.database_principals 目录视图返回用户列表时，可以按 type 列进行筛选。对于 SQL Server 登录名，type 列的值为 S；对于 Windows 登录名，type 列的值为 U。

任务实现

实现步骤如下。

（1）在对象资源管理器中，连接到数据库引擎。

（2）新建一个查询，然后在查询编辑器中编写以下语句：

```
USE 学生成绩;
GO
CREATE USER apeng FOR LOGIN apeng;
CREATE USER smith FOR LOGIN [ABC\Smith]
WITH DEFAULT_SCHEMA=Student;
GO
```

```
SELECT * FROM sys.database_principals
WHERE type='S' OR type='U' ORDER BY type;
GO
```

（3）将脚本文件保存为 SQLQuery9-04.sql，按 F5 键执行脚本，结果如图 9.7 所示。

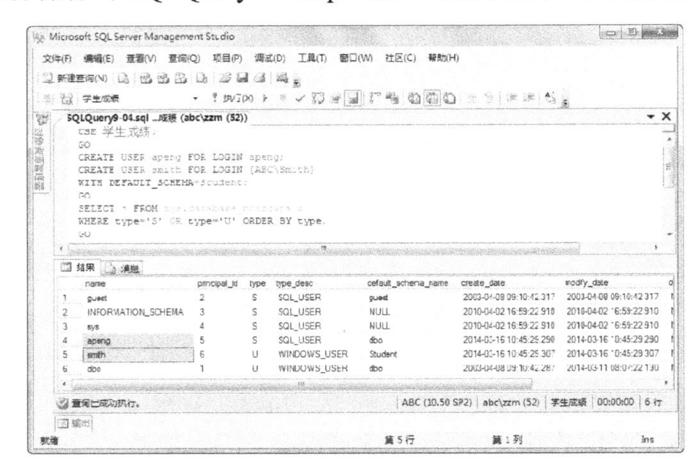

图 9.7　创建和查看数据库用户

相关知识

同一个登录名可以在不同的数据库中映射为不同的数据库用户。在 SQL Server 2008 中，数据库用户不能直接拥有表、视图等数据库对象，而是通过架构拥有这些对象。数据库用户管理主要包括创建用户、修改用户及删除用户等操作。

数据库用户是数据库级别上的主体。在默认情况下，新创建的数据库将有两个用户，即 dbo 和 guest。dbo 是数据库的所有者，并拥有在数据库进行所有操作的权限；guest 是一个默认用户，授予该用户的权限由在数据库中没有账户的用户继承。

若要向当前数据库添加用户，可以使用 CREATE USER 语句来实现，基本语法格式如下：

```
CREATE USER user_name
    [{{FOR|FROM} LOGIN login_name|WITHOUT LOGIN]
    [WITH DEFAULT_SCHEMA=schema_name]
```

其中参数 *user_name* 指定在当前数据库中用于识别该用户的名称。

LOGIN *login_name* 指定要创建数据库用户的 SQL Server 登录名，它必须是服务器中有效的登录名。如果忽略 FOR LOGIN，则数据库用户将被映射到同名的 SQL Server 登录名。

WITHOUT LOGIN 子句指定不应将用户映射到现有登录名，使用该子句可以创建不映射到 SQL Server 登录名的用户，它可以作为 guest 连接到其他数据库。

WITH DEFAULT_SCHEMA = *schema_name* 指定服务器为此数据库用户解析对象名时将搜索的第一个架构。如果未定义 DEFAULT_SCHEMA，则数据库用户将使用 dbo 作为默认架构。可将 DEFAULT_SCHEMA 设置为数据库中当前不存在的架构。

如果用户是 sysadmin 固定服务器角色的成员，则忽略 DEFAULT_SCHEMA 的值，该固定服务器角色的所有成员都有默认架构 dbo。不能使用 CREATE USER 创建 guest 用户，因为每个数据库中均已存在 guest 用户。通过授予 guest 用户 CONNECT 权限可以启用该用户：

```
GRANT CONNECT TO guest;
```

使用 sys.database_principals 目录视图可以查看有关数据库用户的信息。

创建数据库用户时，需要对数据库具有 ALTER ANY USER 权限。

也可以使用对象资源管理器来创建数据库用户，为此可执行下列操作之一。

（1）若要将登录名映射到某个数据库中，可在对象资源管理器中依次展开该数据库和“安全性”结点，右击“用户”结点并选择“新建用户”命令，然后在“数据库用户-新建”对话框中对用户的属性进行设置。

（2）若要将登录名映射到多个数据库中，可在对象资源管理器中依次展开数据库引擎实例、“安全性”和“登录”结点，右击登录名并选择“属性”命令，然后在“登录属性”对话框中选择“用户映射”页，并对该登录名在一个或多个数据库中的用户名和默认架构进行设置，或选择用户在指定数据库中的角色。

任务 6 修改数据库用户

任务描述

在“学生成绩”数据库中，将数据库用户 apeng 重命名为 Mary，并对其设置一个不存在的默认架构 Teacher，然后显示出该数据库中的 SQL Server 用户列表。

任务实现

实现步骤如下。

（1）在对象资源管理器中，连接到数据库引擎。

（2）新建一个查询，然后在查询编辑器中编写以下语句：

```
USE 学生成绩;
ALTER USER apeng WITH NAME=Mary,DEFAULT_SCHEMA=Teacher;
SELECT * FROM sys.database_principals WHERE type='S';
GO
```

（3）将脚本文件保存为 SQLQuery9-05.sql，按 F5 键执行脚本，结果如图 9.8 所示。

相关知识

对于现有的数据库用户，可以使用 ALTER USER 对它进行重命名或者更改它的默认架构，语法格式如下：

```
ALTER USER user_name WITH <set_item>[,...n]
<set_item>::=
    NAME=new_user_name
    |DEFAULT_SCHEMA=schema_name|LOGIN=login_name
```

其中参数 *user_name* 指定在数据库中用于识别该用户的名称。

LOGIN = *login_name* 通过更改用户的安全标识符（SID）以匹配登录名的 SID，将用户重新映射到另一个登录名。

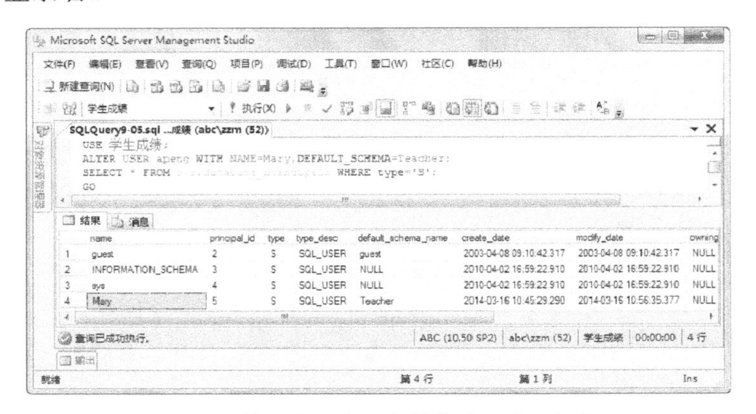

图 9.8　修改数据库用户的名称和默认架构

NAME = *new_user_name* 指定用户的新名称，该名称不得存在于当前数据库中。

DEFAULT_SCHEMA = *schema_name* 指定服务器在解析此用户的对象名时将搜索的第一个架构。如果 DEFAULT_SCHEMA 保持未定义状态，则用户将以 dbo 作为其默认架构。可以将 DEFAULT_SCHEMA 设置为数据库中当前不存在的架构。因此，可以在创建架构之前将 DEFAULT_SCHEMA 分配给用户。

如果新用户名的 SID 与在数据库中记录的 SID 匹配，则只能更改被映射到 Windows 登录名或组的用户的名称。此检查将帮助防止数据库中的 Windows 登录名欺骗。

利用 WITH LOGIN 子句可以将用户重新映射到不同的登录名。没有登录名的用户不能通过该子句重新映射。只有 SQL Server 用户和 Windows 用户（或组）才能进行重新映射。WITH LOGIN 子句不能用于更改用户类型，如将 Windows 账户改为 SQL Server 登录名。

如果用户为 Windows 用户，其名称为 Windows 名称（包含反斜杠）或者未指定其新名称并且其当前名称与登录名不同，则该用户名将自动重命名为登录名。否则，除非调用方另外调用 NAME 子句才会重命名该用户。

具有 ALTER ANY USER 权限的用户可以更改任何用户的默认架构。其架构已更改的用户可能不知不觉地从错误表中选择数据，或从错误架构执行代码。

若要更改用户名，需要拥有数据库的 ALTER ANY USER 权限。若要更改默认架构，需要拥有用户的 ALTER 权限。用户可以更改自己的默认架构。

需要对数据库拥有 CONTROL 权限以将用户重新映射到登录名。

也可以在对象资源管理器中对数据库用户的默认架构进行修改。具体操作方法是：对象资源管理器中依次展开该数据库、“安全性”和“用户”结点，右击要修改的用户并选择“属性”命令，然后在“数据库用户”对话框中对用户的默认架构进行设置。

任务 7　删除数据库用户

任务描述

在本任务中首先在“学生成绩”数据库中检查数据库用户 Jack 是否存在，如果存在，则删除该用户。

任务实现

实现步骤如下。

（1）在对象资源管理器中，连接到数据库引擎。

（2）新建一个查询，然后在查询编辑器中编写以下语句：

```
USE 学生成绩;
IF EXISTS(SELECT * FROM sys.database_principals
    WHERE name='Jack' AND type='S')
    DROP USER Jack;
GO
```

（3）按 F5 键执行上述 SQL 语句。

相关知识

使用 DROP USER 语句可以从当前数据库中删除用户，语法格式如下：

```
DROP USER user_name
```

其中参数 *user_name* 指定在此数据库中用于识别该用户的名称。

不能从数据库中删除拥有安全对象的用户。必须先删除或转移安全对象的所有权，才能删除拥有这些安全对象的数据库用户。

若要删除数据库用户，则需要对数据库具有 ALTER ANY USER 权限。

不能使用 DROP USER 语句来删除 guest 用户，但可以在除 master 或 tempdb 之外的任何数据库中执行 REVOKE CONNECT FROM GUEST 来撤销它的 CONNECT 权限，从而禁用 guest 用户。

也可以使用对象资源管理器来删除数据库用户。具体操作方法是：在对象资源管理器中依次展开该数据库、“安全性”和“用户”结点，右击要删除的用户并选择“删除”命令，然后在“删除对象”对话框中单击“确定”按钮。

任务 8 在数据库中创建架构

任务描述

在“学生成绩”数据库中，创建一个由 Mary 拥有的、包含表 Member 的 Web 架构，同时也在架构 Web 中创建表 Member，然后查看该数据库中的架构信息。

任务实现

实现步骤如下。

（1）在对象资源管理器中，连接到数据库引擎。

（2）新建一个查询，然后在查询编辑器中编写以下语句：

```
USE 学生成绩;
GO
CREATE SCHEMA Web AUTHORIZATION Mary
    CREATE TABLE Member(
    MemberID int,MemberName varchar(10),password varchar(20));
GO
SELECT * FROM sys.schemas;
GO
```

（3）将脚本文件保存为 SQLQuery9-06.sql，按 F5 键执行脚本，结果如图 9.9 所示。

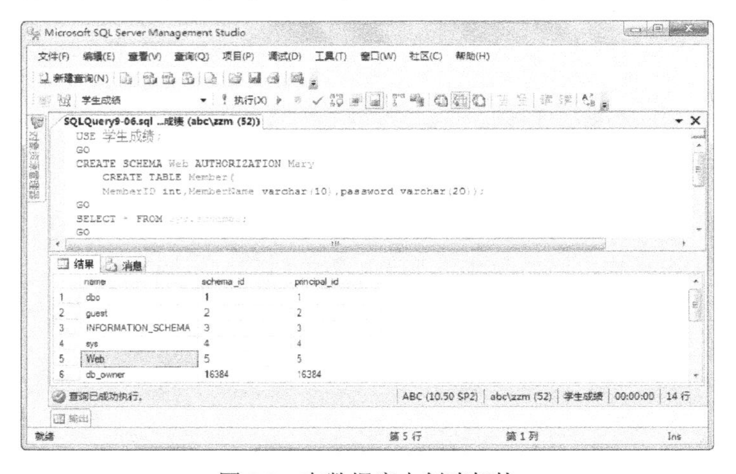

图 9.9 在数据库中创建架构

相关知识

从 SQL Server 2005 开始，在数据库中增强了架构的角色。现在，数据库中的所有对象都定位在架构中，不归各个用户所有。每个架构可以归角色所有，允许多个用户管理数据库对象。在 SQL Server 的早期版本中，必须重新分配用户所拥有的每个对象的所有权，否则就无法从数据库中删除用户。从 SQL Server 2005 开始，只需要针对架构调整所有权，不针对每个对象。

每个对象都属于一个数据库架构。数据库架构是一个独立于数据库用户的非重复命名空间。可将架构视为对象的容器。在数据库中可以创建和更改架构，并且可以授予用户访问架构的权限。任何用户都可以拥有架构，并且架构所有权可以转移。

数据库架构是诸如表、视图、过程和功能等对象的命名空间或容器，可以在 sys.object 目录视图中找到这些对象。架构位于数据库内部，而数据库位于服务器内部。这些实体就像嵌套框放置在一起。服务器是最外面的框，而架构是最里面的框。架构包含下面列出的所有安全对象，但是它不包含其他框。

使用 CREATE SCHEMA 语句可以在当前数据库中创建架构。CREATE SCHEMA 事务还可以在新架构内创建表和视图，并可对这些对象设置 GRANT、DENY 或 REVOKE 权限。语法格式如下：

```
CREATE SCHEMA
    {schema_name|AUTHORIZATION owner_name
    |schema_name AUTHORIZATION owner_name}
```

```
    [<schema_element>[...n]]
    <schema_element>::=
    {
        table_definition|view_definition|grant_statement
        revoke_statement|deny_statement
    }
```

其中参数 *schema_name* 指定在数据库内标识架构的名称。

AUTHORIZATION *owner_name* 指定将拥有架构的数据库级主体（如数据库用户、数据库角色）的名称。此主体还可以拥有其他架构，并且可以不使用当前架构作为其默认架构。

table_definition 指定在架构内创建表的 CREATE TABLE 语句。执行此语句的主体必须对当前数据库具有 CREATE TABLE 权限。

view_definition 指定在架构内创建视图的 CREATE VIEW 语句。执行此语句的主体必须对当前数据库具有 CREATE VIEW 权限。

grant_statement 指定可对除新架构外的任何安全对象授予权限的 GRANT 语句。

revoke_statement 指定可对除新架构外的任何安全对象撤销权限的 REVOKE 语句。

deny_statement 指定可对除新架构外的任何安全对象拒绝授予权限的 DENY 语句。

允许包含 CREATE SCHEMA AUTHORIZATION 但不指定名称的语句存在，目的只是为了向后兼容。

CREATE SCHEMA 可以在单条语句中创建架构以及该架构所包含的表和视图，并授予对任何安全对象的 GRANT、REVOKE 或 DENY 权限。此语句必须作为一个单独的批处理执行。CREATE SCHEMA 语句所创建的对象将在要创建的架构内进行创建。

CREATE SCHEMA 事务是原子级的。如果 CREATE SCHEMA 语句执行期间出现任何错误，则不会创建任何指定的安全对象，也不会授予任何权限。

由 CREATE SCHEMA 创建的安全对象可以任何顺序列出，但引用其他视图的视图除外。在这种情况下，被引用的视图必须在引用它的视图之前创建。

因此，GRANT 语句可以在创建某个对象之前对该对象授予权限，CREATE VIEW 语句也可以出现在创建该视图所引用表的 CREATE TABLE 语句之前。同样，CREATE TABLE 语句可以在 CREATE SCHEMA 语句定义表之前声明表的外键。

在 SQL Server 2008 中，CREATE SCHEMA 语句中支持 DENY 和 REVOKE 子句，这些子句将按照它们在 CREATE SCHEMA 语句中出现的顺序执行。

执行 CREATE SCHEMA 的主体可以将另一个数据库主体指定为要创建的架构的所有者。

新架构可由以下数据库级别主体之一拥有：数据库用户、数据库角色或应用程序角色。在架构内创建的对象由架构所有者拥有，这些对象在 sys.objects 中的 principal_id 为空。架构所包含对象的所有权可转让给任何数据库级别主体，但架构所有者始终保留对此架构内对象的 CONTROL 权限。使用架构目录视图 sys.schemas 可以获取数据库包含的视图信息。

创建架构时，需要对数据库拥有 CREATE SCHEMA 权限。

若要创建在 CREATE SCHEMA 语句中指定的对象，用户必须拥有相应的 CREATE 权限。若要指定其他用户作为所创建架构的所有者，则调用方必须具有对此用户的 IMPERSONATE 权限。如果数据库角色被指定为所有者，则调用方必须具有角色的成员身份或角色的 ALTER 权限。

也可以使用对象资源管理器来创建架构。具体操作方法是：在对象资源管理器中依次展开该数据库和“安全性”结点，右击“架构”结点并选择“新建架构”命令，然后在“架构–新建”对话框中设置架构的名称和所有者，最后单击“确定”按钮。

任务 9　修改现有数据库架构

任务描述

在“学生成绩”数据库中创建一个名为 Article 的表，并将该表由默认架构 dbo 移到 Web 架构中，然后查看 Web 架构中包含的对象。

任务分析

若要从该目录视图中返回某个架构包含的对象列表，可根据架构的标识号进行筛选。为此可使用 OBJECTPROPERTY 函数求出对象的特定构架标识号，并与指定名称的架构的标识符进行比较。已知架构名称时，可使用 SCHEMA_ID 函数求出架构标识号。

任务实现

实现步骤如下。

（1）在对象资源管理器中，连接到数据库引擎。

（2）新建一个查询，然后在查询编辑器中编写以下语句：

```
USE 学生成绩;
GO
CREATE TABLE Article(
   ArticleID int,Title varchar(50),Content varchar(max));
GO
ALTER SCHEMA Web TRANSFER dbo.Article;
GO
SELECT name,object_id,type_desc FROM sys.objects
WHERE OBJECTPROPERTY(object_id,'SchemaId')=SCHEMA_ID('Web')
ORDER BY type_desc,name;
GO
```

（3）将脚本文件保存为 SQLQuery9-07.sql，按 F5 键执行脚本，结果如图 9.10 所示。

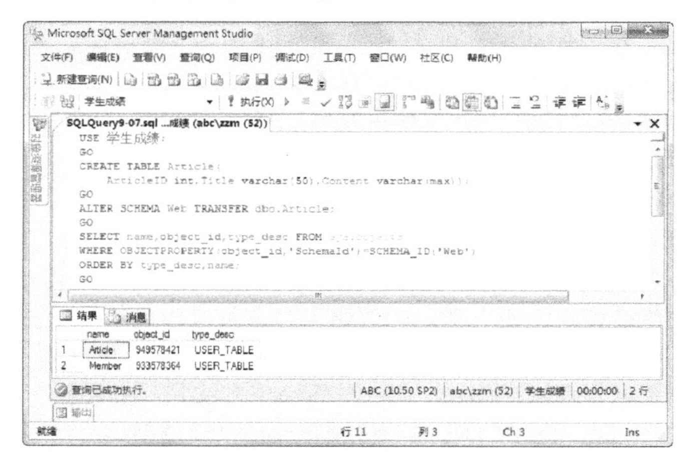

图 9.10　在不同架构之间移动对象

相关知识

修改架构是指在架构之间传输安全对象。使用 ALTER SCHEMA 语句可以完成架构的修改，语法格式如下：

ALTER SCHEMA schema_name TRANSFER securable_name

其中参数 schema_name 指定当前数据库中的架构名称，安全对象将移入其中，其数据类型不能为 SYS 或 INFORMATION_SCHEMA。

securable_name 指定要移入架构中的架构包含安全对象的一部分或两部分名称。

ALTER SCHEMA 语句仅可用于在同一数据库中的架构之间移动安全对象。若要更改或删除架构中的安全对象，可使用特定于该安全对象的 ALTER 或 DROP 语句。

如果对 securable_name 使用了由一部分组成的名称，则将使用当前生效的名称解析规则查找该安全对象。

将安全对象移入新架构时，将删除与该安全对象关联的全部权限。如果已显式设置安全对象的所有者，则该所有者保持不变。如果安全对象的所有者已设置为 SCHEMA OWNER，则该所有者将保持为 SCHEMA OWNER；但移动之后，SCHEMA OWNER 将解析为新架构的所有者。新所有者的 principal_id 将为 NULL。

若要从另一个架构中传输安全对象，当前用户必须拥有对该安全对象（非架构）的 CONTROL 权限，并拥有对目标架构的 ALTER 权限。

如果已为安全对象指定 EXECUTE AS OWNER，且所有者已设置为 SCHEMA OWNER，则用户还必须拥有对目标架构所有者的 IMPERSONATION 权限。

任务 10　从数据库中删除架构

任务描述

在本任务中从“学生成绩”数据库中删除 Web 架构包含的 Article 表和 Member 表，然后删除 Web 架构本身。

任务实现

实现步骤如下。

（1）在对象资源管理器中，连接到数据库引擎。

（2）新建一个查询，然后在查询编辑器中编写以下语句：

```
USE 学生成绩;
GO
DROP TABLE Web.Article;
DROP TABLE Web.Member;
DROP SCHEMA Web;
GO
```

（3）按 F5 键执行上述 SQL 语句。

相关知识

如果不再需要一个架构了，则可以使用 DROP SCHEMA 语句将其从数据库中删除，语法格式如下：

```
DROP SCHEMA schema_name
```

其中参数 *schema_name* 指定架构在数据库中所使用的名称。

要删除的架构不能包含任何对象。如果架构包含对象，则 DROP SCHEMA 语句将失败。删除架构时，必须首先删除架构所包含的对象。

从数据库中删除架构时，要求对架构具有 CONTROL 权限，或者对数据库具有 ALTER ANY SCHEMA 权限。

任务 11 创建新的数据库角色

任务描述

在“学生成绩”数据库中创建两个新角色，其中一个角色为当前用户拥有，另一个角色为固定数据库角色 db_datareader 拥有，并对后者的名称进行修改。

任务分析

从 sys.database_principals 目录视图中检索指定的角色是否存在，如果存在则删除之，然后使用 CREATE ROLE 语句创建数据库角色。可以使用 SELECT 语句来显示名称修改前后角色的名称和 sid。

任务实现

实现步骤如下。

（1）在对象资源管理器中，连接到数据库引擎。

（2）新建一个查询，然后在查询编辑器中编写以下语句：

```
USE 学生成绩;
GO
IF EXISTS(SELECT * FROM sys.database_principals WHERE name='Role1' AND type='R')
   DROP ROLE Role1;
CREATE ROLE Role1;
IF EXISTS(SELECT * FROM sys.database_principals WHERE name='Role2' AND type='R')
   DROP ROLE Role2;
CREATE ROLE Role2 AUTHORIZATION db_datareader;
SELECT name,sid FROM sys.database_principals WHERE name LIKE '%Role%';
ALTER ROLE Role2 WITH NAME=NewRole;
SELECT name,sid FROM sys.database_principals WHERE name LIKE '%Role%';
```

```
GO
```

（3）将脚本文件保存为 SQLQuery9-08.sql，按 F5 键执行脚本，结果如图 9.11 所示。

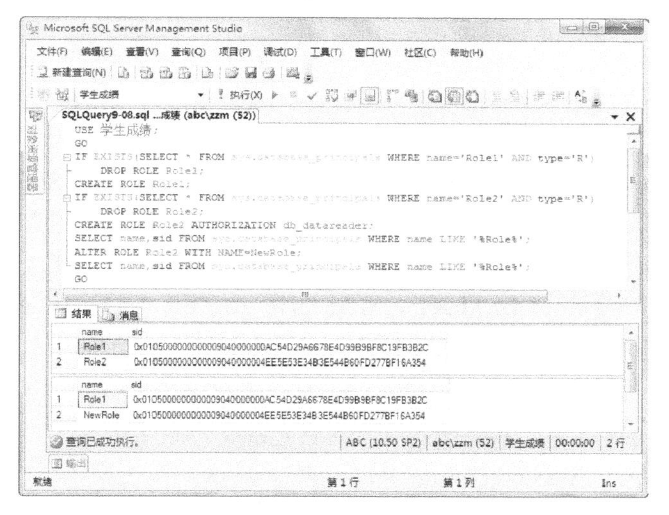

图 9.11 使用 Transact-SQL 语句管理数据库角色

相关知识

数据库角色可以用于管理数据库用户的权限。数据库角色分为固定数据库角色和自建数据库角色。SQL Server 2008 提供了一些固定数据库角色和 public 特殊角色，这些角色都是在数据库级别上定义的，并且存在于每个数据库中。根据需要，可以在数据库中创建新的数据库角色并向该角色中添加一些成员，也可以从数据库角色中删除成员，或者从数据库中删除数据库角色。

一、固定数据库角色的权限

固定数据库角色存在于每个数据库中。每当创建新的数据库时，都会自动包含这些固定数据库角色。在对象资源管理器中，在每个数据库下方展开“安全性”、“角色”以及“数据库角色”结点，都会看到 9 个固定数据库角色和 public 角色，如图 9.12 所示。

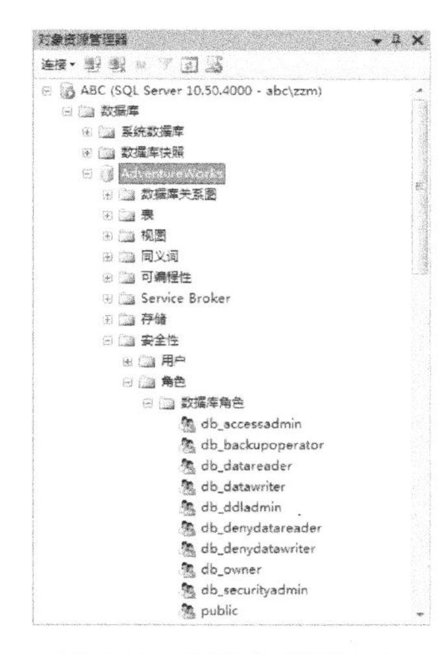

图 9.12 固定数据库角色

下面列出 SQL Server 2008 提供的 9 个固定数据库角色的名称和它们的权限。

（1）db_accessadmin 角色：在数据库级别已授予 ALTER ANY USER 和 CREATE SCHEMA 权限，已用 GRANT 选项授予 CONNECT 权限；在服务器级别已授予 VIEW ANY DATABASE 权限。db_accessadmin 固定数据库角色的成员可以为 Windows 登录账户、Windows 组和 SQL Server 登录账户添加或删除访问权限。

（2）db_backupoperator 角色：在数据库级别已授予 BACKUP DATABASE、BACKUP LOG 及 CHECKPOINT 权限；在服务器级别已授予 VIEW ANY DATABASE。db_backupoperator 固定数据库角色的成员可备份该数据库。

（3）db_datareader 角色：在数据库级别已授予 SELECT 权限；在服务器级别已授予 VIEW ANY DATABASE 权限。db_datareader 固定数据库角色的成员可以对数据库中的任何表或视图运行 SELECT 语句。

（4）db_datawriter 角色：在数据库级别已授予 DELETE、INSERT 和 UPDATE 权限；在服务器级别已授予 VIEW ANY DATABASE 权限。db_datawriter 固定数据库角色的成员可以在所有用户表中添加、删除或更改数据。

（5）db_ddladmin 角色：在数据库级别已授予 ALTER ANY ASSEMBLY、ALTER ANY ASYMMETRIC KEY、ALTER ANY CERTIFICATE、ALTER ANY CONTRACT、ALTER ANY DATABASE DDL TRIGGER、ALTER ANY DATABASE EVENT、NOTIFICATION、ALTER ANY DATASPACE、ALTER ANY FULLTEXT CATALOG、ALTER ANY MESSAGE TYPE、ALTER ANY REMOTE SERVICE BINDING、ALTER ANY ROUTE、ALTER ANY SCHEMA、ALTER ANY SERVICE、ALTER ANY SYMMETRIC KEY、CHECKPOINT、CREATE AGGREGATE、CREATE DEFAULT、CREATE FUNCTION、CREATE PROCEDURE、CREATE QUEUE、CREATE RULE、CREATE SYNONYM、CREATE TABLE、CREATE TYPE、CREATE VIEW、CREATE XML SCHEMA COLLECTION 以及 REFERENCES 权限；在服务器级别已授予 VIEW ANY DATABASE 权限。db_ddladmin 固定数据库角色的成员可以在数据库中运行任何数据定义语言（DDL）命令。

（6）db_denydatareader 角色：在数据库级别已拒绝 SELECT 权限；在服务器级别已授予 VIEW ANY DATABASE 权限。db_denydatareader 固定服务器角色的成员不能读取数据库内用户表中的任何数据。

（7）db_denydatawriter 角色：在数据库级别已拒绝 DELETE、INSERT 和 UPDATE 权限。db_denydatawriter 固定服务器角色的成员不能添加、修改或删除数据库内用户表中的任何数据。

（8）db_owner 角色：在数据库级别已使用 GRANT 选项授予 CONTROL 权限；在服务器级别已授予 VIEW ANY DATABASE 权限。db_owner 固定数据库角色的成员可以执行数据库的所有配置和维护活动，还可以删除数据库。

（9）db_securityadmin 角色：在数据库级别已授予 ALTER ANY APPLICATION ROLE、ALTER ANY ROLE、CREATE SCHEMA 和 VIEW DEFINITION 权限；在服务器级别已授予 VIEW ANY DATABASE 权限。db_securityadmin 固定数据库角色的成员可以修改角色成员身份和管理权限。

除了上述固定数据库角色外，还有一个特殊的 public 数据库角色，它存在于每个数据库中，而且不允许删除。public 角色在初始状态时没有任何权限，但可根据需要对它授予权限。每个数据库用户都是 public 数据库角色的成员，不需要将用户、组或角色指派给 public 角色。当尚未对某个用户授予或拒绝对安全对象的特定权限时，则该用户将继承授予该安全对象的 public 角色的权限。如果对 public 角色授予权限，则相当于为所有数据库用户授予权限。

db_owner 和 db_securityadmin 数据库角色的成员可以管理固定数据库角色成员身份；但是只有 db_owner 数据库角色成员可以向 db_owner 固定数据库角色中添加成员。

二、管理数据库角色

除了系统预定义的固定数据库角色外，还可以在数据库中创建新的数据库角色。对于已有的自建数据库角色，可以修改其名称。如果不再需要某个数据库角色，则可以将其从数据库中删除。

1. 创建数据库角色

使用 CREATE ROLE 语句可以在当前数据库中创建新数据库角色。语法格式如下：

```
CREATE ROLE role_name [AUTHORIZATION owner_name]
```

其中参数 *role_name* 指定待创建角色的名称。AUTHORIZATION *owner_name* 指定将拥有新角色的所有者，可以是数据库用户或数据库角色。如果没有指定用户，则执行 CREATE ROLE 的用户将拥有该角色。

数据库用户是登录账户在数据库中的映射，可以使用 CREATE USER 语句来创建。

角色是数据库级别的安全对象。创建角色后，使用 GRANT、DENY 和 REVOKE 配置角色的数据库级别权限。若要为数据库角色添加成员，可使用 sp_addrolemember 存储过程。在 sys.database_role_members 和 sys.database_principals 目录视图中可以查看数据库角色。

创建角色时需要对数据库具有 CREATE ROLE 权限。使用 AUTHORIZATION 选项时，还需要具有下列权限。

（1）若要将角色的所有权分配给另一个用户，则需要对该用户具有 IMPERSONATE 权限。

（2）若要将角色的所有权分配给另一个角色，则需要具有被分配角色的成员身份或对该角色具有 ALTER 权限。

（3）若要将角色的所有权分配给应用程序角色，则需要对该应用程序角色具有 ALTER 权限。应用程序角色使应用程序能够用其自身的、类似用户的特权来运行。

2. 修改数据库角色名称

创建一个数据库角色之后，可以使用 ALTER ROLE 语句来更改该数据库角色的名称，语法格式如下：

```
ALTER ROLE role_name WITH NAME=new_name
```

其中参数 *role_name* 指定要更改的角色的名称。WITH NAME = *new_name* 指定角色的新名称。数据库中不得已存在此名称。

更改数据库角色的名称不会更改角色的 ID 号、所有者或权限。

修改数据库角色名称需要对数据库具有 ALTER ANY ROLE 权限。

三、删除数据库角色

对于现有的数据库角色，如果不再需要使用，则可以使用 DROP ROLE 语句从数据库中删除该数据库角色，语法格式如下：

```
DROP ROLE role_name
```

其中参数 *role_name* 指定要从数据库删除的角色。

无法从数据库删除拥有安全对象的角色。若要删除拥有安全对象的数据库角色，必须首先转移这些安全对象的所有权，或从数据库删除它们。无法从数据库删除拥有成员的角色。若要删除拥有成员的角色，必须首先删除角色的成员。

删除数据库角色要求对角色具有 ONTROL 权限，或者对数据库具有 ALTER ANY ROLE 权限。不能使用 DROP ROLE 删除固定数据库角色。

也可以使用对象资源管理器来管理数据库角色。操作方法如下：在对象资源管理器中连接到数据库引擎，依次展开指定的数据库、“安全性”、“角色”和“数据库角色”，根据需要执行下列操作。

（1）若要创建新的角色，可右击“数据库角色”并选择“新建数据库角色”命令。

（2）若要删除角色，可右击该角色并选择“删除”命令。

（3）若要修改角色，可右击该角色并选择“属性”命令。

任务 12　向数据库角色中添加成员

任务描述

在本任务中，首先使用 sp_grantdbaccess 系统存储过程将 Windows 登录名 ABC\Jack 作为用户 Jack 添加到“学生成绩”数据库中，然后将 Jack 用户添加到数据库角色 Role1 中。

任务实现

实现步骤如下。

（1）在对象资源管理器中，连接到数据库引擎。

（2）新建一个查询，然后在查询编辑器中编写以下语句：

```
USE 学生成绩;
GO
EXEC sp_grantdbaccess 'ABC\Jack','Jack';
GO
EXEC sp_addrolemember 'Role1','Jack';
```

（3）按 F5 键执行上述 SQL 语句。

相关知识

创建一个数据库角色后，该角色不包含任何成员。根据需要，可以向数据库角色中添加成员，也可以从数据库角色中删除成员，或者查看数据库角色的成员信息。

一、向数据库角色中添加成员

如果要为当前数据库中的数据库角色添加数据库用户、数据库角色、Windows 登录或 Windows 组，可使用 sp_addrolemember 系统存储过程，语法格式如下：

```
sp_addrolemember 'role','security_account'
```

其中参数 *role* 指定当前数据库中的数据库角色（固定或自建）的名称。*security_account* 指定要添加到该角色的安全账户，可以是数据库用户、数据库角色、Windows 登录或 Windows 组。

使用 sp_addrolemember 添加到角色中的成员会继承该角色的权限。如果新成员是没有相应数据库用户的 Windows 级别的主体，则将创建一个数据库用户。

角色不能将自身包含为成员。即使这种成员关系仅由一个或多个中间成员身份间接地体现，这种“循环”定义也无效。

sp_addrolemember 不能将固定数据库角色、固定服务器角色或 dbo 添加到某角色中。

只能使用 sp_addrolemember 将向数据库角色添加成员。若要向服务器角色添加成员，可以使用 sp_addsrvrolemember。若要返回有关当前数据库中某个角色的成员的信息，可以使用 sp_helprolemember 系统存储过程。

若要将成员添加到灵活的数据库角色需要具备以下条件之一：具有 db_owner 固定数据库角色的成员身份；具有 db_securityadmin 固定数据库角色的成员身份；具有拥有该角色权限的角色的成员身份；对该角色拥有 ALTER 权限。

下面的语句将数据库用户 Smith 添加到当前数据库的 NewRole 数据库角色中。

```
EXEC sp_addrolemember 'NewRole', 'Smith';
```

二、从数据库角色中删除成员

使用 sp_droprolemember 系统存储过程可以从当前数据库的 SQL Server 角色中删除安全账户，语法格式如下：

```
sp_droprolemember 'role','security_account'
```

其中 *role* 指定将从中删除成员的角色的名称，它必须存在于当前数据库中。*security_ ccount* 指定将从角色中删除的安全账户的名称，可以是数据库用户、其他数据库角色、Windows 登录名或 Windows 组。该名称必须存在于当前数据库中。

sp_droprolemember 通过从 sysmembers 表中删除行来删除数据库角色的成员。删除某一角色的成员后，该成员将失去作为该角色的成员身份所拥有的任何权限。

不能删除 public 角色的用户，也不能从任何角色中删除 dbo。在用户定义事务内不能执行 sp_droprolemember。

使用 sp_helpuser 系统可以查看 SQL Server 角色的成员。使用 IS_MEMBER 函数可以检查当前用户是否为指定 Windows 组或 SQL Server 数据库角色的成员

若要从数据库角色中删除成员，则需要对角色具有 ALTER 权限。

例如，下面的语句将从数据库角色 NewRole 中删除用户 Smith。

```
EXEC sp_droprolemember 'NewRole','Smith';
```

也可以使用对象资源管理器来管理数据库角色中的成员。操作方法是：在对象资源管理器中依次展开该数据库、“安全性”、“角色”和“数据库角色”结点，右击数据库角色并选择“属性”命令，然后在“数据库角色属性”对话框中执行以下操作。

（1）若要为角色添加成员，可单击“添加”按钮，然后选择要添加的数据库用户或角色。

（2）若要从角色中删除成员，可在角色成员列表中单击该成员，然后单击“删除”按钮

任务 13　权限管理

任务描述

在“学生成绩”数据库中执行以下操作。

（1）授予用户 Mary 对该数据库的 CREATE TABLE 权限。

（2）授予用户 Jack 对该数据库的 CREATE VIEW 权限以及为其他主体授予 CREATE VIEW 的权利。

（3）从用户 Mary 中撤销对“学生成绩”数据库的 CREATE TABLE 权限。

（4）从用户 Smith 以及 Smith 已授予 VIEW DEFINITION 权限的所有主体中撤销对“学生成绩”数据库的 VIEW DEFINITION 权限。

（5）拒绝用户 Jack 对“学生成绩”数据库的 CREATE TABLE 权限。

（6）拒绝用户 Andy 及 Andy 已授予 VIEW DEFINITION 权限的所有主体对“学生成绩”数据库的 VIEW DEFINITION 权限。

任务实现

实现步骤如下。

（1）在对象资源管理器中，连接到数据库引擎。

（2）新建一个查询，然后在查询编辑器中编写以下语句：

```
USE 学生成绩;
GRANT CREATE TABLE TO Mary;
GO
GRANT CREATE VIEW TO Jack WITH GRANT OPTION;
GO
REVOKE CREATE TABLE FROM Mary;
GO
REVOKE VIEW DEFINITION FROM Smith CASCADE;
GO
DENY CREATE TABLE TO Jack;
GO
DENY VIEW DEFINITION TO Andy CASCADE;
GO
```

（3）按 F5 键执行上述 SQL 语句。

相关知识

在 SQL Server 中，权限管理是确保数据库系统安全的重要前提。用户要在服务器或数据库中执行某种操作，则需要被授予相应的权限。如果不具备所需的权限，则不能执行相应的操作。下面介绍权限的类型，然后讨论如何授予权限、收回权限和拒绝权限。

一、权限的类型

权限可以分为隐含权限和对象权限两种类型。

隐含权限是指那些不需要通过授权即拥有的权限。例如，固定服务器角色和固定数据库角色所拥有权限就是隐含权限。一旦将登录名或数据库用户添加到这些角色中，这些安全主体便自动继承了这些角色所拥有的所有隐含权限。

隐含权限用于控制那些由预定义系统角色的成员执行的活动。例如，sysadmin 固定服务器角色的成员拥有在服务器中执行任何活动的权限；db_datareader 固定数据库角色的成员拥有可以对数据库中的任何表或视图运行 SELECT 语句的权限；db_datawriter 固定数据库角色的成员拥有在所有用户表中添加、删除或更改数据的权限。

对象权限可以分为两种类型：一种类型是针对 SQL Server 2008 系统中所有对象的，例如 CONTROL 权限就是针对所有对象的权限；另一种类型则是只能在某些对象上起作用的权限，例如 EXECUTE 可以是存储过程的权限，但不能是表或视图的权限。

针对所有对象的权限主要包括 CONTROL、ALTER、ALTER ANY、TAKE OWNERSHIP、

IMPERSONATE、CREATE、VIEW DEFINITION 等。

（1）CONTROL 权限可为被授权者授予类似所有权的功能。被授权者实际上对安全对象具有所定义的所有权限。也可以为已被授予 CONTROL 权限的主体授予对安全对象的权限。SQL Server 安全模型是分层的，CONTROL 权限在特定范围内隐含着对该范围内的所有安全对象的 CONTROL 权限。

（2）ALTER 权限允许被授权者可以更改特定安全对象的属性（所有权除外）。当授予对某个范围的 ALTER 权限时，也授予更改、创建或删除该范围内包含的任何安全对象的权限。例如，对架构的 ALTER 权限包括在该架构中创建、更改和删除对象的权限。

（3）ALTER ANY 权限允许被授权者更改安全对象的属性。这种权限可以授予服务器安全对象或数据库安全对象。

① ALTER ANY <服务器安全对象>，其中的服务器安全对象可以是任何服务器安全对象，包括端点、登录账户和数据库。授予创建、更改或删除服务器安全对象的各个实例的权限。例如，ALTER ANY LOGIN 将授予创建、更改或删除数据库引擎实例中的任何登录名的权限。

② ALTER ANY <数据库安全对象>，其中的数据库安全对象可以是数据库级别的任何安全对象，如用户、角色和架构等。授予创建、更改或删除数据库安全对象的各个实例的权限。例如，ALTER ANY SCHEMA 将授予创建、更改或删除数据库中的任何架构的权限。

（4）TAKE OWNERSHIP 权限允许被授权者获取所授予的安全对象的所有权。

（5）IMPERSONATE 权限允许被授权者模拟指定的登录者或用户执行各种操作。这种权限可以授予登录名或数据库用户。

① IMPERSONATE <登录名>：允许被授权者模拟该登录名。

② IMPERSONATE <用户>：允许被授权者模拟该用户。

（6）CREATE 权限允许被授权者执行创建安全对象的操作。这种权限可以授予服务器安全对象、数据库安全对象或包含在架构中的安全对象。

- CREATE <服务器安全对象>：授予被授权者创建服务器安全对象的权限。
- CREATE <数据库安全对象>：授予被授权者创建数据库安全对象的权限。
- CREATE <包含在架构中的安全对象>：授予创建包含在架构中的安全对象（如表、视图等）的权限。若要在特定架构中创建安全对象，必须对该架构具有 ALTER 权限。

（6）VIEW DEFINITION 权限允许被授权者访问元数据。

在 SQL Server 2008 系统中，针对特定安全对象的权限主要包括 SELECT、UPDATE、REFERENCES、INSERT、DELETE、EXECUTE 等。

① SELECT 权限允许对安全对象中的数据进行检索操作，适用于同义词、表和列、表值函数、视图和列。

② UPDATE 权限允许对安全对象中的数据进行更新操作，适用于同义词、表和列、视图和列。

③ REFERENCES 权限允许对安全对象的引用操作，适用于包括标量函数和聚合函数、Service Broker 队列、表和列、表值函数和列、视图和列。

④ INSERT 权限允许在安全对象中插入数据的操作，适用于同义词、表和列以及视图和列。

⑤ DELETE 权限允许从安全对象中删除数据的操作，适用于同义词、表和列、视图和列。

⑥ EXECUTE 权限允许对安全对象进行执行操作，适用于过程、标量函数和聚合函数、同义词。

适用于数据库和常用数据库对象的权限在表 9.1 中列出。

表 9.1　适用于数据库和数据库对象的常用权限

安全对象	常用权限
数据库	BACKUP DATABASE、BACKUP LOG、CREATE DATABASE、CREATE FUNCTION、CREATE PROCEDURE、CREATE TABLE、CREATE VIEW
表	SELECT、DELETE、INSERT、UPDATE、REFERENCES
表值函数	SELECT、DELETE、INSERT、UPDATE、REFERENCES
视图	SELECT、DELETE、INSERT、UPDATE、REFERENCES
存储过程	EXECUTE
标量函数	EXECUTE、REFERENCES

二、授予权限

使用 GRANT 语句可以将安全对象的权限授予主体。基本语法格式如下：

```
GRANT {ALL [PRIVILEGES]}
    |permission [(column[,...n])][,...n]
    [ON [class::]securable] TO principal[,...n]
    [WITH GRANT OPTION ] [AS principal]
```

其中 ALL 仅用于向后兼容，不推荐使用此选项。对于不同安全对象，ALL 参数的含义也有所不同。例如，如果安全对象为表，则 ALL 表示 DELETE、INSERT、REFERENCES、SELECT 和 UPDATE。包含 PRIVILEGES 参数可以符合 SQL-92 标准。

permission 指定权限的名称。*column* 指定表中将授予其权限的列的名称。*class* 指定将授予其权限的安全对象的类，需要范围限定符“::”。*securable* 指定将授予其权限的安全对象。

TO *principal* 指定主体的名称。可为其授予安全对象权限的主体随安全对象而异。

GRANT OPTION 指示被授权者在获得指定权限的同时还可以将指定权限授予其他主体。

AS *principal* 指定一个主体，执行该查询的主体从该主体获得授予该权限的权利。

数据库级权限在指定的数据库范围内授予。如果用户需要另一个数据库中的对象的权限，可以在该数据库中创建用户账户，或者授权用户账户访问该数据库以及当前数据库。

使用 sp_helprotect 系统存储过程可报告对数据库级安全对象的权限。

授权者（或用 AS 选项指定的主体）必须拥有带 GRANT OPTION 的相同权限，或拥有隐含所授予权限的更高权限。对象所有者可以授予对其所拥有的对象的权限。对某安全对象拥有 CONTROL 权限的主体可以授予对该安全对象的权限。

三、取消权限

使用 REVOKE 语句可以取消以前授予或拒绝了的权限。基本语法格式如下：

```
REVOKE [GRANT OPTION FOR]
    {[ALL [PRIVILEGES]]|permission [(column[,...n])][,...n]}
    [ON [class::] securable] {TO|FROM} principal[,...n]
    [CASCADE] [AS principal]
```

其中参数 GRANT OPTION FOR 指示将撤销授予指定权限的能力。在使用 CASCADE 参数时，需要具备该功能。如果主体具有不带 GRANT 选项的指定权限，则将撤销该权限本身。

ALL 选项并不撤销全部可能的权限。对于不同的安全对象，ALL 的含义也有所不同。

包含 PRIVILEGES 参数可以符合 SQL-92 标准。*permission* 指定权限的名称。*column* 指定

表中将撤销其权限的列的名称，需要使用括号。class 指定将撤销其权限的安全对象的类，需要范围限定符“::”。*securable* 指定将撤销其权限的安全对象。

TO | FROM *principal* 指定主体的名称。可撤销其对安全对象的权限的主体随安全对象而异。CASCADE 指示当前正在撤销的权限也将从其他被该主体授权的主体中撤消。当使用 CASCADE 参数时，还必须同时指定 GRANT OPTION FOR 参数。

对授予 WITH GRANT OPTION 权限的权限执行级联撤销，将同时撤销该权限的 GRANT 和 DENY 权限。AS *principal* 指定一个主体，执行该查询的主体从该主体获得撤销该权限的权利。

四、拒绝权限

使用 DENY 拒绝授予主体权限，以防止主体通过其组或角色成员身份继承权限，基本语法格式如下：

```
DENY {ALL [PRIVILEGES]}
    |permission [(column[,...n])][,...n]
    [ON [class::] securable] TO principal[,...n]
    [CASCADE] [AS principal]
```

其中参数 ALL 不拒绝所有可能权限。拒绝 ALL 对不同安全对象含义有所不同。

包含 PRIVILEGES 参数可以符合 SQL-92 标准。*permission* 指定权限的名称。*column* 指定拒绝将其权限授予他人的表中的列名。*class* 指定拒绝将其权限授予他人的安全对象的类。*securable* 指定拒绝将其权限授予他人的安全对象。

TO *principal* 指定主体的名称。可以对其拒绝安全对象权限的主体随安全对象而异。

CASCADE 指示拒绝授予指定主体该权限，同时对该主体授予了该权限的所有其他主体，也拒绝授予该权限。当主体具有带 GRANT OPTION 的权限时，为必选项。

AS *principal* 指定一个主体，执行该语句的主体从该主体获得拒绝授予该权限的权利。

如果某主体的该权限是通过指定 GRANT OPTION 获得的，那么，在撤销其该权限时，如果未指定 CASCADE，则 DENY 将失败。列级权限优先于对象权限。例如，如果将 DENY 权限应用到一个诸如表之类的基对象，然后将 GRANT 权限应用到此基对象中的某一列，则尽管在此基对象之上有 DENY 权限，GRANT 权限的被授权者仍将可以访问此列。但是，为了确保列级权限存在，必须在对基对象应用权限之后再应用它们。

五、使用对象资源管理器管理权限

使用对象资源管理器可以通过设置主体（用户、角色等）的属性来授予或取消该主体对不同安全对象（数据库、表、视图等）拥有的权限，也可以通过设置安全对象的属性为授予或取消不同主体对该安全对象拥有的权限。

1. 设置数据库的权限

若要设置数据库安全对象的权限，可执行以下操作。

（1）在对象资源管理器中，连接到数据库引擎。

（2）展开“数据库”结点，右击指定的数据库，然后在弹出的快捷菜单中选择“属性”命令。

（3）在“数据库属性”对话框中选择“权限”页，如图 9.13 所示。

（4）选择一个数据库用户或角色，然后设置所选用户或角色对该数据库的权限。

① 若要将此权限授予该主体，可选中“授予”复选框，取消选中此复选框将撤销此权限。

② 若要设置所列权限的 WITH GRANT 选项的状态，可选中“具有授予权限”复选框。

③ 若要拒绝将此权限授予该主体，可选中“拒绝”复选框，取消选中此复选框将撤销此权限。

图 9.13　设置数据库的权限

2. 设置数据库用户的权限

若要设置数据库用户的权限，可执行以下操作。

（1）在对象资源管理器中，连接到数据库引擎。

（2）依次展开“数据库”、指定数据库、“安全性”和“用户”结点。

（3）右键单击要设置其权限的数据库用户并选择“属性”命令。

（4）在“数据库用户”对话框中选择“安全对象”页，如图 9.14 所示。

图 9.14　设置数据库用户的权限

（5）在上部网格中选择安全对象，根据需要也可以添加或删除安全对象。
（6）在下部网格中对相应的权限进行设置。

项目思考

一、填空题

1．混合验证模式是指允许用户使用__________身份验证或________________身份验证进行连接。

2．在 ALTER LOGIN 语句中，ENABLE 和 DISABLE 分别指定______或______此登录名。

3．在 SQL Server 2008 中，数据库用户通过__________拥有表、视图等数据库对象。

4．创建数据库用户时，若未指定默认架构，则使用______作为默认架构。

5．使用 ALTER USER 对数据库用户进行________或更改它的____________。

6. 使用 sp_addrolemember 可为当前数据库中的数据库角色添加__________、____________、________________或_______________。

二、选择题

1．使用（　　）可向固定服务器角色中添加成员。
　A．sp_addsrvrolemember
　B．sp_helpsrvrolemember
　C．sp_dropsrvrolemember
　D．IS_SRVROLEMEMBER

2．若要在架构之间移动安全对象，可使用（　　）。
　A．CREATE SCHEMA
　B．ALTER SCHEMA
　C．DROP SCHEMA
　D．SCHEMA OWNER

三、简答题

1．如何设置 SQL Server 2008 的身份验证模式？
2．在 SQL Server 2008 中，有哪两类登录账户？
3．在 SQL Server 2008 中，有哪些固定服务器角色？
4．在 SQL Server 2008 中，有哪些固定数据库角色？
5．对于表对象有哪些常用权限？

项目实训

1．在 SQL Server 2008 中创建两个登录账户，一个是 SQL Server 登录，其名称为 Student，要求为该 SQL Server 登录名指定密码；另一个是 Windows 用户，其名称为 Honor，要求用“计算机管理”工具创建该账户，然后将其映射为 SQL Server 登录账户。

2．将上述两个登录账户映射到 AdventureWorks 和“学生成绩”数据库中。

3．将 Student 用户添加到 db_owner 固定数据库角色中；将 IIS_USR 用户添加到 db_denydatareader 和 db_denydatawriter 固定数据库角色中。

4．在“学生成绩”数据库中，创建一个名为 Web 的架构并在该架构中创建一个 Member 表，该表包含以下 3 列：MemberID（int）、MemberName（nvarchar(4)）、Password（char(12)）。

5．创建一个 SQL Server 登录，其名称为 Jack，将该登录映射到“学生成绩”数据库中，并授予该用户对 Student 表的 SELECT、INSERT、UPDATE 和 DELETE 权限。